冶金工业出版社

普通高等教育“十四五”规划教材

冶 金 概 论

主　编　孙丽达　范兴祥
副主编　姜　艳　黄孟阳　毛莹博

北　京
冶 金 工 业 出 版 社
2022

内容提要

本书讲述了钢铁和主要有色金属（铜、锌、铝、铂族金属及稀散金属）提取过程的基本原理及工艺流程。全书共9章，内容包括绪论、矿石与选矿、炼铁、炼钢、铜冶金、锌冶金、铝冶金、铂族金属冶金和稀散金属提取冶金。

本书可作为高等学校冶金工程专业和相关专业师生的教学用书，也可供冶金、材料及相关专业的工程技术人员和一线生产人员阅读学习。

图书在版编目(CIP)数据

冶金概论/孙丽达，范兴祥主编．—北京：冶金工业出版社，2022.9
普通高等教育“十四五”规划教材
ISBN 978-7-5024-9187-1

Ⅰ.①冶… Ⅱ.①孙… ②范… Ⅲ.①冶金—高等学校—教材 Ⅳ.①TF01

中国版本图书馆CIP数据核字(2022)第102311号

冶金概论

出版发行 冶金工业出版社　**电　话** (010)64027926
地　址 北京市东城区嵩祝院北巷39号　**邮　编** 100009
网　址 www.mip1953.com　**电子信箱** service@mip1953.com

责任编辑 郭雅欣　美术编辑 彭子赫　版式设计 郑小利
责任校对 郑 娟　责任印制 禹 蕊
三河市双峰印刷装订有限公司印刷
2022年9月第1版，2022年9月第1次印刷
787mm×1092mm 1/16；17印张；412千字；262页
定价46.00元

投稿电话 (010)64027932 投稿信箱 tougao@cnmip.com.cn
营销中心电话 (010)64044283
冶金工业出版社天猫旗舰店 yjgycbs.tmall.com
(本书如有印装质量问题，本社营销中心负责退换)

前　言

“冶金概论”是冶金工程专业的重要专业基础课之一，目的是让冶金工程专业的学生尽早地接触冶金专业，了解冶金工业在国民经济的地位，冶金工业的原料、冶金过程和方法，冶金工业概况和冶金技术的进步，尽早地接受冶金知识和文化的熏陶，为将来深入系统学习专业课提供前期学习基础，为切实提高学生分析解决冶金实际问题的能力，培养专业兴趣，做好专业启蒙引导教育。因此“冶金概论”是为从事冶金专业学生开启通向冶金领域的第一扇大门。

本书简明阐述了矿石的采选及提取金属的全过程，全书共9章，包括绪论、矿石与选矿炼铁、炼钢、铜冶金、锌冶金、铝冶金、铂族金属冶金和稀散金属提取冶金。在参考其他冶金概论的基础上，增加了稀贵金属（稀散金属、铂族金属）等方面的章节，丰富了冶金概论内容，对从事冶炼工作者也不失为一本参考用书。

本书由孙丽达编写1~7章，范兴祥编写8~9章，由孙丽达统一修改定稿。

由于编者水平所限，书中不足之处，敬请读者批评指正。

编　者

2022年4月

目　录

1 概　述

1.1 金属冶炼概述

1.1.1 金属及其分类

金属是可塑性、导电性及导热性良好，具有金属光泽的化学元素。迄今为止，人们可以获得的100多种元素中，金属占86种，而其中的63种在19世纪前就已发现。金属的发现和利用可追溯到5000年前。金属的分类是沿用历史上形成的工业分类法，这种分类法虽然没有严格的科学论证，但一直沿用到现在。

现代工业习惯上把金属分为黑色金属和有色金属两大类，铁、铬、锰三种金属属于黑色金属，其余的都属于有色金属。有色金属按照其不同的性质和在自然界中的分布状态可分为重金属、轻金属、贵金属和稀有金属4类。

（1）重金属：重金属包括铜、铅、锌、镍、钴、锡、锑、汞、镉、铋，它们的密度都很大，密度范围在7~11g/cm^3。

（2）轻金属：轻金属包括铝、镁、钙、钾、钠、锂、锶、钡、铷、铯、铍、钫。它们的密度都很小，一般小于5g/cm^3，但化学性质活泼。

（3）贵金属：这类金属包括金、银和铂族金属（钌、铑、钯、锇、铱、铂），它们因在地壳中含量少、提取困难和价格较高而得名。贵金属的特点是密度大（10.4~22.4t/m^3），熔点高（916~3000℃），化学性质稳定。

（4）稀有金属：通常指那些发现较晚，在工业上应用较迟，在自然界中地壳丰度小，天然资源少，赋存状态分散，难以被经济地提取或不易分离成单质的金属。在80多种有色金属中，大约50多种被认为是稀有金属。所谓的稀有金属并不是这种元素在地壳中的含量稀少，而是历史上遗留下来的一种习惯性概念。

事实上，有些稀有金属在地壳中的含量比一般普通金属要多。例如，稀有金属钛在地壳中的含量占第九位，比铜、银、镍及其他许多元素都多；稀有金属锆、锂、钒、铈在地壳中的含量比普通金属铅、锡、汞多。当然，有许多种稀有金属在地壳中的含量确实是很少的，但含量少并不是稀有金属的共同特征。稀有金属按其性质和在矿物中共生关系、提取方法及其特征，又分为以下6类。

（1）稀有轻金属：包括锂、铷、铯、铍。这类金属的特点是密度小（仅为0.53~1.859t/m^3），化学活性大，其氧化物和氯化物都很稳定，难以还原成金属，一般都用熔盐电解法或金属热还原法制取。

（2）难熔稀有金属：包括钛、锆、铪、钒、铌、钽、钼、钨、铼。它们的共同特点是熔点高（例如钛的熔点为1660℃，钨的熔点为3410℃），抗腐蚀性好，具有多种价态。在生产工艺上，一般都是先制取纯氧化物或卤化物，再用金属热还原法或熔盐电解法制取金属。

（3）稀散金属：包括镓、铟、铊、锗、硒、碲、铼。这类金属的共同特点是极少独立成矿，在地壳中几乎是平均分布的，一般都是以微量杂质形态存在于其他矿物中。如镓存在于铝土矿中，铟存在于有色重金属硫化矿中。因此，它们多富集在有色金属生产的副产品、烟尘和尾渣中，品位一般在0.1%以下，需要采用复杂的工艺进一步富集后才能冶炼成金属。

（4）稀土金属：在元素周期表中自成一族，包括原子序数57的镧到原子序数为71的镥，共15个元素，其共同特点是物理化学性质非常相似，在矿物中多共生、难提取、难分离。冶金上一般先制取混合稀土氧化物或其他化合物，再用溶剂萃取、离子交换等方法分离成单一化合物，最后还原成金属。

（5）稀有放射性金属：包括天然存在的钫、镭、钋和锕系元素中的锕、铀及人造的锝、钷、锕系其他元素和元素周期表中104~109号元素。这类金属的共同特点是具有放射性，它们多共生或伴生在稀土矿物中。

（6）半金属：又称似金属或类金属，包括硼、硅、砷、砹。其特点是它们的电导率介于金属和非金属之间，并且都具有一种或几种同质异构体，其中一种具有金属性质。

1.1.2 冶金的概念及冶金方法分类

冶金是一门研究如何经济地从矿石或其他原料中提取金属或金属化合物，并用各种加工方法制成具有一定性能的金属材料的科学。

冶金学是研究从矿石或二次金属资源中提取金属或金属化合物，用各种加工方法制成具有一定性能的金属材料的学科。冶金学不断地吸收自然科学，特别是物理学、化学、力学等方面的新成就，指导着冶金生产技术向广度和深度发展。另一方面，冶金生产又以丰富的实践经验，充实着冶金学的内容，发展成为两大领域：物理冶金学和提取冶金学。

研究通过加工成型，制备有一定性能的金属或合金材料的学科，称为物理冶金学或称金属学。金属（包括合金）的性能（物理性能及力学性能）不仅与其化学成分有关，而且被成型加工或金属热处理过程产生的组织结构所决定。成型加工包括金属铸造、粉末冶金（制粉、压制成形及烧结）及金属塑性加工（压、拔、轧、锻）。研究金属的塑性变形理论、塑性加工对金属力学性能的影响及金属在使用过程中的力学行为的科学，则称为力学冶金学。显然，力学冶金是物理冶金学的一个组成部分。

研究从矿石提取金属或金属化合物的生产过程的科学称为提取冶金学。由于这些生产过程伴有化学反应，又称为化学冶金学。因为它研究范围涉及火法冶炼、湿法提取或电化学沉积等各种过程及方法的原理、流程、工艺及设备，故又称其为过程冶金学。而提取冶金学根据国内冶金工作者的习惯简称为冶金学。也就是说，狭义的冶金学指的是提取冶金学，而广义的冶金学则包括提取冶金学及物理冶金学。提取冶金学的任务是研究各种冶炼及提取方法，提高生产效率、节约能源、改进产品质量、降低成本、扩大品种并增加产量。

作为冶金原料的矿石或精矿，其中除含有所要提取的金属矿物外，还含有伴生金属矿物和大量无用的脉石矿物。冶金的目的就是把所要提取的金属从成分复杂的矿物集合体中分离出来并加以提纯。冶金分离和提纯过程常常不能一次完成，需要进行多次，通常包括预备处理、熔炼和精炼三个循序渐进的作业过程。

在现代冶金中，由于矿石（或精矿）性质和成分、能源、环境保护及技术条件等情况的不同，实现冶金作业的工艺流程和方法也多种多样。根据冶炼金属的不同，冶金工业通常分为黑色冶金工业（或钢铁冶金工业）和有色冶金工业。前者包括生铁、钢及其铁合金（如铬铁、锭铁等）的生产；后者包括其余所有各种金属的生产。根据各种方法的特点，大体上可将其归纳为火法冶金、湿法冶金和电冶金三类。

1.1.2.1　火法冶金

火法冶金是在高温条件下进行的冶金过程。矿石或精矿中的部分或全部矿物在高温下经过一系列物理化学变化，生成另一种形态的化合物或单质，分别富集在气体、液体或固体产物中，达到所要提取的金属与脉石及其他杂质分离的目的。实现火法冶金过程所需的热能，通常是依靠燃料燃烧来供给，也有依靠过程中的化学反应来供给的，例如，硫化矿的氧化焙烧和熔炼就无需由燃料供热；金属热还原过程也是自热进行的。火法冶金过程是一个高温没有水相参与的过程，是提取金属的主要方法之一。火法冶金反应快、设备少、处理量大、流程短、占地少、投资省、见效快，但污染不易控制，不能有效地提取复杂矿或贫矿中的金属，回收率低。

1.1.2.2　湿法冶金

湿法冶金是在常温（或低于100℃）常压或高温（100~300℃）高压下，用溶剂处理矿石或精矿，使所要提取的金属溶解于溶液中，而其他杂质不溶解，然后再从溶液中将金属提取和分离出来的过程。它包括浸出、分离、富集和提取等工序。湿法冶金能处理复杂矿等伴生矿和贫矿，金属的回收率高、纯度高，污染少易治理，流程连续，便于机械化和自动控制，劳动条件较好，操作简单。但反应慢、流程长、占地多、投资大。

1.1.2.3　电冶金

电冶金是利用电能提取和精炼金属的方法。根据利用电能效应的不同，电冶金又分为电热冶金和电化冶金。

电热冶金是利用电能转变为热能进行冶炼的方法。在电热冶金的过程中，按其物理化学变化的实质来说，与火法冶金过程差别不大，两者的主要区别只是冶炼时热能来源不同。

电化冶金（电解和电积）是利用电化学反应，使金属从含金属盐类的溶液或熔体中析出。前者称为溶液电解，如铜的电解精炼和锌的电积，可列入湿法冶金一类；后者称为熔盐电解。不仅利用电能的化学效应，而且也利用电能转变为热能，借以加热金属盐类使之成为熔体，故也可列入火法冶金一类。

从矿石或精矿中提取金属的生产工艺流程，常常是既有火法过程，又有湿法过程，即使是以火法为主的工艺流程，比如，硫化铜精矿的火法冶炼，最后尚需经过湿法的电解精炼过程，而在湿法炼锌中，还需要用高温氧化焙烧对硫化锌精矿原料进行炼前处理。

采用哪种方法提取金属或按怎样的顺序进行，很大程度上取决于金属及其化合物的性质、所用的原料及要求的产品。冶金方法基本上是火法和湿法。钢铁冶金主要用火法，而有色金属冶金则火法和湿法兼有。

冶金方法的采用，正面临着能源的节省、环境保护、矿物资源日趋贫乏和资源综合利用等紧迫问题。在一定程度上它支配着冶炼厂的生产、设计、建厂和冶金技术的发展。节约能源依靠新技术和新方法，尤其是要改革电炉熔炼和有色金属电解生产过程的现有工艺，降低电耗。湿法冶金和无污染火法冶金能较好地满足日趋严格的环保要求，具有很大的发展前景。为了维持工业增长的需要，必须采取措施处理贫矿，一方面提高选矿技术，同时研究更有效的冶炼方法。矿物原料，尤其是多金属矿物原料的综合利用，是提取冶金过程降低生产成本提高经济效益的关键问题。近年来有色金属提取冶金企业正在努力实现多产品经营，并把金属生产和材料加工结合起来，提高冶金产品销售的附加值，借以降低主金属的冶炼成本。

冶金学和其他学科领域一样，涉及的范围很广，它与化学、物理化学、热工、化工、机械、仪表、计算机等有极其密切的关系。冶金学不断地吸收上述基础学科和相关学科的新成就，指导着生产技术向广度和深度发展，而冶金生产工艺的发展又会对冶金学的充实、更新和发展提供不尽的源流和推动力。

1.1.3 冶金工艺流程和主要冶金单元过程

任何一种金属的提取都不是一步完成的，需要分为若干个阶段进行，一种金属的提取往往是多步冶金过程联合作用的结果，但各个阶段的冶炼方法和使用的设备都不尽相同。各阶段过程间的联系及其所获得的产品（包括中间产物）间流动线路图就称为某一种金属的冶炼工艺流程图。根据表示不同的内容，工艺流程图可分为设备连接图、原则流程图和数质量流程图。设备连接图是表示冶炼厂主要设备之间联系的图；原则流程图是表示各阶段作业间联系为主的图；数质量流程图则是表示各阶段作业所获产物的数量和质量情况的图。

如图 1-1 所示为钢铁冶金（见图 1-1（a））和湿法炼锌（见图 1-1（b））的工艺流程简图。黑色金属矿石的冶炼，一般情况下矿石的成分比较单一，通常采用火法冶金的方法进行处理，即使有的矿石较为复杂，通过火法冶金之后，也能促使其伴生的有价金属进入渣中，再进行处理，如高炉冶炼用钒钛磁铁矿就属于这种类型。有色金属矿石的冶炼，由于其矿石或精矿的矿物成分极其复杂，含有多种金属矿物，不仅要提取或提纯某种金属，还要考虑综合回收各种有价金属，以充分利用矿物资源和降低生产费用。因此，考虑冶金方法时，要用两种或两种以上的方法才能完成。

一种金属的冶炼工艺流程包括多个冶炼阶段，而每一个冶炼阶段可能是火法、湿法或电化学冶金的方法。因此，通常把每一个冶炼阶段称为冶金过程。如高炉炼铁是火法冶金过程，锌焙砂浸出是湿法冶金过程，而净化液电积则为电化学冶金过程。在生产实践中，各种冶金方法往往包括如下冶金单元过程。

（1）干燥。除去原料中的水分。干燥温度一般为 400~600℃。

（2）焙烧。是指将矿石或精矿置于适当的气氛下，加热至低于它们的熔点温度，发生氧化、还原或其他化学变化的冶金过程。其目的是为改变原料中提取对象的化学组成，满足熔炼要求。按焙烧过程控制气氛的不同，可分为氧化焙烧、还原焙烧、硫酸化焙烧、氯化焙烧等。

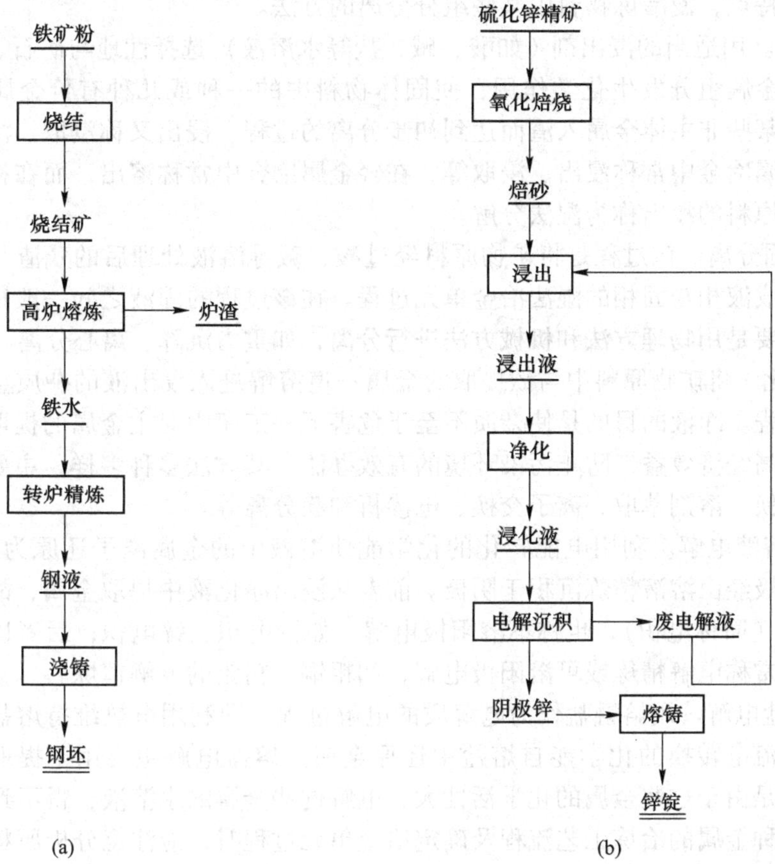

图 1-1 冶炼工艺流程图实例
（a）钢铁冶金原则流程图；（b）湿法炼锌原则流程图

（3）煅烧。是指将碳酸盐或氢氧化物的矿物原料在空气中加热分解，除去二氧化碳或水变成氧化物的过程，也称焙解。如石灰石煅烧成石灰，作为炼钢熔剂。氢氧化铝煅烧成氧化铝，作为电解铝原料。

（4）烧结和球团。将不同粉矿混匀或造球后加热焙烧，固结成多孔块状或球状的物料，是粉矿造块的主要方法。例如，烧结是铁矿粉造块的主要方法。

（5）熔炼。是指将处理好的矿石、精矿或其他原料，在高温下通过氧化还原反应，使矿石中金属和杂质分离为两个液相层即金属（或金属锍）液和熔渣的过程，也称冶炼。按冶炼条件可分为还原熔炼、造锍熔炼、氧化吹炼等。

（6）精炼。进一步处理熔炼所得含有少量杂质的粗金属，以提高其纯度。如熔炼铁矿得到生铁，再经氧化精炼成钢。精炼方法很多，火法精炼的种类很多，如氧化精炼、硫化精炼、氯化精炼、熔析精炼、碱性精炼、区域精炼、真空冶金、蒸馏等。

（7）吹炼。吹炼的实质是氧化熔炼，就是将造锍熔炼所得到的锍熔体，一般在转炉中借助鼓入空气中的氧（或富氧空气）使锍中的铁、硫和其他杂质元素氧化、造渣或挥发，与主体金属分离而得到粗金属。

（8）蒸馏。蒸馏是指将冶炼的物料在间接加热的条件下，利用在某一温度下各种物质挥发度不同的特点，使冶炼物料中某些组分分离的方法。

（9）浸出。用适当的浸出剂（如酸、碱、盐等水溶液）选择性地与矿石、精矿、焙砂等矿物原料中金属组分发生化学作用，使固体物料中的一种或几种有价金属溶解于溶液中，而脉石和某些非主体金属入渣而达到初步分离的过程。浸出又称浸取、溶出、湿法分解，如在重金属冶金中常称浸出、浸取等，在轻金属冶金中常称溶出，而在稀有金属冶金中通常将矿物原料的浸出称为湿法分解。

（10）液固分离。该过程是将矿物原料经过酸、碱等溶液处理后的残渣与浸出液组成的悬浮液分离成液相与固相的湿法冶金单元过程。在该过程的固液之间一般很少再有化学反应发生，主要是用物理方法和机械方法进行分离，如重力沉降、离心分离、过滤等。

（11）净化。将矿物原料中与欲提取的金属一道溶解进入浸出液的杂质金属除去的湿法冶金单元过程。净液的目的是使杂质不至于危害下一工序中对主金属的提取，也是综合利用资源，提高经济效益，防止污染环境的有效办法。其方法多种多样，主要有结晶、蒸馏、沉淀、置换、溶剂萃取、离子交换、电渗析和膜分离等。

（12）水溶液电解。利用电能转化的化学能使溶液中的金属离子还原为金属而析出，或使粗金属阳极经由溶液精炼沉积于阴极。前者从浸出净化液中提取金属，故又称电解提取或电解沉积（简称电积），也称不溶阳极电解，如铜电积、锌电积；后者以粗金属为原料进行精炼，常称电解精炼或可溶阳极电解，如粗铜、粗铅的电解精炼。

（13）熔盐电解。用熔融盐作为电解质的电解过程，即利用电热维持熔盐所要求的高温，又利用直流电转换的化学能自熔盐中还原金属。熔盐电解主要用于提取轻金属，如铝、镁等。这是由于这些金属的化学活性大，电解这些金属的水溶液，得不到金属。

在考虑某种金属的冶炼工艺流程及确定冶金单元过程时，应注意分析原料条件（包括化学组成、颗粒大小、脉石和有害杂质等）、冶炼原理、冶炼设备、冶炼技术条件、产品质量和技术经济指标等。另外，还应考虑水电供应、交通运输等辅助条件。其总的要求（或原则）是过程越少越好，工艺流程越短越好。需要提及的是，冶炼金属的工业流程，除了提取提纯金属外，还要同时回收伴生有价金属，重视“三废”（废气、废渣、废液）治理和综合利用等方面的问题。因此，完整的工艺流程是很复杂的，所包含的冶金过程也是很多的。可见，冶金过程是应用各种化学和物理化学的方法，使原料中的主要金属与其他金属或非金属元素分离，以获得纯度较高的金属的过程。

冶金学是一门多学科的综合应用科学，一方面，冶金学不断吸收其他学科特别是物理学、化学、力学、物理化学、流体力学等方面的新成就，指导冶金生产技术向新的广度和深度发展；另一方面，冶金生产又以丰富的实践经验充实冶金学的内容，也为其他学科提供新的金属材料和新的研究课题。电子技术和电子计算机的发展和应用，对冶金生产产生了深刻的影响，促进了新金属和新合金材料不断产出，进一步适应了高精尖科学技术发展的需要。

1.2 冶金的发展过程

人类自进入青铜时代以来，同金属材料及其制品的关系日益密切，冶金生产技术源远流长，直到 18 世纪末才从近代自然科学中汲取营养，逐渐形成一门近代科学——冶金学。

在现代社会中金属不仅是重要的战略物资和生产资料，也是人类生活中不可缺少的消费资料，不仅衣、食、住、行离不开金属材料，人们从事生产或其他活动场所用的工具和设施也都使用金属材料，因此可以说没有金属材料便没有人类的物质文明。

1.2.1 古代冶金技术

据冶金史研究，人类使用天然金属（主要是天然铜）距今大约不下8000年，但天然铜资源稀少，要使用更多的铜必须从矿石中提取。据目前所知，世界上最早炼铜的是美索不达尼亚地区，大约在公元前38~36世纪。最早的青铜大约出现在公元前30世纪，在人类文明中大量使用青铜的年代称青铜时代。人类最初使用的铁是陨铁，如埃及金字塔中发现的和我国出土的商代铜钺铁刃，它们在公元前1500~1400年被人们所利用。最早炼铁是在黑海南岸山区，大约在公元前14~13世纪进入铁器时代，但在不同地区，铁的使用和生产发展水平有很大差异，中国古代的冶金在明代中叶以前一直居于世界先进水平，如使用木风箱，焦炭炼铁，生铁炼钢，锌、镍、白铜的冶炼，永乐大钟的制造，都标志着我国古代冶金技术的卓越水平。中国古代冶金技术如图1-2所示。

图1-2 中国古代冶金技术

1.2.2 近代冶金发展

近代冶金出现于资本主义发展初期，特别是在1640年以后的200多年里，以高炉炼铁、炼钢为主的冶金生产技术的发展及变革主要发生在英国，尤其是1700~1890年，一系列重要的技术发展创造使英国的炼铁、炼钢工业得到了蓬勃发展。1709年，达比用焦炭代替木炭炼铁成功，使冶金摆脱了木炭资源的限制；1735年，蒸汽机的发明改善了鼓风，强化了冶炼过程；1828年，尼尔森采用蓄热式热风炉鼓风炼铁，使焦比降低，生产率提高；1856年，贝塞麦发明酸性转炉炼钢法，扩大了炼钢的原料来源；1879年，托马斯成功用碱性转炉炼钢法，解决了高磷铁水冶炼优质钢的问题；1866年，德国发明了发电机，1869年使电解法提铜工业得以实现，也开创了电冶金新领域；1899年，出现了电弧炉炼钢；

1927 年，高频感应炉的使用成为合金钢生产的普遍方法，并使真空冶炼成为可能。第二次世界大战后，特别是 1952 年奥地利研究成功的氧气顶吹转炉，成为冶金史上发展最快的新技术。随着高炉大型化、自动化，20 世纪 50 年代以来钢铁生产得到了突飞猛进的发展。

有色金属继钨钢（1882 年）之后相继出现了锰钢（1889 年）、镍钢（1889 年）和耐蚀铬钢。自 19 世纪初开创熔盐电解法，使铝成为用量仅次于铁的第二大金属。第二次世界大战后有色金属的发展也十分迅速。从 20 世纪 50～80 年代，有色金属在世界金属总产量中占 5%（钢铁占 95%），但其产值几乎与钢铁相当。工业、农业、国防、科技都离不开有色金属，由于它的应用面宽、经济价值高、发展迅速，它和黑色金属相辅相成，共同构成现代金属材料体系。

1.2.3 我国冶金的发展

新中国成立以前，我国的冶金工业非常落后，产量低，虽然我国有相当丰富的煤、铁、有色金属和水力资源，由于长期受封建主义的束缚与帝国主义的侵略，冶金工业远远落后于资本主义国家。中国近代冶金工业的兴起以 1890 年湖北汉阳铁厂和大冶铁矿的兴建为标志，铁厂于 1894 年投产。1915 年后在本溪、鞍山、石景山等地相继建厂，它们都具有典型的殖民地与半殖民地性质。1895～1913 年间全国最高年产铁量未超过 50 万吨，钢未超过 10 万吨，技术落后、产品比例不平衡。1949 年钢产量仅 15.8 万吨，居世界 26 位。有色金属自 20 世纪以来逐步采用新技术，但是能生产的品种仅限于铜、铅、锌、金、银、汞等传统金属，而且主要冶炼粗金属，甚至以矿砂形式出口。

新中国成立后，经过短短三年的恢复期钢产量就达到 135 万吨，从 1953 年起开始了大规模的基本建设，到 1978 年，我国钢产量达到 3178 万吨，居世界第五位，占当年世界钢铁产量的 4.42%。据统计，1952～1978 年期间，钢铁工业的钢产量平均每年递增 12.9%，年产值递增 11.8%，到 1983 年钢产量达 4002 万吨，增长了 28.6 倍，1988 年全年产钢已超过 5900 万吨，至 1995 年年生产能力已达 1 亿吨。

技术设备水平有了较大提高，通过技术改造、技术引进，我国已有 4000m^3 的大型高炉，300t 顶吹转炉，80t 电炉和大型板坯连铸机等。

我国有色金属资源丰富，品种齐全。据目前所知，钨和稀土等 7 种金属的储量居世界第一，铝、镍、铌等储量也相当丰富。自 1949 年以来，有色金属工业发展很快，铜、铅、锌 3 种有色金属的产量（1982 年）较 1952 年分别增长了 12 倍、23 倍、28 倍，这在世界有金属史上是少见的，1992 年我国 10 种有色金属总产量居世界第 5 位，达到 300 万吨。稀有金属资源综合利用、有色金属加工业都得到了迅速发展。

1.3 冶金工业在国民经济中的地位

1.3.1 钢铁工业在国民经济中的地位

冶金工业是整个原材料工业体系中的重要组成部分，它与能源工业和交通运输业一样，是构成国民经济的基础产业。材料是人类社会发展的物质基础和先导，没有金属材料便没有人类的物质文明。国民经济各个部门都离不开金属材料。目前，尽管陶瓷材料、高分子材料和复合材料发展很快，但是金属材料在今后很长时间内仍将是占主导地位的。

由于铁在地壳中占5%，分布较集中，适合大量开采和大规模冶炼加工，因此在所有金属产品中属于成本低、储量大、用途广和可再生利用的金属产品。钢铁产品作为国民经济重要的基础原材料，是当今世界各国工业文明和提高经济实力的重要指标之一。钢铁是用途最广泛的金属材料。在人类使用的金属材料当中，钢铁占90%以上。人类生活离不开钢铁，人类从事生产或其他活动所用的工具和设施都要使用钢铁。钢铁产量往往是衡量一个国家工业化水平和生产能力的重要指标，钢铁的质量和品种对国民经济的其他工部门产品的质量，都有极大的影响。

钢铁工业在国民经济中的巨大作用，在于它能够提供一切工具和机器设备的原材料。钢铁是现代社会生产和扩大再生产的物质基础，从最简单的手工劳动工具直到最复杂的航天技术，没有一个工业部门不和钢铁工业发生直接或间接的关系。为机器制造业提供数量日益增长、质量日益提高的钢材，是钢铁工业的基本任务。钢铁工业的发展和交通运输业、特别是铁路业的发展紧密联系在一起的。建设100km铁路，就需钢轨及各种钢材1万多吨；建造一艘万吨级轮船，需要各种钢材制品6000多吨；制造一辆载重汽车大约需要钢材3t。钢材是现代建筑业的主要建筑材料之一，日本和美国用于建筑业的钢材占钢材总用量的13%~14%。钢铁工业的生产水平，也是国防实力的表现之一。从直接消费角度看，经过加工和再加工，钢铁与人们的日常生活联系紧密，从餐具、炊具、家具、一般五金用品到高级耐用消费品、各种现代的卫生设施等，到处都可以看到钢铁的使用。此外，钢铁是农业机械化、现代化不可缺少的物质基础。随着科学技术的迅猛发展，钢铁材料的质量、品种和性能都远不能达到现代科技要求的水平，这就需要各种有色金属作为钢的添加剂而形成各种合金钢。例如，加入铬、镍、钨、钛、钒等成分后，可以使刚才具备某些特殊性能。钢铁工业的迅速发展和壮大，对于推动汽车、造船、机械、电器等工业的发展和腾飞，都发挥了至关重要的作用。到目前为止，还看不出有任何其他材料在可预见的将来能代替钢铁现有的地位。

1.3.2 有色金属工业在国民经济中的地位

有色金属与人类社会的文明史息息相关。历史发展证明，材料是社会进步的物质基础和先导，金属的使用和冶金技术的进步与人类社会关系密切。历史学家曾用器物的使用作为社会生产力发展的里程碑，如青铜时代、铁器时代，新材料时代等。

能源、信息技术和材料被称为现代社会的三大支柱。当今，信息技术、生物技术、新材料技术和新能源技术已构成一个前所未有的科学群。有色金属及其合金、化合物是现代材料的重要组成部分，物质世界已发现的112种元素中，有色金属占2/3以上（95种），它们与能源技术、生物技术、信息技术关系十分密切。其应用遍及第一、第二、第三产业和现代高新技术的各个领域，在国民经济中占有重要地位。有色金属已成为国民经济和国防所必需的材料，许多有色金属资源，特别是稀有金属是国家重要的战略物资。一个国家有色金属的消费量和生产量是衡量国家综合实力和强盛的重要标志之一。随着经济发展和科技进步，有色金属的许多优异性能和价值正逐渐被人们所发现，它的应用领域越来越广阔，市场需求也越来越大。

1.4 冶金工业发展趋势

1.4.1 钢铁工业发展趋势

钢铁工业发展的高效化、连续化、自动化要求采用新流程、新技术、新装备代替传统的全流程生产方式，以获得优质产品、高效率、高生产率。

节约资源、能源，降低制造成本，以增加钢铁生产在市场经济中的竞争力。同时，还要满足对钢材性能及质量上不断提高的要求发展高新技术所需的新材料。新材料是高新技术的基础，优质合金钢及超级合金钢在新材料中占相当比重。通过改进钢的冶炼工艺、冶金质量、合金化、微合金化及凝固控制，进一步改善钢的性能。连铸技术特别是高效连铸及终形连铸，可显著提高钢材生产效率、质量和效益，对现代高效炼钢与高速连轧起衔接作用，使工业流程更紧凑，速度趋向临界值，实现产品专业化、系列化、优化和高附加值。

近终成型金属毛坯制备新技术是将金属合成、精炼、凝固、成型集中于一道工序，是物性转变的最佳短流程，能有效控制污染，使金属性能显著提高。其特点是一次成形，不再进行热加工，大量减少切削加工，达到提高金属利用率、节约工时、缩短生产周期的效果。

21 世纪是智能和信息的时代，钢铁企业将实现计算机集成系统管理及流程的人工智能控制。以电子学为基础的自动控制及信息网络渗入冶金领域，推动钢铁工业的重大革新。

钢铁工业是我国国民经济的基础性支柱产业，一直是政策部门防治“重复建设”或“产能过剩”的重点行业，在钢铁工业实施的投资规制政策也一直是我国防治“产能过剩”的主要政策。钢铁业是碳排放最大的行业之一，绿色低碳发展将是钢铁行业未来必须持续推进的重点任务。未来五年中国钢铁行业发展趋势：

（1）在碳达峰 2030 年总体目标下，钢铁行业要 2025 年提前达峰。

（2）产能产量双达峰并开始下降。

（3）电炉炼钢的比例不断提升，主要在城市边缘的电炉钢厂生产螺纹等钢材，大钢厂长流程生产板材和品种钢。

（4）以氢炼钢为代表的低碳或无碳炼铁加电炉炼钢技术开始应用，逐渐替代高炉转炉炼钢方式。

（5）以满足国内需求为目标，钢材出口将会减少，进口有所增加；出口价格将会有所上涨，与日韩钢厂价格的价差收窄，不再以价格作为主要竞争手段。

（6）钢材价格受供需紧平衡而总体处于高位，但短期供应紧张的同时面临经济增长放缓，新冠肺炎疫情冲击，需求回落的风险；长期来看，碳减排相关高额投资，将会提高后期钢材价格位置。

（7）东南亚地区或一带一路沿线国家及其他地区和国家，成为中国钢铁投资主要市场，在当地建设钢铁生产线生产钢材。

（8）新时期下考虑全生命周期碳减排。钢铁作为材料老大的地位，仍然无法撼动！矿石需求在钢铁碳减排要求下遇到挑战。

1.4.2 中国有色金属工业发展趋势

20世纪90年代以来，世界有色金属工业总体形势有以下特点：有色金属产量供大于求；国际铜工业复苏，铜资源国家大力开发铜矿，不仅老矿进行扩建，还新建了几座特大型富铜矿；湿法炼铜进展神速，铜产量迅猛增长，超过消费增长速度，国际铜市场出现供大于求的局面；与此同时，世界电解铝厂的开工率保持在90%以上，产量持续增加，但世界铝的消费量未见明显增加，已出现原铝生产大于消费、供过于求的倾向。铅、锌也有类似情况。总的来看，随着世界经济的增长，世界有色金属需求量将稳步上升，但有色金属市场供大于求的总体趋势估计近期不会改变，市场竞争将更加激烈。

世界有色金属工业发展日趋国际化、集团化。资本运营和生产经营紧密结合是全球有色金属发展的一大特征。近年来，为了适应市场竞争，实现规模化运营，垄断市场，国外大型有色金属企业集团和跨国公司通过不断收购、兼并、联合，组建起了更大规模的跨国企业集团（其中多数为采、选、冶、加工联合企业）和跨行业（含金融、商业、贸易、服务业）的联合企业，不断增强实力以期占领更大的市场份额。

初级产品向低成本地区转移。高新技术的采用促使冶炼、加工产品向低成本和高、精、尖方向发展。世界有色金属工业属于开发资源性产业，随着有色金属市场竞争的加剧，出于综合资源条件、能源供应、劳动力价格等生产成本要素的考虑，世界上有色金属的初级产品生产正向资源条件好、生产成本低的国家和地区转移。

随着冶炼技术的进步，有色金属生产成本不断下降。湿法炼铜产量的比重不断增加，产品成本下降到仅为传统火法冶炼成本的30%~50%；氧化铝生产装置的大型化、规模化，改进后的大型预焙槽电解技术的广泛采用，使氧化铝、电解铝成本逐步降低。

适应世界高新技术发展要求，有色金属新材料发展迅速。大直径半导体硅材料、磁性材料、复合材料、智能材料生产技术的开发，使得结构材料复合化及功能化、功能材料集成化及智能化得以不断实现，既开拓了新的有色金属消费领域，又反过来促进了高新技术的发展。国际上大型企业和跨国公司十分重视并通过高技术新材料产品开发，保持其技术、产品优势，不断扩大高附加值产品的市场占有率，提高企业经济效益，增强企业的竞争力，这是今后相当长时间内有色金属向高层次发展的重要领域。

复习思考题

1-1 金属怎么分类，对于每一类有色金属你能举出几种有代表性的金属吗？

1-2 有色金属中的稀有金属分为哪几类？

1-3 什么是冶金，提取冶金方法如何分类？

1-4 冶金方法主要包括哪些，主要的冶金单元过程包括哪些，这些冶金单元过程在提取冶金工艺中各起什么作用？

1-5 火法冶金的基本过程有哪些？

1-6 湿法冶金和电冶金的基本过程有哪些？

1-7 冶金工业发展趋势有哪些，我国的冶金工业资源优势何在？

2 矿石与选矿

2.1 矿物、矿石和矿床

2.1.1 金属元素在地壳中的分布

地球的外壳称为地壳，大部分由硅酸盐所组成，平均厚度约 12km，其最外层平均厚度仅 1.6km。通过钻探和岩层的褶皱分析估计，地壳中重金属（包括铁）的含量约占 6%，而铜、铅、锌、锡和镍 5 种有色金属总共不超过 0.65%；但轻金属的含量相当高，达 18%，其中铝为最高，其次为镁，钛含量也相当高。

根据地球化学的统计资料，地壳中丰度最大的元素是氧。表 2-1 为 60 种元素在地壳中

表 2-1　元素在地壳岩石中的平均丰度

元素	丰度	元素	丰度	元素	丰度
氧（O）	473000×10^{-6}	铬（Cr）	100×10^{-6}	锡（Sn）	2×10^{-6}
硅（Si）	291000×10^{-6}	铈（Ce）	81×10^{-6}	锗（Ge）	2×10^{-6}
铝（Al）	81000×10^{-6}	锌（Zn）	80×10^{-6}	溴（Br）	1.8×10^{-6}
铁（Fe）	46000×10^{-6}	镍（Ni）	75×10^{-6}	钼（Mo）	1.5×10^{-6}
钙（Ca）	33000×10^{-6}	铜（Cu）	50×10^{-6}	钨（W）	1×10^{-6}
钾（K）	25000×10^{-6}	锂（Li）	30×10^{-6}	铊（Tl）	0.45×10^{-6}
钠（Na）	25000×10^{-6}	镓（Ga）	26×10^{-6}	碘（I）	0.15×10^{-6}
镁（Mg）	17000×10^{-6}	镧（La）	25×10^{-6}	铋（Bi）	0.10×10^{-6}
钛（Ti）	4000×10^{-6}	钴（Co）	25×10^{-6}	铟（In）	0.10×10^{-6}
锰（Mn）	1000×10^{-6}	铌（Nb）	20×10^{-6}	镉（Cd）	0.10×10^{-6}
磷（P）	900×10^{-6}	钪（Sc）	13×10^{-6}	锑（Sb）	0.10×10^{-6}
氟（F）	600×10^{-6}	铅（Pb）	10×10^{-6}	硒（Se）	0.10×10^{-6}
钡（Ba）	580×10^{-6}	钍（Th）	10×10^{-6}	银（Ag）	0.05×10^{-6}
锶（Sr）	300×10^{-6}	硼（P）	8×10^{-6}	汞（Hg）	0.02×10^{-6}
硫（S）	300×10^{-6}	铪（Hf）	3×10^{-6}	钯（Pd）	0.01×10^{-6}
碳（C）	230×10^{-6}	铯（Cs）	3×10^{-6}	铂（Pt）	0.005×10^{-6}
铷（Rb）	150×10^{-6}	铀（U）	2.5×10^{-6}	金（Au）	0.003×10^{-6}
钒（V）	150×10^{-6}	铍（Be）	2×10^{-6}	碲（Te）	0.002×10^{-6}
锆（Zr）	150×10^{-6}	钽（Ta）	2×10^{-6}	铑（Rh）	0.001×10^{-6}
氯（Cl）	130×10^{-6}	砷（As）	2×10^{-6}	铼（Re）	0.0006×10^{-6}

的平均丰度。在109种已知的元素中，氧、硅、铝、铁、钙、钠、钾、镁、钛、锰、磷和氟等共占99.5%，其中仅有前8种的含量超过1%。在表2-2所列的24种重要经济元素中也只有铝、铁、镁、钾等4种金属元素在地壳中的含量超过1%。可见人类常用的大多数不可缺少的金属在地壳中含量是微乎其微的。然而，它们之所以能从地壳中被提取出来，是由于地质上亿万年的种种变迁过程才有几十种金属富集成或大或小可供开采和提取的矿床。因此，矿物资源的保护、合理开发及综合利用是国民经济中的大事，必须将近期的利益和长远的利益结合起来，认真地加以规划。

表2-2 经济上重要的金属元素在地壳岩石中的丰度（质量分数） （%）

元素	丰度	元素	丰度	元素	丰度
铝（Al）	8.00	铬（Cr）	0.0098	锡（Sn）	0.00015
铁（Fe）	5.8	锌（Zn）	0.0082	钼（Mo）	0.00012
镁（Mg）	2.77	镍（Ni）	0.0072	铀（U）	0.00010
钾（K）	1.68	铜（Cu）	0.0058	钨（W）	0.00010
钛（Ti）	0.86	钴（Co）	0.0028	银（Ag）	0.000008
磷（P）	0.101	铅（Pb）	0.0010	汞（Hg）	0.000002
锰（Mn）	0.100	铍（Be）	0.0002	铂（Pt）	0.0000005
钒（V）	0.017	砷（As）	0.0002	金（Au）	0.0000002

2.1.2 矿物

矿物是地壳中具有固定化学组成和物理性质的天然化合物或自然元素。

目前自然界中已知的矿物约3000多种，其中有50种为造岩矿物，约200种为经济矿，而工业经济价值较大的金属矿物只有100多种。能够为人类利用的矿物称作有用矿物。冶金工业中常见的矿物见表2-3。

表2-3 冶金工业常见金属矿物

金属	矿物	化学式	金属	矿物	化学式
铁	磁铁矿	Fe_3O_4	钼	辉钼矿	MoS
	赤铁矿	Fe_2O_3		钼华	MoO_3
	褐铁矿	$Fe_2O_3 \cdot H_2O$	锰	菱锰矿	MnCO
	菱铁矿	$FeCO_3$		软锰矿	MnO_2
铜	自然铜	Cu		蔷薇辉石	MnSiO
	辉铜矿	Cu_2S	铬	铬铁矿	$FeCr_2O_4$
	斑铜矿	Cu_5FeS_4	钛	钛铁矿	$FeO \cdot TiO_2$
	黄铜矿	$CuFeS_2$		金红石	TiO_2
	孔雀石	$CuCO_3 \cdot Cu(OH)_2$	锆	斜锆石	ZrO_2
铝	一水硬铝石	$Al_2O_3 \cdot H_2O$		锆英石	$ZrSiO_4$
	三水铝石	$Al_2O_3 \cdot 3H_2O$	钒	绿硫钒矿	V_2S_5
	高岭石	$Al_2O_3 \cdot SiO_2 \cdot 2H_2O$		钒铅矿	$3Pb_3(VO_4)2PbCl_2$

续表 2-3

金属	矿物	化学式	金属	矿物	化学式
铅	方铅矿	PbS	钨	黑钨矿	$(Fe, Mn)WO_4$
	白铅矿	$PbCO_3$		白钨矿	$CaWO_4$
	铅钒	$PbSO_4$	银	自然银	Ag
锌	闪锌矿	ZnS		辉银矿	Ag_2S
	铁闪锌矿	$m\mathrm{ZnS} \cdot n\mathrm{FeS}$		角银矿	$AgCl$
	菱锌矿	$ZnCO_3$	金	自然金	Au
镁	菱美矿	$MgCO_3$		碲金矿	$AuTe_2$
	白云矿	$MgCO_3 \cdot CaCO_3$		针碲金矿（银）	$(AuAg)Te_2$
锡	锡石	SnO_2	铍	绿柱石	$3BeO \cdot Al_2O_3 \cdot 6SiO_2$
	黄锡矿	$CuS_2 \cdot FeS \cdot SnS_2$	铀	沥青铀矿	UO_2
镍	针镍矿	NiS	镉	辉镉矿	CdS
	硅镁镍矿	NiMg 的水合硅酸盐	锑	辉锑矿	Sb_2S_3
	镍黄铁矿	$(FeNi)S_8$	钴	辉砷钴矿	$CoAsS$
汞	辰砂	HgS			

2.1.3 矿石

含有用矿物的矿物集合体，如其中金属的含量在现代技术经济条件下能够回收加以利用时，这个矿物集合体称作矿石。有用矿物在地壳中的分布是不均匀的，由于地质成矿作用，它们可富集在一起，形成巨大的矿石堆积。在地壳内或地表上矿石大量积聚具有开采价值的区域称作矿床。在矿石中，除了有用矿物之外，几乎总是含有一些废石矿物，这些废石矿物称为脉石。因此，矿石由两部分构成，即有用矿物和脉石。

矿石有金属矿石和非金属矿石之分。金属矿石指在现代技术经济条件下可从其中获得的矿石。在金属矿石中，按金属存在的化学状态又分成自然矿石、硫化矿石、氧化矿石和混合矿石。有用矿物中是自然元素的称做自然矿石，例如，自然金、银、铂、硫元素硫等；硫化矿石特点是其中有用矿物为硫化物，例如，黄铜矿（$CuFeS_2$）、方铅矿（PbS）、闪锌矿（ZnS）等；氧化矿石中有用矿物是氧化物，例如，赤铁矿（Fe_2O_3）、赤铜矿（Cu_2O）、锡石（SnO_2），一般含氧的矿物，如硅酸盐、碳酸盐、硫酸盐等也包括在氧化矿内；混合矿石内则既有硫化矿又有氧化矿物。

矿石中有用成分的含量称作矿石品位，常用百分数表示，例如，品位 1%的铜矿石，就是指矿石中金属铜的含量为 1%。对于贵金属，由于它们的含量一般都很低，因此其矿石品位常以每吨中含有的克数来表示，记做“克/吨”。

矿石品位没有上限，越富越好，而其下限则由技术和经济因素确定。技术和经济条件的变化，使矿石的下限品位不断改变。过去抛弃的尾矿堆，由于技术进步和国民经济日益增长需要，今天又被重新利用，这样的事实并不少见。

矿石的品位越低，则获得每吨金属的冶炼费用就越高。所以，为了降低冶炼费用总是希望矿石品位越高越好。各种选矿方法是提高矿石品位的手段，同时，选矿方法还可用来分开两种以上的有用矿物，以便在冶金过程中对这些矿物分别处理，这对于简化冶金工艺流程和降低冶炼费用都是很有利的。

2.2 选　矿

2.2.1 选矿的基本任务

从矿山直接开采出来的矿石称为原矿，其中除有用矿物外，还伴随有大量的无用矿物。这样的原矿，如果直接冶炼，无论是技术上还是在经济上都是不利的，有时甚至是不可能的。选矿是用物理或化学方法将矿物原料中的有用矿物和脉石或有害物质物分开，或将多种有用矿物分离开的过程。选矿后得到高品位精矿可供冶炼用，如铜精矿、铅精矿、锌精矿等，无用成分富集或有用成分含量低的部分称为尾矿，有用成分介于精矿和尾矿之间的，还需要进一步处理的部分称为中矿。

选矿又称矿物加工。选矿是以廉价的处理费用，既不改变矿的组成，又能使之高品位化。由于选矿作业除去了大量的脉石，矿石的运输和冶炼设备的投资、能源及人工费用都将大幅度降低，因此使冶炼回收率有较大的提高。有利于简化主金属的冶金工艺流程和降低冶炼费用，也有利于实现多金属矿物资源的综合利用。有色金属矿山采出的原矿和选矿厂产出的精矿与尾矿的主要化学成分见表 2-4。

表 2-4　我国有色金属原矿和精矿成分实例　（%）

矿山类别	硫化铜矿	铝土矿	黑钨矿	铅锌硫化矿	
金属或金属氧化物成分	Cu	Al_2O_3	WO_3	Pb	Zn
原矿	0.47	55~56	0.625	2.95	5.88
精矿	24.6		31.29	70.78 0.63	2.91（铅精矿） 44.48（锌精矿）
尾矿	0.05		0.07	0.15	0.23

近年来，选矿方法也被用作冶炼厂从中间产物中分离和回收有价金属的重要手段，例如镍冶炼厂将铜-镍锍分离为 Cu_2S 和 Ni_3S_2，铜冶炼厂从铜锍熔炼炉渣和吹炼炉渣中回收铜，以及湿法炼锌厂从浸出渣中回收银，目前都广泛采用了选矿的方法。

随着钢铁工业和有色金属工业的发展，富矿逐渐枯竭，矿石品位日趋下降，待处理的含多金属的和含有害杂质的复杂矿越来越多，因此选矿工业是冶金工业必不可少的重要环节。

2.2.2 选矿基本内容与工艺指标

选矿是一个连续生产过程，由一系列作业工序组成，一般分为选别前准备、选别和选后脱水三个阶段，选矿工艺原则流程图如图 2-1 所示。

选别前准备：这一工序包括破碎、筛分、磨矿和分级。

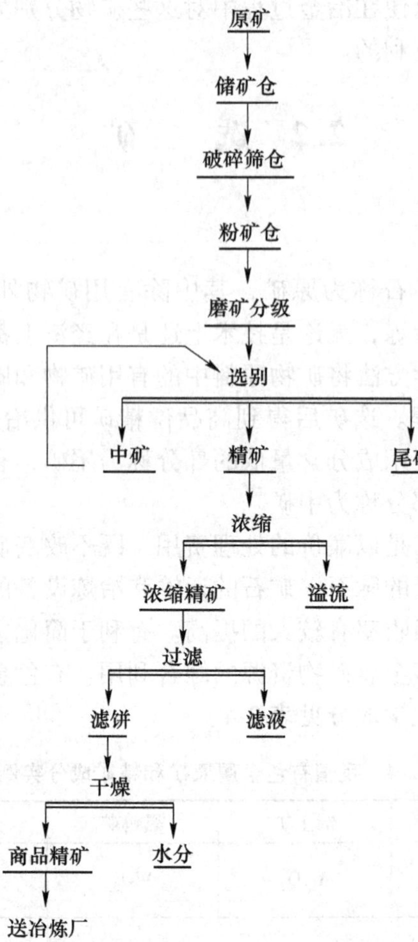

图 2-1　选矿工艺原则流程图

选别作业：根据各种矿物的不同性质，将采用不同的选矿方法，如浮选、重选、磁选或电选法等。

选别后的脱水：精矿脱水通常由浓缩、过滤和干燥三个过程组成。

选矿后得到的产品有精矿、尾矿和中矿。

衡量选矿效果的工艺指标主要有精矿品位、精矿产率、金属回收率、选矿比和富矿比等。

（1）精矿品位。它是产品中该金属的量与产品的量比，用百分数表示。

（2）精矿产率。它是指精矿量与入选原矿量之比，用百分数表示。它可通过选矿前后金属平衡来计算：

$$100 \times \frac{\alpha}{100} = \gamma \times \frac{\beta}{100} + (100 - \gamma) \times \frac{\theta}{100}$$

整理上式得出精矿产率（γ）的计算式：

$$\gamma = \frac{\alpha - \theta}{\beta - \theta} \times 100\%$$

式中　α——原矿品位,%;

β——精矿品位,%;

θ——尾矿品位,%。

(3) 金属回收率。它是指精矿中金属的量与原矿中该金属的量之比，是选别作业中的一个重要指标。金属回收率 ε 为:

$$\varepsilon = \frac{\gamma\beta}{\beta} \times 100\%$$

(4) 选矿比。它是指原矿量与精矿量的比值，即选 1t 精矿所需处理原矿的吨数。

(5) 富矿比。它是指精矿品位与原矿品位之比，它反映有用矿物在选矿过程的富集程度。

2.2.3　选别前准备

通过爆破方法开采的矿石块度大且不均匀，因而在进行选别前首先进行破碎作业，破碎后的矿石粒度取决于选别方法和有用矿物在矿石中的嵌布粒度。有用矿物嵌布粒度越细，其破碎粒度也应越细，但不能过细，否则在进行选别作业时产生大量的细泥而恶化选别作业。

矿石破碎筛分的目的是使有用矿物单体解离，使之适合矿石选别处理对粒度的要求，工业生产主要利用机械力来破碎矿石，目前矿石破碎主要采用 4 种方法：压碎、劈碎、击碎和磨碎。矿石破碎过程往往不是单一方式进行的，而是以两种或两种以上方式联合进行的。

根据对产品粒度要求的不同，破碎作业分为粗碎、中碎、细碎、粗磨和细磨等。破碎的粒度范围及破碎设备见表 2-5。

表 2-5　破碎作业分类

破碎阶段	粒度/mm		破碎设备
	给料	产品	
粗碎	1000~300	350~100	颚式、旋回、圆锥破碎机
中碎	350~100	100~40	颚式、圆锥破碎机
细碎	100~40	20~12	颚式、圆锥破碎机
粗磨	20~12	1~0.3	球磨机、棒磨机
细磨	1~0.3	-0.1	球磨机、棒磨机

2.2.4　选别作业

矿石中的各种矿物，都具有各自固有的物理性质和化学性质，如粒度、形状、密度、光泽、颜色、磁性、电性、表面润湿性等。根据各种矿物的不同性质，可选择不同的选矿方法。目前选别金属矿石常用重力选矿法、磁力选矿法、静电选矿法和浮游选矿法及联合选别等方法。

2.2.4.1　重力选矿法（重选法）

重力选矿是根据矿物密度的不同及其在介质（水、空气或其他密度大的介质）中具有不同的沉降速度来进行选分的方法。重选的基本过程是在运动介质中沉降，松散的矿粒群由于沉降时运动状态的差异，形成不同密度矿粒的分层；分好层的矿粒通过运动介质的搬运达到分离的目的。松散是分层的条件，分层是分离的基础，松散分层和搬运分离是同时进行的。重选常用的选分介质有水、重液、悬液和空气。按作用原理的不同，重选法可分为跳汰选矿、重介质选矿、溜槽选矿、平面和离心摇床及摇床选矿机等。几种重力选矿法的工作原理如图 2-2 所示。

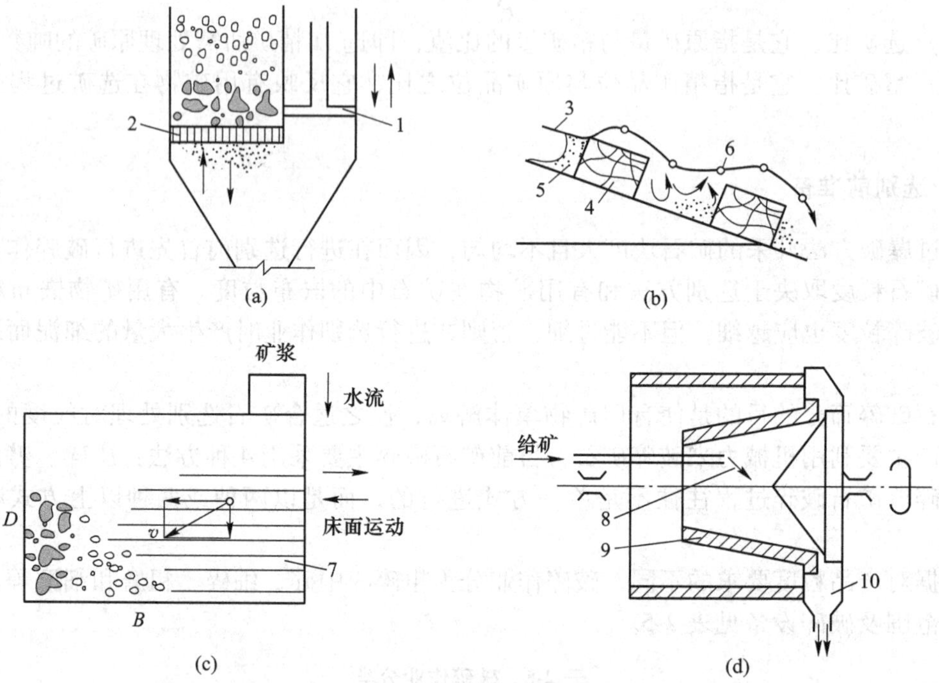

图 2-2 几种重力选矿方法工作原理示意图

(a) 跳汰机；(b) 重介质流槽；(c) 平面或离心式摇床；(d) 离心选矿机

1—活塞；2—栅篦；3—介质；4—挡板；5—精矿；6—脉石；7—床面来往条；8—矿浆；9—转鼓内壁；10—分离器

重选处理的物料粒度范围大，特别适于处理密度悬殊比较大的粗粒物料。与其他方法比较，重选法具有操作简单、成本低、易上马等优点，在含有锡、钨、金、铂和其他重矿物的矿石的选别上得到广泛应用。对于黑色金属矿，它常用作预选别。

2.2.4.2 浮选法

浮选即泡沫选矿，它是利用矿物表面物理化学性质的不同进行的选矿方法，即用药物处理过的矿粒，有选择性地附着在矿浆中的空气泡上，并随之上浮到矿浆表面，达到有用矿物与脉石分离的目的。各种矿物彼此能否分离，取决于矿物能否与气泡实现选择性地附着，以及附着后上浮至矿浆表面，即取决于矿物表面润湿性和矿粒与气泡的附着性能。当水滴与矿物表面接触时能很快扩展开，这表明矿物被水润湿，是亲水的；反之矿物不被水润湿，是疏水的。对于亲水性矿物，水分子与矿物结合力较强，在矿粒表面形成一层稳固的水膜，难于附着在空气泡上，因而矿粒难上浮；反之，疏水性矿物与水分子之间的结合力较弱，当矿粒与气泡接触时易排开水膜而发生附着上浮。

生产中，将有用矿物浮入泡沫产物中，将脉石矿物留在矿浆里，这种浮选通常叫正浮选。将脉石矿物浮入泡沫产物中，有用矿物留在矿浆里，这种浮选称反浮选。当矿石中含两种或两种以上的有用矿物，其浮选方法有两种。一种叫优先浮选，即把有用矿物依次地一个一个的选出为单一的精矿；另一种叫混合浮选，即先把有用矿物同时选出为混合精矿，然后再把混合精矿中的有用矿物一个一个地选分开。浮选的效率比较高，能有效地将位低的矿石选成品位高的精矿，特别是处理细粒嵌布、成分复杂的矿石可以得到较好的这效果。

浮选法的设备是浮选机（或称浮选槽）、调和槽和给药机。图 2-3 为我国选矿厂较多用的叶轮机械搅拌式浮选机。

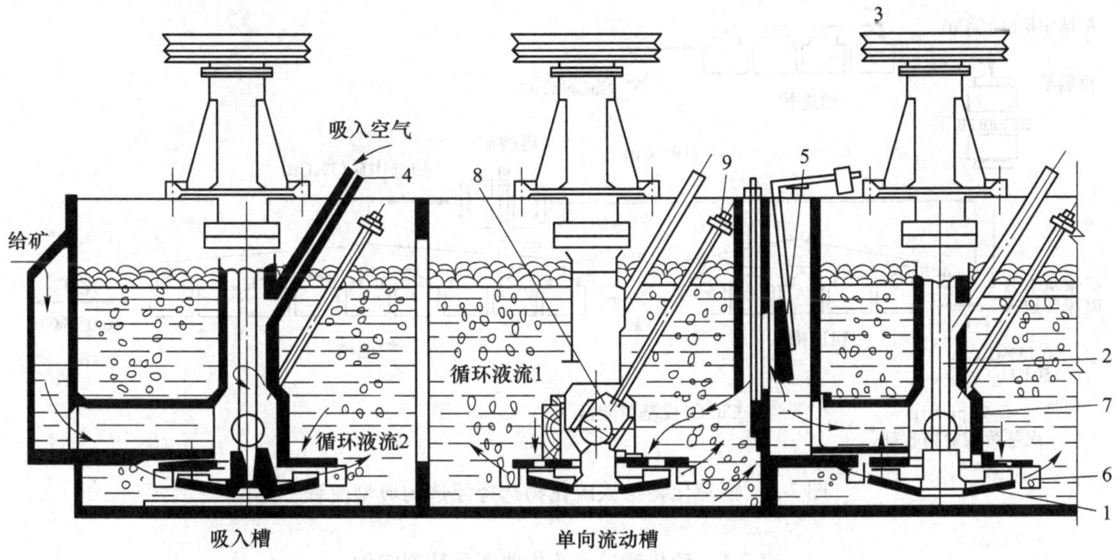

图 2-3　叶轮机械搅拌式浮选机示意图

1—叶轮；2—垂直轴；3—皮带轮；4—导管；5，8—阀门；6—盖板；7—进气管；9—螺旋杆

浮选经常要使用一些浮选药剂，自然界除个别矿物之外，绝大多数矿物的天然可浮性差别不大，浮选效果不好，因此在浮选过程中加入浮选药剂能够调节矿物表面性质，提高浮选速度和选择性，从而达到选择性附着、分离的目的。按其用途，浮选药剂可分为 3 类。

（1）起泡剂。起泡剂作用是促使浮选过程中产生大量而稳定的气泡，这是由于气泡不应过大或过小，气泡过大则总表面积小，附着矿粒极少；过小则上浮困难，另外气泡稳定性太差易在上升过程中破灭。如醇类、甲酚、松节油等，目前，广泛使用的是二号浮选油。

（2）捕收剂。捕收剂作用是选择性地固着在某些矿物表面上，增加矿物表面的疏水性，使矿物容易附着于气泡而上浮，如黄药（黄酸盐）、黑药物、硫化磷酸盐、脂肪酸等。

（3）调整剂。调整剂的作用是改变矿物表面性能和改善浮选条件，其中包括：

1）抑制剂：它是降低矿物可浮性的一种药剂，使某些颗粒表面呈亲水性而在上浮过程中受到抑制，常用的有水玻璃、石灰、硫化钠，氰化物等。如氰化物（NaCN、KCN）

抑制黄铁矿，还有重铬酸钾、硫酸锌等；

2）活化剂：有些矿物不能直接吸附捕收剂，加入某种药剂后与矿物表面作用使其易于吸附捕收剂而上浮，常用的活化剂有硫酸铜、硫化钠等；

3）介质调整剂：它的作用主要是调整矿浆的 pH 值、调整其他药剂的作用、消除对浮选有害离子的影响和调整分散及凝聚，常用的有水玻璃、苏打等。

硫化铜矿石浮选流程及使用药剂的实例如图 2-4 和表 2-6 所示。

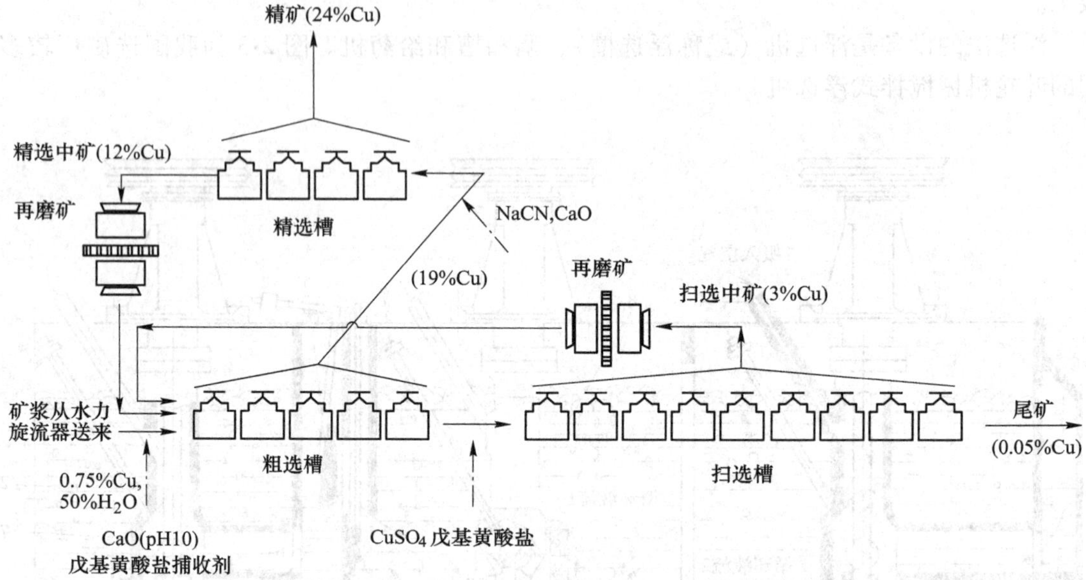

图 2-4 铜硫化物与铁硫化物选择浮选的典型流程

表 2-6 硫化铜矿浮选作业所用药剂实例

作业	加入药剂	矿粉药剂用量/$kg\cdot t^{-1}$	浮选时间/min
粗选	捕收剂：戊基黄酸钾	0.001~0.01	20~30
	起泡剂：长链醇或松节油	0.01~0.02	
	调整剂：石灰（pH 值在 8.5~12.5 范围内，黄铜矿可浮，黄铁矿则被抑制）	0.5~5	
精选	抑制剂：氰化钠（抑制黄铁矿）	0.001~0.05	40~60
扫选	活化剂：硫酸铜（使部分氧化了的铜矿物表面活化）	0.005~0.01	40~60
	捕收剂戊黄酸钾（提高捕收作用）	0.001~0.002	

选择浮选铜硫化物（黄铜矿 $CuFeS_2$）使之与铁硫化物（黄铁矿 FeS）分离，要改变不同硫化矿物的表面性质，使欲浮选的矿物（黄铜矿）上浮进入精矿，而杂质矿物（黄铁矿）和脉石下沉进入尾矿（如表 2-6 所示，该过程是在石灰控制 pH 值和用黄酸盐类捕收剂的条件下完成的）。

图 2-4 所示的流程表明，根据预定的生产目标可将浮选作业分为粗选、精选和扫选。

（1）粗选是原矿经过初次选别得到粗精矿和粗尾矿两种产品，要求铜的回收率高且获得合理的粗精矿品位（铜精矿品位在15%~20%）。

（2）精选是对粗精矿进行再选别，以提高精矿中的金属品位，直至获得质量合格的精矿（铜精矿品位在20%~30%）。精选时，非铜矿物（黄铁矿等）被抑制。

（3）扫选是对粗选尾矿进行最后的强化浮选处理（采用高浓度捕收剂和强化浮选条件），以降低尾矿中的铜含量，直到获得可废弃的尾矿（铜含量小于0.05%），以最大程度地回收铜。生产实践中扫选采用的浮选槽越多，所得到的尾矿含铜越低。

精选尾矿和扫选浮出物都称中矿，应返回浮选回路的开头，并再经球磨使矿物进一步单体分离，以提高选别效率。此外，也可在粗选和精选之间设置再磨矿工序。因此，浮选步骤是多变的。用粗选和扫选以提高回收率，用精选以产出高品位精矿是普遍原则，广为使用的操作程序。

浮选应用范围广泛，90%以上矿石是用浮选法选别的。利用浮选法处理细粒嵌布、成分复杂、品位低的贫矿石，效率比其他方法要高。但浮选法需将矿石磨得很细，所用浮选药剂较贵，所以它的选矿成本要比重选法和磁选法高。同时，由于精矿需要浓缩、过滤和脱水干燥等处理，选矿过程较复杂，且精矿含水较高，给火法冶炼生产带来困难。还有，浮选排除的尾矿水中含有药剂，对环境水质有污染，必须经过处理，才能排放。

2.2.4.3　*磁选*

磁选是根据各种矿物的磁性不同，因而在磁选机的磁场中受到不同的作用力，使矿物达到分选的目的，磁选过程示意图如图2-5所示。

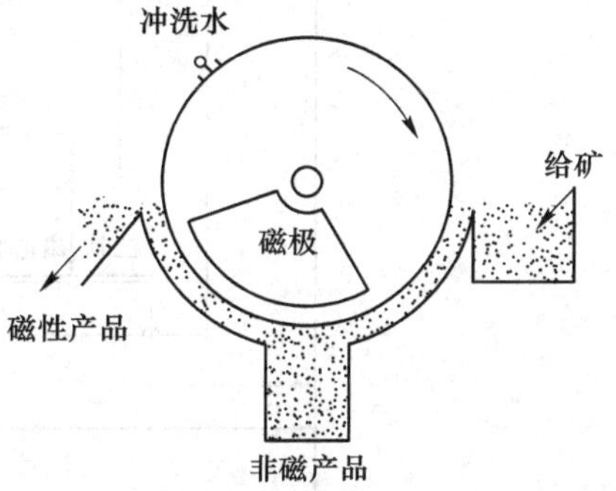

图2-5　磁选过程示意图

矿粒混合物通过磁选机的磁场时，由于矿粒的磁性不同，在磁场的作用下，磁性矿粒受磁力的吸引，附着在磁选机圆筒上，被带到一定高度后，从筒上脱落。非磁性矿粒则不受磁力的吸引，由下部排出成为尾矿。从筒上被水冲下的磁性矿粒，即为精矿。磁选法主要用来选分含有铁、锰等黑色金属矿石和一些稀有金属矿石。磁选机种类很多，按其磁场强度的强弱可分为：

（1）磁场磁选机：磁场强度为64~160kA/m，用于选分强磁性矿物。

（2）强磁场磁选机：磁场强度为477~2080kA/m，用于选分弱磁性矿物。

（3）中磁场磁选机：磁场强度介于以上两者之间。

2.2.5　选矿工艺流程实例

2.2.5.1　*铁矿石*

我国铁矿资源特点为富矿少，贫矿多；粗粒嵌布的少，细粒嵌布的多；单一铁矿床少，共生矿床多；大部分属于难选铁矿且磁性较弱。因此，除单一磁铁矿石采用磁选外，对于赤铁矿或假象赤铁矿往往采用弱磁选与其他选矿方法联合流程进行选分，如磁—浮、弱磁—强磁、弱磁—强磁—重选等；对于含铜或含钒钛类型铁矿石，为了综合回收各种有用矿物，多采用磁、浮、重、化（湿法冶金）等联合流程进行选别。图2-6为某厂用磁—重联合流程选别鞍山式红矿的生产流程。

该红铁矿所含主要金属矿物为赤铁矿、假象赤铁矿、磁铁矿和少量的褐铁矿，脉

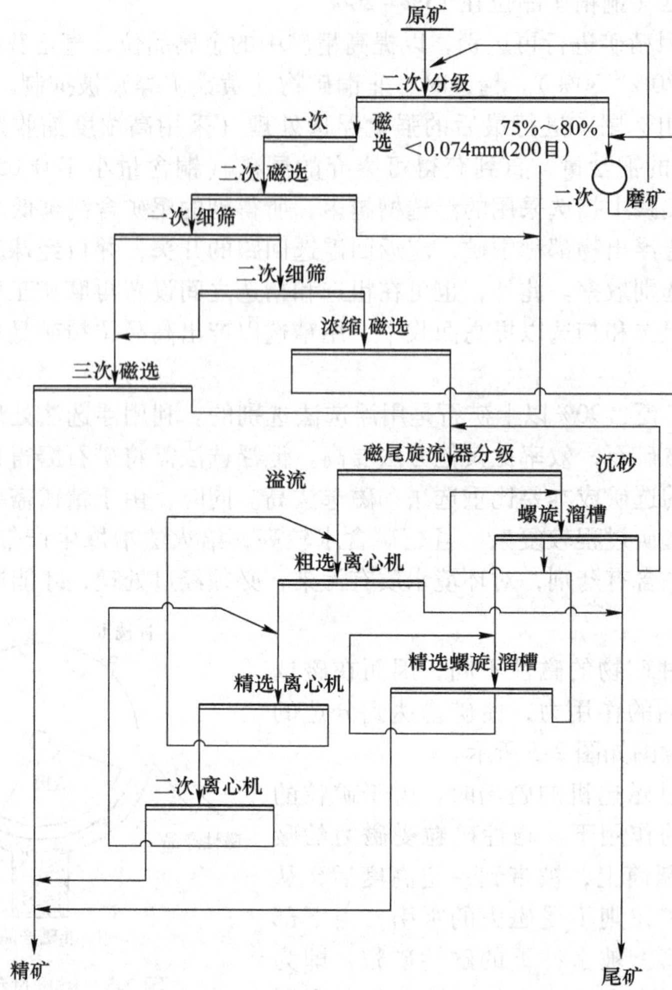

图 2-6　某厂细粒鞍山式铁矿石磁—重联合选别流程

石矿物为石英、少量的角砾石、方解石等，铁矿物嵌布粒度较细，大多介于 0.125~0.038mm 之间。该流程采用弱磁选设备优先选出磁铁矿，然后重选分离赤铁矿与脉石。该流程特点为：磁选回路采用了鞍山式磁铁矿选别流程，用弱磁筒式作为选机代替磁力脱水槽；流程采用铁精矿细筛再磨新工艺，可获得品位大于65%的铁精矿；重选回路由原浓缩池—离心选矿机组成的流程改为旋流器分级、螺旋溜槽选沉砂、离心选矿机溢流的分级重选流程；重选回路的粗选搅拌槽回流返回溢流泵矿浆池，提高了水力旋流器的分级效率。

2.2.5.2　*多金属矿石*

典型的多金属硫化矿石是铜、铅、锌硫化矿石。其特点为：硫化矿物种类多、品位低、嵌布细、各种有用矿物共生、可选性不一，因此一般难选。图 2-7 为某铜、铅、锌矿石的混合浮选流程，该矿石中有用矿物为黄铜矿、方铅矿、闪锌矿，其选别作业为：

（1）加硫酸钠活化闪锌矿，加少量氰化物抑制硫化铁矿物，之后用石灰将矿浆调制 pH

值为 9~10，并加氰化钠和硫酸锌抑制闪锌矿，实现铜、铅与锌矿分离，从而获得闪锌精矿。

（2）铜、铅分离时，加重铬酸钾搅拌 90~100min，pH 值为 9~9.5，抑铅浮铜，获得铜精矿。

（3）尾矿中主要是铅精矿，还有一部分易浮的锌矿进入，此时用硫酸铜活化锌矿物，浮锌抑铅，分别获得铅精矿和锌中矿。

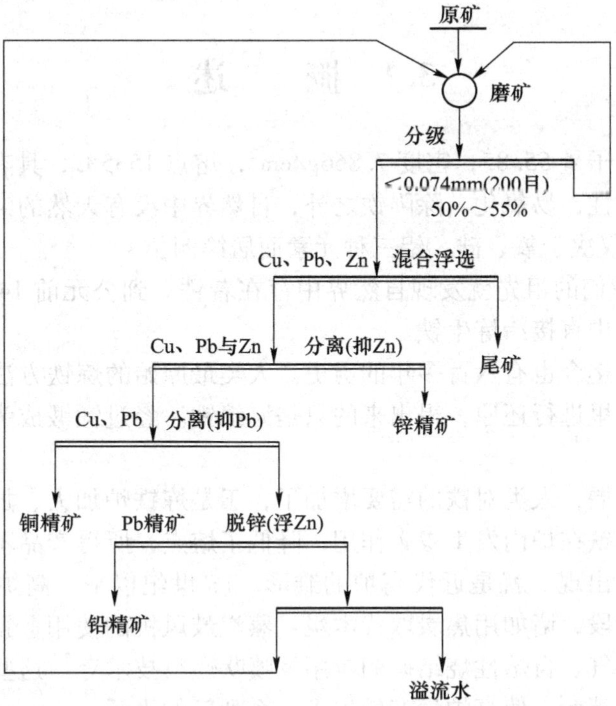

图 2-7 铜铅锌矿石混合浮选流程

复习思考题

2-1 什么是矿物、矿石、矿床和精矿？

2-2 列举铁、铜、铅、锌、铝、镁、锡、镍、钛、钼、钨等常用金属常见矿物的名称，并指出其中哪些金属矿物属于硫化矿物，哪些属于氧化矿物？

2-3 选矿的目的和意义是什么，选矿生产工艺分为几个阶段，各起什么作用？

2-4 选矿的方法有哪些，如何选用？

2-5 重力选矿法有哪些，其基本原理是什么？

2-6 浮选法选矿的基本原理是什么，常用的浮选药剂有哪几类，各起什么作用？

2-7 浮选在选矿生产中的意义是什么？

2-8 什么是粗选、精选和扫选？

2-9 某铜矿原矿品位 α、选别后精矿品位 β 和尾矿品位分别为 0.85%、26.20% 和 0.12%，分别计算精矿产率 r、金属回收率 ε、选矿比和富矿比。

3 炼 铁

3.1 概 述

铁呈银白色，原子量55.85，密度7.866g/cm^2，熔点1535℃，具有良好的导热、导电性，具有很强的铁磁性，易氧化。除陨铁之外，自然界中没有天然的纯铁。铁在地壳中的分布量占5%左右，仅次于氧、硅、铝三种元素而居第四位。

3000多年前，我们的祖先就发现自然界中存在着铁。到公元前14世纪，人类开始采用原始的办法从矿石中直接冶炼生铁。

高炉炼铁的方法迄今也有六百多年的历史。人类最原始的炼铁方法是把铁矿石和木炭放在极为简单的炉坑里进行还原，得出来的只是海绵铁。经过锤锻成为有韧性、塑性、强度良好的熟铁。

随着生产力的发展，人类对铁的需要增加了，于是炼铁炉加大、加高。随着炉内温度的提高，还原出来的铁在炉内发生渗碳作用，降低了熔点，所得产品不再是海绵铁，而是液态。这种炼铁炉的出现，就是近代高炉的雏形。18世纪以来，高炉生产技术又经历了若干个重要的发展阶段，诸如用焦炭取代木炭、蒸汽鼓风机的使用、预热鼓风、采用封闭式炉顶以利用高炉煤气、自熔性烧结矿的应用及喷吹燃料技术等，这些都是高炉炼铁史上几次十分重要的技术革命，使高炉生产发生了一系列新的飞跃。

生铁是高炉炼铁的主要产品，它不同于化学元素所表示的纯铁，而是由铁和碳（一般含碳3%~4.5%）及少量来自炼铁原料的硅、锰、硫、磷等杂质元素组成的合金。由于生铁含碳较高，其性质硬而脆，不能承受压力加工，它只能铸成铸件使用。机械工业上制造机身、机座和一些不受冲击和拉力的零件就可用铸铁制造。在目前世界各国生铁产量中，大部分是作为炼钢的原料，进一步精炼成钢，而只有10%左右用于铸造各种机器的零部件。

炼铁生产主要有两种方法：一种是高炉法，另一种是只用少量焦炭或不用焦炭的非高炉炼铁法。目前，高炉法在生铁生产中仍占主要地位。

高炉炼铁是现代生铁生产的主要方法。由于高炉的效率高、能耗低，因此高炉生产的铁占世界铁总产量的95%以上。高炉大小以其有效容积表示。世界上最大的高炉韩国浦项制铁光阳1号高炉6000m^3，浦项制铁现有4座容积5500m^{3}以上的超大型高炉。中国现在有超过900座高炉，9座超过500m^{3}的高炉，4000~5000m^{3}的高炉超过20座，中国最大的高炉是沙钢5860m^{3}的高炉。

高炉炼铁生产由高炉本体及若干辅助系统组成。高炉炼铁过程发生在高炉本体封闭体系，生产时从炉顶装入各种炉料，从高炉下部风口不鼓入热风，在连续熔炼过程中得到的液态渣铁定期从炉缸渣铁口排出炉外。与炉料进行一系列作用后的煤气从炉顶逸出。

3.2 高炉冶炼原料及预处理

高炉炼铁所用的原料主要有铁矿石、熔剂和燃料。冶炼1t生铁一般需要1.5~2.0t铁矿石，0.4~0.6t焦炭，0.2~0.4t熔剂。为了实现高炉的高产、优质、长寿和低消耗，应向高炉提供品位高、脉石含量少、强度好、粒度适宜、有害杂质少、性能稳定的原料。

3.2.1 铁矿石

3.2.1.1 铁矿石的分类

由于铁和氧、硫等的亲和力较强，因此在自然界中，金属状态的铁是极少见的，一般都和其他元素结合成化合物。现在已知道的含铁矿物有300多种，其中常见的有170余种。但在当前技术条件下，具有工业利用价值的主要是磁铁矿、赤铁矿、磁赤铁矿、钛铁矿、褐铁矿和菱铁矿等，能够用作炼铁原料的只有20多种。表3-1为磁铁矿、赤铁矿、褐铁矿、菱铁矿的主要特性，图3-1为几种铁矿石形貌。

表3-1 铁矿石的组成及特性

矿石名称	主要成分的化学式	密度 /t·m^{-3}	理论含铁量 /%	实际含铁量 /%	最低工业品位 /%	冶炼特性
磁铁矿	Fe_3O_4	5.2	72.4	40~70	20~25	P、S高，坚硬致密，还原性差
赤铁矿	Fe_2O_3	5.0~5.3	70.0	55~60	30	P、S低，质软，易碎易还原
褐铁矿	$nFe_2O_3.mH_2O$	2.5~5.0	55~60	37~55	30	含S低，P高低不等，疏松易还原
菱铁矿	$FeCO_3$	3.8	48.2	30~40	25	P、S少，焙烧后易还原

铁矿石是高炉炼铁的主要原料，其质量的好坏与冶炼进程及技术经济指标有极为密切的关系。决定铁矿石质量的主要因素是化学成分、物理性质及其冶金性能。高炉炼铁对铁矿石的要求是含铁量高、脉石少、有害杂质少、化学成分稳定、粒度均匀、良好的还原性及一定的机械强度等性能。

磁铁矿矿呈黑色金属光泽，磁性强易磁选，还原性差，一般不宜直接入炉冶炼，这种矿石与TiO_2、V_2O_5共生称钒钛磁铁矿。磁铁矿是我国的主要矿种，产于鞍山、本溪、河北及西南地区的钒钛磁铁矿。

赤铁矿称红矿，樱红色无磁性。世界上这种矿石的储量最多（占48.3%），我国鞍山、宣化等地有较大储量。

褐铁矿是含有结晶水的铁氧化物，颜色为浅褐色、深褐色、黑色。块矿易在炉内热裂，不宜直接入炉，应先制成烧结矿或球团矿。我国山西平定、广东云浮等有部分褐铁矿床。菱铁矿是铁的磷酸盐，焙烧后矿石品位自动升高，褐铁矿和菱铁矿在受热时，所含结晶碳酸盐分解或挥发后，形成疏松多孔的结构，还原性好。我国四川威远、湖南新乡等地有少量出产，但储量不多。

图 3-1　几种铁矿石形貌

(a) 磁铁矿；(b) 赤铁矿；(c) 褐铁矿；(d) 菱铁矿

3.2.1.2　我国铁矿石资源及利用

我国幅员辽阔，是世界上铁矿资源总量相对丰富的国家，但人均铁资源占有量偏低，资源品质较差，贫矿多富矿少。全国铁矿石平均品位在 33%，低于世界铁矿石平均品位 11 个百分点，97.2%为贫矿，大于 55%的富矿只占 2.5%，而富矿的可采储量只有 1.9%，而且我国的铁矿石多为地下矿，复合矿石较多，矿体复杂，有些贫铁矿床上部为赤铁矿，下部为磁铁矿，因此开采难度大。我国铁矿石资源的上述特点决定了国内铁矿开发的高成本低收益，制约了国产铁矿石的开发。

目前已查明铁矿产地分布遍及我国 29 个省、市、自治区 660 多个县（旗），但又成群、成带产出，显示相对集中分布的特点。

按矿区储量规模划分，大型矿区（储量大于 1 亿吨）有 101 处，合计储量占全国储量的 68.1%；中型矿区（储量 0.1 亿~1 亿吨）有 470 处，合计储量占全国储量的 27.3%；小型矿区（储量小于 1000 万吨）有 1263 处，合计储量仅占 4.6%。

我国铁矿石资源分布如下。

A　东北地区铁矿

东北地区铁矿主要是鞍山矿区，它是目前我国储量开采量最大的矿区，其储量占全国储量的 57.8%，是鞍钢、本钢的主要原料基地。大型矿体主要分布在辽宁省的鞍山、本溪，部分矿床分布在吉林省通化附近。该地区铁矿床属于沉积变质型铁矿床，主要产于前寒武纪（太古宙、元古宙）古老的区域变质岩系中，是我国十分重要的铁矿类型，具有“大、贫、浅、易（选）”的特点，即矿床规模大、含铁量低、矿体出露地表或浅部、易于选别。

鞍山矿区矿石的主要特点：（1）除极少富矿外，约占储量的98%为贫矿，含铁量20%~40%，平均品位30%左右。必须经过选矿处理，精选后含铁量可达60%以上。（2）矿石矿物以磁铁矿和赤铁矿为主，部分为假象赤铁矿和半假象赤铁矿。其结构致密坚硬，脉石分布均匀而致密，选矿比较困难，矿石的还原性较差。（3）脉石矿物绝大部分是由石英石组成的，SiO_2 在40%~50%。但本溪通远堡铁矿为自溶性矿石，其碱度（(CaO+MgO)/SiO_2）在1以上。且含锰1.29%~7.5%，可代替锰矿使用。（4）矿石含S、P杂质很少，是冶炼优质生铁的好原料。

B　华北地区铁矿

主要分布在河北省宣化、迁安和邯郸、邢台地区的武安、矿山村等地区及内蒙古和山西各地。是首钢、包钢、太钢和邯郸、宣化等钢铁厂的原料基地。

迁滦矿区矿石为鞍山式贫磁铁矿，含酸性脉石，S、P杂质少，矿石的可选性好。邯邢矿区主要是赤铁矿和磁铁矿，矿石含铁量在40%~55%，脉石中含有一定的碱性氧化物，部分矿石含S高。

C　中南地区铁矿

中南地区铁矿以湖北大冶铁矿为主，其他如湖南的湘潭，河南的安阳、舞阳，江西，广东，海南等地都有相当规模的储量。大冶矿区是我国开采最早的矿区之一，主要包括铁山、金山店、成潮、灵乡等矿山，储量比较丰富。矿石主要是铁铜共生矿，铁矿物主要为磁铁矿，其次是赤铁矿，其他还有黄铜矿和黄铁矿等。矿石含铁量40%~50%，最高的达54%~60%。脉石矿物有方解石、石英等，脉石中含 SiO_2 8%左右，有一定的溶性（CaO/SiO_2 为0.3%左右），矿石含P低（一般0.027%），含S高且波动很大（0.01%~1.2%），并含有Cu（0.2%~1.0%）和Co（0.013%~0.025%）等非铁合金。矿石的还原性较差，矿石经烧结、球团造块后入高炉冶炼。

D　华东地区铁矿

华东地区铁矿产区主要是自安徽省芜湖至江苏南京一带的凹山，南山、姑山、桃冲、梅山、凤凰山等矿山。此外还有山东的金岭镇等地也有相当丰富的铁矿资源储藏，是马鞍山钢铁公司及其他一些钢铁企业原料供应基地。

芜宁矿区铁矿石主要是赤铁矿，其次是磁铁矿，也有部分硫化矿如黄铜矿和黄铁矿。铁矿石品位较高，一部分富矿（含Fe 50%~60%）可直接入炉冶炼，一部分贫矿要经选矿精选、烧结造块后供高炉使用。矿石的还原性较好。脉石矿物为石英、方解石、磷灰石和金红石等，矿石中含S、P杂质较高（含P一般为0.5%，最高可达1.6%，梅山铁矿含S平均可达2%~3%），矿石有一定的溶剂性（如凹山及梅山的富矿中平均碱度可达0.7~0.9），部分矿石含V、Ti及Cu等非铁合金。

E　其他地区铁矿

除上述各地区铁矿外，我国西南地区、西北地区各省，如四川、云南、贵州、甘肃、新疆、宁夏等地都有丰富的不同类型的铁矿资源，分别为攀钢、重钢和昆钢等大中型钢铁厂高炉生产的原料基地。

世界上，澳大利亚、巴西、智利、印度、委内瑞拉等国家，都有丰富的优质铁矿资源，都是矿石出口国。

3.2.1.3 铁矿石的要求

铁矿石品质的好坏直接影响高炉冶炼的技术经济指标。就其化学成分而言，评价铁矿石的主要指标是矿石品位、脉石成分、杂质元素、还原性、机械强度、粒度等。

A 矿石品位要高

矿石品位即为铁矿石的含铁量。品位是衡量铁矿石质量的主要指标，它决定铁矿石有无开采价值及开采后能否直接入炉冶炼和冶炼的相对有利性。炼铁要求用含铁高的矿石。含铁量高，有利于降低高炉焦比和提高生铁产量。根据生产经验，铁矿石品位升高1%，焦比可降低2%，生铁产量提高3%。

从矿山开采出来的铁矿石品位一般在30%~60%。品位高的（达到理论含铁量的70%以上）称为富矿。富矿若含硫、磷杂质较低、并且不需要回收共生元素的话，一般只需要经过破碎，分至一定粒度，混匀后就能直接入高炉冶炼。品位低的（低于理论含铁量的70%）称为贫矿，我国拥有的铁矿石大多为贫矿。

B 脉石成分和数量少

脉石成分与数量在很大程度上决定着熔剂与燃料的消耗，因此，它是评价铁矿石的重要质量指标。

脉石含量越少，铁矿石越富。脉石成分中多数为 SiO_2、Al_2O_3、CaO、MgO，其中以酸性 SiO_2 为主。以酸性氧化物为主的脉石一般称为酸性脉石，以碱性氧化物为主的脉石一般称为碱性脉石。现代高炉冶炼条件下，只有碱度合适的炉渣熔化性较好。为得到一定碱度的炉渣，就必须在入炉料中配入一定数量的熔剂。酸性脉石造渣时需配加碱性熔剂，如石灰石；碱性脉石造渣配加酸性熔剂，或与酸性脉石搭配使用。铁矿石中脉石越多，需加入的熔剂也越多，同时，生成的渣量也越大。这样，渣熔化时消耗的热量升高，从而导致焦比升高、生铁产量下降。因此，要求矿石中脉石越少越好。我国铁矿石中的脉石大多呈酸性。

矿石中的脉石含碱性氧化物（CaO、MgO）较多时，具有较高的冶炼价值，冶炼时可少加或不加石灰石，对降低焦比有利。

C 有害杂质的含量要少

铁矿石的有害杂质是指矿石中的那些对冶炼有妨碍或使矿石冶炼时不易获得优质产品的元素。通常有硫、磷、铅、锌等。磷、硫等杂质在高炉冶炼中很容易进入生铁，从而对钢铁性能带来危害。在钢铁冶炼过程中，硫的脱除主要是在炼铁过程进行的，磷的脱除则主要是在炼钢过程完成的，因此铁矿石中硫和磷含量高会大大增加炼铁和炼钢的负担。一般除高磷铸造铁允许有较高的含磷量外，一般生铁含磷量越低越好。由于磷在选矿和烧结过程中不易除去，在炼铁过程中磷又几乎全部还原进入生铁，因此生铁含磷的唯一途径就是控制原料的含磷量。

D 铁矿石还原性要好

铁矿石的还原性是指铁矿石中所含的铁氧化物与还原性气体 CO 或 H_2 之间进行反应

夺取矿石中与铁结合的氧的难易程度。氧易被夺取者，矿石的还原性好，反之还原性差。它是评价铁矿石质量的重要指标之一。希望铁的还原性好，这样有利降低焦比。影响矿石还原性的因素很多，主要有矿物组成、矿石结构的致密程度、粒度和气孔率等。一般来说，磁铁矿矿石的组织致密，最难还原；赤铁矿矿石气孔率中等，较易还原；褐铁矿和菱铁矿焙烧失去结晶水和 CO_2 后，气孔率增加，还原性良好。人造富矿（烧结矿和球团矿）比天然矿还原性好。

E 铁矿石的机械强度、粒度和气孔率

铁矿石的机械强度是指矿石耐冲击、抗摩擦、抗挤压的能力，力求强度要高一些为好，尤其是高温下的强度。如果矿石强度低，入炉后在上部料柱的压力下产生大量粉末，一方面增加炉尘损失量，另一方面严重影响料柱透气性，使高炉操作困难。

矿石的粒度影响透气性和传热、传质条件，进而影响高炉炉料顺行和还原过程。粒度大，料透气性好，但与煤气接触面积小，矿块中心不易加热和还原，煤气利用变坏，焦比升高；反之，粒度太小，特别是粉末较多时，会使煤气上升时的阻力增大，有碍炉料顺行，使产量降低。一般入炉矿石的粒度为 8~35mm。小于 5mm 称为粉末，是不能直接入炉的。

矿石的气孔率是指矿石中孔隙所占体积与总体积之比值。此值越高，透气性越好，与煤气接触的表面积越大，越有利于矿石还原。气孔有开口和闭口两种，对还原有利的是开口气孔。

3.2.2 熔剂

矿石中的脉石和焦炭的灰分的主要成分多为酸性氧化物 SiO_2 和 Al_2O_3，少量为碱性氧化物 CaO 和 MgO，这些氧化物熔点很高，依次为 1713℃、2025℃、2370℃ 和 2800℃。这些高熔点的物质在高炉冶炼的温度下无法熔化，必须加入其他物质，形成低熔点化合物使脉石和灰分熔点降低，加入的物质称熔剂，熔剂在高炉冶炼中所起的主要作用。

(1) 熔剂与矿石中的脉石、焦炭灰分作用生成低熔点化合物，形成易从炉缸流出的炉渣，与铁水分离。

(2) 造成一定数量和有一定物理、化学性能的炉渣，去除有害杂质硫，改善生铁质量。代高炉用熔剂一般在烧结矿和球团矿生产中加入，高炉直接加入熔剂的情况很少。

根据矿石中脉石的成分和焦炭中灰分成分的不同，高炉冶炼使用的熔剂可分为碱性、酸性和中性 3 种。当铁矿石中的脉石为酸性氧化物时，需加入碱性熔剂。常用的碱性熔剂有石灰石（$CaCO_3$）、白云石（$CaCO_3 \cdot MgCO_3$）等。当使用含碱性脉石的矿石冶炼时，可加入酸性熔剂，如石英等。但由于铁矿石中的脉石绝大部分是酸性氧化物，因此高炉生产中很少使用酸性熔剂，就是有一部分碱性脉石的铁矿石，通常也是和含酸性脉石的铁矿石搭配使用，而不另外配加石英。当矿石中脉石与焦炭灰分中含 Al_2O_3 很低时，需加一些含 Al_2O_3 高的中性熔剂，如铁、黏土叶岩等。在实际生产中很少使用中性熔剂。若遇渣中含 Al_2O_3 低时，最合理的还是加入些含 Al_2O_3 较高的铁矿石，增加渣中 Al_2O_3 含量而不单独加入中性熔剂。

高炉炼铁用的熔剂要求碱性氧化物含量高，酸性氧化物含量低。一般要求（CaO+MgO)>50%，SiO_2 和 Al_2O_3 尽可能少。否则，不仅自耗增大，而且其有效熔剂性能变坏。MgO 能改善高碱度熔渣的流动性，尤其是对高 Al_2O_3 渣更为有效。一般情况下炉渣含 5%~7%MgO。如果当地无白云石，则可单独用石灰石作熔剂。

高炉生产要求熔剂中的有害杂质硫、磷含量越少越好。

现代高炉多使用自熔性人造富矿，这样，高炉造渣所需的熔剂已在烧结或球团造块过程中加入，高炉炼铁时可以不再添加。

3.2.3 燃料

燃料是高炉冶炼不可缺少的基本原料之一。高炉冶炼早期以木炭为燃料，而后使用了无烟煤，再到后来的高炉几乎都使用焦炭作燃料，并应用了喷吹技术。从风口或炉身部位喷吹重油、煤粉或天然气，可以部分取代冶金焦炭。

焦炭在高炉冶炼中主要起如下作用。

（1）作发热剂。高炉冶炼所消耗的热量 70%~80%是由焦炭燃烧来提供的。

（2）作还原剂。焦炭在风口前燃烧，并产生含有 CO、H_2 还原性气体，可与铁矿石中的各价位铁氧化物反应，将铁还原出来。

（3）作料柱骨架。高炉内的铁矿石和熔剂下降到高温区时，全部软化并熔化成液体，而焦炭则既不软化也不熔化，是唯一以固态存在的炉料，所以它可以作为高炉内料柱的骨架来支承上部的炉料。焦炭在高炉料柱中约占整个体积的 1/3~1/2，特别在高炉下部。它又是多孔的固体，同时炉内煤气自下而上流动的通道，起着改善料柱透气性的作用。焦炭的这一作用目前还没有其他燃料所能代替。

（4）作渗碳剂。焦炭中的碳渗入金属铁中，可降低铁的熔点，保证生铁在高炉内熔化。因此，出界各国的焦炭产量有 90%是用于高炉炼铁。

高炉炼铁要求焦炭有足够的机械强度，适当的气孔率和块度，尽可能高的含碳量，但灰分（SiO_2 和 Al_2O_3+Fe_2O_3）和有害杂质（S、P）要少。

焦炭是由烟煤在 1100℃高温下干馏得到的一种多孔碳质固体。由于烟煤含胶质体高，在高温下料性强，炼出的焦炭强度大，而且硫分、灰分都低。全世界烟煤储量占总煤储量的 5%左右，由于焦煤资源短缺、价格昂贵，造成优质冶金焦供应日趋紧张。自 20 世纪 60 年代以来，许多高炉都采用喷吹辅助燃烧代替部分焦炭，可大幅度降低高炉焦比。喷吹的燃料有煤粉、重油和天然气等。

3.3 铁矿粉造块

天然富矿开采和处理过程中产生的富矿粉及贫矿富选，多金属共生复合矿分选后得到的精矿粉，其粒度大多小于 1mm，都不能直接加入高炉，必须将其制成具有一定块度的块矿。

铁矿粉造块目前主要有两种方法：烧结法和球团法。经造块后获得的烧结矿和球团矿，统称为人造富矿或熟料，具有优于天然富矿的冶金性能，如还原性好，有合适的强度和较高的软熔温度。造块过程中配加一定量的熔剂，可制成有足够碱度的人造富矿，高炉冶炼过程可不加或少加熔剂，避免了熔剂分解吸热而消耗焦炭。造块过程还可部分除去原料中的有害杂质硫等。

高炉使用人造富矿或熟料进行冶炼可提高产量，降低焦比，因此世界各国都很重视，以自熔性烧结矿为中心将天然矿变成人造块矿来使用的比例越来越高。国外烧结矿主要用矿粉生产，而我国以精矿粉为主。

烧结生产是现代钢铁联合企业的重要环节。烧结矿是由精矿粉，配加一定熔剂及在矿粉不完全熔化条件下（1300~1500℃）靠颗粒表面软化、局部熔化造渣烧结成具强度，一定粒度，化学成分稳定的高炉料。

3.3.1 烧结原理及设备

烧结的主要原料是含铁精矿粉。将各种粉状含铁原料按照要求配入一定数量的燃料和熔剂，均匀混合制粒后布道烧结设备上点火烧结；在燃料燃烧产生高温和一系列物理化学反应的作用下，混合料中部分易熔物质发生软化、熔化，产生一定数量的液相，液相物质润湿其他未熔化的矿石颗粒；随着温度的降低，液相物质将矿粉颗粒粘结成块。这个过程称为烧结，所得的块矿叫烧结矿。

目前，生产上广泛采用带式抽风烧结机生产烧结矿。带式烧结机类似如一条运输带，由许多紧密挤靠排列在一起成环带式的烧结台车组成。台车用钢铸成，车底钢框上铺设有炉篦（炉栅）。台车面积因烧结机规格不同而异，如 $75m^2$ 烧结机的单个台车尺寸为 2.5m×1.0m。台车短边设有挡板，未设挡板的长边与前后相邻台车的长边互相紧靠，因此，各台车连接起来便成为一个铺有炉篦的大而长的浅槽，炉料在这里完成烧结过程。

在烧结机首部设有一个大齿轮，又称星型主动轮，在两个齿的空隙处嵌入台车。当大齿轮转动时，扣在齿轮内的台车上升到烧结机上部的轨道上，然后被推向烧结机的尾部。烧结机上部所有的台车是在吸风箱上缓慢移动，到达烧结机尾部便翻倒，再沿下部倾斜的轨道（倾斜角 2°~3°）借重力作用向烧结机首部大齿轮处滑动。带式烧结机烧结过程如图 3-2 所示。

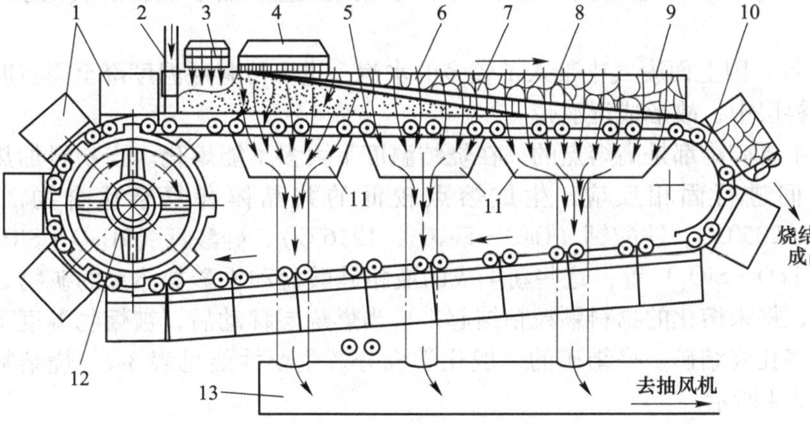

图 3-2 带式烧结机烧结过程

1—烧结台车；2—铺底料装置；3—梭式布料器；4—煤气点火炉；5—底料层；6—生料层；7—预热和烘干层；8—固体燃料燃烧带；9—烧结矿带；10—机尾卸矿；11—吸风箱；12—烧结机链带星型主动轮；13—废气集气管

当台车在上部轨道行走经过吸风箱时，为了防止空气从移动的台车与吸风箱梁之间缝隙漏进入吸风箱，应采用专门的密封装置，以确保全部进入吸风箱的空气通过台车上的料烧结机的装料（料层厚度约300mm）、点火、烧结、卸除烧结块等作业是连续进行的。料反应时间共需10~15min。成品烧结矿由机尾的破碎机破碎，并经筛分设备筛去碎屑和粉尘（返回配料），即得到合格成品烧结矿。

3.3.2 烧结过程料层变化

整个烧结过程是在负压抽风下，自上而下进行的，沿烧结机长度方向纵断层变化如图3-3所示。在烧结机取中部某一烧结断面，从上至下依次出现烧结矿带（烧成部分）、燃烧熔融带、预热焙烧带和湿润带等4个不同区域。

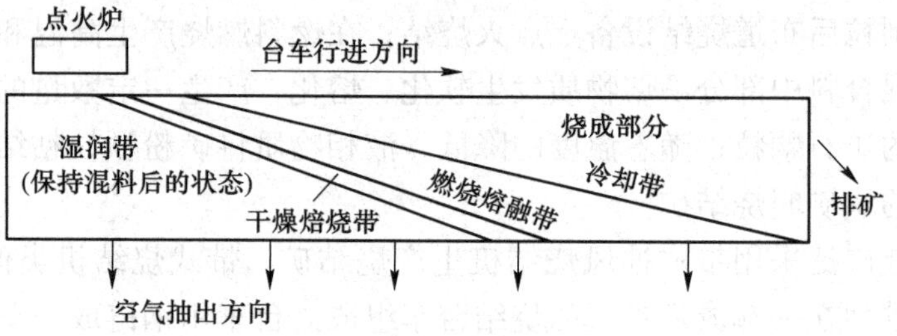

图3-3 烧结层内反应进行状态的示意图

（1）烧结矿带。也称成矿带，主要变化是液相凝固，析出新矿物，预热空气，烧结矿本身被冷却。

（2）燃烧熔融带。位于烧结矿带下面，燃料燃烧温度可达1100~1500℃，混合料软化溶融及形成部分液相。

（3）预热焙烧带。混合料被燃烧带下来的热废气干燥和预热，废气温度从1500℃降至约70℃。在此带主要反应是水分蒸发、结晶水及碳酸盐分解、矿石的氧化还原和FeS焙烧脱硫等。

（4）润湿带。因上面废气中带入了较多的水汽，进入冷料层温度降至露点时，水汽将会大量冷凝于料层中，故形成湿润带。

烧结料中主要矿物都是高熔点的，在烧结温度下大多不能熔化。当物料加热到一定温时，各组分之间进行固相反应，生成熔点较低的共晶体和复杂化合物，如硅酸铁（$2FeO \cdot SiO_2$，1205℃）、铁酸钙（$CaO \cdot Fe_2O_3$，1216℃）、硅酸钙（$2CaO \cdot SiO_2$）及铁钙橄石（$2CaO \cdot FeO \cdot SiO_2$）等，这些新生成的液相硅酸盐和铁酸盐体系的矿物，使烧结矿成主要胶结物，将未熔化的物料颗粒粘结起来。当燃烧层移动后，被熔物温度下降，液相冷凝固结形成多孔烧结矿。烧结矿的一般化学成分及主要性能见表3-2，烧结料颗粒间的固相反应如图3-4所示。

3.3.3 烧结过程的主要反应

烧结过程的主要反应如下。

表 3-2　矿的一般化学成分及主要性能

矿物系	熔点或低共熔点/℃	矿物系	熔点或低共熔点/℃
$2FeO \cdot SiO_2$	1205	$CaO \cdot SiO_2$	1540
$2FeO \cdot SiO_2\text{-}SiO_2$	1178	$2CaO \cdot SiO_2$	2130
$2FeO \cdot SiO_2\text{-}Fe_3O_4$	1142	$CaO \cdot SiO_2\text{-}2CaO \cdot Fe_2O_3$	1185
$CaO \cdot Fe_2O_3$	1246	$CaO_{0.19} \cdot FeO_{1.81} \cdot SiO_2$	1150
$2CaO \cdot Fe_2O_3$	1449	$CaO \cdot SiO_2\text{-}FeO$	1280
$CaO \cdot 2Fe_2O_3$	1230	$Fe_3O_4\text{-}CaO \cdot 2Fe_2O_3$	1180

（1）燃烧反应：燃烧反应为烧结过程提供热量和温度。碳的完全燃烧占主导地位，局部区域可有还原性气氛。燃烧反应速度决定燃烧带厚度，燃料粒度是决定烧结质量的重要因素。

（2）分解反应：烧结过程中，结晶水分解需要耗热，碳酸盐中石灰石分解相对需要更高的温度，石灰石的有效分解时间不足 2min，Fe_2O_3 在燃烧带可以分解成 Fe_3O_4。

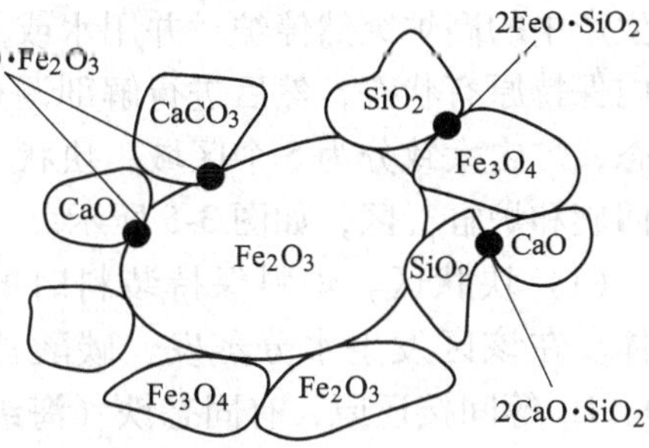

图 3-4　烧结料颗粒间的固相反应

（3）水分蒸发与冷凝反应：烧结时，铁矿粉制粒需加水进行，一般精矿粉加 8%左右的水，富矿粉加 5%左右的水。烧结过程水分蒸发快，故干燥带很薄。废气中的水蒸气在温度下降后，冷凝析出水分，造成烧结料层下部的过湿现象。

（4）还原与再氧化反应：烧结过程既有还原反应，又有氧化反应。烧结过程的目的不在于还原铁氧化物，相反还要限制还原反应的进行。$2FeO \cdot SiO_2$、$CaO \cdot FeO \cdot SiO_2$ 的再还原性差，并不适合进入高炉。

（5）气化反应：S 的氧化性气化可使烧结过程脱硫率达到 80%以上。K、Na、Zn 的还原气化，在烧结过程只占少量。用 CaCl 进行氯化气化，可脱除原料中的有害元素，但存在有设备腐蚀问题。

3.4　高炉冶炼基本原理

3.4.1　高炉冶炼过程

高炉由耐火材料围成的内部轮廓称炉型，自上而下分炉喉、炉身、炉腰、炉腹、炉缸。高炉冶炼是利用焦炭作发热剂和还原剂，把铁矿石还原成生铁的碳热还原熔炼过程。高炉冶炼是一个连续生产过程。烧结矿及部分块状铁矿石与焦炭、熔剂从炉顶装入高炉中，从高炉下部的风口鼓入 1000~1300℃的热风，炉料中的焦炭在风口前与鼓风中的氧发生燃烧反应，反应在 2000℃上生成炽热的具有还原性的煤气，在炉内上升过程中加热缓慢下降的炉料。矿石料在下降逐步被还原、熔化成生铁和炉渣，聚集在炉缸中，并定期从铁口、渣口放出。上升的高炉煤气流，由于将能量传给炉料而温度下降，最终形成高炉煤气从炉顶排出。所以，可以把高炉看成是一个炉料下降和煤气上升的两个逆向物流运动的反应器。

焦炭在高炉中不熔化，只是到风口前才燃烧，少部分焦炭在还原氧化物时生成 CO。熔剂中的石灰石和白云石在 900℃左右受热分解。铁矿石在高炉中于 400℃开始被还原；部分还原的矿石在 1000~1100℃时就开始软化；到 1350~1400℃时完全熔化；超过 1400℃就滴落。焦炭和矿石在下降过程中，一直保持交替分层的结构。为揭示高炉内各部分的反应及变化规律，人们对正在生产中的高炉突然停炉，并用水或氮气进行急冷，使炉内保持原有状态，然后进行解剖调查，按炉料的物理状态，炉内大致分为 5 个区域，块状、软熔、滴落、焦炭回旋和炉缸五区，如图 3-5 所示。

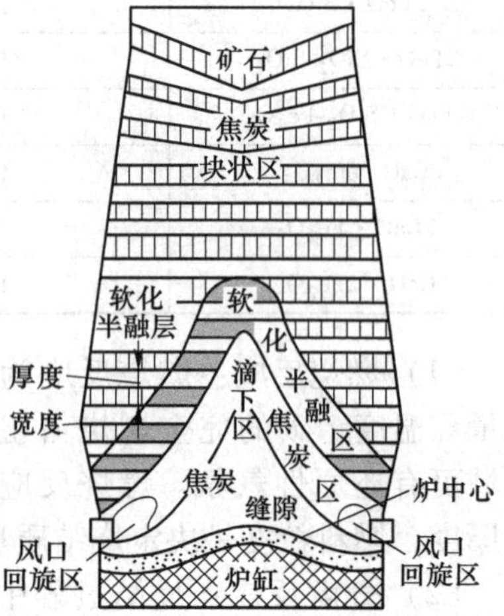

图 3-5　炉内状况

（1）块状区。炉料保持装料时的分层状态，没有液体。在该区发生水分蒸发、碳酸盐分解、铁矿石被 CO、H_2 等间接还原，有固态铁（海绵铁）生成。

（2）软熔区。由软化和部分熔化的脉石、熔剂、铁等半融状态的物料与焦炭夹层组成，炉料下降不断受到热煤气流的加热，矿石从开始软化到完全熔化的区间，主要发生 FeO 的直接还原反应和碳的气化反应。倒 V 形软熔带起着支撑炉料的作用，其焦炭层促使还原煤气沿炉子径向分布。在软熔区内处于软熔状态的矿石称为熔着层，焦炭夹层又称焦窗。软熔带的位置、形状及尺寸对高炉顺行、产量、燃料消耗及铁水成分影响很大。

（3）滴落区。为液态渣、铁的滴落带，该区只有焦炭仍是固体，且呈疏松状态堆积，向下面的回旋区供给焦炭。在这里主要发生非铁元素（锰、硅、磷等）的还原，铁的渗碳与脱硫，以及碳的气化反应。

（4）焦炭回旋区。风口前在鼓风作用下焦炭作回旋运动的区域。热风通过配置在炉缸上部炉壁周围的 15~40 个风口进入高炉，热风压强为 200~400kPa，风速 200~300m/s，因而在每个风口前形成一个煤气与焦炭快速循环运动的袋形。回旋区往炉内延伸 0.5~2m，周围被焦块所包围，焦炭回旋区是高炉内唯一存在的氧化性区域，也是炉内热量和气体还原剂的主要产生地。

（5）炉缸区。铁水和熔渣从静止的焦炭缝隙中渗出，形成渣铁分层的熔池，并完成最后的还原反应。铁中的碳达到饱和，锰、铁、磷等元素部分还原并熔入生铁。

3.4.2　碳的燃烧反应

从高炉炉顶加入的焦炭及从风口喷入的煤粉等燃料的燃烧，是依靠从风口鼓入高炉内热风中的氧。如图 3-6 所示，当风口前鼓风中的含氧量高时，碳按照 $C+O_2 = CO_2$ 进行，产物为 CO_2，称为完全燃烧反应，是强放热反应；当气体向炉缸内运动，因其中的 O_2 含量降低，CO_2 与炽热的焦炭进行 $CO_2+C = 2CO$ 反应，此反应称为碳的气化反应（即布多尔反应），即吸热反应。上述两反应的综合即为焦炭在风口前焦炭回旋区所进行的最终反应，反应式如下：

$$C+O_2+79/21N_2 = CO_2+79/21N_2+400660kJ$$

$$CO_2+C = 2CO-165686kJ$$

总反应：$2C+O_2+79/21N_2 = 2CO+79/21N_2+234974kJ$

该 C-O 反应产物为 CO，称为不完全燃烧反应，系放热反应。该反应产生了高炉冶炼所需的气体还原剂 CO 和热量。

风口前碳的燃烧温度一般不低于 1500℃。焦炭中的碳除一部分参加直接还原和渗入生铁外，约有 70%的量在风口前燃烧生成 CO。燃烧反应供给了高炉气体还原剂和热量，并使炉缸下部腾出空，为高炉炉料下降创造了条件。

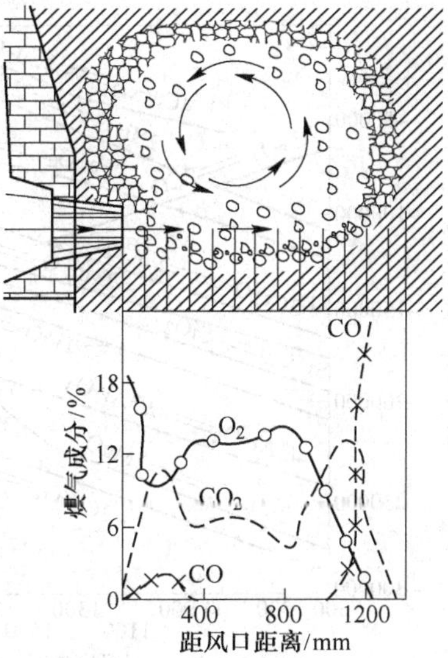

图 3-6　回旋区及径向煤气成分分布变化

3.4.3　铁氧化物的还原

3.4.3.1　氧化物的稳定性

金属能否被还原及还原的难易程度，主要取决于它们与氧的结合能力，即氧化物的稳定性强弱。判断金属氧化物的稳定性，常用该氧化物的分解压或氧化物标准生成自由能来表示，氧化物的分解反应通式为：

$$2MeO = 2Me+O_2$$

式中，Me 为金属；MeO 为金属氧化物。

在一定温度下，分解反应达到平衡时，其平衡常数为 $K_p=p_{O_2}$，此时平衡气相中氧的分压即为该氧化物的分解压。分解压小，说明氧化物稳定，不易分解；反之不稳定，易分解。分解压是温度的函数，由于分解反应均为吸热反应，温度升高，氧化物的分解压也随之升高，稳定性降低。但金属氧化物的分解压通常都是很小的，一般金属氧化物在常温下的分解压远小于 0.21×10^5Pa（大气中氧的分压是 0.21×10^5Pa），即稳定性高。故除少数金属氧化物（如 Ag_2O）能用加热分解的方法来制取金属外，大多数不能用热分解来实现金属与氧的分离。另外，一般金属氧化物的热分解所需温度很高，如 FeO 在 1727℃时分解压为 100Pa，要使其分解压大于 0.21×10^5Pa，分解温度应当为 3600℃，这是在目前冶炼条件下难以达到的。因此，大多数金属氧化物是利用那些与氧有较大亲和力的物质去夺取金属氧化物中的氧，即通过还原来实现的，可用下式反应式来表示：

$$MeO+X = 2Me+XO$$

式中，X 为还原剂；MeO 为金属氧化物。

上述还原反应发生的热力学条件是还原剂生成的产物 XO 稳定性比被还原氧化物 MeO 强。氧化物的稳定性可用氧化物的标准生成吉布斯自由能大小来表示，一些氧化物的标准生成吉布斯自由能值与温度关系如图 3-7 所示。

在冶金热力学中，常把各种纯氧化物的分解压与温度变化关系绘制成图，用以比较氧化物的稳定性（见图 3-8）。图中每一条线代表一种氧化物的分解压与温度的关系。

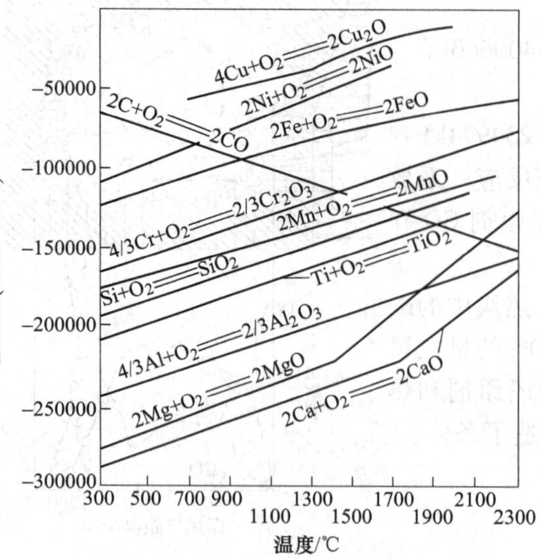

图 3-7 氧化物标准生成自由能随温度的变化

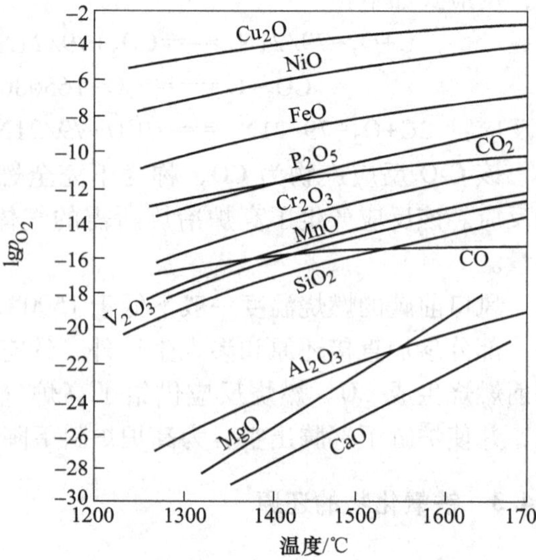

图 3-8 纯氧化物分解压与温度的关系

从图 3-8 可知：

（1）各种氧化物的分解压都是随温度升高而增大，只有 CO 除外；

（2）在图中位置越低，氧化物的分解压越小，则该氧化物越稳定，元素易被氧化，即与氧亲和力大；

（3）在某一温度下，几种元素同时与氧相遇，则位置低的先氧化，位置高的氧化物先还原；

（4）位置低的元素可将较高位置的氧化物还原在冶金中，常用硅热法和铝热法来还原比硅、铝位置高的氧化物，此法称为金属热还原法；

（5）图中 CO 的分解压曲线的斜率与其他氧化物不同，它与各种氧化物的分解压曲线在不同温度相交，使碳成为许多氧化物的还原剂，只要满足一定的温度条件，氧化物的分解压在 CO 分解压曲线之上，该氧化物即可被碳还原，故在炼铁温度下（1200～2000℃），大多数氧化物都可被碳还原。这一特点对高炉冶炼中铁氧化物及其他氧化物的还原是非常重要的。用金属元素去还原铁氧化物对高炉生产来说是很不经济的，而用自然界中贮量大、易开采、价格低廉的碳作还原剂，则是经济合理的。值得注意的是，上述用分解压的大小来判断还原反应能否进行是对纯元素和纯氧化物而言的，当元素或氧化物溶解在溶液（如熔融渣、金属铁）中时，其分解压还与元素或氧化物的活度有关。元素在溶液（如铁水）中的活度越小，其氧化物分解压越大，越容易还原；反之，氧化物在溶液（如炉渣）中的活度越小，其氧化物分解压越小，越难还原。在高炉冶炼条件下，生产实践表明：

1）炉料中所含的 P_2O_5将全部被还原，所有的磷都进入生铁；

2）炉料中所含的 MnO 一般有 2/3 被还原成锰进入生铁，其余 1/3 的 MnO 则进入炉渣；

3）少量的 SiO_2 被还原进入生铁，绝大部分的 SiO_2 进入炉渣；

4）CaO、MgO、Al_2O_3 在高炉冶炼条件下不被还原而进入炉渣。

3.4.3.2　铁氧化物的还原

A　铁氧化物还原的特点

铁矿石中铁氧化物存在的形式主要是 Fe_2O_3、Fe_3O_4 和 FeO，这些不同级的氧化物的分解压是不同的（见图 3-9），低级氧化物的分解压较小，而高级氧化物的分解压较大，因此铁氧化物分解顺序是从高级向低级逐级转化，直至金属元素。氧化物还原的顺序与分解的顺序是相同的。

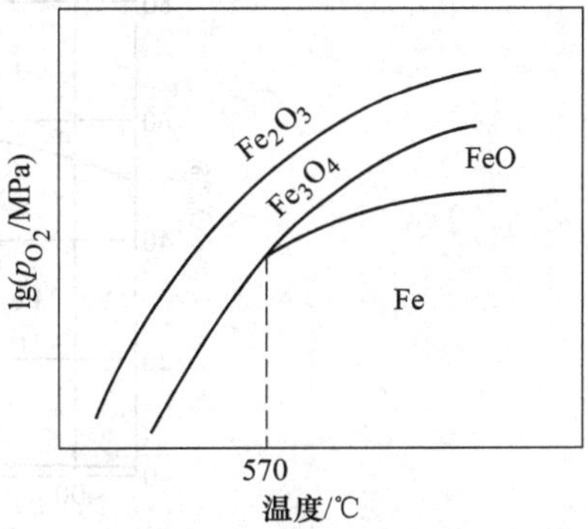

图 3-9　铁氧化物分解压与温度的关系

在图 3 9 中，Fo_2O_3 曲线位置最高，即 Fc_2O_3 最不稳定，Fe_3O_4 次之，FeO 稳定性最强。但在 570℃以下时，FeO 不能稳定存在，会分解成 Fe_3O_4 和 Fe，而 Fe_3O_4 直接还原为 Fe。因此铁氧化物还原的顺序为：当温度大于 570℃时，$Fe_2O_3 \rightarrow Fe_3O_4 \rightarrow FeO \rightarrow Fe$；当温度小于 570℃时，$Fe_2O_3 \rightarrow Fe_3O_4 \rightarrow Fe$。

B　CO 还原铁的氧化物

焦炭在高炉风口前燃烧形成含 CO 很高的煤气，CO 容易向矿石气孔内扩散，能渗入反应界面与氧化物充分接触，因此 CO 是炼铁过程的主要还原剂。铁的各级氧化物用 CO 还原时，存在下列反应：

当温度大于 570℃时：

$$3Fe_2O_3 + CO = 2Fe_3O_4 + CO_2 + 67240\text{kJ} \quad (3\text{-}1)$$

$$Fe_3O_4 + CO = 3FeO + CO_2 - 22400\text{kJ} \quad (3\text{-}2)$$

$$FeO + CO = Fe + CO_2 + 13190\text{kJ} \quad (3\text{-}3)$$

当温度小于 570℃时：

$$3Fe_2O_3 + CO = 2Fe_3O_4 + CO_2 + 67240\text{kJ} \quad (3\text{-}4)$$

$$Fe_3O_4 + 4CO = 3Fe + 4CO_2 + 25290\text{kJ} \quad (3\text{-}5)$$

$$1/4Fe_3O_4 + CO = 3/4Fe + CO_2 + 25290\text{kJ} \quad (3\text{-}6)$$

反应的平衡常数可用通式 $k_p = \dfrac{\varphi(CO_2)}{\varphi(CO)}$ 表示，因为都是等容反应，所以 $p_{CO_2} = \varphi(CO_2)$，$p_{CO} = \varphi(CO)$，反应达到平衡时气相中 CO_2、CO 的分压或百分浓度。

由于不考虑惰性气体 N_2 的存在，则 $\varphi(CO) + \varphi(CO_2) = 100\%$。根据各反应不同温度下的平衡常数 K_p 值，即可得到各反应在不同温度下的平衡气相成分%CO，如图 3-10 所示。

图 3-10 中，反应 1、反应 3 和反应 4 是放热反应，平衡常数 K_p 值随温度升高而降低，反应达到平衡时的 CO 浓度增高，因此曲线朝右上方延伸。曲线 1 是还原反应 $3Fe_2O_3+CO = 2Fe_3O_4+CO_2$ 的平衡气相成分线，位置很低，说明在气相中只要有很少的 CO 就能把 Fe_2O_3 还原成 Fe_3O_4。在 1000℃时，CO 只有 0.50%，大于它反应就向右进行，认为此反应是不可逆的。曲线 3 是 $FeO+CO = Fe+CO_2$ 的平衡气相成分线，向上倾斜，是放热反应，升温对反应不利。曲线 4 是 $Fe_3O_4+4CO = Fe+4CO_2$ 的平衡气相成分线，向上倾斜，它在 570℃位置与曲线 2 和曲线 3 相交，说明反应仅在 570℃以下进行。曲线 2 是反应

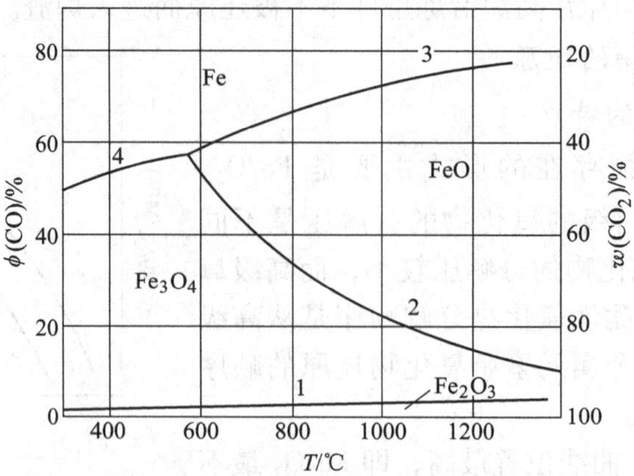

图 3-10　CO 还原铁氧化平衡气相

$Fe_3O_4+CO = 3FeO+CO_2$ 的平衡气相成分线，向下倾斜，平衡气相中 CO 浓度随温度升高而降低，即温度升高，CO 的利用率提高，是吸热反应。

图中的 4 条曲线把图形分成 4 个区域，这 4 个区域分别表示 Fe_2O_3、Fe_3O_4、FeO 和 Fe 稳定存在的范围。它表示只有在气相中的 CO 浓度高于在任一指定温度下曲线所示的 CO 平衡浓度时，由该曲线所示的还原反应才能进行。所以利用此图可以确定在一定条件（温度和 CO 浓度）下，任一铁氧化物转变的方向和最终产物。

C　固体碳还原铁的氧化物

凡是用碳作还原剂还原铁氧化物，生成 CO 的还原反应称为直接还原。矿石在到达高炉下部高温区之前，都已进行了相当程度的间接还原，残留下来的铁氧化物主要以 FeO 形式存在。用固体碳还原，在高炉内有实际的意义的只有 $FeO+C = Fe+ CO$ 的反应。但高炉内固定碳与矿石的接触界面很小，因此它们的还原也是有限的。实际上高炉内固体碳的还原作用主要是经 CO 的还原及碳的气化反应共同来完成的。通常认为直球应过两步法进行，其反应实质如下：

$$FeO + CO = Fe + CO_2 + 131910kJ$$

$$CO_2 + C = 2CO - 165390kJ$$

总反应为：

$$FeO + C = Fe + CO - 152200kJ \tag{3-7}$$

由反应结果可见，反应消耗的还原剂不是 CO，而是 C，该还原反应为强吸热反应。CO 起了把 FeO 的氧传给固体 C 的作用。CO 还原 FeO 生成的 CO 与 C 反应，生成的 CO 又还原 FeO。事实上，虽然 FeO 仍与 CO 反应，但气体产物 CO 在高炉下部高温区几乎 100% 和碳发生气化反应，直接消耗碳。由于高炉内煤气流速很大，碳的气化很难达到平衡，一般要在 1100℃以上才开始剧烈进行，所以高炉下部大于 1100℃区域才是直接还原区。800～1100℃区域为间接还原和直接还原的过渡区。

D　直接还原与间接还原的比较

还原剂为气态的 CO，产物为 CO_2 和铁的各级氧化物还原反应，为间接还原。还原剂为固体碳，产物为 CO 的反应，称为直接还原，如 $FeO +C = Fe +CO$。由前所述可知，间接还原反应是可逆反应，还原剂（CO）不能全部被利用，平衡气相成分中有一定比例的

CO，其中除 Fe_3O_4→FeO 的还原反应需消耗热能外，其他间接还原反应均能放出少量热。铁的高级氧化物容易被还原，且主要是通过间接还原进行的。低级氧化物（FeO）也有一半左右是通过 CO 进行间接还原，剩下的 FeO 通过直接还原进行的。

直接还原以固体碳为还原剂，是一个不可逆的强吸热反应。反应所需热量主要由碳来提供。直接还原反应主要是借助于碳气化反应来进行的，由碳的气化反应知，当炉内存在 CO、CO_2 和 C 时，在高于 1000℃温度下，CO_2 全部转变生成的 CO。

高炉内间接还原的开始决定于炉料的还原性能，人造富矿基本上一入炉就开始了间接还原，直接还原的开始决定于焦炭的反应性，即燃料中的碳与 CO_2开始反应的温度。木炭反应性好，开始反应温度就低（800℃），而焦炭反应性开始反应温度就高（900℃）。

高炉内低于 800℃的区域，碳的气化反应尚未开始，因此称间接还原区，又称低温温度；高于 1100℃的区域，由于碳的气化反应，气相中不可能有 CO_2存在，进行直接还原，所以称直接还原区，又称高温区，介于 800~1000℃之间为间接还原与直接还原混合区，称中温区。

3.4.4 非铁元素的还原

生铁中除含有 90%以上的铁元素外，还含有一定量的 Si、Mn、P、S 等元素，这些杂质元素一般是从液态炉渣中被还原进入生铁。

3.4.4.1 硅的还原

生铁中的硅由炉料中的 SiO_2 还原得到。SiO_2 是较稳定的化合物，生成热大、分解压小，比 Fe、Mn 难还原。硅开始还原温度在 1300℃左右，必须在高炉下部高温区以直接还原形式进行：

$$(SiO_2) + 2C = [Si] + 2CO - 627977kJ$$

由于 SiO_2 在还原时要吸收大量的热量，因此硅在高炉中只有少量被还原。还原出的硅可溶于生铁或生成 FeSi 再溶于生铁。较高的炉温和较低的炉渣碱度便可获得含硅较高的铸造生铁。由 SiO_2 还原得到 1kg 硅比由 FeO 还原得到 1kg 铁的热量消耗高 8 倍。硅的还原与炉温密切相关，所以铁水中硅的含量可作为炉温水平的标志。生铁中硅含量高，则炉温水平高，反之，则炉温水平低。

3.4.4.2 锰的还原

含锰氧化物中锰的还原与铁氧化物相似，也是逐级还原的，其还原顺序为：

$$MnO_2 \rightarrow Mn_2O_3 \rightarrow Mn_3O_4 \rightarrow MnO \rightarrow Mn$$

$$MnO_2 + CO = Mn_2O_3 + CO_2 \quad (3\text{-}8)$$

$$Mn_2O_3 + CO = Mn_3O_4 + CO_2 \quad (3\text{-}9)$$

$$Mn_3O_4 + CO = MnO + CO_2 \quad (3\text{-}10)$$

$$(MnO) + C = [Mn] + CO \quad (3\text{-}11)$$

锰的高级氧化物易被 CO 还原到 MnO，但 MnO 较 FeO 难还原，所以绝大多数锰是从熔渣中还原出来的。炉中锰开始还原的温度为 1100~1200℃。此时 MnO 已与脉石组成初渣，故锰是从初渣中的 MnO 直接还原而得。由 MnO 还原得到 1kg 锰比由 FeO 还原得到 1kg 铁的热量消耗大一倍。因此，高炉温是锰还原的首要条件。还原出来的锰可溶于生铁或生成 MnC 溶于生铁。

3.4.4.3　磷的还原

炉料中的磷主要以磷酸钙 $Ca_3(PO_4)_2$ 的形态存在。磷酸钙是很稳定的化合物，在高温下只能用碳直接还原。1500℃时发生的直接还原反应如下：

$$Ca_3(PO_4)_2 + 5C = 3CaO + 2P + 5CO \quad (3\text{-}12)$$

但在高炉冶炼条件下，存在对磷酸盐还原的有利因素，如 SiO_2、Fe 皆能促进其还原：

$$2Ca_3(PO_4)_2 + 3SiO_2 = 3(2CaO \cdot SiO_2) + 2P_2O_5$$

$$(P_2O_5) + 5C = 2[P] + 5CO$$

总反应为：$2Ca_3(PO_4)_2 + 3SiO_2 + 10C = 3(2CaO \cdot SiO_2) + 4P + 10CO$　(3-13)

上述还原反应产生的磷与铁结合，形成［Fe_2P］或［FeP］而溶于铁中，改善了磷的还原。冶炼普通生铁时，炉料中的磷几乎全部还原进入生铁中，影响生铁质量，所以对生铁中磷含量的控制，只能控制入炉中的磷含量。

根据氧化物分解压（见图 3-8）判断上述还原反应进行的难易，其顺序为 FeO—P_2O_5—MnO—SiO_2。由于这些氧化物与脉石和熔剂中的其他氧化物形成熔渣，相对于纯氧化物而言，它们的反应能力下降，或者说它们在熔渣中的活度小，使还原反应的进行变得困难。高炉生产实践表明：原料中的铁和磷全部还原，锰有 2/3 还原，硅少量还原。因此，磷、锰、硅等元素及在高炉上部尚未还原的铁（约占矿石中总铁量的 1/2）是在炉料软熔和熔化后被固体碳直接还原的。

3.4.4.4　钒的还原

钒存在于钒钛磁铁矿中，钒与氧组成的氮化物有 V_2O_5、V_2O_4、V_2O_3、V_2O_2 等。我国钒钛磁铁矿资源丰富，以四川攀西地区为主，钒和钛共生，以尖晶石形态存在，经过选矿，钒富集于铁精矿。钒的还原与锰的还原类似，但比锰难还原。在高炉内钒只能用碳直接还原：

$$(V_2O_5) + 5C = 2[V] + 5CO \quad (3\text{-}14)$$

$$2/3\ (V_2O_3) + 2C = 4/3\ [V] + 2CO \quad (3\text{-}15)$$

钒还原温度高于 1500℃，所以钒是从液态渣中还原出来的，高炉冶炼条件下，80%以上的钒还原出来进入生铁，使生铁中的钒含量接近 0.4%，这种铁水经转炉吹氧提钒后，钒进入渣中，成为钒渣，提钒后的铁水成为半钢，再经冶炼成钢。

3.4.4.5　钛的还原

钛与氧形成的一系列氧化物有 TiO_2、Ti_3O_5、Ti_2O_3、TiO 等。钛的还原类似于硅的还原，但比硅更难还原。钛的还原也遵循逐级还原规律。

用 H_2 还原 TiO_2，在 700~1000℃可得到 Ti_3O_5，1300℃时可还原成 Ti_2O_3，500℃时可还原成 TiO。用 CO 还原钛的氧化物，比用 H_2 还原所需的温度高。钛的低价氧化物只能用碳直接还原：

$$Ti_2O_3 + C = 2TiO + CO \quad (3\text{-}16)$$

$$(TiO) + C = [Ti] + CO \quad (3\text{-}17)$$

上述反应要在高温下才能进行。但钛在高温下很活泼，能与 N_2、C 等化合成 TiN、TiC 等。

3.4.4.6 镍、钴的还原

镍和钴是容易还原的元素，用 CO 还原 NiO 和 CoO 时，在 200℃就开始还原，至 400~500℃时还原激烈，到 900℃已能全部还原。从硅酸盐中还原镍和钴要稍难一些。高炉冶炼中镍和锌全部进入生铁。当矿石中含镍到 1.0% 或含钴到千分之几时，就将作为镍矿、钴矿使用，先要提取镍和钴，才能送入高炉冶炼。

3.4.4.7 铅、锌、砷的还原

铅在炉料中常以 $PbSO_4$、PbS 等形式存在。铅是易还原的金属，在高炉内可以被全部还原：

$$PbSO_4 + 4C + Fe = FeS + 4CO + Pb \quad (3\text{-}18)$$

PbS 也可借助 CaO 置换出来，生成 PbO，再被 CO 还原：

$$PbO + CO = Pb + CO_2 \quad (3\text{-}19)$$

还原出来的铅不溶于生铁，而且密度大于铁，熔点低，下沉炉底，渗入砖缝，破坏炉底。铅的熔点为 327℃，在 1550℃可以沸腾，在高炉的条件下，部分铅挥发上升，而后又被氧化，随炉料下降，再次被还原，在炉内形成循环富集。

锌在矿石中以 ZnS 状态存在，有时也以碳酸盐或硅酸盐状态存在。ZnS 能借助铁的作用而得到还原，也可被 CO、H_2、C 所还原。还原的锌很易挥发，挥发的锌到高炉上部被 CO_2 或 H_2O 重新氧化成为 ZnO，一部分被煤气带出炉外，另一部分随炉料下降，再被还原，在炉内循环富集。部分锌蒸气渗入炉衬，在炉衬中冷凝，并被氧化成 ZnO 体积膨胀，破坏炉墙。凝结在炉墙内壁上的若长久的聚集则易形成炉瘤。

砷是有害元素，它能降低生铁和钢的性能，使钢冷脆，特别能降低钢材的焊接性能。砷易还原，进入生铁。

当高炉使用含铅、锌、砷的炉料时，一般都先在炉外进行氯化焙烧，把砷、铅、锌等回收后，再进行高炉冶炼。

3.4.5 渗碳过程

在高炉上部，随着煤气温度下降，碳的气化反应逆向进行（$2CO \rightarrow C+CO_2$），但由于在高炉内煤气流速很大，在炉内停留的时间仅几秒钟，反应时间不充分，加之反应是由气相中析出固体碳，新相生成困难，只有在新生态海绵铁的表面才易生成碳的晶核，故上述逆反应不能达到平衡，但仍能析出一定量的炭黑。

刚从铁矿石还原出来的金属铁呈固体多孔状，几乎不含碳，称为海绵铁。它在随炉料下降的过程中不断吸收碳素（渗碳），在炉身部分（块状带）发生这种渗碳过程，主要是靠分解出的炭黑进行的。分解出的炭黑有很高的活性，它附着或沉积在海绵铁的孔隙内，使其渗碳，形成铁的碳化物。其反应过程如下：

$$2CO = CO_2 + C_{炭黑}$$

$$3Fe + C_{炭黑} = 3Fe_3C$$

总反应为：

$$3Fe + 2CO = Fe_3C + CO_2 \quad (3\text{-}20)$$

由于固体海绵铁和固体炭黑的接触只发生在表面，渗碳的速度慢，量也少，因此海绵铁的渗碳是有限的，不到 1%。经渗碳后的固体海绵铁熔点降低，当进入软熔带温度升高时，便开始熔化滴落，改善了铁与焦炭的接触条件，加快了渗碳速度。经初步渗碳的金属铁在 1400℃左右时与炽热的焦炭继续进行固相渗碳，开始熔化为铁水，穿过焦炭滴入炉缸。熔化后的铁水与焦炭直接接触的渗碳反应，到达炉腹处，生铁的最终含碳已达 4%左右，这说明渗碳过程主要在炉腰、炉腹部分（软熔区）依靠液态铁进行的，其反应式为：

$$3[Fe] + C = [Fe_3C]$$

Fe_3C 溶入生铁中，使生铁熔点降到 1150℃左右。所以随炉料下降，逐渐进行渗碳过程可促使生铁的熔点不断降低，同时溶入少量硅、锰、磷等合金元素，最终形成生铁。

3.4.6 造渣过程和脱硫反应

3.4.6.1 炉渣的组成和作用

炉渣和生铁是在高炉冶炼过程同时形成的两种液态产物。铁矿石中的脉石、焦炭中的灰分和熔剂中的氧化物在高炉冶炼条件下不能还原进入铁水，只能熔融进入炉渣，主要成分是 SiO_2、Al_2O_3、CaO、MgO、MnO、FeO 和 CaS。冶炼特殊矿产生的炉渣除含有上述一些成分外，还有其他一些成分，如钒钛磁铁矿高炉渣还含有 TiO_2、V_2O_5等。尽管炉渣的氧化物种类很多，但对炉渣影响较大和炉渣中含量最多的是 SiO_2、Al_2O_3、CaO 和 MgO 这 4 种氧化物，因此通常用其中的碱性氧化物 CaO、MgO 和酸性氧化物 SiO_2、Al_2O_3 的质量分数之比来表示炉渣碱度，所谓碱度就是炉渣中碱性氧化物含量与酸性氧化物含量的比值。在工业生产上，其含量均用质量百分数浓度表示。最常用、最简单的碱度表示方法是 CaO/SiO_2。

钢铁冶金中常用炉渣碱度作为调整炉渣成分和判断炉渣酸碱性的参数，炉渣的碱度在一定程度上决定了其熔化温度、黏度及黏度随温度变化的特征，以及其脱硫能力等。因此炉渣碱度是非常重要的代表炉渣成分的实用性很强的参数。一般认为 $CaO/SiO_2>1$ 的称碱性渣，$CaO/SiO_2<1$ 的称酸性渣。炉渣碱度根据高炉原料条件和冶炼产品的不同，一般波动在 1.0~1.3 之间。

炉渣具有熔点低、密度小和不溶于生铁的特点，其良好的流动性，有助于铁滴汇集长大。由于渣铁密度不同，因此高炉冶炼过程中渣、铁得以分离从而获得纯净的生铁，这就是高炉造渣过程的基本原理。另外，炉渣对高炉冶炼还有以下几方面的作用：

（1）渣铁之间进行合金元素的还原及脱硫反应，起着控制生铁成分和质量的作用。比如高碱度渣能促进脱硫反应，有利于锰的还原，从而提高生铁质量；SiO_2 含量高的炉渣促进硅的还原，从而控制生铁含硅量等。

（2）初渣的形成造成了高炉内的软熔带和滴落带，对炉内煤气流分布及炉料的下降都有很大的影响。因此，炉渣的性质和数量对高炉操作直接产生作用。

（3）炉渣应具有适当的熔化温度（1400~1550℃），以保证炉缸的温度适当。

（4）炉渣附着在炉墙上形成“渣皮”，起保护炉衬的作用。但是另一种情况下又可能侵蚀炉衬，起破坏性作用。因此，炉渣成分和性质直接影响高炉寿命。

3.4.6.2 高炉渣的形成过程

高炉造渣过程是伴随着炉料的加热和还原而产生的重要过程。加入高炉的炉料在下降过程中将发生如下变化：（1）焦炭在风口以上保持固态直到风口才进行燃烧，燃烧后的灰分参与造渣；（2）石灰石在 1000℃左右分解完毕，由于分解生成的 CaO 与矿石中的脉石接触不良，因此初渣中 CaO 含量很少，直至大量初渣以滴状流过其表面时，才被溶解，参加造渣；(3) 矿石下降时，由块状带进入软化半熔区，通常初渣在此生成。

矿石的软化是由于固相反应生成了低熔点化合物（如 $CaO \cdot Fe_2O_3$、$2CaO \cdot SiO_2$ 等）。此时半熔层含有很多已还原的铁的“冰柱”沿着焦炭层的缝隙流下，炉渣从冰柱中分离出来。随后渣中 FeO 不断还原进入铁中，至滴落区，炉渣以滴状下落时，其中 FeO 已降至 2%~3%。当温度在 1400℃ 以上时，金属铁由于渗碳而熔点降低，也以滴状下落。处于滴落过程中的渣的成分和温度不断变化。

滴落的初渣随着部分 SiO_2 的还原，石灰的渣化并加入焦炭灰分，经过碱度的波动之后形成终渣。终渣中（Al_2O_3）、（SiO_2）含量增大，（FeO）、（MnO）、（CaO）、（MgO）含量减小，（CaS）含量增大，碱度减小，石灰石渣化并加入焦炭灰分经过碱度波动后形成终渣。

3.4.6.3 *炉渣脱硫*

高炉冶炼的脱硫是整个钢铁生产中最重要的阶段，也是冶炼优质生铁的首要问题。高炉中的硫有 2/3 是来自焦炭，其他则是由喷吹的燃料和矿石带入的。1t 生铁原料带入的硫约为 4~6kg。

降低生铁含硫（一般应小于 0.06%）的主要措施是提高炉渣的脱硫能力，即提高硫在渣铁中的分配系数，使原料中的硫更多的转入炉渣。大量的脱硫反应发生在铁水穿过炉缸渣层的过程中，这时渣铁界面大，脱硫速度快，然后便是在炉缸渣铁熔池的界面上，这时渣铁接触时间长，脱硫反应充分。

渣铁间的脱硫反应可以看成是溶解于铁水中的［FeS］与渣中的（CaO），在有［C］存在的条件下，进行的界面反应：

$$[FeS] + (CaO) + [C] = (CaS) + [Fe] + CO \tag{3-21}$$

上述脱硫反应为吸热反应。显然，温度高有利于脱硫。高炉温的另一个作用是降低炉渣的碱度，有利于脱硫组元的扩散，加速炉渣-生铁液间的脱硫反应进行。因此，为了提高炉平硫能力，主要有三个基本条件：即碱度高、炉温高、还原性炉渣。炼钢炉渣虽可实现高温高碱，但氧化性强，故脱硫能力差。高炉是强还原气氛，而且铁水中 C、Si 含量高，铁水中的硫的活性高，脱硫条件优越，所以钢铁生产过程脱硫任务主要应由高炉来完成。

3.5 高炉本体结构及附属系统

现代钢铁厂除个别规模很小的以外，多为联合企业，炼铁生产是其中的重要环节，它与烧结、炼钢、焦化、动力等其他车间紧密相关，其中包括工序的衔接、产品平衡、公共设施等。如果单独设置一座高炉，当大修、事故等对整个钢铁企业影响很大，因此一般高炉车间设置 2 座以上高炉，大型车间设置 3~4 座为宜。

高炉是炼铁生产的主要设备（见图 3-11），还配有原料贮运、鼓风加热、煤气净化、渣铁处理、喷吹燃料等设施。近年来，为减少厂内严重的环境污染，还在扬尘点设置了环保集尘设备。

3.5.1 高炉本体结构

3.5.1.1 *高炉炉型*

高炉是一个横断面为圆形的竖炉，它的外壳是钢板焊成的，内砌碳砖作衬里。在砖衬和壳之间或者在砖衬内部，设有水冷或汽化冷却装置，以保护砖衬、炉壳及金属构件，护炉型，延长炉子寿命。高炉内部工作空间的形状称为高炉内型，即通过高炉中心线的剖面轮廓。炉子的内型设计应适应炉料的体积变化，使炉料下降顺畅及保证化学反应顺利进行。现代高炉内型一般由炉缸、炉腹、炉腰、炉身和炉喉5段组成，如图3-12所示。

图3-11 高炉炉体设备

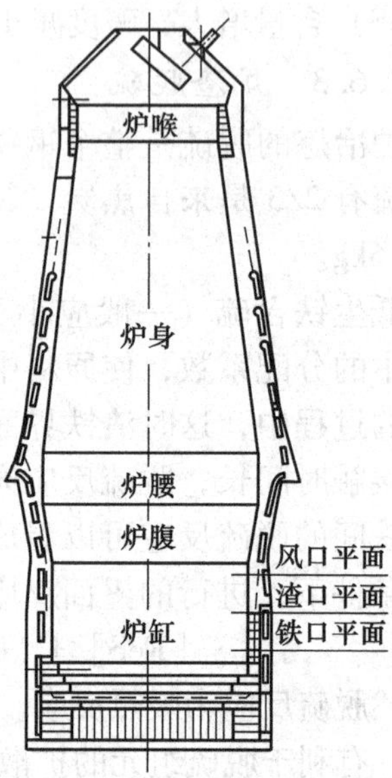

图3-12 高炉内型

（1）炉喉。炉喉处于高炉本体的最上部分，呈圆筒形。炉喉既是炉料的加入口，也是煤气的导出口，在此进行炉顶布料和炉料的初步加热。不管大小高炉，炉喉高度均在1.8~2m。过高，会使炉料挤紧而影响下降；过低，不利于改变装料制度。

（2）炉身。呈圆台形，由上向下逐渐扩大，以适应炉料加热后的体积膨胀，减少炉料下降的阻力。矿石在这里完成在固体状态下的整个加热过程，是高炉容积最大的一部分。炉身高约为高炉有效高度的一半。高炉内的间接还原主要发生在炉身部位。炉身角度的大小对炉料下降和煤气流分布都有很大的影响。炉身角度一般在82°~85°之间。

（3）炉腰。炉腰呈圆筒形，它是高炉直径最大部分。它使炉身和炉腹得以合理过渡，此处是炉料由固体向熔体过渡阶段，较大的炉腰直径能减少煤气流的阻力。

（4）炉腹。高炉熔化和造渣的主要区段，呈倒圆台形。为适应炉料熔化后体积收缩的特点，其直径自上而下逐渐缩小，形成一定的炉腹角。炉腹的存在，使燃烧带处于合适位置，有利于气流均匀分布。炉腹高度随高炉容积大小而定，但不能过高或过低，一般为3.0~3.6m。炉腹角一般为79°~82°；过大，不利于煤气流分布；过小，则不利于炉料顺行。

（5）炉缸。炉缸是圆筒形，它既要贮存一定数量的铁水和炉渣，又要能保证燃烧有足够数量的焦炭。铁口、渣口和风口都设置在炉缸部位。风口设在渣口水平上方一定距离的位置，要求渣面不要上升到风口平面，风口下应留有一定的焦炭燃烧空间。

五段式高炉内型形成了两头小，中间大，且略带锥度的圆柱形空间，既保证了炉料下降过程受热膨胀、松动软熔和最后形成液态而体积收缩的需要，又符合煤气上升过程中冷却收缩和高温煤气上升不至烧坏炉腹砖衬的特点。

3.5.1.2 炉顶装料装置

炉顶是炉料的入口也是煤气的出口，又是炉料的入口。炉顶装料设备是把运送到炉顶的炉料装入炉内，并能得到合理的分布。现代高炉随着高压操作的广泛应用，炉顶设备已成为高炉设备中的薄弱环节，其寿命、结构和制造质量等不但影响高炉的作业率，也影响高压操作和布料调剂，还决定着高炉中修甚至大修的期限。现代高炉中有双钟式炉顶和无钟炉顶两种炉顶装料设备。

（1）双钟式炉顶。即双钟带小料斗旋转式布料器，其结构如图 3-13 所示。两个料钟既要起布料的作用，还要起密封作用。炉料通过传送装置送到炉顶，首先在大料钟关闭情况下将炉料装入小料斗，小料钟下降，落入大料斗中，每卸料一次，小料斗旋转 60°，以使大料斗内的炉料均匀分布。当小料钟几次下料后，在小料钟关闭的情况下，大料钟下降，将炉料装入中内，这样一来，大小料钟至少有一个处于关闭状态，从而阻住了煤气的逸出。

（2）无钟式炉顶。无钟式炉顶（见图 3-14）设备由于取消了笨重的大小料钟，而且布料上有很大的灵活性，因此在大高炉上的使用已日益广泛。采用一个旋转溜槽代替大料钟，溜槽可以绕高炉中心线旋转，也可以在径向上摆动。溜槽正上方有一个控制溜槽旋转与摆动的气密齿轮箱。溜槽上面有两个料仓，轮换装料与卸料，每个料仓的上下各有一个密封阀。当料仓的上密封阀启、下密封阀关闭时，则处在装料状态，反之则为卸。

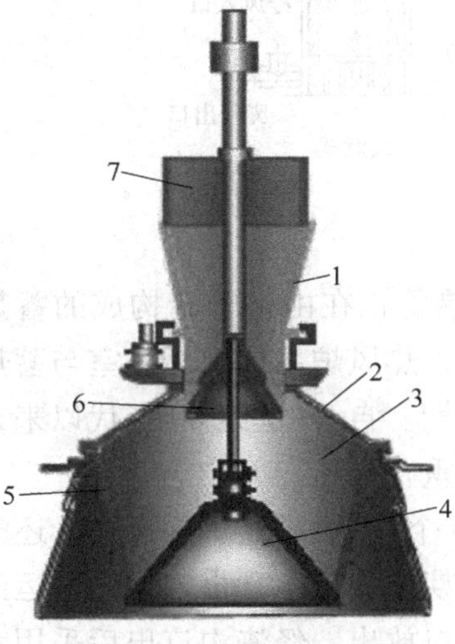

图 3-13 双钟式炉顶

1—旋转布料器；2—煤气封盖；3—均压室；4—大料钟；5—大料斗；6—小料钟；7—受料斗

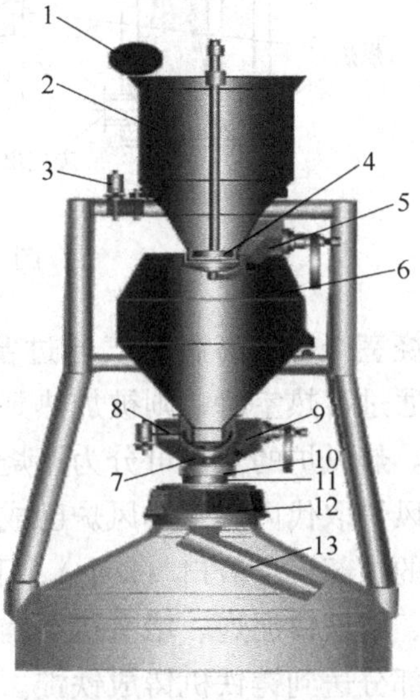

图 3-14 无钟式炉顶

1—带式上料；2—旋转料罐 3—驱动电动机；4—托盘式料门；5—上密封阀（放散）；6—密封料罐；7—卸料漏斗；8—料流调节阀；9—下密封阀（均压）；10—波纹管；11—眼睛阀；12—气密箱；13—溜槽

3.5.2 高炉附属系统

一个大型炼铁厂，在高炉周围还配备原料运贮、鼓风加热、煤气净化、渣铁处理、喷吹燃料等附属系统。

炉顶上料系统包括有料车上料和带式上料机两种形式。以前大多数高炉都采用料车上料。近年来，由于高炉向大型化发展要求运输炉料能力加大，故新建大型高炉广泛采用皮带上料机。

高炉送风系统是由鼓风机、冷风管道、热风炉、热风管道、煤气管道、废气管道和烟囱等所组成的。鼓风机加压的空气通过热风炉加热到1000~1300℃。通常，一座高炉要设置3~4座热风炉，并共用一座烟囱。当一座热风炉往高炉送热风时，另外两座分别在用煤气加热和保温。热风炉是由鼓风升温的蓄热室和燃烧室所组成。在结构上，有将燃烧室和蓄热室放在同一个圆筒形炉壳之内的内燃式热风炉，也有将燃烧室独立砌筑于蓄热室之外的外燃热风炉，热风炉炉型如图3-15所示。

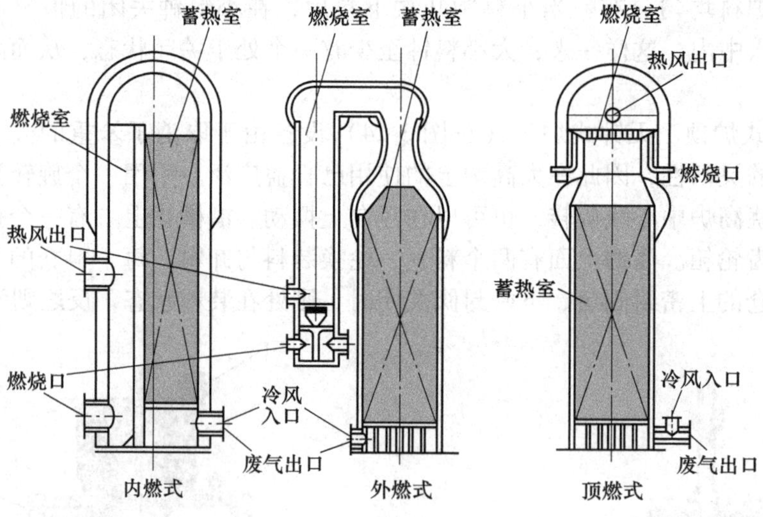

图3-15 热风炉炉型

煤气燃烧室产生的高温烟气通过蓄热室时，将其显热蓄积在由格子砖构成的蓄热室里；而空气通过蓄热室时，则被加热到预定的温度。因此，热风炉主体由燃烧室与蓄热室两部分构成。热风炉的工作可分为燃烧蓄热期和鼓风加热期。自20世纪60年代以来，采用外燃式热风炉取代内燃式热风炉已成为提高风温的一种重要措施。

在炉缸的中部设出渣口（2个），下部设出铁口（3-4个）。为满足炉前操作，还配备有开铁口机、堵铁口泥炮、堵渣机等辅助设备。从铁口定期排放铁水，由铁水罐车运到炼钢车间，少部分送到铸铁机铸成铁锭。炉渣也是定时从渣口放出，经渣沟流出后采用水淬处理。高炉水淬渣可用于生产水泥渣棉或作其他用途。

现代大型高炉采用多个铁口出铁，已经不设渣口。采取轮流出铁，出铁间隔很短的高炉出铁场渣铁沟是出铁时流渣铁的通道。渣铁沟包括主沟、铁沟、残铁沟、渣沟等。高炉出铁时通常是渣铁同时从铁口流出，流出的渣铁落入主沟内。主沟内设撇渣器，渣铁在流经撇渣器时，密度轻的渣被挡在撇渣器前，经渣沟流走；铁则通过撇渣器下面的通道和小井流入铁沟；渣铁在主沟内实现分离。撇渣器后还设残铁口，当主沟检修时，打开残铁口放出残铁，残铁经残铁沟流走。

3.6 高炉冶炼产品及高炉生产的主要技术经济指标

3.6.1 高炉产品

高炉炼铁生产的主要产品是生铁，副产品是炉渣、煤气和炉尘。

3.6.1.1 生铁

根据化学成分和用途的不同，高炉生铁分为 3 类：一是供炼钢用的炼钢生铁（白口铁，占生铁总量的90%以上）；二是供浇铸机件和工具用的铸造生铁（灰口铁）；三是少量的铁合金。

炼钢生铁中的碳以化合形态（Mn_3C、Fe_3C 等）存在，因此，炼钢生铁既硬又脆，不宜加工。因其断口呈银白色，又称白口铁。炼钢生铁的含碳量一般为 2.5%~4.5%，并含有少量的硅、锰、磷、硫等元素。冶炼特殊矿石时，还含有其他一些元素，如冶炼钒钛磁铁矿石时，生铁中还含有 V、Ti 等元素。炼钢生铁牌号见表 3-3。

表 3-3 炼钢用生铁牌号（GB/T 717—1998）

铁号	牌号		炼 04	炼 08	炼 10
	代号		L04	L08	L10
	碳		≥3.5		
化学成分/%	硅		≤0.45	>0.45~0.85	>0.85~1.25
	锰	一类	≤0.3		
		二类	>0.30~0.50		
		三类	>0.5		
	磷	一类	≤0.15		
		二类	>0.15~0.25		
		三类	>0.25~0.40		
	硫	特类	≤0.02		
		一类	>0.02~0.03		
		二类	>0.03~0.05		
		三类	>0.05~0.07		

由于硅能促进石墨化，使铸造时生铁具有良好的填充性并使铸件可以车削，因此铸造生铁含硅较高。此外，尚含有一定量的磷（约 0.3%），以此增加生铁流动性，改善铸件的质量。

铸造生铁断口呈灰色，因此铸造生铁也称为灰口铁。铸造生铁牌号见表 3-4。

表 3-4　铸造生铁的化学成分（GB/T 718—82）

铁号			铸 34	铸 30	铸 26	铸 22	铸 18	铸 14
	代号		Z34	Z30	Z26	Z22	Z18	Z14
化学成分/%	碳		≥3.3					
	硅		3.2~3.6	2.8~3.2	2.4~2.8	2.0~2.4	1.6~2.0	1.25~1.6
	锰	一组	≤0.50					
		二组	0.50~0.90					
		三组	0.90~1.30					
	磷	一组	≤0.6					
		二组	0.06~0.10					
		三组	0.10~0.20					
		四组	0.20~0.40					
		五组	0.40~0.90					
	硫	一组	≤0.03					≤0.04
		二组	≤0.04					≤0.05
		三组	≤0.05					

高炉冶炼时，加入一定量的其他成分，炼成含多量合金元素的生铁，称为铁合金。高炉冶炼的铁合金主要是锰铁。铁合金可作为炼钢的合金剂和脱氧剂。

3.6.1.2　*炉渣*

高炉每冶炼 1t 生铁能产生 300~600kg 的炉渣。矿石中的脉石、熔剂中的各种氧化物和燃料中的灰分等熔化后组成炉渣，其主要成分为 CaO、SiO_2、MgO、Al_2O_3 及少量的 MnO、FeO、S 等。

高炉炉渣可制成水渣、渣棉和干渣等。水渣是液态炉渣用高压水急冷粒化形成的，它是良好的制砖和制作水泥的原料；渣棉是液态炉渣用高压蒸汽或高压压缩空气吹成的纤维状的渣，可作为绝热材料；干渣是液态炉渣自然冷凝后形成的渣，经处理后可用于铺路、制砖和生产水泥，还可以制成建筑材料。

3.6.1.3　*煤气*

高炉每冶炼 1t 生铁能产生 2000~3000m^2 的煤气，其化学成分包括 CO 20%~30%、CO_2 15%~20%、H_2 1%~3%、N_2 56%~58%和少量的 CH_4。煤气经除尘脱水后作为燃料，其发热值为 2900~3800kJ/m^3（随着高炉能量利用系数的改善而降低）。回收的煤气可供热风炉、烧结、炼钢、炼焦和轧钢等用户使用。

当炉顶煤气压力大于 0.12MPa 时，煤气余压能可回收发电。高压炉顶安装余压发电设备，一般吨铁可发电 30kW · h。

3.6.1.4　*炉尘*

每吨生铁吹出的炉尘量 50~100kg。炉尘是煤气上升时从炉内带出的细颗粒的固体炉料，其含铁 30%~50%，碳 5%~15%。炉尘在重力除尘器下被回收，可供烧结厂作为烧结配料。

3.6.2 高炉冶炼主要技术经济指标

3.6.2.1 高炉有效容积利用系数

高炉有效容积利用系数（η）即高炉每昼夜的生铁产量（P）与有效容积（V）的比值：

$$\eta = \frac{P}{V}(\mathrm{t/m^3 \cdot d})$$

它是衡量高炉生产效率的重要指标。利用系数越高，说明高炉的生产率越高。

提高合格生铁的产量，是提高利用系数的根本途径。因此，提高矿石品位，在顺行的基础上实行全风操作、高压操作和富氧鼓风等强化高炉冶炼的措施都能提高利用系数。

3.6.2.2 焦比

焦比（K）是高炉能量消耗的重要指标，它是表示冶炼1t生铁所消耗的干焦炭量，即昼夜消耗的焦炭量（Q）与产量的比

$$K = \frac{Q}{P}(\mathrm{kg/t})$$

从风口喷入煤粉、重油、天然气等燃料后，冶炼1t生铁消耗的各种燃料总量称燃料比。若把喷吹的燃料按置换比折合成相应焦炭（按燃料置换比）与实际消耗焦炭量之和称综合焦比。日本焦比在世界上是最低的，平均410~430kg，我国一般在400~600kg，居世界中等水平。

3.6.2.3 冶炼强度

冶炼强度（I）是每昼夜高炉燃烧的焦炭量与高炉有效容积的比值：

$$I = \frac{Q}{V}(\mathrm{t/m^3 \cdot d})$$

冶炼强度表明高炉作业强化程度的高低，它取决于高炉所能接受的风量。鼓风越多，燃焦炭也就越多，在焦比不变或增加不多的情况下，利用系数也越高。目前国内外冶炼强度均在1.0左右。

在休风率为零时，强度、焦比、利用系数之间的关系为 $\eta = I/K$。所以提高冶炼强度，降低焦比是提高产量的两个基本方面。

3.6.2.4 生铁合格率

生铁合格率是指化学成分（主要是Si、S）符合国家标准的生铁占总产量的百分比，它是评价高炉优质生产的重要指标，一般能达到99%以上。

3.6.2.5 休风率

休风率是指高炉休风时间占全年日历生产时间的百分比。降低休风率是高炉增产的重要途径。高炉休风率一般应小于2% 。

3.6.2.6 高炉一代炉龄

一代炉龄是指高炉从点火开始到停炉大修为止的时间。炉龄长，产铁多，经济效益高。一般大高炉寿命应达10年左右。延长高炉炉龄是高炉工作者的重要任务。

复习思考题

3-1 我国铁矿资源有什么特点，高炉炼铁常用的铁矿有哪几种，各有什么特点？
3-2 高炉冶炼对铁矿石的要求是什么？
3-3 高炉冶炼为什么要加入熔剂，常用的熔剂有哪些，对其有什么要求？
3-4 焦炭在高炉冶炼中起什么作用，高炉对其质量有何要求？除了焦炭，还可以采用哪些燃料？
3-5 粉矿造块的意义是什么，常用对铁矿粉造块方法有哪几种？
3-6 用示意图说明烧结过程沿料层断面高度的变化规律。
3-7 简述带式烧结机的结构及烧结台车的运行过程原理。
3-8 根据纯氧化物分解压与温度关系图和实际生产实践，说明高炉原料中各种金属氧化在还原冶炼中的行为，为什么炼铁用碳作还原剂？
3-9 铁氧化物用 CO 还原的顺序是什么，还原反应的条件是什么？
3-10 用固体碳还原铁氧化物的特点是什么？
3-11 什么是直接还原和间接还原，并比较它们的特点。
3-12 从高炉解剖分析高炉冶炼过程大致可分为几个区域，冶炼过程的主要物理化学变有哪些？
3-13 分析高炉中 Si、Mn 和 P 的还原特点。
3-14 在高炉上部块状区与下部熔化区铁的渗碳机理有何不同？
3-15 高炉渣的作用是什么，主要成分是什么，它是如何形成的？
3-16 什么是炉渣碱度，最简单的表示方法是什么，高炉渣碱度一般在什么范围？
3-17 写出高炉渣脱硫的反应影响脱硫的因素有哪些，如何提高炉渣脱硫的能力？
3-18 为什么高炉冶炼脱硫能力高于炼钢？
3-19 何谓高炉内型，画出高炉内型示意图并标明各部分名称。
3-20 何谓高炉有效容积，我国目前最大高炉有效容积是多少？
3-21 高炉炉顶有什么作用，目前主要有哪些形式？
3-22 高炉冶炼设备包括哪几大系统，各自的作用是什么？
3-23 高炉生产技术经济指标主要有哪些，如何定义？
3-24 某大型高炉有效容积 4350m^3，年产 370 万吨炼钢生铁，消耗 100 万吨焦炭，计算该高炉的有效积利用系数、焦比及冶炼强度各为多少？
3-25 高炉冶炼的产品和副产品有哪些？

4 炼　　钢

4.1 概　　述

4.1.1 钢与生铁的区别

钢和生铁都是以铁元素为基本成分的铁碳合金，都含有碳、硅、锰、磷、硫 5 种元素。但生铁和钢在性能上有着较大的差异，这主要是因为两者含碳量和合金的组织结构不同而造成的。通常来讲，生铁中的碳含量高于 2%，而钢种的碳含量低于 2%。

固体纯铁在不同温度下有 3 种同素异型的晶体结构，即 α-Fe、γ-Fe 和 δ-Fe。碳在固体铁中的溶解度及其存在的形态，因铁的晶型不同差别较大，在 α-Fe、δ-Fe 中的溶解度很小，而在 γ-Fe 中的溶解度较大，如在 1153℃时为 2.11%。碳溶解于 γ-Fe 所形成的固溶体在金属学上称为奥氏体。奥氏体中溶解的碳达到饱和时，将主要以 Fe_3C 形式的碳析出，在 Fe-C 系状态图（见图 4-1）中虚线即表示 Fe_3C 的溶解度线。

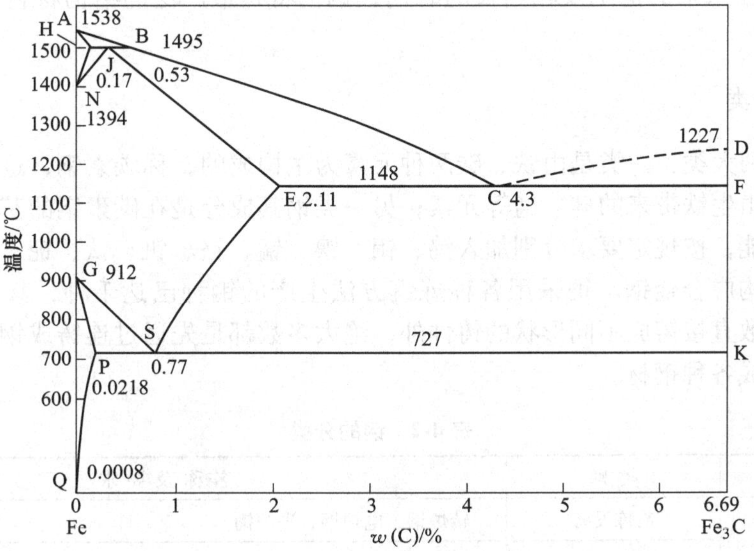

图 4-1　铁碳合金状态图

Fe_3C 称渗碳体（含 6.99%的 C），是一种金属化合物，它的性能与纯铁完全相反，纯铁比较柔软、塑性好、容易变形、强度和硬度很差；渗碳体的硬度很高、极脆、塑性几乎为零，是一个硬而脆的组织，故本身没有什么使用价值。在钢铁材料中，碳含量高，渗碳体就多，钢铁的硬度增高，塑性、韧性降低。量变引起质变，含碳量增加到一定程度后就会引起质的变化，所以含碳量多少是区别钢铁的主要标准。钢的抗拉强度、韧性、塑性等力学性能及冷热加工性能等要比生铁好很多，因而应用更加广泛。生产中约有90%的高炉生铁须经再次冶炼成为具有良好金属特性的钢，继而被加工成各种类型的钢材使用，表4-1为钢和生铁的主要性能区别。

表4-1 钢和生铁的主要性能区别

项目	钢	生铁
碳	≤2%（一般为0.04%~1.7%）	>2%（一般为2.5%~4.3%）
硅、锰、磷、硫	较少	较多
熔点	1450~1530℃	1100~1150℃
力学性能好	强度、塑性、韧性好	硬而脆，耐磨性好
可锻性	好	差
焊接性	好	差
热处理性能	好	差
铸造性	好	更好

钢铁是国家国民经济和社会发展的重要基础材料，是一个国家国力的重要标志。钢具有很好的物理化学性能与力学性能，可进行拉、压、轧、冲、拔等深加工，它是应用最广泛的一种金属材料，工业、农业、交通运输、建筑业、航天航空、国防及日常生活都离不开钢。在未来的世纪及相当长的时期，钢仍将是最广泛的结构材料和最主要的功能材料。

4.1.2 钢的分类

钢可分为两大类：一类是由铁、碳两种元素为主构成的，称碳素钢，这种钢除铁和碳以外，还含有由生铁带来的硅、锰等元素；另一类钢其成分是在碳素钢的基础上，为改善或获得某种性能，按规定要求分别加入钨、钼、镍、锰、铬、钒、钛、铌、硅和稀土金属等合金元素，构成合金钢。钢采用各种炼钢方法生产的钢种已达千种，其分类见表4-2。炼成的钢除少数直接铸成不同形状的铸件外，绝大多数都是先通过连铸成钢坯，再经过轧制或锻压加工成各种钢材。

表4-2 钢的分类

分类方法	类别	名称及要求
冶炼	冶炼设备	转炉钢、电炉钢、平炉钢
	脱氧程度	沸腾钢、镇静钢、半镇静钢
		低碳钢<0.25%
	碳素钢 w(C)	中碳钢=0.25%~0.60%
		高碳钢>0.60%
化学成分		低合金钢<3%
	合金钢（合金总量）	中合金钢<3%~10%
		高合金钢>10%

续表 4-2

分类方法	类别	名称及要求
质量	普通碳素钢	甲类钢
		乙类钢 $w(S)<0.05\%$，$w(P)<0.045\%$
		特类钢
	优质碳素钢	$w(S)<0.05\%$，$w(P)<0.04\%$
	高级优质钢	合金钢 $w(S)<0.02\%$，$w(P)<0.03\%$
用途	结构钢	碳素结构钢、建筑用钢、机械用钢、弹簧钢、轴承钢、合金结构钢
	工具钢	碳素工具钢
		合金工具钢，刀具用钢、量具用钢、模具钢
		高速工具钢
	特殊性能钢	不锈钢、不锈耐酸钢、耐热不起皮钢、耐热合金、磁性材料

4.1.3 现代炼钢技术的发展简史及其发展趋势

最早出现的炼钢方法是 1740 年出现的坩埚法，它是将生铁和废铁装入由石墨和黏土制成的坩埚内，用火焰加热熔化炉料，之后将熔化的炉料浇成钢锭。此法几乎无杂质元素的氧化反应。

1856 年英国人亨利·贝塞麦发明了酸性空气底吹转炉炼钢法，也称作贝塞麦法，第一次解决了用铁水直接冶炼钢水的难题，从而使炼钢的质量得到提高，但此法要求铁水的硅含量大于 0.8%，而且不能脱硫。目前已淘汰。

1865 年德国人马丁利用蓄热室原理发明了以铁水、废钢为原料的酸性平炉炼钢法，即马丁炉法。1880 年出现了第一座碱性平炉。由于其成本低、炉容大，钢水质量优于转炉，同时原料的适应性强，平炉炼钢法仍一时成为的主要的炼钢法。

1879 年英国人托马斯发明了碱性炉衬的底吹转炉炼钢法，即托马斯法。他是在吹炼过程中加石灰造碱性渣，从而解决了高磷铁水的脱磷问题。当时，对西欧的一些国家特别适用，因为西欧的矿石普遍磷含量高。但托马斯法的缺点是炉子寿命底，钢水中氮的含量高。

1899 年出现了完全依靠废钢为原料的电弧炉炼钢法（EAF），解决了充分利用废钢炼钢的问题，此炼钢法自问世以来，一直在不断发展，是当前主要的炼钢法之一，由电炉冶炼的钢目前占世界总的钢的产量的 30%～40%。

瑞典人罗伯特·杜勒首先进行了氧气顶吹转炉炼钢的试验，并获得了成功。1952 年奥地利的林茨城（Linz）和多纳维兹城（Donawitz）先后建成 30t 的氧气顶吹转炉车间并投入生产，所以此法也称为 LD 法，美国称为 BOF（Basic Oxygen Furnace）法或 BOP 法，如图 4-2 所示。

1965 年加拿大液化气公司研制成双层管氧气喷嘴，1967 年西德马克西米利安钢铁公司引进此技术并成功开发了底吹氧转炉炼钢法，即 OBM（Oxygen Bottom Maxhuette）法。1971 年美国钢铁公司引进 OBM 法，1972 年建设了 3 座 200t 底吹转炉，命名为 Q-BOP（Quiet BOP），如图 4-3 所示。

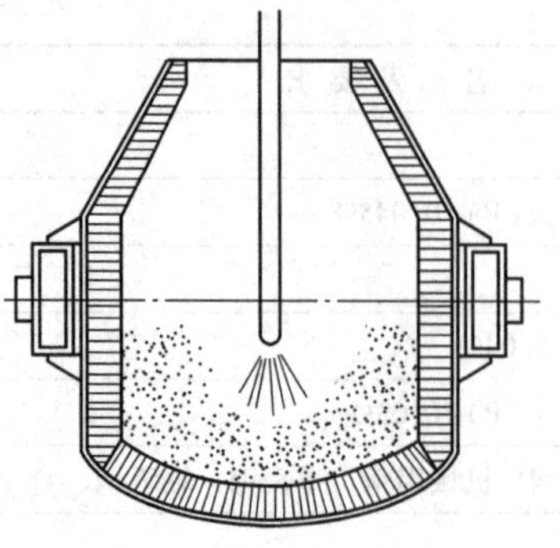

图 4-2 LD/BOF/BOP 法

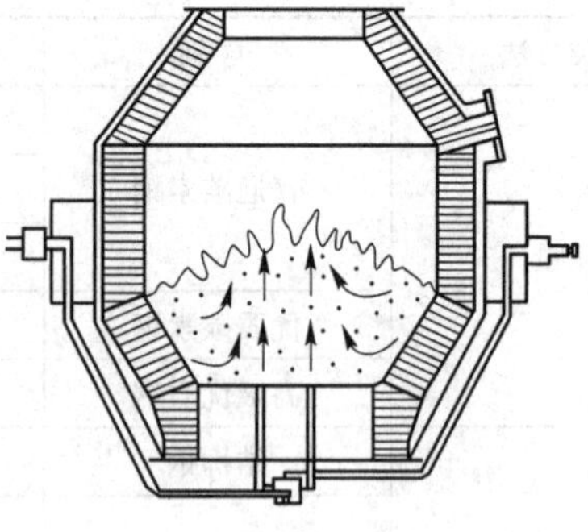

图 4-3 OBM/Q-BOP 法

在顶吹氧气转炉炼钢发展的同时，1978~1979 年成功开发了转炉顶底复合吹炼工艺，即从转炉上方供给氧气（顶吹氧），从转炉底部供给惰性气体或氧气，它不仅提高钢的质量，降低了消耗和吨钢成本，更适合供给连铸优质钢水，如图 4-4 所示。

我国首先在 1972~1973 年在沈阳第一炼钢厂成功开发了全氧侧吹转炉炼钢工艺，并在唐钢等企业推广应用，如图 4-5 所示。

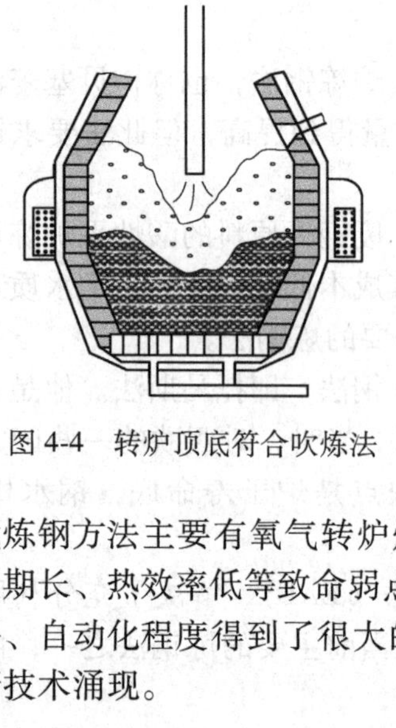

图 4-4 转炉顶底符合吹炼法

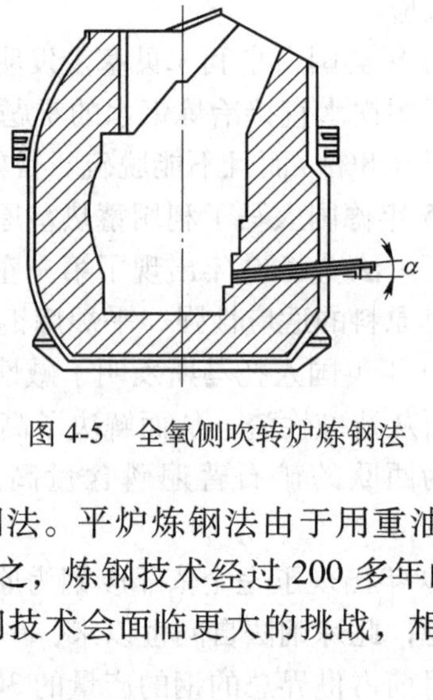

图 4-5 全氧侧吹转炉炼钢法

现代炼钢方法主要有氧气转炉炼钢法、电炉炼钢法。平炉炼钢法由于用重油、成本高、冶周期长、热效率低等致命弱点，已被淘汰。总之，炼钢技术经过 200 多年的发展，技术水平、自动化程度得到了很大的提高，21 世纪钢技术会面临更大的挑战，相信会有不断的新技术涌现。

4.2 炼钢基本原理

4.2.1 炼钢的基本任务

生铁除含有较高的碳外，还含有一定量的其他杂质。所谓炼钢，就是通过冶炼降低生碳和去除有害杂质，再根据对钢性能的要求加入适量的合金元素，使之成为具有优良性能的钢。

炼钢过程的基本任务可归纳如下：

脱碳：通过氧化脱除铁水中多余的碳，使之达到钢种规定的含碳量。

脱磷和硫：通过造渣把有害元素磷、硫去除到钢种允许的限度以下。

去气和去非金属夹杂物：把熔炼过程中进入钢液中的有害气体（氢和氮）及非金属杂物（氧化物、硫化物和硅酸盐等）排除掉。

脱氧和合金化：把氧化熔炼过程中生成的对钢质有害的过量的氧（以 FeO 形式存在）从钢液中排掉，同时加入合金元素，将钢液中的各种合金元素的含量调整到所炼钢号规格范围内。

调温：按照熔炼工艺的需要，依靠铁水物理热和化学热或外加热源，适时地提高和调整钢液温度到出钢温度。

上述任务，归纳起来就是“四脱”（脱 C、脱 P、脱 S、脱 O)、“二去”（去气体、去非金属夹杂质)、“二调整”（升温、合金化)。

4.2.2 炼钢炉渣

4.2.2.1 炼钢炉渣来源、作用与组成

炼钢过程实质上是一个氧化过程，就是用不同来源的氧（矿石中的氧、氧气等）氧化原料中的各种杂质，将其中的碳、锰、硫、磷、硅等元素含量控制在规定的范围内。为此目的，在炼钢过程中必须加入许多必要的材料，称作造渣材料，如石灰、萤石、氧化铁皮等，使炼钢各种反应（如硅锰反应、脱磷和脱硫反应）朝需要的方向进行；加入的各种材料和各种反应所形成的产物大多比铁液轻（密度小)，上浮到金属液表面，这一层混合物称作炉渣。

炉渣在炼钢生产中起着重要作用，它不仅影响到钢的质量、产量，而且与原材料、能量的消耗都有着密切的关系。认识炉渣的作用、特性，有助于在今后的生产实践中合理控制炉渣，利用炉渣，对获得良好的炼钢生产的技术经济指标具有极为重要的意义。

在炼钢过程中，熔融炉渣、金属铁液和炉气等三相之间进行着各种物理化学反应，以达到炼钢过程所预期的冶炼目的。炉渣是实现冶金反应的基本条件之一，其具体作用如下：

(1) 渣直接参与脱硫、脱磷等金属液与熔渣界面间的反应。

(2) 炉渣是氧的传递媒介，控制着金属熔池中各元素的氧化还原过程。

(3) 炉渣是金属铁液中各种元素氧化产生的汇集体。这些元素氧化产物因密度较小而上浮到钢液表面，进入炉渣。

(4) 炉渣对钢液有保护作用。炉渣可以减缓合金元素在氧化气氛中的氧化烧损，可以减缓钢液吸收气体和钢液的热损失。

可见，炉渣是炼钢过程的必然产物，也是炼钢过程中不可缺少的媒介。如果没有炉渣，必要的化学反应难以完成，而合格的钢液就难以保证，因此，造好渣是炼钢的前提与基础。

炼钢炉渣主要是以 CaO、SiO_2、FeO 等为主的氧化物组成，见表4-3。其中大多数单体氧化物的熔点在 1700℃以上，难以在炼钢温度（1300~1700℃）下熔化。但是这些氧化物在成渣过程中能够生成一些低熔点的化合物（如 CaO · SiO_2 熔点为 1540℃，2FeO · SiO_2 熔点为 1217℃)，使其在炼钢温度下能够熔化成渣。此外，炉渣中还含有少量的硫化物和

氟化物。炉渣中各成分的酸碱性强弱顺序为：

CaO　MnO　FeO　MgO　CaF_2　Fe_2O_3　Al_2O_3　SiO_2　P_2O_5

碱性 ←——— 中性 ———→ 酸性

表 4-3　炼钢炉渣一般化学成分范围

分类	名称	质量分数/%							
		SiO	CaO	FeO	MnO	P_2O_5	MgO	Al_2O_3	S
酸性	平炉渣	50~60	2~10	10~40	10~30	—	—	4~8	—
	电弧炉渣	56~62	3~8	10~15	10~27	—	—		—
	保护浇注用液渣	50~55	20~25	<0.5	—	—		15~20	—
碱性	顶吹转炉渣	12~17	38~45	15~25	9~12	1~2	5~10	2~4	
	平炉渣	5~25	30~55	5~40	4~15	1~4	3~12	0~4	0.05~0.30
	电弧炉氧化渣	8~15	40~50	12~30	5~7	0.5~2.0	8~10	1~2	
	电弧炉还原渣	10~15	55~65	0.5~1.0	0.1~0.2		8~10	2~3	0.2~0.5
	合成渣	<4	55	<0.25		—	<4	42	—

不同炼钢方法采用不同的渣系进行冶炼，造不同成分的炉渣，可达到不同的冶炼目的。转炉炼钢造碱性氧化渣，而电炉炼钢造碱性还原渣，它们在物理化学性质冶金反应特点上有明显的差别，见表 4-4。

表 4-4　转炉和电炉的炉渣成分和性质

类别	化学成分	转炉中组成/%	电炉中组成/%	冶金反应特点
酸性氧化渣	CaO+FeO+MnO	50	50	［C］、［Si］、［Mn］氧化缓慢；不能脱磷、脱硫；钢水中［O］较低
	SiO_2	50	50	
	P_2O_5	1~4		
碱性氧化渣	CaO/SiO_2	3.0~4.5	2.5~3.5	［C］、［Si］、［Mn］迅速氧化能较好脱磷；能脱去 50%的硫；钢水中［O］较高
	CaO	35~55	40~50	
	FeO	7~30	10~25	
	MnO	2~8	5~10	
	MgO	2~12	5~10	
碱性还原渣（白渣）	CaO/SiO_2		2.0~3.5	脱硫能力强；脱氧能力强；钢水易增碳；钢水易回磷；钢水中［H］增加；钢水中［N］增加
	CaO		50~55	
	CaF_2		5~8	
	Al_2O_3		2~3	
	FeO		<0.5	
	MgO		<10	
	CaC_2		<1	

4.2.2.2　炼钢炉渣的主要性质

炉渣碱度和氧化性是炼钢炉渣重要的化学性质。

A 炉渣的碱度

炉渣中碱性氧化物浓度总和与酸性氧化物浓度总和之比称为炉渣碱度，用符号 R 表示。炼钢炉渣碱度常用的表示方法有：当炉料含磷量较低时（铁水 P<0.3%），用渣中碱性最强的 CaO 和酸性最强的 SiO_2 含量之比表示碱度（R），即：

$$R=\frac{w(\mathrm{CaO})}{w(\mathrm{SiO_2})}$$

当炉料中含磷量较高时，则要考虑渣中 P_2O_5 对碱度的影响。最简单的表示方法是将 P_2O_5 与 SiO_2 的作用视为等值，即：

$$R=\frac{w(\mathrm{Cao})}{w(\mathrm{SiO_2})+w(\mathrm{P_2O_5})}$$

炼钢碱性渣按其碱度大小，一般分为三类：当 $R=1.3\sim1.5$ 时，为低碱度渣（弱酸性渣）；当 $R=1.8\sim2.0$ 时，为中碱度渣；当 $R\geqslant2.5$ 时，为高碱度渣。

B 炉渣的氧化性

炉渣的氧化性是指炉渣向金属熔体传递氧的能力，即单位时间内炉渣向钢液供氧的数量。通常用渣中最不稳定的氧化物（铁氧化物）的多少来代表炉渣氧化能力的强弱。炉渣中铁氧化物有 FeO 和 Fe_2O_3 两种形式，一般以 $w(\sum\mathrm{FeO})$ 表示炉渣氧化性，即包括 FeO 本身和 Fe_2O_3，折合成 FeO 两部分，其计算方法如下：

全氧折合法：

$$w(\sum\mathrm{FeO})=w(\mathrm{FeO})+1.35\,w(\sum\mathrm{Fe_2O_3})$$

式中，1.35=3×72/160，表示各氧化铁中全部的氧为 FeO，1mol Fe_2O_3 可生成 3mol FeO。

全铁折合法：

$$w(\sum\mathrm{FeO})=w(\mathrm{FeO})+0.90w(\sum\mathrm{Fe_2O_3})$$

式中，0.9=2×72/160，表示各氧化铁中全部的铁为 FeO，1mol Fe_2O_3 可生成 2mol FeO。

全铁法比较合理。因为在渣样冷却过程中，有少量低价氧化铁被氧化成高价氧化铁，使全氧法计算结果偏高，而全铁法则可避免这种误差。实际炉渣的氧化能力是个综合的概念，其传氧能力还受炉渣黏度、熔池搅拌强度、供氧速度等因素的影响。

炉渣氧化性在炼钢过程中既有有利作用，也有不利影响。炉渣中氧化铁含量高，可化渣、降低炉渣的黏度，有利于钢水脱磷，而在电炉还原期，氧化铁含量低有利于钢流。但炉渣中氧化铁含量高将使钢水中氧含量增加，炉衬寿命降低，金属收得率下降。

4.2.3 炼钢过程的基本反应

一般地讲，炼钢属于氧化精炼过程，通过氧化去除金属溶液中各种杂质。目前各种炼钢方法去除杂质的主要手段是向熔池吹入氧气（或加入矿石）并添加造渣剂形成碱性炉渣以得到各种用途的成品钢。因此只有了解炼钢过程熔池传氧和各种元素的反应律，才能认识炼钢工艺操作的本质，指导炼钢操作，提高炼钢各项技术经济指标。

4.2.3.1 氧来源及熔池传氧方式

A 炼钢熔池氧的来源

炼钢熔池氧的来源主要有三种形式。

（1）直接吹氧。直接向熔池吹入工业纯氧，如氧气顶吹转炉、顶底复吹转炉、吹氧电炉等炼钢吹氧操作。

（2）矿石、氧化铁皮供氧。将矿石或氧化铁皮直接加入熔池中供氧，如电炉加矿操作。

（3）炉气供养。直接向熔池中吹入工业纯氧（含 O_2>98%（体积分数）），通过炉气将氧传入熔池。

B 熔池传氧过程

氧在钢液中存在的形式，一般认为是以单原子氧或 FeO 分子两种形式存在。在书写熔池中化学反应时，钢液中的氧常以［O］或［FeO］来表示。熔炼过程中金属熔池传氧可分直接传氧和间接传氧两种类型。

（1）直接传氧。向熔池吹氧就属于这种情况。当直接向熔池吹入氧气时，氧气与金属液直接接触，氧气分子分解并吸附在铁液表面，即 $\{O_2\}=2[O]_{吸附}$，然后吸附氧溶解于铁液中，即 $[O]_{吸附}=[O]$，或者被金属直接吸收，即 $[O]+[Fe]=[FeO]$ 或者 $[O]+[Me]=(MeO)$。

（2）间接传氧。在此过程中，炉渣是氧的传递媒介，氧的传递是通过 FeO 的氧化来完成的。当含氧炉气与炉渣接触时，（FeO）被氧化成（Fe_2O_3），后者从炉渣表面迁移到钢渣界面，在那里被金属［Fe］还原成（FeO），$[Fe_2O_3]+[Fe]=(FeO)$，图 4-6 是氧通过炉渣传递示意图。

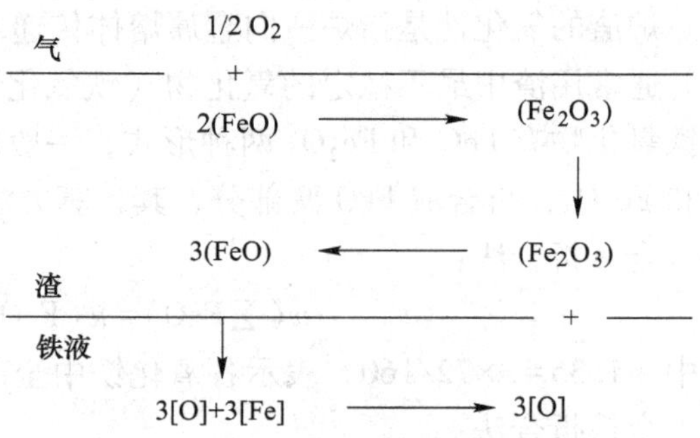

图 4-6 炉渣传氧示意图

对于实际炼钢过程，有时很难严格地区分其传氧过程为直接传氧还是间接传氧，而只能知道在一定条件下哪种传氧方式起主导作用。例如氧气顶吹转炉炼钢，在氧压恒定时，低枪位操作，渣中（FeO）含量低，此时传氧方式是以直接传氧为主；高枪位操作时，渣中（FeO）含量高，此时主要以间接传氧方式进行传氧。当使用大块矿石时，它能沉于金属熔池中，此时传氧方式为直接传氧；当使用小块矿石时，如同使用氧化铁皮一样，全部为间接传氧。

4.2.3.2 炼钢熔池中元素氧化次序

熔池中元素被氧化的先后次序主要取决于它们与氧亲和力的大小，一般用该元素氧化物的分解压来表示，氧化物的分解压越大，分解反应进行也越彻底，该元素越不易被氧化；反之，该氧化物的分解压越小，分解反应进行得越不彻底，该元素越易被氧化。纯氧化物的分解压与温度的关系曲线图已在第 3 章介绍（见图 3-8），比较各种氧化物的分解压（见图 3-8）可以看出：

（1）在同一温度下，当几种元素同时与氧相遇时，位置低的先氧化。根据这一原理就可以判断常用元素的行为，如 1500℃时，氧化顺序为 Al、Si、C、V、Mn。

（2）位置低的元素可将位置高的氧化物还原。炼钢过程中脱氧就是利用 Al、Si 等元素将 FeO 还原。

（3）CO 的分解压曲线的斜率与其他氧化物的不同，它与 Si、Mn、V 等的氧化物分解压曲线有一交点。各元素的氧化次序与温度有关。

当 $t<1400℃$ 时，元素的氧化次序是 Si、V、Mn、C、P、Fe；

当 $1400℃<t<1530℃$ 时，元素的氧化次序是 Si、C、V、Mn、P、Fe；

当 $t\geqslant1530℃$ 时，元素的氧化次序是 C、Si、V、Mn、P、Fe。

在不同温度下，各元素的氧化次序之所以发生变化，是由于 CO 的分解压随温度升高而降低，以致使碳更易氧化所致。

上述元素氧化顺序是根据纯氧化物的分解压的大小判断的。纯氧化物分解压仅与温度有关，而在实际熔池中，各元素及其氧化物是处于多组元的溶液中，不是纯物质，因此，还与元素的浓度和炉渣的成分有关。

根据第 3 章图 3-8 所示，铁液内各元素中铁与氧的亲和力最小，只要有别的元素存在，铁就不会被氧化。但实际上，在氧气顶吹转炉吹炼一开始就可看到铁被大量氧化而产生的红烟，这就是因为铁液中 Fe 元素的浓度最高，它与氧的接触机会最多，因而被大量氧化。再如，P_2O_5 的分解压大于 CO 的分解压，C、P 是不可能同时氧化的，但在氧气顶吹转炉吹炼前期，由于温度不太高，C 的氧化受到抑制，同时渣中（FeO）较高，已形成了一定碱度、流动性良好的炉渣，为 P 的氧化去除创造了条件，因此，在转炉吹炼的前期 P 即被大量氧化而去除。所以，利用纯氧化物分解压的大小，只能定性地说明各元素与氧结合能力的大小及其随温度变化的趋势，而在炼钢的实际过程中情况要复杂得多。但可利用改善温度、浓度、分压、添加剂等因素来创造条件，促使反应按所需要的方向进行，实现选择性氧化或还原的目的。

4.2.3.3 硅、锰的氧化反应

在炼铁时铁矿石 SiO_2 和 MnO 被还原进入铁水，再加上废钢中均含有一定数量的硅和锰，它们能无限溶解于铁中。在炼钢温度下，硅和锰的氧化主要在钢液和炉渣的界面进行，氧化后形成 SiO_2 和 MnO_2 进入炉渣

A 硅的氧化

在任何一种炼钢操作中，由于 SiO_2 的分解压低，因此硅在熔炼初期即被迅速氧化，并放出大量的热，其氧化反应式为：

$$[Si] + 2(FeO) = (SiO_2) + 2[Fe] + 341224kJ \tag{4-1}$$

$$[Si] + 2[O] = (SiO_2) + 817448kJ \tag{4-2}$$

硅氧化时产生的（SiO_2）起初与（FeO）结合成硅酸铁，即：

$$(SiO_2) + 2(FeO) = (2FeO \cdot SiO_2) \tag{4-3}$$

若采用碱性操作法，随着石灰的逐渐熔化，（$2FeO\cdot SiO_2$）逐渐向（$2CaO\cdot SiO_2$）转化：

$$(2FeO \cdot SiO_2) + 2(CaO) = (2CaO \cdot SiO_2) + 2(FeO) \tag{4-4}$$

硅酸钙很稳定，故在碱性渣中，冶炼前期硅几乎全部被氧化，而不会再被还原。上面的反应式表明，硅的氧化和还原反应的影响因素有温度、炉渣成分、金属液成分和炉气氧分压。硅的氧化有以下特点：

（1）温度低有利于硅的氧化；

（2）炉渣中降低 SiO_2 的成分含量，如增加 CaO、FeO 含量，有利于硅的氧化，炉渣氧化能力越强越有利于硅的氧化；

（3）金属液中增加硅元素含量，有利于硅的氧化；

（4）炉气氧分压越高，越有利于硅的氧化。

硅氧化是炼钢的主要热源之一。在转炉吹炼初期，由于硅元素大量被氧化，熔池温度升高，进入碳氧化期。在钢液脱氧过程中，由于含硅脱氧剂的氧化，可补偿一些钢包的散热损失。总之，硅的氧化有利于保持或提高钢液的温度。

B 锰的氧化与还原反应

与硅相似，锰的氧化也是放热反应，其反应式为：

$$[Mn] + [FeO] === (MnO) + [Fe] + 123511kJ \tag{4-5}$$

$$[Mn] + [O] === (MnO) + 361623kJ \tag{4-6}$$

在有过量［FeO］存在时，（MnO）、（SiO_2）、（FeO）将结合为（Fe，Mn）SiO_4，随着渣中的 CaO 的增加，（Fe，Mn）SiO_4 逐渐向 Ca_2SiO_4 转变，即：

$$(Fe,Mn)SiO_4 + 2CaO === (Ca_2SiO_4) + (FeO \cdot MnO) \tag{4-7}$$

锰的氧化还原与硅的氧化相比，有以下基本特点：

（1）在冶炼初期锰和硅一样迅速大量被氧化，但锰的氧化程度要低些，这是由于硅与氧的结合能力大于锰与氧的结合能力。

（2）MnO 为弱碱性氧化物，在酸性渣中部分（MnO）将生成较稳定的硅酸盐，因此，酸性渣中锰的氧化比较完全，不易被还原。在碱性渣中，由于强碱性（CaO）的置换作用，大部分（MnO）呈自由状态存在，因此，在一定条件下可以被还原，即(MnO)+［C］═［Mn］+{CO}。在氧气顶吹转炉操作的后半期，由于熔池温度升高，渣中（FeO）含量降低和炉渣碱度升高，部分锰被还原，会造成钢液中一定量的“余锰”存在。

锰的氧化也是吹氧炼钢热源之一，但不是主要的。在转炉吹炼初期，锰氧化生成 MnO 可帮助化渣，并减轻初期渣中 SiO_2 对炉衬耐火材料的侵蚀。在炼钢过程中，应尽量控制锰的氧化，以提高钢水残（余）锰量，发挥残锰的作用。

钢液中残［Mn］的作用包括：

（1）防止钢水的过氧化或避免钢水中含过多的过剩氧，以提高脱氧合金的收得率，降低钢中氧化物夹杂；

（2）可作为钢液温度高低的标态，炉温高有利于（MnO）的还原，残锰含量高；

（3）能确定脱氧后钢水的含锰量达到所炼钢种的规格，并节约 Fe-Mn 用量。

4.2.3.4 脱碳反应

碳是钢中最重要的合金元素。除了极少数钢种外，绝大多数钢中含碳量都在 1%以下，见表 4-5，而生铁含碳一般为 3%~4.5%。因此，脱碳就成为炼钢过程中最重要的反应之一。

表 4-5 钢种对碳含量的要求

钢种	高合金工具钢 Cr12	高碳工具钢	钢轨（80kg/mm^2）785MPa	钢轨（70kg/mm^2）686MPa	水淬火［C］上限	弹簧钢下限	调质钢	渗碳钢	高 Mn 钢 Mn13
［C］/%	2.2	0.9~1.3	0.5~0.8	0.4~0.6	0.48	0.35	>0.25	<0.25	1~1.3

脱碳反应产物中CO（在钢液含碳很低时，产物中有少量CO_2）气泡穿过钢液排出，强烈搅动熔池，这种现象被称为沸腾。沸腾时，气泡中氢、氮等气体的分压极低，使钢液中溶解的氢、氮等有害杂质向气泡中转移，钢液中的非金属夹杂物也随着气泡上升而被除去。沸腾不仅使钢液温度和化学成分均匀，还增加气相-炉渣-钢液的接触面，加快各种反应的速度。脱碳引起的沸腾是保证钢品质的一个重要措施。

炼钢熔池的脱碳反应主要有以下3种形式：

在吹氧炼钢过程中，一部分碳在反应区与氧气流直接接触而被氧化：

$$2[C] + O_2 = 2CO \tag{4-8}$$

碳同溶解在金属液中的氧发生反应：

$$[C] + [O] = CO \tag{4-9}$$

碳还与炉渣中（FeO）反应：

$$[C] + [FeO] = [Fe] + CO \tag{4-10}$$

在炼钢过程前期，炉内温度较低，钢中的硅、锰等元素大量氧化，碳也可能部分氧化，它们都在争夺钢中的氧。以后，钢中硅、锰含量减少，炉温升高，一直到脱氧前，钢液中的碳氧反应即成为控制钢中氧含量的主要反应。所以，实际炼钢过程中存在者［C］高则［O］低，［C］低则［O］高的规律。大量CO气体是炉内形成泡沫和乳化现象的重要原因，若操作不当将导致熔池上涨，甚至产生喷溅。

4.2.3.5 脱磷反应

对绝大多数钢种来说，磷都是有害元素。高炉冶炼是不能去磷的，以致使矿石中磷几乎全部转入铁水中，铁水含磷一般为0.10%，有时高达2.0%。钢中磷的含量高会引起钢的“冷脆”，即从室温降到0℃以下，钢的塑性和冲击韧性降低，并使钢的焊接性能与冷弯性能变差。当含磷量达到0.1%时，影响已很严重。一般钢中规定含磷量不超过0.045%，优质钢要求含磷更少。磷是仅次于硫在钢的连铸坯中偏析度高的元素，而且在铁固溶体中扩散速率很小，因而磷的偏析很难消除，从而严重影响钢的性能，所以脱磷是炼钢过程的重要任务之一，钢铁生产的脱磷任务主要靠碱性炼钢来完成。

在炼钢温度下，脱磷反应是在炉渣与铁水的界面上进行的。

$$4[P] + 5O_2 = 2P_2O_5(g) \qquad \Delta G^{\ominus} = -2651859 + 890.34T \quad J/mol \tag{4-11}$$

$$2[P] + 5[O] = P_2O_5(g) \qquad \Delta G^{\ominus} = -2651859 + 890.34T \quad J/mol \tag{4-12}$$

$$2[P] + 8(FeO) = (3FeO \cdot P_2O_5) + 5[Fe]$$

$$\Delta G^{\ominus} = -2651859 + 890.34T \quad J/mol \tag{4-13}$$

$$2[P] + 8[O] + 3[Fe] = (3FeO \cdot P_2O_5)$$

$$\Delta G^{\ominus} = -1612177 + 595.47T \quad J/mol \tag{4-14}$$

在炼钢温度下气态的P_2O_5不稳定，不能形成，脱磷反应主要以式（4-13）、式（4-14）反应进行，但（$3FeO \cdot P_2O_5$）不稳定，高温下易分解，使P_2O_5还原到钢水中，发生“回磷”现象。因此需要加入强碱性的氧化物作为脱氧剂形成稳定的磷酸盐。

在炼钢过程中，只有用CaO才能使磷的氧化物P_2O_5稳定地存在于熔渣中，才能有效进行脱磷。用石灰脱膦的反应式为：

$$2[P] + 5(FeO) + 3(CaO) = (3CaO \cdot P_2O_5) + 5[Fe] \tag{4-15}$$

在1600℃时，该反应的平衡常数 $K=1.7\times10^8$。

$$2[P]+5(FeO)+4(CaO)=\!=\!=(4CaO\cdot P_2O_5)+5[Fe] \quad (4\text{-}16)$$

在1600℃时，该反应的平衡常数 $K=3.5\times10^8$。

平衡常数如此大，说明碱性渣脱磷能力很强。

影响炉渣脱磷的主要因素有炉渣温度、成分及钢水的成分。

（1）脱磷是强烈放热反应，低温使脱磷反应的平衡常数增大，因而有利于脱磷反应的进行。因此在实际生产中应不失时机地利用低温有利的脱磷条件实现前期脱磷。但也不是熔池的温度越低越好，适当高的熔池温度可以尽快形成高碱度的炉渣，并改善炉渣的流动性，因而有利于脱磷反应的进行。

（2）炉渣碱度。增加炉渣中 CaO 含量可以提高炉渣碱度，有利于脱磷。但若炉渣中 CaO 的含量过高，则炉渣变黏而不利于脱磷。因此炼钢炉渣应具有适当高的碱度。

（3）（FeO）的影响。（FeO）对脱磷反应的影响较复杂。在一定范围内增加（FeO）的含量有利于脱磷。这是因为（FeO）对脱磷具有双重作用，一方面，增加渣中（FeO）可提高炉渣的氧化性，使（FeO）在渣中的活度增加，并生成 $3FeO\cdot P_2O_5$，而高温下 $3FeO\cdot P_2O_5$ 不稳定，所以只有在炉渣碱度和熔池温度偏低时渣中氧化铁才具有相当的脱磷作用。此外增加（FeO）含量还有利于促进石灰的熔化，提高炉渣碱度；另一方面，（FeO）质量分数过高将稀释（CaO）的去磷作用而降低炉渣脱膦能力。一般情况下，炉渣碱度为2.2~2.5，渣中氧化铁含量为15%~20%时，炉渣脱磷能力较强。

（4）钢水成分影响。一般来说，某元素与氧的亲和力大于磷和氧的亲和力时，该元素将阻碍磷的氧化。如当炉料中含有大量的硅和锰时，由于硅和锰与氧的亲和力都比较大，因此只有在大部分硅和锰氧化结束后磷才氧化，而且由于大量硅氧化使炉渣的碱度下降而不利于脱磷。

（5）渣量的影响。增加渣量使（P_2O_5）的含量下降，因而在分配系数一定时，增加渣量可以促进脱磷反应进行。所以多次换渣操作是脱磷的有效措施，但这将增加金属和热量的损失。

综上所述，脱磷条件是低温、高碱度、适当高的氧化性及大渣量。需要指出的是在冶炼或出钢过程中，如果炉温过高，碱度、（FeO）过低将导致已脱掉的磷部分又从渣中返回到钢液中，即回磷。为了防止回磷，生产中常用的方法有：（1）出钢前向炉内加石灰使终渣变稠以防止出钢下渣；（2）出钢时用挡渣球挡出钢口以防止下渣；（3）出钢时向钢包渣面上加小粒石灰以降低炉渣的反应能力等。

4.2.3.6 *脱硫反应*

对于大多数钢种来说，硫是一种有害元素。硫以 FeS 的形式分布在晶界上，在轧制和锻造时产生“热脆”，硫还是连铸坯中偏析最为严重的元素。由于炼钢所使用的金属料和渣料带入金属熔池中的硫量一般均高于成品钢材对硫的要求，因此不管什么钢种，其冶炼过程总是有不同程度的脱硫任务。大多数钢种中允许的含硫量为0.015%~0.045%。近年来，由于对钢质量提出更高要求，对于小于0.015%，甚至小于0.002%的极低硫钢的需要量大为增加，因此，对脱硫提出了更严格的要求。

炉渣脱硫反应分子式为：

$$[FeS]+(CaO)=\!=\!=(FeO)+(CaS) \quad (4\text{-}17)$$

一般以炉渣和金属中含硫量之比 $Ls=w_{(S)}/w_{[S]}$ 表示炉渣的脱硫能力。Ls 称为脱硫指数或硫的分配系数。

影响炉渣脱硫的因素包括：

（1）渣碱度的影响。由脱硫反应方程式可知，高碱度渣有利于脱硫。但脱硫是在钢面进行的反应，在炼钢温度下，若炉渣碱度过高，炉渣黏度增大，从而增加了［FeS］通过钢渣界面的阻力，也降低了脱硫产物（CaS）离开反应区的扩散速度。因此，提高碱度的同时，必须保证炉渣具有良好的流动性。

（2）渣中 FeO 含量的影响。从脱硫反应方程式可知，降低氧化铁有利于脱硫反应的进行。（FeO）含量越低，Ls 越大。如碱性平炉渣、转炉渣和电弧炉氧化渣，其（FeO）含量一般大于 10%，而电弧炉还原渣和高炉渣的（FeO）含量一般小 1%，所以电炉炼钢还原期和高炉炼铁时炉渣脱硫能力强。

（3）温度的影响。脱硫是较弱的吸热反应，温度对反应影响不大，重要的影响是高温能促进石灰的渣化和提高炉渣的流动性，从而增加脱硫效果。

（4）渣量的影响。增加渣量可以减少（CaS）的相对浓度，促进去硫反应。

综上所述可见，炉渣脱硫的条件是：炉渣碱度高、炉渣（FeO）含量低、温度高、渣量大、炉渣流动性好。

4.2.3.7 脱氧反应

在吹炼过程中，向熔池供入了大量的氧气，到吹炼终点时，钢水中含有过量的氧，即钢中实际氧含量高于平均值。氧在液体铁中的溶解度为 0.21%，而在室温下，氧在固体铁中的溶解度仅为 0.05%，所以当未脱氧的钢水凝固时，随着溶解度的降低，氧以 FeO 的形式从液相中析出，分布于晶界上，降低了钢的力学性能。同时，在钢的凝固过程中，碳和氧由于偏析而富集于液相，当超过碳-氧平衡含量时，即再次发生碳-氧反应产生大量 CO 气体，部分气泡滞留在钢锭中形成气孔和疏松，将引起钢锭在加工时开裂. 此外，FeO 还将与 FeS 生成低熔点共晶体，增加了硫的热脆危害。因此，氧也是钢中的有害元素。

A 脱氧方法

炼钢常用的脱氧方法有 3 种：沉淀脱氧、扩散脱氧、真空脱氧。

沉淀脱氧是将块状的脱氧剂直接加入钢液中与［O］反应生成脱氧产物而上浮到渣中，实现钢液脱氧。其脱氧反应为：

$$[Me]+[O] \xlongequal{} MeO$$

沉淀脱氧反应的优点是反应速度快、操作简单，缺点是部分脱氧产物残留于钢液中而污染钢水。

扩散脱氧是根据氧分配定律，将粉状的脱氧剂直接加入渣液中，降低炉渣中氧含量，从而达到降低钢液中氧含量的一种脱氧方法。由于渣-钢之间氧保持一种平衡，钢液中氧便不断向渣中扩散，从而达到脱氧的目的。其脱氧反应为：

$$[O]+[Fe] \xlongequal{} (FeO) \tag{4-18}$$

扩散脱氧的优点是不污染钢液，缺点是钢中氧向渣中扩散的时间长，反应的动力学条件差，反应时间长。该方法用于电弧炉还原期脱氧操作。

真空脱氧。利用真空的方法降低气相中 CO 分压，使碳氧化脱去钢中氧的方法。脱氧反应为：

$$[C]+[O] = CO \qquad (4\text{-}19)$$

可见，温度一定时，在真空下，p_{CO} 降低，[O] 浓度也降低。真空脱氧的优点是脱氧产物是气体，不污染钢液，缺点是需要一套较贵重的真空设备。该方法多用于精炼设备，如 RH、DH、VAD 等。

B 脱氧剂

脱氧剂选择的原则为：脱氧元素对氧的亲和力大于对铁的亲和力，脱氧元素一般要制成中间合金，如 Fe-Si，Fe-Mn 等使用，以降低熔点，加速脱氧剂的溶解；脱氧产物在钢液中的溶解度小，易长大上浮；脱氧剂价格便宜、来源广。

在 1600℃下，元素含量为 0.1%时各元素脱氧能力为：

Al Ti B Si C V Cr Mn

← 脱氧能力增强

目前，炼钢常用块状脱氧剂（如 Fe-Si、Fe-Mn、Al）和复合脱氧剂（如 Si-Mn、Si-Ca、Si-Mn-Al）进行沉淀脱氧。

（1）Fe-Mn 是一种弱脱氧剂，其脱氧能力随温度降低而升高。Fe-Mn 常用于沸腾钢脱氧。

（2）Fe-Si 是一种较强的脱氧剂，其脱氧能力随温度降低而提高。

（3）Al 是一种强脱氧剂，其脱氧能力比 Fe-Si 强，因此在炼钢时常用 Al 终脱氧。Al 和 Fe-Si 常用于镇静钢脱氧。因此，脱氧剂的加入一般采用先加锰铁，再加硅铁最后加铝的顺序。

复合脱氧剂是使用两种或两种以上的脱氧元素制成的合金直接对钢液进行脱氧，因而有利于降低脱氧产物的熔点和活度，增强了脱氧效果，同时改变脱氧产物的形态。常用的复合脱氧剂有 Si-Mn、Al-Mn-Si、Ca-Si-Ba-Al 等。

扩散脱氧常用的脱氧剂有碳粉、硅铁粉和硅钙粉等。

4.2.3.8 钢中气体和非金属夹杂物的脱除

A 钢中气体

钢中气体主要指溶解在钢中的氢和氮。钢中氢主要来自炼钢用的造渣材料、合金添加剂、废钢、炉气水分及炉衬和浇注系统的耐火材料。氢在钢中溶解度非常小，因而钢液中氢含量高则易形成钢的“氢脆”和“白点”等缺陷。氢脆可显著降低钢的韧性，白点则降低钢的力学性能。

钢中氮主要来自空气、氧气和易吸氮的合金添加剂。钢中氮高使钢产生“时效硬化”，即在室温下长期放置，钢的强度和硬度性能升高，塑性和韧性显著下降。此外，氮高也是钢产生“蓝脆”的主要原因。但是对于某些特殊用途的钢，如火电用护环钢，氮则作为合金元素加入，提高钢的屈服强度和抗应力腐蚀性能。

降低钢中气体含量的措施为：（1）严格控制入炉原料的水分，对入炉的矿石、废钢、合金添加剂、石灰等进行烘烤。（2）加强熔炼和浇注的管理：钢中气体排除主要是通过脱碳反应所引起熔池的剧烈沸腾进行的，因此要求炼钢氧化精炼期具有一定的脱碳量和脱碳速度；熔池上覆盖一定厚度渣层，出钢温度不易过高，采用保护浇注，提高供氧纯度；对冶炼和浇注设备进行干燥。（3）真空去气，对于气体含量要求低的钢种，真空去气是一种非常有效的方法。

B 钢中非金属夹杂物

钢中存在的非金属化合物，如氧化物、硫化物、氮化物等都呈独立相存在，统称为非金属夹杂物（简称夹杂物）。炼钢夹杂物主要来源有炼钢氧化和脱氧的产物，以及浇注和凝固过程中反应生成物，其中未能及时排出而留在钢液内所形成的这类夹杂物属于内生夹杂，在钢中分布较均匀且细小；在炼钢和浇注过程中一些耐火材料滞留在钢中造成的夹杂，以及出钢和浇注过程中钢液二次氧化的产物留在钢中形成夹杂，此类夹杂属外来夹杂，具有外形不规则、尺寸比较大的特点。由于钢中夹杂物的存在破坏了钢的组织连续性，导致钢的塑性、韧性和疲劳性能的下降，使钢加工性能及某些物性变坏。夹杂物对钢性能影响的程度与夹杂物的数量、颗粒大小、分布有关。塑性、球状、弥散的夹杂物对钢性能危害较小；不变形、网状、大颗粒的物对钢性能危害大。

降低钢中非金属夹杂物的途径包括：（1）采用合理的冶炼和脱氧制度，降低冶炼末期钢水中含量，同时使脱氧产物能迅速长大上浮；（2）采用保护浇注、真空浇注等炉外处理技术减少钢液二次氧化所产生的夹杂；（3）加强炼钢原材料的管理，提高耐火材料的质量，以降低原材料和耐火材料侵蚀而带入的夹杂。

4.3 氧气转炉炼钢

转炉炼钢主要是以液态生铁为原料的炼钢方法。其主要特点是：靠转炉内液态生铁的物理热和生铁内各组分（如碳、锰、硅、磷等）与送入炉内的氧进行化学反应所产生的热量，使金属达到出钢要求的成分和温度。转炉炼钢可使金属与氧气、炉渣有良好接触，反应界面大，速度快，因此炉衬及炉壁等热损失小，热效率高，不用外加燃料，仅铁水的物理热及杂质氧化放出的化学热即可完成炼钢的任务，故又将转炉炼钢称之为“自热炼钢法”。

4.3.1 氧气顶吹转炉炼钢法

顶吹转炉炼钢的设备由 4 个系统组成，每个系统又由各自的设备组成。主要由以下 4 个系统组织：（1）炼钢容器的炉子系统（主体结构）；（2）提供炼钢所需的氧气和底部搅拌气体的供气系统；（3）提供炼钢所需的金属料和造渣材料的供料系统；（4）对高温含尘烟气进行降温除尘处理，并回收余热和煤气的烟气处理系统。

4.3.1.1 转炉构造

转炉构造主要包括炉体、托圈、耳轴和倾动机构，如图 4-7 所示。

（1）炉体。炉体是钢水冶炼的场所，因而由具有一定耐火度和抗炉渣侵蚀性能的炉衬和承受一定载荷热应力的金属炉壳两部分构成。炉壳是由锥形炉帽、圆筒形炉身和球形炉底 3 个部分组成，各部分采用碳素钢板压制成型后再组焊而成。炉帽和炉底的钢板厚度要比炉身薄 10~25 mm。为了降低炉口变形和提高炉帽寿命，近年来广泛采用水冷炉口技术。炉衬是金属炉壳内所砌筑的耐火材料，它由工作层、填充层和永久层组成。炉型是指由耐火材料砌成的炉衬内形。目前转炉炉型还不能完全从理论上计算确定转炉炉型各部分尺寸，通过热实验确定又十分困难，因而目前转炉炉型主要通过一些经验公式和模型试

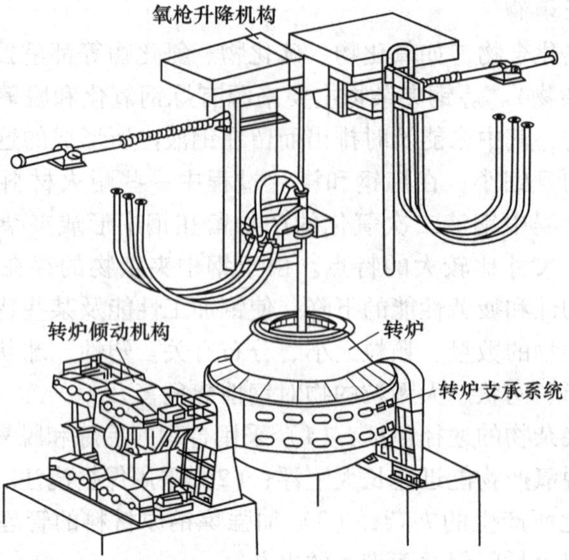

图 4-7　氧气顶吹转炉

验，并结合现有转炉的生产情况来确定新炉的炉型和主要尺寸。合理的炉型要适应炉内金属、炉渣和炉气的流动，有利于提高供氧强度和减少喷溅。按转炉纵剖面形状特点，氧气顶吹转炉的炉型主要分为筒球形、锥球形和截锥型 3 种，如图 4-8 所示。目前国内外大中型转炉普遍采用筒球型结构。

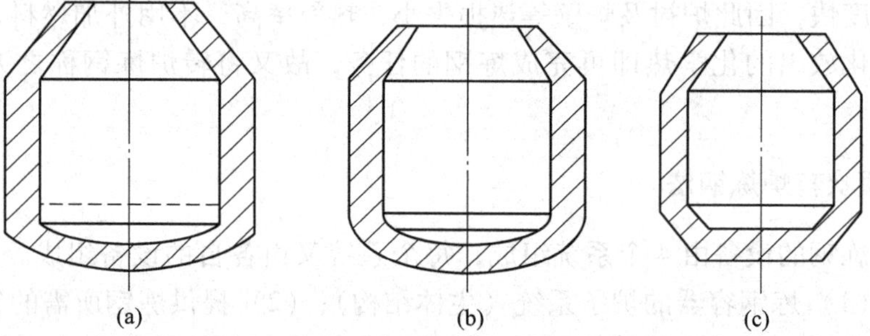

图 4-8　顶吹转炉常用炉型
(a) 筒球型；(b) 椎球型；(c) 截椎型

(2) 托圈。托圈主要起着支撑炉体、传递倾动力矩的作用。大型转炉的托圈采用钢板焊成断面呈矩形，考虑到运输方便将托圈分成 2~4 段制造再到现场组焊。为使托圈不受膨胀和热变形的影响，转炉座在托圈上，用若干组斜块和卡板槽连接，并在转炉炉壳托圈之间留有 100~150mm 间隙。

(3) 耳轴。转炉两侧各有一耳轴，其中一侧的耳轴与转炉的倾动机构相接，并将转动传递给转炉炉体来带动转炉转动。为了用水冷却托圈、炉帽和耳轴，将耳轴制成空心的。耳轴和托圈之间通过法兰盘螺栓、焊接及过盈配合等方式连接。

(4) 倾动机构。倾动机构可实现炉体 360° 旋转，以满足兑铁水、加废钢、取样、出钢和倒渣等需要。在启动、旋转和制动时，能保持平稳，并能准确的停在要求的位置上，安全可靠。

4.3.1.2 供氧系统

供氧系统由制氧机、储气罐、压氧机、输气管道及阀门、氧枪和底部供气元件组成。一个转炉有两个氧枪系统，工作氧枪和备用氧枪，这样可以在工作氧枪损毁时立即换上备用氧枪，不致造成冶炼中断。损坏的氧枪拆除后另备一新氧枪即可。

氧枪也称吹氧管或喷枪。它担负着向熔池吹氧的任务，是供氧设备中的关键部件。由枪身和喷头组成。因其在高温条件下工作，故采用循环水冷的套管结构，由喷头、枪身及尾部结构所组成，如图 4-9 所示。

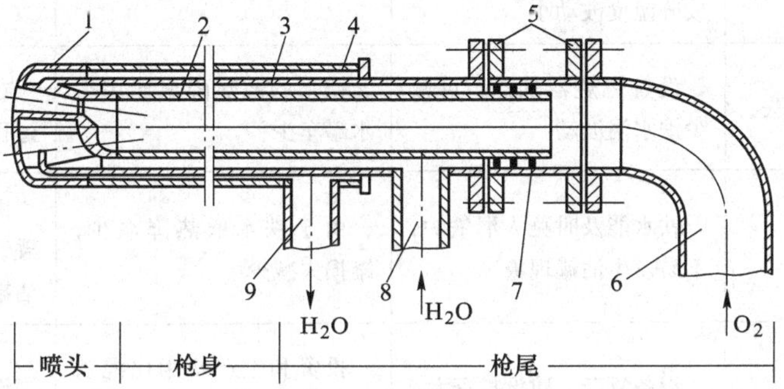

图 4-9 氧枪基本结构

1—喷头；2—内管；3—中管；4—外管；5—法兰盘；6—进氧支管；7—密封胶圈；8—进水管；9—出水管

喷头采用导热性好的紫铜或纯铜经锻造和切削加工制成，也有用压力浇铸而成型的。喷头与枪身外层管焊接，与中心管用螺纹或焊接方式连接。喷头内通高压水强制冷却。为使喷头在远离熔池面工作也能获得应有的搅拌作用，以提高枪龄及炉龄，所用喷头均制成拉瓦尔型，为超音速喷头（一般马赫数为 1.8~2.2）。初期采用的是单孔喷头，随着炉容量的大型化和供氧强度的不断提高逐渐发展为多孔喷头，有三孔、五孔等，其中常用的是三孔拉瓦尔型喷头。吹氧时，高压低速的气流经收缩段时气流的压力能转化为动能，使气流获得加速度，当气流到达喉口截面时，气流速度达到音速。在扩张段内，气流的压力能除部分消耗在气体的膨胀上外，其余部分继续转化为动能，使气流速度继续增加。在喷头出口处，当气流压力降到与外界压力相等时，即获得了远大于音速的气流速度。

枪身是由三层同心套管构成，中心管通氧经喷头喷入熔池，冷却水由中心管与中层管间的间隙进入，经由中层管与外层管间的间隙上升而排出。枪身的三层套管一般均用无缝钢管制作，上端与尾部结构连接。

尾部结构指氧气及冷却水的连接管头（法兰、高压软管等），以及把持氧枪的装置、吊环等。

4.3.1.3 供料系统

供料系统指供应铁水、废钢、铁合金和散状材料等的供料设备。

A 铁水供应设备

铁水供应设备主要有铁水罐车、混铁炉及混铁车。混铁炉是铁水的中间贮存设备，以协调高炉与转炉之间铁水供应的不一致性，保证供应及时。同时还有均匀铁水的成分和温度。混铁车兼有运送和贮存铁水两种作用，实质上是列车式的小型混铁炉。随着高炉大型化和采用精料等，混铁炉均匀铁水成分的作用已不明显。故近年来大型转炉车间多采用混铁车，可减少投资。我国一些中小型转炉车间一般采用铁水罐车方式运送铁水。三种供应方式的特点见表 4-6。

表 4-6 三种铁水供应方式的特点

供应方式		混铁炉	混铁车	铁水罐车
特点	对铁水的混匀作用	混铁炉容量大，贮存时间长，混匀作用好，铁水成分温度波动小	不如混铁炉混匀作用好	不如混铁车混匀作用好
	铁水降温和热损失	设有燃烧器加热，可减少铁水温波动	铁水的散热降温比用铁水罐车少	在运输和等待转炉兑铁过程中大量散热降温度
	铁水沾罐现象	铁水能及时兑人混铁炉，不易发生沾罐现象	由于铁水散热降温少，罐损失减少	由于大量散热降温，一罐铁水炼几炉钢，易发生沾罐现象
	建设投资	设备复杂，建设投资大	投资和生产费用比混铁炉省	设备简单，投资省

转炉铁水供应方式有如下三种：

（1）高炉→铁水罐车→混铁炉→铁水罐→转炉；

（2）高炉→混铁车（鱼雷车）→铁水罐→转炉；

（3）高炉→铁水罐车→铁水罐→转炉。

B 废钢供应

用废钢槽从废钢间运到转炉前，再用桥式吊车或落地式加料机将废钢加入炉内。

C 铁合金供应

铁合金由铁合金料仓经叉式运输机送至炉旁，经溜槽加入盛钢桶，此外也可采用高位料仓将铁合金加入转炉或盛钢桶内。如图 4-10 所示。

D 散状材料供应

转炉用散料主要指石灰、白云石、氧化铁皮、萤石、铁矿石等造渣材料和冷却剂。转炉所用散料是用胶带运输机从主厂房外散料间的低位料仓分别送至转炉上面相应的高位料仓，再由高位料仓下面的振动给料器称量料斗送至汇集料斗，最后经流槽加入炉内。如图 4-10 所示。

4.3.1.4 烟气处理系统

在吹炼过程中转炉内产生的废气称为炉气，出炉口后的炉气称为烟气。氧气顶吹转炉的烟气含有大量的 CO 气体，其中 CO 的含量高达 85%～90%。从炉口喷出的温度高达 1450～1800℃，并夹带有大量的 FeO 粉末，炉气中含尘量平均为 60～80g/m^2，大大超过国家规定含尘量（不得超过 200mg/m^2）的排放标准。可见转炉烟气具有有毒、爆炸、温度

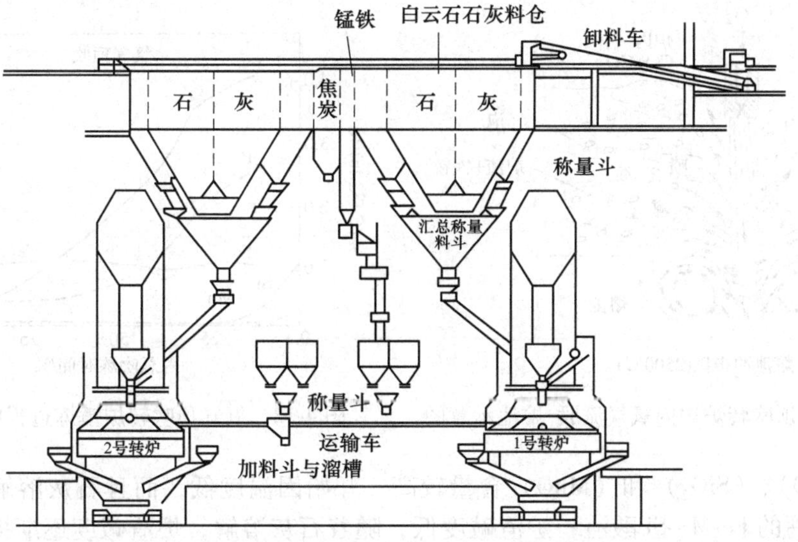

图 4-10 美国扬思顿公司芝加哥转炉散装料及铁合金系统

高、烟气量大、含尘量高且尘粒微小等特性。所以烟气须经降温、除尘方能作为煤气使用。为此，在大多数转炉烟罩内都安装废热锅炉，使出炉烟气降温，并回收其显热。废气除尘装置较多采用重力旋风除尘、布袋尘、文氏管洗涤除尘、静电除尘等设备。废气经降温、除尘后，得到 CO 含量为 80%的转煤气，可用作炼钢厂燃料。整个煤气回收系统还必须密封，注意防爆防毒，因此必须加以处理、净化和回收。

4.3.2 氧气顶吹转炉的冶金特点

4.3.2.1 高压氧气流股和金属、炉渣的作用

高压（0.9~1.5MPa）氧气在熔池上方经氧枪喷头喷出后，获得超音速射流，并与金属熔池发生直接作用。炼钢过程中的主要物理、化学变化即在此作用中进行，如图 4-11 所示。由于高压氧气流股吹入熔池，强烈的搅动及 CO 气泡的激烈翻腾作用，在熔池上部造成金属、炉渣和炉气三相的强烈混合，形成泡沫渣或三相乳化现象。通常冶炼过程中，整个炉内几乎充满泡沫渣，氧枪是浸没在其中工作的。这一冶金特点是氧气顶吹转炉独有的。由于钢渣气充分接触，提供了良好的传热、传质条件，只要保证供氧，全部炼钢反应可以在短短的十几分钟内完成，因此氧气转炉炼钢生产效率很高。

4.3.2.2 熔池成分和温度的变化

对于转炉炼钢，尽管炼钢原料成分和所炼钢种存在差异，冶炼工艺也有所不同，但炉内所发生的物理化学变化规律是一致的。氧气顶吹转炉炼钢的钢液和炉渣成分与温度变化如图 4-12 所示。根据炉内脱碳反应速度的变化将炼钢过程分为吹炼前期、吹炼中期、吹炼后期 3 个阶段。

吹炼前期（硅锰氧化期）：兑入炉内的铁水温度一般为 1200~1300℃，因而熔池温度较低，从下枪“点火”开始，到 Si、Mn 氧化基本结束为止，主要是 Fe、Si、Mn 的氧化，而碳的氧化则随着 Si、Mn 含量降低和熔池温度升高而逐渐增强。由于 Fe、Si、Mn 氧化，

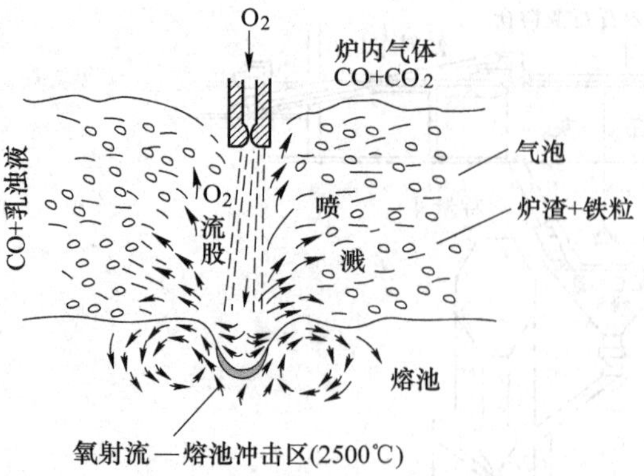

图 4-11 氧气顶吹转炉炉内氧气流股-熔池示意图

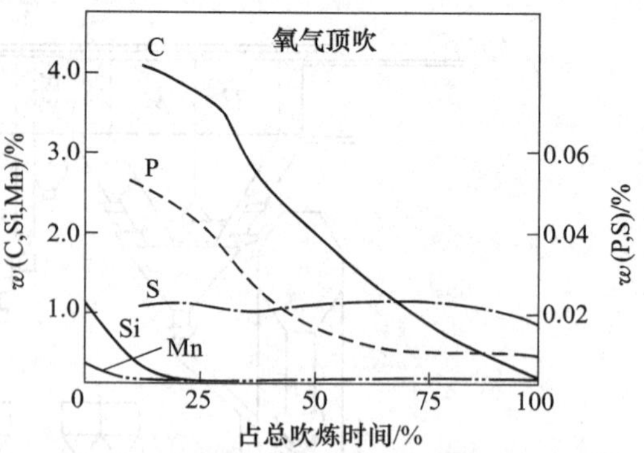

图 4-12 氧气顶吹转炉锤炼过程中成分变化

炉渣中（FeO）、（SiO_2）和（MnO）含量较高，开始因温度低，而且石灰溶解很慢，组成的是低氧化钙的 Fe-Mn-Si 酸渣，炉渣碱度低，随着石灰溶解，炉渣碱度逐渐提高，因此初期炉渣具有一定的脱磷能力，顶吹转炉的脱磷反应几乎是与脱碳反应同时进行的，硫变化不大。吹炼前期终了熔池温度可提高到 1500℃左右。

吹炼中期（碳氧化期）：熔池温度达到 1500℃，且硅、锰氧化基本结束后，碳开始激烈地进行氧化，强烈搅拌熔池，同时形成泡沫渣和乳化液，加速了传质过程，使脱碳速度达到最大值，吹入的氧全部消耗于碳的氧化，而且渣中的（FeO）也被用于脱碳。因而，渣中的（FeO）含量降低，随着石灰逐渐溶解，炉渣转变为硅酸钙渣或磷酸钙渣，炉渣碱度升高，温度升高，再加上脱碳反应对钢渣的强烈搅拌，这些有利于脱硫，因此一般来说吹炼中期是脱硫的最好时期。吹炼中期末熔池温度可达 1550℃左右。

吹炼末期（碳氧化末期）：金属中的含碳量已降低到 0.5%以下，脱碳速度减小，并随吹炼时间的推移而直线下降。钢中的［O］及渣中（FeO）相应增加，同时，由于温度高，炉渣碱度高、流动性好，故后期硫含量下降。吹炼末期钢液温度可达 1600℃左右。

为了提高转炉炉渣的脱磷脱硫能力，需要提高碱度或增大渣量及多次放渣、造渣，从而使操作复杂化。因此，降低钢中的磷和硫的含量的主要途径是控制铁水中这两个有害元素的入炉量。

4.3.3 氧气顶吹转炉的冶炼操作过程

氧气顶吹转炉炼钢包括装料、吹炼、脱氧、出钢与倒渣等阶段。冶炼操作的进程如图 4-13 所示。

冶炼一炉钢的操作过程包括：

（1）上炉出完钢，倒完渣后，迅速检查炉体，必要时进行补炉，然后堵出钢口。用吊车和废钢溜槽向炉内装入废钢，随后用铁水包向炉内兑铁水。图 4-14 为转炉兑铁水过程，图 4-15 为转炉加废钢过程。

（2）摆正炉体，同时下降氧枪，并加入第一批渣料和作冷却剂的铁矿石，其量占总渣量的 2/3~1/2，氧枪降至规定枪位时吹氧正式开始。

（3）吹氧几分钟后初渣形成，熔池温度升高，炉渣起泡，并有小铁粒从炉口喷溅，此时应适当降低枪位。

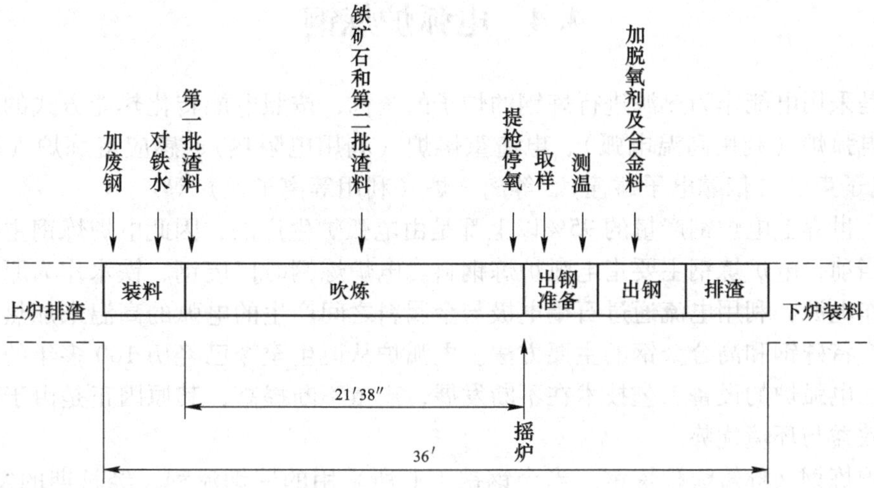

图 4-13 氧气顶吹转炉操作进程示例

(4) 吹炼中期脱碳反应激烈，渣中氧化铁降低而炉渣出现“返干”，此时适当提高枪位，并分批加入铁矿石和第二批渣料以提高炉渣中氧化铁含量及调整碱度。

(5) 第三批渣料为萤石，其装入量视炉内化渣情况而定。吹氧末期的脱碳反应减弱，火变短而透明，接近吹炼终点时提枪停氧、倒炉、测温、取样，根据分析结果决定出钢或补吹时间。

(6) 当钢水成分和温度合格时打开出钢口，倒炉出钢，在出钢过程中向钢包内加入脱氧剂和铁合金进行脱氧和合金化。

(7) 出完钢后从炉口向渣罐倒渣。

图 4-14 转炉兑铁水过程

图 4-15 转炉加废钢过程

氧气顶吹转炉炼钢的冶炼周期短，通常将相邻两炉钢之间的间隔时间（即从装料至倒完渣的时间）称为冶炼周期或冶炼一炉钢的时间，一般为 20~40min。

4.4 电弧炉炼钢

电炉是采用电能作为热源进行炼钢的炉子的统称，按照电能转化热能方式的差异，电炉可分为电弧炉（利用高温电弧）、电渣重熔炉（利用电阻热）、感应熔炼炉（利用电磁感应）、电子束炉（依靠电子碰撞）、等离子炉（利用等离子弧）等。

目前，世界上电炉钢产量的95%以上都是由电弧炉生产的，因此电炉炼钢主要指电弧炉炼钢。当前，电炉炼钢主要指电弧炉炼钢料。电炉炼钢时以废钢、铁水作为原料，以三相交流电作电源，利用电流通过石墨电极与金属料之间产生的电弧的高温来加热、熔化炉料，是生产特殊钢和高合金钢的主要方法。电弧炉从诞生至今已经历100多年的历史。在这百年中，电弧炉的设备工艺技术在不断发展，产量不断提高，其原因正是由于电弧炉炼钢的经济效益与环境优势。

电弧炉炼钢又称短流程炼钢。当今钢铁工业所采用的炼钢流程，经长期的发展竞争，主要为以下两种，即高炉-转炉炼钢流程与废钢-电炉炼钢流程。后者与前者相比较，具有流程短，设备布置、工艺衔接紧凑，投入产出快，故称其为“短流程”。“短流程”是有前提的，即该流程必须是高效、节能的，起码是世界上流行的“三位一体”（即由电炉-炉外精炼-连铸组成的流程）。或者“四个一”（即由电炉-炉外精炼-连铸-连轧组成的流程）。也正是由于这种高效、节能的流程，才赋予电弧炉炼钢强大的生命力。

电炉炼钢由于采用电能作热源，热效率高达65%以上，电弧区温度高达3000℃以上，可快速熔化各种炉料，并使钢水加热到大于1600℃；同时温度容易调整和控制，可满足冶炼不同钢种的要求；炉内气氛可以控制，既可造成氧化性气氛，又可造成还原性气氛，因此，具有很强的去除钢中有害杂质磷、硫的能力，同时还有很强的脱氧能力，故钢中非金属夹杂物含量相对较低，合金元素收得率也相对较高，钢的成分容易控制，适于冶炼各种合金钢及优质钢；可用100%的废钢进行熔炼，而且与其他炼钢方法相比设备较简单、占地少、投资省、建厂快；容易控制污染。

在工业发达国家，由于废钢量较大，电炉炼钢已从20世纪中的主要生产特殊钢过渡到生产全钢种，甚至以生产普通碳素钢为主。在最近一二十年间，随着二次精炼技术的不断发展和完善，电炉冶炼仅作为熔化设备，并与二次精炼和连铸技术配套形成自动化水平高、功率高、能耗低的专业化生产系统，从而增强了电炉生产工艺的竞争能力。电炉冶炼与炉外精炼及连铸相结合形成的基本炼钢流程，不但提高了钢的质量，还降低了生产成本。

但是，电弧炉也还存在一些不足之处，如由于电弧的离解作用，使空气和水蒸气离解出大量氢和氮，在还原期易被钢水吸收，因此，电炉炼钢若不经特殊处理，其氢、氮含量一般比转炉钢高；由于电弧是点热源，炉内温度分布不均匀，熔池平静时，各部位的钢水温度相差较大，尤其大炉子更为突出。

4.4.1 电弧炉及其设备

电弧炉由炉身、炉盖、炉门、出钢槽、电极及电极升降装置和倾炉机构等几部分组成。电弧炉的基本结构如图4-16所示。

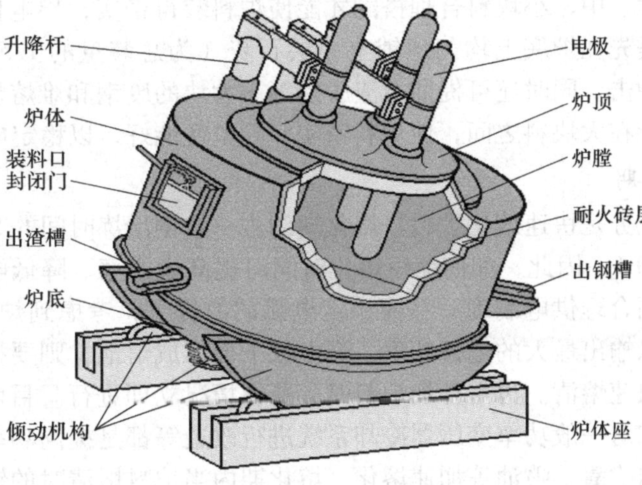

图 4-16 电弧炉炉体机构

在钢板做成的圆形炉壳内砌筑耐火材料就形成了炉膛。在钢板制成的炉盖圈上砌上拱形耐火砖就形成了炉盖。炉壳上面盖上炉盖就构成了熔炼室。炉盖上有三个孔，石墨电极通过孔插入炉内。电弧炉大多采用顶装料，顶装料时先将炉盖和电机升起，然后旋转移开，使炉膛完全暴露出来，再用吊车将炉料从上部装入炉内，装料完毕将炉盖回复。

电弧炉下部装有使电炉倾倒的机构，炼钢作业要求出钢时向出钢槽一侧倾动 40°~50°，而在放渣时向炉门一侧倾动 10°~15°。因此，炉体下部设置有扇形架、底座和倾动装置。为使电极在炼钢过程中能自由升降，电极夹持器连接电极升降机，在冶炼过程中，通过升降电极来调整电弧长度。电极的升降由电极自动调整装置控制。

4.4.2 电弧炉的熔炼工艺

电弧炉炼钢操作主要包括补炉及装料、熔化、氧化精炼、扒渣、还原精炼、脱硫、脱氧、合金化、出钢等几个阶段。其中许多操作与转炉相同。而电弧炉炼钢的精炼过程可分为氧期和还原期。

4.4.2.1 补炉与装料

电弧炉炼钢要做到优质、高产、低消耗，就必须保证炉衬长寿。电弧炉的炉衬由炉底、炉壁和炉顶组成。炉内工作温度大都在1600℃以上，在冶炼过程中，由于高温及温度剧烈变化，炉渣的酸碱性侵蚀、机械冲击与振动及操作波动等各方面的影响都将使炉衬受到不同程度的损坏。为了使炉衬保持一定形状，保证正常冶炼和延长炉衬寿命，每次出钢后都必须进行认真检查，发现炉衬有损坏时及时进行适当修补。为保证补炉质量，补炉前需将被补地方的残留钢、渣彻底扒净，紧接着进行高温、快速、薄补的操作。补炉用的原料主要是镁砂、白云石并用焦油、沥青等黏结剂。

补炉完毕后立即进行装料。装料的操作将影响炉料的熔化、合金元素的烧损及炉衬寿命等。对装料的要求是：速度快、布料合理、并尽可能一次装完。之所以强调“快”，是因为大多数炉子采用炉顶装料，盖打开后，炉膛温度从约 1500℃迅速降到约 800℃，而此时散失的热量将在熔化期由电弧炉来弥补，结果将使电耗增加，冶炼时间延长。

装料时必须将大、中、小块料合理搭配才能使炉料装得密实，导电良好。根据国内各厂的经验，大部分是先在炉底上均匀地铺上一层石灰（为总装量的1.5%～2.0%），目的是减轻料对炉底的冲击，同时还可提前造渣脱磷等。大块的废钢和难熔炉料装在电极下面的高温区，小块料装在大块料之间，使炉料密实，导电性能好，以稳定电弧。

4.4.2.2　熔化期

熔化期的主要任务是快速熔化炉料。熔化期约占一炉钢冶炼时间的50%，消耗的电占总耗电量的60%～70%。因此，如何缩短熔化时间对提高生产率、降低电耗具有重要的意义。为此，首先采用合理供电制度，在能稳定电弧的前提下，考虑到炉衬热负荷的大小，使用最高一级电压以输出最大的电弧功率。当电极下部形成熔池，则要把周围溶化的炉料扒下来，使得炉料快速熔清。再需补加炉料时，要视情况立即进行。目前，国内普遍采用高功率、超高功率和对一般功率变压器冷却系统进行改造等都是提高功率输出，实现快速熔化；其次再向炉内吹氧、喷油等加速熔化。熔化期内当炉料熔清时的钢中含碳量常应较钢种规格高出0.1%～0.5%，这是基于氧化期要有一定的脱碳量而设定。

4.4.2.3　氧化期

氧化期的任务是吹氧及加入铁矿石进行碳氧沸腾，造出高氧化铁、高碱度、流动性良好的炉渣以脱磷，提高温度，并为进入还原期做好热能贮备。

吹氧脱碳速度比加矿石脱碳时大得多，而加矿石脱碳时，炉渣中（FeO）含量又比前者高。渣中氧化铁含量低对脱磷是特别不利的，所以生产上采用矿石和氧气联合氧化法。碳氧脱磷反应造就高氧化铁渣，同时使钢液去气和去除非金属夹杂物，为此，氧化期碳氧至少要保持30min。

熔化期可以去除部分磷，但脱磷的主要任务是在氧化期进行。炉渣脱磷的两个基本条件是氧化铁含量高和碱度高，故加石灰提高炉渣碱度。氧化精炼利用高氧化铁（约20%（质量分数）FeO）、高碱度（$CaO/SiO_2=3\sim4$）炉渣把钢液中的磷氧化成 P_2O_5，然后与 CaO 形成稳定的磷酸钙。脱磷基本反应式如下：

$$2[P] + 5(FeO) + 4(CaO) \xlongequal{} (4CaO \cdot P_2O_5) + 5[Fe] \qquad (4\text{-}20)$$

一般情况下钢中的磷质量分数为0.04%～0.05%，随着脱碳进行，只要掌握好炉渣的碱度和氧能得到所要求的脱磷效果（见表4-7）。

表4-7　炉渣碱度要求

CaO/SiO_2	$w(FeO)/\%$	氧化末期 [P]/%
1.5～2.5	10～20	0.010～0.030
2.0～3.0	20～30	0.007～0.020
2.0～3.0	30～40	0.004～0.008

如果炉料中磷的质量分数大于0.06%，而且又要炼高碳钢或低磷钢时，脱磷要在熔化和氧化初期进行，早造渣早脱磷。但由于脱磷反应主要在钢液-炉渣界面进行，还是要有足够的温度以保证炉渣具有良好的流动性。

4.4.2.4　还原期

在氧化期结束，转入还原期之前，须扒渣以除去含有大量磷酸钙的氧化渣。

还原期任务是在碱性还原渣下进行精炼，脱氧脱硫，调整好钢液成分温度。还原精炼操作是电弧炉炼钢的独特之处。所谓还原期主要是炉渣中的氧化铁低，一般均在0.5%以下。整个还原期的操作基本上是围绕脱氧来进行的。

电弧炉还原期脱氧采用沉淀脱氧、扩散脱氧和综合脱氧三种方法，其中使用较多的是综合脱氧。一般是在扒掉氧化渣以后迅速将锰铁、硅铁、铝块等直接插入裸露的钢液中进行沉淀脱氧，然后加入造渣剂（石灰、萤石和硅质砖块等）形成稀薄渣。除加入块状脱氧剂以外，还分批向炉渣中投入硅粉、焦炭粉、铁粉，甚至硅-钙及铝粉进行扩散脱氧。当渣中氧化铁降到1.5%以下，碱度为2~3时，炉渣逐渐变白，且能自动粉化，这种还原渣称为白渣。白渣下的脱氧反应为：

$$(FeO) + C \Longrightarrow [Fe] + \{CO\} \tag{4-21}$$

$$(MnO) + C \Longrightarrow [Mn] + \{CO\} \tag{4-22}$$

$$2(FeO) + Si \Longrightarrow 2[Fe] + (SiO_2) \tag{4-23}$$

$$2(MnO) + Si \Longrightarrow 2[Mn] + (SiO_2) \tag{4-24}$$

为了促进冶金反应，有时还造电石渣，当冶炼高碳钢时还要造强电石渣。从冶金反应来看，在高温高碳高氧化钙条件下，碳与石灰反应生成 CaC_2。CaC_2 的生成反应及其脱氧反应如下：

$$(CaO) + 3C \Longrightarrow (CaC_2) + \{CO\} \tag{4-25}$$

$$(CaC_2) + 3(FeO) \Longrightarrow 3[Fe] + (CaO) + 2\{CO\} \tag{4-26}$$

电石渣一般含 CaC 2%~4%。它冷凝时呈黑色，在空气中会粉化，投入水中会产生乙炔气。由于 CaC_2 脱氧能力很强，电石渣中氧化铁很低（$FeO<0.5\%$），碱度高（$CaO/SiO_2=2\sim3$），故能很好地进行如下反应去除钢液中的硫，炉渣可将硫去除到0.020%~0.025%，甚至0.010%以下。还原渣下的脱硫反应为：

$$[FeS] + (CaO) \Longrightarrow (CaS) + (FeO) \tag{4-27}$$

$$[FeS] + (CaO) + C \Longrightarrow (CaS) + [Fe] + \{CO\} \tag{4-28}$$

或者

$$2[FeS] + 2(CaO) + Si \Longrightarrow 2(CaS) + 2[Fe] + (SiO_2) \tag{4-29}$$

$$2[FeS] + 2(CaO) + CaC_2 \Longrightarrow 3(CaS) + 3[Fe] + 3\{CO\} \tag{4-30}$$

反应生成的 FeO 又会被碳或硅还原，因此，还原性渣脱硫比氧化性炉渣脱硫易于进行。

4.4.2.5 调整钢成分与合金化

为了得到物理、化学性能符合要求的钢，在还原期末要对钢的成分进行调整和对钢进行合金化。碳素钢一般依据钢中碳含量确定钢的牌号。合金钢对［P］、［S］限制更严外，还有下述某些元素如 Cr、Ni、Mn、Si、W、V、Ti、Be、Al、B 和 Nb 等作为钢的成分。在合金化操作过程中主要根据钢种的需要及合金元素的需要和合金元素的物化性质向熔池内加入合金元素，同时尽可能减少贵重合金元素的烧损。合金元素的收得率主要取决于合金元素对氧的亲和力。根据合金元素对氧亲和力的大小不同，合金元素粗略地分成3类：Ni、W 和 Mo 属于不氧化元素可在装料或氧化期加入；Mn、Cr、V 和 P 等属于氧化性一般的元素，可在还原初期加入；Si、Ti、B、Al 和稀土金属等属于强烈氧化的元素，在还原末期脱氧良好时加入或加入盛钢桶中。

4.4.2.6 出钢

当钢水的成分和温度合格，脱氧良好，炉渣变白且流动性好，即可向炉内加终脱氧剂出钢。在出钢过程中可以利用钢渣混出或先出渣后出钢扩大钢渣界面继续脱硫。出钢时的温度一般比该钢种熔点高出70~120℃，这是考虑出钢和浇注过程中温降而确定的。对含Al、Ti、Cr等黏度较大的钢种出钢温度应取上限。

复习思考题

4-1 钢与生铁有何区别，为什么钢的用途更广泛？

4-2 按化学成分划分钢分为哪两类，其化学成分有何不同？

4-3 按质量划分，钢分为哪几个等级，它们对杂质成分有何要求？

4-4 按照用途划分，钢分为哪几类？

4-5 简述炼钢的基本任务是什么？

4-6 炉渣在炼钢过程中有哪些作用，炼钢炉渣和炼铁炉渣有什么不同？

4-7 什么是炉渣的氧化性？

4-8 碱性氧化渣和碱性还原渣在物理化学性质和冶金反应特点上有哪些明显的差别？

4-9 在炼钢过程中氧是如何传向金属熔池的？

4-10 试用纯氧化物分解压与温度的关系曲线，说明炼钢过程中元素氧化的一般顺序。为什么在实际炼钢熔池中元素Fe最先被氧化？

4-11 脱碳反应在炼钢过程中有什么作用？

4-12 硅、锰的氧化和还原有什么异同点？

4-13 为什么要脱磷，磷对钢的性能有什么影响？

4-14 试写出脱磷的化学反应式并分析脱磷的基本条件，影响脱磷的因素有哪些？

4-15 硫对钢的性能有什么影响，如何提高炉渣脱硫的效率？

4-16 为什么要脱氧，脱氧的方法有哪些，脱氧剂应满足哪些条件？

4-17 试分析钢中氢、氮的来源及其对钢质量的危害，以及降低钢中气体的措施。

4-18 什么是钢中非金属夹杂物，其主要组成有哪些，对钢的性能有什么影响？

4-19 如何去除钢中非金属夹杂物和氮、氢等气体？

4-20 转炉炼钢的冶炼原理是什么，它有哪些主要优点？

4-21 电弧炉炼钢的特点是什么，电弧炉炼钢的操作分为几个阶段？

4-22 电弧炉炼钢氧化期的任务是什么？

4-23 电弧炉炼钢还原期的任务是什么，什么是白渣脱氧和电石渣脱氧？

5 铜 冶 金

5.1 概 述

铜是人类最早发现和使用的金属之一。中国早在夏朝之前就有了铜器，它的问世比铁要早2000多年，因此常把铜称为“古老金属”。我国具有悠久的历史和灿烂的文化，传说的“黄帝采铜首山”和“禹九鼎”说明我们的祖先早已知道应用金属。陕西省临潼姜塞仰韶文化遗址（公元前4000年）出土了铜锌合金片；河南省安阳地区古代炼铜工场遗址（公元前1400~1100年）表明当时的冶炼技术和铸造技术已很发达。湖北省大冶铜录山矿冶遗址是我国目前已发掘的规模最大、保存最完整的古代铜矿冶炼遗址，距今已有2700年的历史。

据历史记载，云南东川一带在西汉时期就已成为重要的铜基地。后汉马援传有铜鼓记载，当时广西一带已有高度的铜合金铸造技术。唐代天宝年间（公元742~756年），仅用作铸钱每年就需要约1000t铜和200t锌。北宋时代的胆铜法，就是用熟铁片从矿坑水中置换铜的方法，是世界上发明最早的湿法炼铜方法。公元31年，东汉的杜诗发明了一种名叫“水排”的水力鼓风设备，大大地促进了当时冶金工业的发展。到了清代乾隆、嘉庆年间，我国炼铜工业更加发展，仅云南一省每年产铜量可达1万余吨。《山海经》《神农本草》、北宋（1086~1100年）张潜的《浸铜要略》也详细记载了湿法炼铜的工艺。国外则是到16世纪才采用湿法冶金技术获得海绵铜。

5.1.1 铜的性质和用途

5.1.1.1 铜的物理性质

铜属于重有色金属，密度为8.92g/cm^3，熔点为1083℃，沸点为2567℃，纯净的铜是紫红色金属，故又称紫铜。铜的导电和导热性仅次于银，如以银的导电和导热性为100%，则铜分别为93%和73.2%。铜的导电性受杂质的影响很大，例如砷含量为0.0013%时，可使其导电率降低1%。铜具有良好的展性和延性，可拉成0.0799mm的细丝，或加工成0.0799mm厚的薄片。液态铜能溶解 O_2、SO_2、H_2、CO_2、CO和水蒸气等气体，因此精炼铜在铸锭之前，要脱除溶解的气体，否则铜锭会有气孔，影响铸件的物理特性。

铜与其他金属的互溶性好，能与多种元素形成合金，从而大大改善铜的性质，使之易于进行冷、热加工，并增加疲劳和耐磨性能。目前已能制备1600多种铜合金。常用的铜合金分为黄铜、青铜、白铜三大类。

（1）黄铜。以锌为主要添加元素的铜合金，统称黄铜。为了改善普通黄铜的性能，常添加其他元素，如铝、镍、锰、锡、硅、铅等。

（2）青铜。青铜是历史上应用最早的一种合金，原指铜锡合金，因颜色呈青灰色，故称青铜。青铜的铸造性能、减磨性能和力学性能好，适合于制造轴承、蜗轮、齿轮等。现在除了黄铜、白铜以外的铜合金均称为青铜，并常在青铜名字前冠以第一主要添加元素的名。如锡青铜、铝青铜、铍青铜等。

（3）白铜。以镍为主要添加元素的铜合金。铜镍二元合金称普通白铜；加有锰、铁、锌、铝等元素的白铜合金称复杂白铜。白铜的特点是力学性能和耐蚀性好，色泽美观，有良好的热电性能。

5.1.1.2 铜的化学性质

元素周期表中第 4 周期 IB 族元素，元素符号为 Cu，原子序数 29，相对原子质量 63.546。铜原子的外电子构型为［Ar］$3d''s'$。铜在形成稳定化合物时可失去 $4s$ 轨道中的 1 个电子，也可同时失去 $3d$ 轨道中的 1 个电子，所以铜主要有+1 和+2 两种价态。常温下铜的氧化态以+2 价为主，高温时低价态化合物稳定。

铜在干燥的空气中不氧化，在温度高于 185℃时则开始氧化，温度低于 350℃时生成红色氧化亚铜 Cu_2O，高于 350℃时生成黑色氧化铜 CuO。在潮湿的空气中铜被氧化，其表面逐渐覆盖一层绿色的碱式碳酸铜 $CuCO_2 \cdot Cu(OH)_2$，俗称“铜绿”。铜与硫化合生成硫化亚铜（Cu_2S）和硫化铜（CuS）。

在标准电极电势表中，铜的标准电极电势比氢正，因此铜不能溶于稀硫酸和盐酸中，但能溶于硝酸、王水和加热的浓硫酸中；有空气存在时，能溶于盐酸、稀硫酸和氨水。

5.1.1.3 铜的重要化合物及性质

铜在炼铜原料和冶炼过程的中间产物中常以硫化物、氧化物、硫酸盐、铁酸盐、碳酸盐、硅酸盐等化合物存在，熟悉这些铜化合物的基本性质（见表 5-1）及其主要化学反应对于研究冶炼生产过程是很重要的。

表 5-1 铜的重要化合物及性质

分类	名称	化学式	性 质
硫化物	硫化铜	CuS	含铜 66.5%，天然呈铜蓝产出
	硫化亚铜	Cu_2S	含铜 79.8%，天然呈辉铜矿产出，蓝黑色无定形或结晶形
氧化物	氧化铜	CuO	含铜 78.9%，天然呈黑铜矿产出
	氧化亚铜	Cu_2O	含铜 88.88%，天然呈赤铜矿产出
铁酸盐	铁酸铜	$CuO \cdot Fe_2O_3$	不溶于水、氨水及一般溶剂，易被强碱性氧化物或硫化物所分解，也易被 SO_2 还原
	铁酸亚铜	$Cu_2O \cdot Fe_2O_3$	
硫酸盐	五水硫酸铜	$CuSO_4 \cdot 5H_2O$	俗称为胆矾。在铜冶金中，$CuSO_4 \cdot 5H_2O$ 是铜电解精炼的副产物，是一种用途广泛的化工原料
硅酸盐	硅孔雀石	$CuSiO_4 \cdot 2H_2O$	产出较为普遍，在高温时离解成 $2Cu_2O \cdot SiO_2$ 易被碳还原，其中的 Cu_2O 易被 CaO、FeO 等置换
碳酸盐	孔雀石和蓝铜矿	$CuCO_3 \cdot Cu(OH)_2$	碱式碳酸铜和碳酸铜受热解出 CuO，铜的碳酸盐能溶解于各种工业溶剂中

A 铜的硫化物的稳定性

硫化铜和硫化亚铜在加热时将不同程度地发生离解，其离解反应如下：

$$4CuS = 2Cu_2S + S_2 \tag{5-1}$$

$$2Cu_2S = 4Cu + S_2 \tag{5-2}$$

在中性或还原性气氛下，金属硫化物受热离解释放出元素硫蒸气（硫的熔点112.8℃，沸点444.6℃），其离解压随温度升高而增大。CuS不稳定，其离解压在570℃时达到101kPa（1atm）；Cu_2S较稳定，其离解压在1400℃时仅为10Pa。在熔炼温度下，铜的硫化物形态为Cu_2S。Cu_2S在高温下的离解压比镍、铁、铅等金属硫化物的离解压低，在这些硫化物中它是最稳定的化合物。铜与硫的亲和力大于铁与硫的亲和力，是造锍熔炼的重要依据之一。

B 硫化亚铜与硫化亚铁的互熔性

Cu_2S（熔点1135℃）和FeS（熔占1190℃）均是金属原子与硫原子以共价键结合的化合物，它们在熔融状态下互熔形成铜锍（$Cu_2S \cdot FeS$）。硫化亚铁与铜及其他重金属的硫化物的高温互熔性对重金属火法冶金具有重要意义。

C 铜的氧化物的稳定性

氧化铜和氧化亚铜在加热时能够不同程度地发生离解，其离解反应如下：

$$4CuO = 2Cu_2O + O_2 \tag{5-3}$$

$$2Cu_2O = 4Cu + O_2 \tag{5-4}$$

CuO不稳定，其离解压在1105℃时达到101kPa（latm）；Cu_2O较稳定，其离解压在1427℃时仅为90Pa。Cu_2O在高温下的离解压比铁的低价氧化物FeO的离解压高，这说明FeO较Cu_2O稳定，铁对氧的亲和力大于铜对氧的亲和力。

D 氧化亚铜与硫化亚铜及硫化亚铁的相互反应

当氧化亚铜与硫化亚铜及硫化亚铁共热时，依下式进行反应：

$$2Cu_2O + Cu_2S = 6Cu + 2SO_2 \tag{5-5}$$

$$Cu_2O + FeS = Cu_2S + FeO \tag{5-6}$$

上述反应是冰铜吹炼成粗铜的理论基础，第一个反应开始于450℃，于1100℃完成，这是铜锍吹炼成粗铜的基本反应。第二个反应之所以能够向右进行，这是因为铜对硫的亲和力比铁大，而铁对氧的亲和力比铜大。上述Cu_2O与Cu_2S及Cu_2O与FeS的两个相互反应，在铜冶金中具有极重要的意义。

5.1.1.4 铜的用途

铜在国民经济中的应用仅次于钢铁，在有色金属中铜的产量和消费量仅次于铝。由于铜具有许多优异性能，在各工业部门中均得到广泛应用。就世界范围而言，铜产品半数以上用于电力和电子工业，如制造电缆、电线、电机及其他输电和电讯设备。20世纪80年代后，铜在电信上的部分用途被光导纤维所代替。铜也是国防工业的重要材料，用于制造各种弹壳及飞机和舰艇零部件。黄铜（铜锌合金）、青铜（铜锡合金）用于制造轴承、活塞、开关、油管、换热器等。铝青铜（铜铝合金）抗震能力很强，可用于制造需要强度和韧性的铸件。铜镍合金中的蒙奈尔合金以抗蚀性著称，多用于制造阀、泵和高压蒸汽设备。铍青铜（含铍铜合金）的力学性能超过高级优质钢，广泛用于制造各种机械部件工具和无线电设备。

铜的化合物是农药、医药、杀菌剂、颜料、电镀液、原电池、染料和触媒的重要原料。

5.1.2 炼铜原料

铜在地壳中的质量分数比较少，其相对丰度仅为 6.8×10^{-5}，远低于铝、铁和镁等，但铜能形成比较丰富的矿床。在各类铜矿床中铜呈各种矿物存在，其中大部分为硫化物和氧化物，少量为自然铜。自然界产出的铜矿物有 240 种之多，但多数并不常见，也不具有工业价值。其中常见的有 30~40 种，而有工业开采价值的铜矿仅 10 余种（见表 5-2）。

表 5-2 常见硫化铜矿及其理论含铜量

矿物类别	矿物名称	化学分子式	$w(Cu)/\%$	密度/$g\cdot cm^{-3}$	颜色
自然矿物	自然铜	Cu	100	8.9	红色
硫化矿物	辉铜矿	Cu_2S	79.8	5.5~5.8	灰黑色
	铜蓝	CuS	66.7	4.6~4.7	红蓝色
	黄铜矿	$CuFeS_2$	34.6	4.1~4.3	黄色
	斑铜矿	Cu_4FeS_4	63.5	5.06	红蓝色
	硫砷铜矿	Cu_3AsS_4	49.0	4.45	灰黑色
	黝铜矿	$(Cu, Fe)_{12}Sb_4S_{13}$	25/45.7	4.6~5.1	灰黑色
氧化矿物	赤铜矿	Cu_2O	88.8	7.14	红色
	黑铜矿	CuO	79.9	5.8~6.1	灰黑色
	孔雀石	$CuCO_3\cdot Cu(OH)_2$	57.5	4.05	亮绿色
	蓝铜矿	$2CuCO_3\cdot Cu(OH)_2$	68.2	3.77	亮蓝色
	硅孔雀石	$CuSiO_3\cdot 2H_2O$	36.2	2.0~2.2	绿蓝色
	胆矾	$CuSO_4\cdot 5H_2O$	25.5	2.29	蓝色

炼铜原料 90%来自硫化矿，约 10%来自氧化矿，少量来自自然铜。现今开采的铜矿石品位为 1%左右，坑内采矿的边界品位为 0.4%，露天采矿可降至 0.2%。采出来的矿石须先经选矿（一般为浮选），得到含铜 20%~30%的精矿，再进行冶炼，脉石等以尾矿形式弃去。典型的铜精矿化学成分实例见表 5-3。铜精矿的化学组成主要是铜、铁、硫。矿物形态以黄铜矿（$CuFeS_2$）为主，常含有黄铁矿（FeS_2）、磁黄铁矿（Fe_7S_8），除了主要矿物以外，铜矿中还含有少量其他金属，如铅、锌、镍、铁、砷、铋、钨、钼、钴、锰等，并含有金银等贵金属和稀散金属金属（硒、碲等），它们在冶炼过程中分别进入不同的产品中，所以炼铜工厂通常设有综合回收这些金属的车间，以提高资源的综合利用程度和消除对环境的污染。脉石矿物主要含 SiO_2、CaO、MgO、Al_2O_3，熔炼时，要注意渣型的选择；浸出时，要注意浸出剂的选择。铜精矿的粒度很小，粒度小于 0.74mm 的精矿颗粒占 90%以上，比表面积很大，具有很大的化学反应能，与氧发生氧化反应迅速，同时放出大量的热能。所以硫化铜精矿不仅是炼铜的原料，还是一种具有一定发热值的燃料。在冶炼

过程中应当充分利用精矿本身的这种潜在热能，降低燃料消耗，甚至使过程实现自热。充分利用硫化铜精矿的化学能对火法冶金过程的节能具有重要的意义。

表 5-3 硫化铜精矿化学成分实例 (%)

序号	元素										
	Cu	Fe	S	Pb	Zn	As	Au	Ag	SiO_2	CaO	MgO
1	18-20	25~28	26~30	1~5	1~5	6~12	2~10g/t	15~100g/t	6~12	2~3	约 4
2	20-24	27-33	28-29	—	—	—	2~10g/t	15~300g/t	6.5-9	0.5-1.5	0.9-1
3	23.17	28.55	29.11	—	—	—	—	—	9.96	1.22	1~2
4	23.70	28.60	27.60	0.90	0.40	—	—	—	8.20	—	

5.1.3 铜的生产方法

用铜矿石或精矿生产铜的方法较多，概括起来有火法和湿法两大类。

5.1.3.1 火法炼铜

火法炼铜是当今生产铜的主要方法，世界上 80%~90%的铜是用火法从硫化铜精矿中提取的。火法炼铜的最突出的特点是适应性强、能耗低、生产效率高。

火法炼铜的主要原料是硫化铜精矿，如前所述，铜精矿是由铜和铁的硫化物、氧化物、脉石和其他金属化合物杂质所组成，所以从提取冶金和资源综合利用的观点看来，铜精矿火法冶炼的基本要求是：

(1) 使铜与铁、硫、脉石及其他杂质分开，且铜的冶炼回收率高；

(2) 使硫进入烟气并能以化工产品形式回收，硫的利用率高，对环境污染少甚至无污染；

(3) 应充分地利用硫化精矿的化学能和物理能（表面能），做到熔炼过程反应速度快、生产率高、燃料消耗少；

(4) 尽量使贵金属富集于铜的熔炼产物之中，并综合回收利用好。

熔炼硫化铜精矿，不但须将脉石除去，而且还要使铜与铁、硫及其他杂质分开。为此，如果按照高炉冶炼烧结矿的方法，将硫化铜精矿经过充分的氧化焙烧，把其中全部的硫都氧化释出，使铜精矿本身变成一种以铜和铁的氧化物为主的焙烧矿，而后再将此焙烧矿加焦炭和熔剂，送到熔炼炉中去熔炼，氧化铁便还原为氧化亚铁造渣，铜的氧化物则还原为金属。这个方法虽熔炼过程简单，但结果不仅大量的铁会与铜一道还原，砷和锑等有害成分会大量溶解于铜中，使产出的铜极不纯净，而且由于铜精矿含铜品位低（10%~30%Cu），熔炼渣量大，铜会损失于炉渣中，造成金属回收率低。此外，这种处理硫化矿的冶炼方法把焙烧与熔炼分成两个过程进行，不利于精矿化学能和物理能的利用，且硫的利用率低，将很容易造成环境污染。

现代铜冶金采用造锍熔炼的方法处理硫化铜精矿，这种熔炼方法能使铜与铁和硫及其他杂质分开是基于下列基本原理：

（1）由于硫、铜、铁三者相互之间亲和力的关系，硫优先地与铜结合成硫化亚铜；

（2）同理，氧优先地与铁结合成氧化亚铁；

（3）氧化亚铁与二氧化硅结合，形成液态炉渣；

（4）控制硫化亚铁的氧化程度，使全部硫化亚铜与尚未氧化的硫化亚铁互相熔合，形成液态铜锍；

（5）铜锍密度比炉渣大，且两者互不相溶；

（6）铜有溶解精矿原料中贵金属及砷、锑、铋等杂质的能力；

（7）硫化亚铜能与氧化亚铜相互反应，产出金属铜。这是铜锍吹炼得金属铜的基本反应。

基于上述基本原理，火法炼铜生产流程可分为 4 个冶金过程：造锍熔炼、铜锍吹炼、火法精炼和电解精炼，其原则工艺流程如图 5-1 所示。

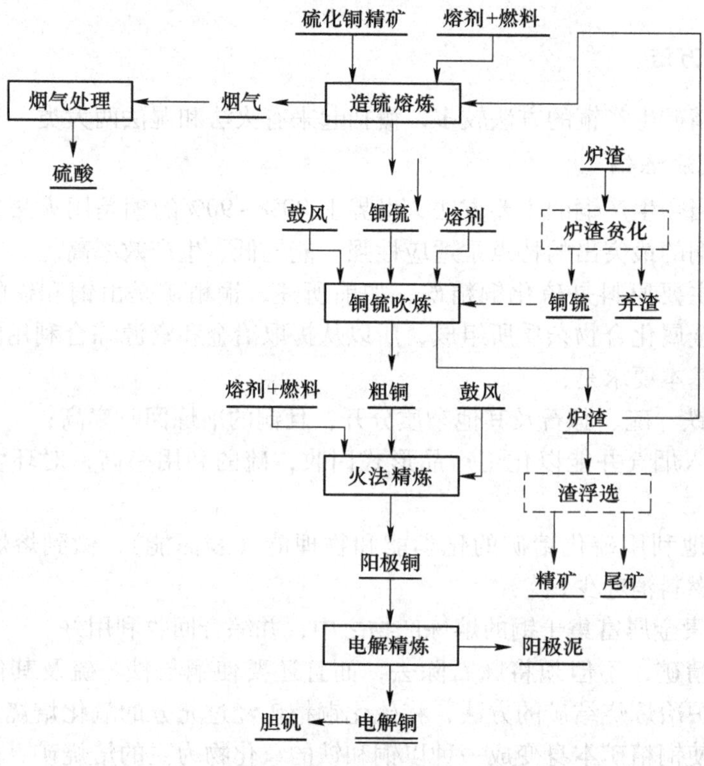

图 5-1 硫化铜矿火法炼铜流程

造锍熔炼是将硫化铜精矿用不同的冶金炉设备进行熔炼，将部分铁的硫化物氧化成 FeO 并与炉料中的脉石造渣，而铜则以 Cu_2S 的形态与未被氧化的 FeS 及少量的其他金属化物形成锍（也称冰铜，其中 $w(Cu)=30\%\sim70\%$）。由于锍与炉渣不互溶而互相分离，硫化物氧化生成的 SO_2 进入烟气。

所谓锍是金属硫化物的共熔体。铜锍就是铜的硫化物（Cu_2S）和铁的硫化物（FeS）的共熔体。许多有色重金属的生产主要用硫化矿作原料，它们的精矿中含硫化铁都比较高，因此锍是铜、镍、铅、锑等重金属冶炼过程常出现的中间产物，如镍锍、铜镍锍、铅锍、锑锍等。在我国，习惯把铜锍称作冰铜，因此也把铜的造锍熔炼称作冰铜熔炼。

造锍熔炼产出的半产品锍除含铜外，其他成分主要是铁和硫。进一步处理便是用转炉吹炼使铁与硫完全氧化而与铜分离。经过吹炼，铜锍中的 FeS 氧化成 FeO，并与加入的 SiO_2 熔剂造渣，而硫氧化成 SO_2，进入烟气，结果得到铜质量分数为98.5%以上的粗铜。造锍熔炼和转炉吹炼产出的含 SO_2 烟气，经除尘后用于生产硫酸或其他硫产品。尾气中 SO_2 气体的体积分数降到 200×10^{-6} 以下排入大气中。

粗铜质量满足不了工业用铜的要求，必须经过火法精炼和电解精炼，得到铜质量分数为 99.95% 以上的精铜。在精炼过程中，可以回收原料中的 Au、Ag、Se、Te、Bi、Ni、Co 等有价金属。

5.1.3.2　湿法炼铜

湿法炼铜主要用来处理氧化铜矿，在常压或高压下，用溶剂浸出矿石或焙烧矿中的铜，经净液使铜与杂质分离，而后用电积或置换等方法，将溶液中的铜提取出来。工艺过程主要包括 4 个步骤：浸出、萃取、反萃取、金属制备（电积或置换）。氧化矿可以直接进行浸出，低品位氧化矿采用堆浸，富矿采用槽浸硫化矿，在一般情况下需要先焙烧后再浸出，也可在高压下直接浸出。湿法炼铜的原则流程如图 5-2 所示。

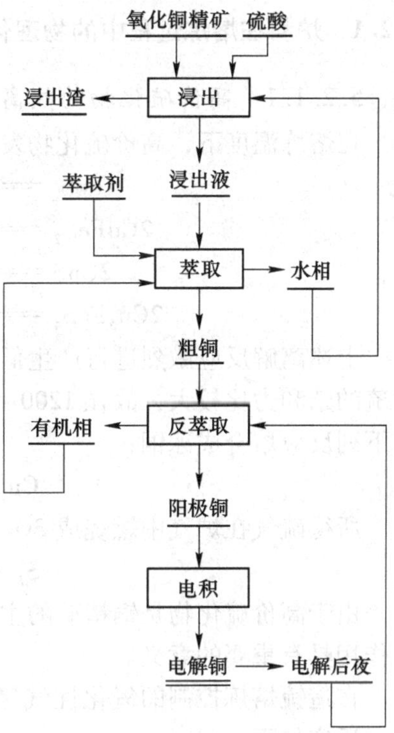

图 5-2　氧化铜矿湿法炼铜流程

5.2 造锍熔炼

如前所述，硫化铜精矿含铜一般为10%~30%，除脉石外，常伴生有大量铁的硫化物，其量超过主金属铜，所以用火法由精矿直接炼出粗金属，在技术上仍存在一定困难，在冶炼时金属回收率和金属产品质量上也不容易达到要求。因此，世界上普遍采用造锍熔炼-铜锍吹炼的工艺来处理硫化铜精矿。这种工艺的原理是利用铜对硫的亲和力大于铁和一些杂质金属，而铁对氧的亲和力大于铜对氧的亲和力的特性，在高温及控制氧化气氛条件下，使铁等杂质金属逐步氧化后进入炉渣或烟尘而被除去，而金属铜则富集在各种中间产物中，并逐步得到提纯。

在铜的冶炼富集过程中，造锍熔炼是一个重要的单元过程，即将硫化铜精矿、部分氧化物焙砂、返料和适量的熔剂等炉料，在 1423~1523K 的高温下进行熔炼，产出两种互不相溶的液相（熔锍和熔渣）的过程。所谓熔锍是指硫化亚铁与重金属硫化物互熔在一起形成的硫化物体；熔渣是指矿石中的脉石、炉料中的熔剂和其他造渣组分在熔炼过程中形成的金属硅酸和铝酸盐等混合物的熔体。造锍熔炼主要包括两个过程，即造锍和造渣两个过程。

5.2.1 炉料在熔炼过程中的物理化学变化

5.2.1.1 高价硫化物的热离解

在熔炼温度下，高价硫化物发生离解反应。主要反应如下：

$$FeS_2 = FeS + 1/2S_2 \quad \text{黄铁矿} \tag{5-7}$$

$$2CuFeS_2 = Cu_2S + 2FeS + 1/2S_2 \quad \text{黄铜矿} \tag{5-8}$$

$$2CuS = Cu_2S + 1/2\,S_2 \quad \text{铜蓝} \tag{5-9}$$

$$2Cu_5FeS_4 = 5Cu_2S + 2FeS + 1/2S_2 \quad \text{斑铜矿} \tag{5-10}$$

上述离解反应激烈进行产生低价硫化物（Cu_2S、FeS）构成初期冰铜的基础，由于铜对硫的亲和力比较大，故在1200~1300℃的造锍熔炼的温度下，呈稳定态的Cu_2S便与FeS按下列反应熔合成冰铜：

$$Cu_2S + FeS = Cu_2S \cdot FeS \tag{5-11}$$

所得硫气在炉气中燃烧成SO_2，并放出大量热：

$$S_2 + 2O_2 = 2SO_2 + 593kJ \tag{5-12}$$

由于高价硫化物是铜精矿的主要组成，因此，它们的离解反应对于传统炼铜方法的脱硫作用具有重要的意义。

在造锍熔炼控制的氧化性气氛下，未进入冰铜的FeS被氧化可以达到部分脱硫的目的，反应如下：

$$2FeS + 3O_2 = 2FeO + 2SO_2 + 1103kJ \tag{5-13}$$

5.2.1.2 铁硫化物的优先氧化和氧化亚铁的造渣反应

铜精矿中的黄铜矿与空气中的氧气反应，产生冰铜、氧化亚铁、二氧化硫和热量。反应式可表达如下：

$$4CuFeS_2 + 5O_2 = 2(Cu_2S \cdot FeS) + 2FeO + 4SO_2 + 1496kJ \tag{5-14}$$

由于熔剂和精矿中的二氧化硅参加反应，与氧化亚铁结合，形成炉渣：

$$2FeO + SiO_2 = 2FeO \cdot SiO_2 + 18.8kJ \tag{5-15}$$

将上述反应结合在一起得出：

$$CuFeS_2+O_2+SiO_2 \longrightarrow \underset{\text{铜锍}}{[Cu_2S \cdot FeS]} + \underset{\text{炉渣}}{(2FeO \cdot SiO)} + \underset{\text{炉气}}{SO_2} + \text{热量} \tag{5-16}$$

上述反应式是黄铜矿精矿熔炼的最好描述。铜、铁、硫的总量占85%~95%，炉料中的贵金属几乎全部进入铜锍。炉渣是以$2FeO \cdot SiO_2$（铁橄榄石）为主的离子型硅酸盐熔体，铜锍则是以Cu_2S和FeS为主的共价型硫物熔体，二者互不相溶，且铜锍密度大于熔渣密度，故铜锍与熔渣可以相互分离。造渣反应主要是脱除炉料中的部分铁，并使炉料中的SiO_2、Al_2O_3等成分和杂质通过造渣除去。

造锍熔炼的目的是把炉料中全部铜富集在铜锍相，把脉石、氧化物及杂质汇集于熔渣相，然后将铜锍相与熔渣相完全分离。为了达到这两个目的，造锍熔炼过程必须遵循两个原则，一是必须使炉料有相当数量的硫来形成铜锍，二是使炉渣含二氧化硅接近饱和，以便冰铜-炉渣间不致混熔。造锍熔炼的理论基础是高温并有足够的硫时，Cu-S的亲和力大于Fe-S亲和力，Cu-O亲和力小于Fe-O亲和力，能按以下反应使铜硫化：

$$FeS + Cu_2O \longrightarrow FeO + Cu_2S \tag{5-17}$$

只要气氛控制得当保证有足够的 FeS 存在，就可使铜以 Cu_2S 形态进入冰铜。

实际上许多其他的反应也同时发生。在使用氧空气的强化熔炼方法中，相当重要的一个反应是部分氧化亚铁进一步氧化成磁性化铁：

$$3FeO + 1/2O_2 = Fe_3O_4 \tag{5-18}$$

5.2.1.3 Fe_3O_4 在熔炼过程中的行为

熔炼过程中生成的 Fe_3O_4 分配于炉渣和冰铜中。在较高氧位和较低温度下，固体 Fe_3O_4 便会从炉渣中析出。Fe_3O_4 是稳定的化合物，其特点是熔点高（1800K）和密度大（5.0g/cm^3），所以，它会增加炉渣的黏度和密度，使冰铜与炉渣不易澄清分离，增加铜在渣中的损失；又因冰铜和炉渣的密度较小，磁性 Fe_3O_4 易于沉降和堆积在炉床上，结果使熔炼炉的工作容量减小，生产能力下降，炉渣黏度增大，熔点升高，渣含铜升高等。

Fe_3O_4 和 MeS 间的反应如下：

$$3Fe_3O_4 + FeS = 10FeO + SO_2 \tag{5-19}$$

$$2Fe_3O_4 + Cu_2S = 6FeO + 2Cu + SO_2 \tag{5-20}$$

$$3Fe_3O_4 + ZnS = 9FeO + ZnO + SO_2 \tag{5-21}$$

反应的 $\Delta G^{\ominus}$ 和 K_p 与温度关系值见表 5-4。

表 5-4 Fe_3O_4-MeS 系反应的 $\Delta G^{\ominus}$ 和 K_p 值

温度/℃	式（5-19）		式（5-20）		式（5-21）	
	$\Delta G^{\ominus}$	K_p	$\Delta G^{\ominus}$	K_p	$\Delta G^{\ominus}$	K_p
1200	21760	5.9×10^{-4}	30072	3.02×10^{-5}	27031	9.78×10^{-5}
1300	10890	3.17×10^{-3}	22965	5.9×10^{-4}	16273	5.6×10^{-3}
1400	−120	9.8×10^{-1}	15828	8.13×10^{-3}	5431	0.174
1500	−8850	123	8691	8.32×10^{-2}	−5669	5.62

可见，Fe_3O_4 与 MeS 之间的反应在熔炼温度 1300~1400℃下基本不能进行，当温度高于 1673K 时才能进行。

上述反应表明，只有降低 FeO 活度及 SO_2 分压，Fe_3O_4 才可能被还原造渣。而 FeO 的活度一般靠加入 SiO_2 来调整。当有 SiO_2 存在时，一方面降低了体系反应的温度并增大 K_p 值，另一方面 SiO_2 与 FeO 造渣，从而减小 FeO 的活度，促进 Fe_3O_4 分解。反应如下：

$$Fe_3O_4+FeS+5SiO_2 = 5(2FeO \cdot SiO_2)+SO_2-19.9KJ \tag{5-22}$$

当有 SiO_2 存在时，Fe_3O_4-FeS 系反应的 $\Delta G^{\ominus}$ 和 K_p 值见表 5-5。

表 5-5 SiO_2 存在时，Fe_3O_4-FeS 系反应的 $\Delta G^{\ominus}$ 和 K_p 值

温度/K	1273	1373	1473	1573	1673
$\Delta G^{\ominus}$	2625	−1350	−6525	−16970	−27545
K_p	0.347	2.08	9.12	224	4080

可见，SiO_2 的存在使 Fe_3O_4-FeS 系反应变得容易，反应温度由 1673K 降至 1373K；随温度升高，反应平衡常数 K_p 增值最大。所以熔炼炉冰铜中保留适量的 FeS，即控制冰铜品

位不太高，且有 SiO_2 存在，磁性氧化铁可被 FeS 还原。

石英石不足的系统中，氧化亚铁与氧气发生反应生成 Fe_3O_4。实际上，一些磁性氧化铁常常与渣一起生成，并且同时存在于冰铜层和炉渣层中。但熔体中磁性氧化铁浓度不会过多增加的原因是，磁性氧化铁中的结合氧是氧的来源之一，即：

$$CuFeS_2+Fe_3O_4+SiO_2 \longrightarrow [Cu_2S \cdot FeS]+(2FeO \cdot SiO)+SO_2+\text{热量} \tag{5-23}$$

因此，在一般情况下，冰铜和炉渣两者中的磁性氧化铁含量应该控制在10%以下。所以在常规熔炼法中，产出冰铜的质量分数为40%~60%，最高不超过70%。由上可见，消除磁性氧化铁有害影响的途径是合理控制冰铜品位，熔体中保留适量的FeS，减少 Fe_3O_4 的形成；添加二氧化硅，促进 Fe_3O_4 还原和造渣；维持较高的熔体温度，加速还原反应进行，且增大 Fe_3O_4 在液体炉渣和冰铜中的溶解度，从而降低固体形式的 Fe_3O_4 的生成量。

5.2.2 造锍熔炼的产物

5.2.2.1 铜锍

A 铜锍的成分和品位

铜锍也称作冰铜，是由 Cu_2S 和 FeS 组成的合金，锍的一种，主要成分（Cu，Fe，S）冰铜是在熔炼过程中产生的重金属硫化物为主的共熔体，是熔炼过程的主要产物之一，是以 Cu_2S-FeS 系为主并溶解少量其他金属硫化物（如 Ni_3S_2、Co_3S_2、PbS、ZnS 等）、贵金属（Au、Ag）、铂族金属、Se、Te、As、Sb、Bi 等元素及微量脉石成分的多元系混合物。常见的铜锍成分见表5-6。

表5-6　工业冰铜成分　（%）

熔炼方法	化学成分				
	Cu	Fe	S	Pb	Zn
闭鼓风炉熔炼	32.0~40.0	28.0~39.0	20.0~24.0	—	—
奥托昆普闪速熔炼	48.0~51.0	20.0~22.0	21.0~22.0	0.4~0.6	0.6~0.8
诺兰达熔炼	64.7~69.8	6.1~7.8	21.1~23.0	0.6~2.8	0.3~1.2
白银法	30.4~53.2	18.5~35.2	21.4~24.5	—	0.9~2.0
瓦纽柯夫法	40.0~50.0	20.0~27.0	23.6~24.3	—	—
奥斯麦特法	44.5	23.6	23.8	—	
艾萨法	47.0~67.0	12.0~29.0	21.0~24.0	—	—
三菱法	65.7	9.2	21.9	—	—

铜锍的理论组成范围可以从纯 Cu_2S（白冰铜）变化到纯 FeS，相当于含铜量从79.8%降到零，含硫量从20.2%增至36.4%。实际上工业铜锍含铜在30%~70%，含硫为20%~25%。

铜锍中铜的百分含量称为铜锍品位。铜锍品位并不是越高越好。铜锍品位选择是生产中的一个重要问题，铜锍品位太低，会使铜锍吹炼时间拉长，费用增加；太高则使熔炼炉渣含铜增加。

B 铜锍的性质

铜锍的熔点根据其成分不同，为1173~1323K。其密度与含铜量有关，含铜越高，密度越大，固体铜锍的密度比液体略大一些。对于含铜30%~40%的液体铜锍，其密度为4400~4700kg/m^3，远高于炉渣密度（3000~3700kg/m^3）。黏度约为2.4×10^{-3}Pa·s，比炉渣黏度低很多（0.5~2Pa·s），便于分层熔炼富集铜。铜锍的热含量与其品位和温度有关，在进行热计算时常取1046kJ/kg。

铜锍的主要成分Cu_2S和FeS都是金、银强有力的溶解剂，是贵金属的良好捕集剂。据测定，1t Cu_2S可溶解74kg金，而1t FeS能溶解52kg金。因此火法炼铜是回收贵金属的有效方法。

铜锍具有良好的导电性，其电导率为3~10S/m。铜锍的电导率远远大于离子导电的熔盐（如NaCl的电导率为0.04S/m），这表明铜锍是电子导电，而不是离子导电，因为它是共价键结合的。

液体铜锍遇水容易发生爆炸，这是因为铜锍中的Cu_2S和FeS遇水分解产生H_2和H_2S气体，产生的H_2和H_2S气体与空气中的氧反应而引起爆炸。因此，生产中要绝对防止冰铜与水接触，所有工具和钢包必须保持干燥。

5.2.2.2 炉渣

A 炉渣的成分

炉渣是造锍熔炼过程的主要产物之一。根据炉料含铜量不同，一般所产炉渣量为炉料量的50%~100%。因此炉渣性质的好坏，对熔炼过程起着极为重要的作用。炉渣是炉料和燃料中各种氧化物的共熔体。炉料中的脉石主要是石英石、石灰石等。在造锍熔炼过程中，它们与铁的硫化物氧化产出的FeO，形成复杂的硅酸盐炉渣除SiO_2外，铁的氧化物是主要成分，次要成分有CaO、MgO和Al_2O_3等。这种炉渣一般属于FeO-SiO_2系和FeO-SiO_2-CaO（或MgO）系，个别情况下可得到FeO-SiO_2-Al_2O_3系炉渣。在造锍熔炼过程中，必须注意Fe_3O_4的变化。造锍熔炼炉渣成分见表5-7。

表5-7 典型熔炼炉渣的化学成分 （%）

熔炼方法	化学成分							
	Cu	Fe	Fe_3O_4	SiO_2	S	Al_2O_3	CaO	MgO
闭鼓风炉熔炼	0.42	29.0	—	38.0	—	7.5	11	0.74
奥托昆普闪速熔炼（渣不贫化）	1.5	44.4	11.8	26.6	1.6	—	—	—
奥托昆普闪速熔炼（电炉贫化）	0.78	44.06	—	29.7	1.4	7.8	0.6	
Inco闪速熔炼	0.9	44.0	10.8	33	1.1	4.72	1.73	1.61
诺兰达熔炼	2.6	40.0	15.0	25.1	1.7	5.0	1.5	1.5
白银法	0.45	35.0	3.15	35.0	0.7	3.3	8.0	1.4
瓦纽柯夫法	0.5	40.0	5.0	34.0		4.2	2.6	1.4
艾萨法	0.65	34.0	7.5	31.0	2.8	7.5	5.0	—
三菱法	0.6	38.2	—	32.2	0.6	2.9	5.9	—

组成炉渣的氧化物，可以分为酸性氧化物和碱性氧化物，酸性氧化物有 SiO_2，这类氧化物能与氧结合形成络合阴离子，如 $SiO_2+2O^{2-}=SiO_4^{4-}$；碱性氧化物有 FeO、CaO、MgO、MnO 等，这类氧化物能提供阳离子，如 $CaO=Ca^{2+}+O^{2-}$；Al_2O_3 是中性氧物，它在酸性渣中呈碱性，如 $Al_2O_3=2Al^{3+}+3O^{2-}$，在碱性渣中呈酸性，如 $Al_2O_3+O^{2-}=2AlO_2^-$。组成炉渣的氧化物中，SiO 对炉渣性质影响最大。在熔融的炉渣中，SiO 以硅氧络阴离子形态存在。它的最小单位是 Si-O 四面体结构（SiO_4^{4-}）。炉渣中 SiO_2 质量分数越高，硅氧络阴离子的结构越复杂（如 $Si_2O_7^{6-}$），离子半径越大，从而熔融炉渣的黏度越大，炉渣流动性越差。炉渣中酸性氧化物如 Al_2O_3 等也有类似的影响。加入碱性氧化物，可以使硅氧络阴离子结构变得简单，降低炉渣黏度。生产中要求渣黏度低一些，以利于操作和渣与冰铜的分离。

酸性渣含 SiO_2 高于 40%，碱性渣含 SiO_2 低于 35%，炉渣的酸碱性可以用硅酸度表示。所谓硅酸度，是指炉渣中结合成 SiO_2 的氧原子的物质的量 $n_{O(SiO_2)}$ 与结合成碱性氧化物的氧原子的物质的量 $n_{O(\sum MeO)}$ 之比，即：

$$硅酸度=\frac{n_{O(SiO_2)}}{n_{O(\sum MeO)}}$$

酸性渣的硅酸度一般大于 1.5，碱性渣的硅酸度一般小于 1。

B　炉渣的性质

炉渣的主要性质包括熔点、黏度、密度、电导率等，炉渣性质的好坏，对熔炼过程的顺利进行起着极为重要的作用。

a　熔点

查的熔点是最重要的性质，它在很大程度上影响着炉料的熔化速度和燃料消耗。组成炉渣的各种氧化物都有很高的熔点，见表 5-8。

表 5-8　氧化物熔点

物质	SiO_2	FeO	CaO	Al_2O_3	Fe_3O_4	MgO	ZnO
熔点/K	1983	1633	2843	2323	1858	3073	2173

但是，当各种氧化物混合加热时，由于相互作用形成低熔点共晶、化合物和固溶体，因此炉渣的熔点比组成炉渣的各种氧化物的熔点低得多，一般只有 1323~1373K。

炉渣的熔化与纯物质的熔化不同，纯物质有固定的熔点，而炉渣没有确定的熔点，它在一定温度范围内熔化，随温度升高逐渐熔化变成熔体。故通常所说的炉渣熔点是指炉渣完全熔化的温度。炉渣熔点受硅酸度的影响很大，硅酸度越高，即 SiO_2 含量越高时，其熔化温度范围越大；硅酸度越小，FeO 和 CaO 含量越高，则其熔化温度范围越小。

b　黏度

黏度也是炉渣的一个重要性质，它影响炉渣与铜锍的分离和炉渣的流动性，因而会影响炉的排放性质、化学反应速度和传热效果。黏度是由流体分子之间吸引力所引起，当速度不同的两层流体流动时，彼此间会产生内摩擦力。在单位速度梯度下，作用在单位面积上的内摩擦力称为黏度。黏度的单位用帕·秒表示，符号为 Pa·s。

黏度度的大小取决于炉渣的温度和成分，它随温度升高而降低，但含 SiO_2 高的酸性炉渣，其黏度随温度升高而缓慢降低，而碱性渣的黏度则随温度升高而剧烈降低。铜熔炼炉渣的黏度小于 0.5Pa·s 时极易流动，0.5~1Pa·s 时流动性较好，而 1~2Pa·s 为黏稠炉渣，大于 2Pa·s 为极黏稠炉渣。

c 密度

炉渣的密度直接影响炉渣和铜锍的澄清分离。在组成炉渣的各组分中，SiO_2 密度最小（2200~2550kg/m^3），而铁的氧化物密度最大（大于 5000kg/m^3），因此含 SiO_2 高的炉渣密度小，而含铁高的炉渣密度大。炼铜炉渣的密度通常为 3300~3600kg/m^3。铜锍和熔渣的密度差应大于 1000kg/m^3。

d 电导率

炉渣的电导率对电炉熔炼有很重要的影响，因为输入的电功率和熔炼炉料之间的热平衡有关。电导率大则输入电功率不足，因此温度降低，生产率下降。电导测定指出，熔融炉电导率为 0.001~0.05S/m，与标准的熔盐离子导电体（NaCl 的电导率为 0.04S/m）相差不多，故一般认为炉渣是离子导电。温度升高时，炉渣黏度降低，离子容易迁移，所以电导率增加。当铁渣含铁高时，因 Fe^{2+} 半径小，易导电，故碱性渣电导率比酸性渣要高得多。

C 炉渣含铜损失

炉渣含铜损失是铜冶炼的主要损失，它占总铜量的 1%~2%。炉渣含铜一般在 0.2%~0.4%，含铜超过这个范围的一般都要进行贫化处理。炉渣中铜的损失主要与铜锍品位和炉渣量有关，铜锍品位越高，炉渣量越大，则炉渣中铜的损失也就越大，反之越小。根据铜在炉渣中损失的形态，大致可将其损失分为 3 种类型。

（1）化学损失：是指铜以 Cu_2O 形态造渣引起的损失。前面已经谈到，只要炉料中有足够的硫，Cu_2O 都将变成硫化物。除非含硫不足或者氧化气氛太强，才会造成这种损失，在一般情况下渣中 Cu_2O 的含量是很小的。

（2）物理损失：是指铜以 Cu_2S 形态溶解于炉渣中引起的损失。它取决于炉渣成分，如前所述，酸性炉渣溶解 Cu_2S 较少，而 FeO 含量高的炉渣能溶解较多的 Cu_2S，因此为了降低铜的物理损失，应尽可能减少炉渣中的 FeO 含量，或者提高酸度，或者加入 CaO 代替部分 FeO。

（3）机械夹杂损失：是指锍与炉渣分离不完全，锍的颗粒夹杂在炉渣中所引起的铜损失。它是铜在炉渣中的最大损失部分，一般占 50%以上。造成这种损失的原因很多，如炉渣本身的性质不良，黏度和密度太大，熔点过高，使铜锍不容易澄清；熔渣与铜锍的澄清条件不好，如炉渣过热度不够，熔池容积和形状不合理，澄清时间没有保证；造锍熔炼时铜锍颗粒太细，来不及结合成大颗粒沉降分离时造成夹杂；由于化学反应不完全，特别是炉渣中 Fe_3O_4 未完全还原，当其被 FeS 还原时产生 SO_2 气泡的浮游作用，会将铜锍液滴带入炉渣；锍与炉渣分离时操作不当都会引起铜的损失。

D 炉渣贫化

炉渣贫化是将熔炼炉渣或吹炼炉渣经过再处理使其含铜量降低到可废弃的水（一般低于 0.4%~0.5%），得到含铜的中间产物送转炉或熔炼炉回收铜。吹炼炉渣量较小，将转炉渣直接返回熔炉的贫化方法行之已久。目前工业上推行炉渣贫化方法有下列两种。

（1）电炉贫化：采用辅助电炉处理液态含铜炉渣。其基本原理是借助电流通过插入炉渣碳质电极所产生的电阻热，维持炉渣温度在1250～1300℃，并利用电极炭质材料或添加焦粉及含铜黄铁矿作还原剂，使炉渣中大部Fe_3O_4还原，以降低炉渣黏度，改善冰铜颗粒的沉降和聚集的条件。硫化铁既是Fe_3O_4的还原剂，又是Cu_2O的硫化剂，还是Cu_2S和冰铜的优良熔剂。电炉贫化产出较低品位的冰铜，送往转炉吹炼。

熔炼和熔池熔炼由于产出的冰铜品位高，炉渣含磁性氧化铁较多，因此产出的炉含铜也较高。多数工厂采用电炉贫化法处理闪速熔炼渣，但也有采用选矿法处理的。

（2）选矿法：此法将炉渣经过缓冷和磨细，进行浮选获得渣精矿和尾矿。选矿法是将炉渣注入60～90t的铸坑中，经8～10h缓冷，便会析出溶于渣中的硫化物，并聚结成大粒。然后将凝固的炉渣磨细，粒度小于0.06mm的达90%以上，送到浮选车间。浮选产出含铜20%的渣精矿和含铜0.3%的尾矿。

液态炉渣冷却速度是决定炉渣选矿效果的关键。当炉渣温度还在1000℃以上时，控制冷却速度以不大于3℃/min为宜，从而使含铜矿物颗粒长大。炉渣选矿生产实践表明，炉渣中粒径小于5μm的冰铜颗粒难以选别回收，而容易损失于渣尾矿中。此外颗粒越细，要求磨细程度越高，电耗大，选矿成本增加。

5.2.2.3 烟气

熔炼烟气主要由N_2、SO_2、CO_2等气体组成，其中SO_2的浓度与熔炼方式有直接的关系。反射炉烟气中SO_2浓度在1%～2%，直接排入大气中造成严重的大气污染。其现代炼铜炉烟气含SO_2一般在10%～30%，可以有效地利用来产硫酸、液态SO_2或元素硫，硫的利用率为95%～99%以上。对于硫酸生产的原料烟气来说，一般要求SO_2浓度在3.5%～5%以上。烟气含尘浓度在标准状态下一般为10～30g/m³（闪速炉为80～100g/m³）。这些含SO_2烟气除尘流程一般采用余热锅炉冷却、两级旋风除尘器和电除尘器净化流程。净化后烟尘浓度在标准状态下可降至0.5g/m³以下，以适应烟气制酸的要求。环境保护法规限定排放的烟气SO_2浓度要低于0.05%。由此可见，充分利用硫化物精矿的硫资源，变害为利，控制污染，应当予以高度重视。

5.3 造锍熔炼方法

造锍熔炼以往多在鼓风炉、反射炉和电炉等传统冶金炉内进行。这些传统方法历史悠久，曾在历史上辉煌过。但随着科学技术的进步，这些方法存在的缺点（例如熔炼强度低、能耗高、硫回收率低、生产成本高、环境污染严重等）越来越突出。因此，这些传统熔炼工艺正逐渐地被节能、环境友好的现代熔炼新工艺代替。

自20世纪70年代以来，不少新的现代铜锍熔炼工艺已在工业上广泛推广采用，归纳起来两大类：一是闪速熔炼，如奥托昆普闪速熔炼、Inco氧气闪速熔炼和KHD公司的连续顶吹漩涡熔炼法等；另一类是熔池熔炼，如诺兰达熔炼法、三菱法、瓦纽柯夫法、艾萨法/奥斯迈特法和我国的白银法等。这些方法的共同特点是运用富氧技术，强化熔炼过程，充分利用炉料氧化反应热量，在自热或接近自热熔炼的条件下进行熔炼，产出高浓度的SO_2烟气，可有效地回收制造硫酸或其他硫产品，环境友好、节能和经济效益好。

5.3.1　传统熔炼方法

5.3.1.1　密闭鼓风炉熔炼

鼓风炉熔炼是一种古老的炼铜方法，鼓风炉是类似于炼铁高炉的竖式炉（见图5-3），它是在竖式炉子中依靠上升热气流加热炉料进行熔炼。历史上此法最早曾用于从氧化铜矿石生产粗铜，从块状硫化铜矿生产铜锍。这种方法的床能力大、热效率高，在20世纪30年代以前一直是世界上主要的炼铜方法。传统鼓风炉的炉顶是敞开的，炉气量大，含SO_2浓度低（约0.5%），不易回收，造成污染。为了克服传统风炉的这种缺点，在20世纪50年代中期，出现了直接处理铜精矿的密闭鼓风炉熔炼法。密闭鼓风炉的炉顶具有密封装置，铜精矿只需加水混捏后即可直接加入炉内，在烟气加热和料柱的压力作用下固结成块，使得熔炼顺利进行，炉气可用于制酸。

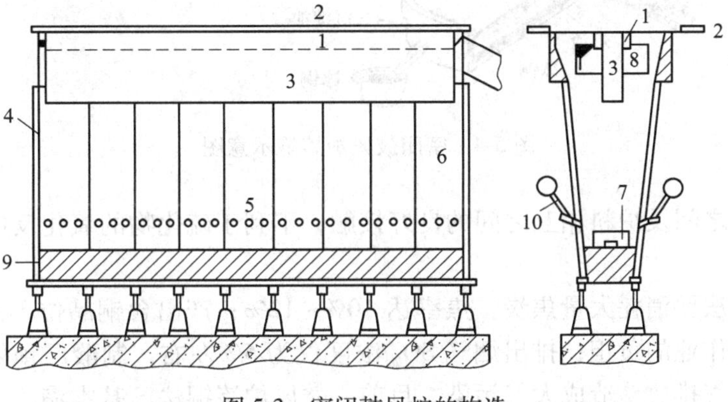

图5-3　密闭鼓风炉的构造

1—水套梁；2—顶水套；3—加料斗；4—端水套；
5—风口；6—侧水套；7—山型；8—烟道；9—咽喉口；10—风管

鼓风炉横断面为矩形（小鼓风炉可采用圆形或椭圆形），风口区宽度1.15 ~1.25m，长3.5~8.5m，料柱高度2.6~2.8m。设计风口区宽度限制在较小的尺寸范围，使微量鼓入的空气通过设在炉子长侧墙上的风口，能有效地到达炉子中心，以避免炉子中心料燃烧和氧化反应缓慢，造成“死料空间”。炉身部分采用以水或水蒸气作冷却剂的水套炉壁，不用耐火材料衬里，炉渣便在水套内壁上直接形成冻结层，从而防止了冰铜及炉渣的侵蚀。炉缸用镁砖或铬镁砖砌筑。

鼓风炉熔炼的特点是固体块状炉料由上部加入，熔融产物从底部（咽喉）流出口鼓入，烟气从顶部排出。炉料与气流逆向运动，有利于传质和传热，热效率较高。在鼓风炉造锍熔炼中，熔炼所需热量部分由铁、硫氧化和FeO造渣等放热反应供给，但大部分靠焦炭燃烧提供。焦炭也作为炉内炉料的骨架，支承着整个料柱，并维持料层有好的透气性。鼓风炉的产物是液态炉渣和冰铜，在炉缸聚集后直接放出，在炉外沉淀池（又称前进一步澄清分离）产出冰铜和弃渣。熔炼示意图如图5-4所示。

炼铜鼓风炉的炉料包括混捏精矿、石英熔剂、转炉渣和焦炭。不同物料按顺序相隔入炉。在鼓风炉弱氧化性气氛和高温炉气作用下，炉料发生固结、烧结、氧化、造渣和造锍反应。这种熔炼方式的缺点是：由于入炉炉料的偏析和结块，且炉气分布不均匀，从而破

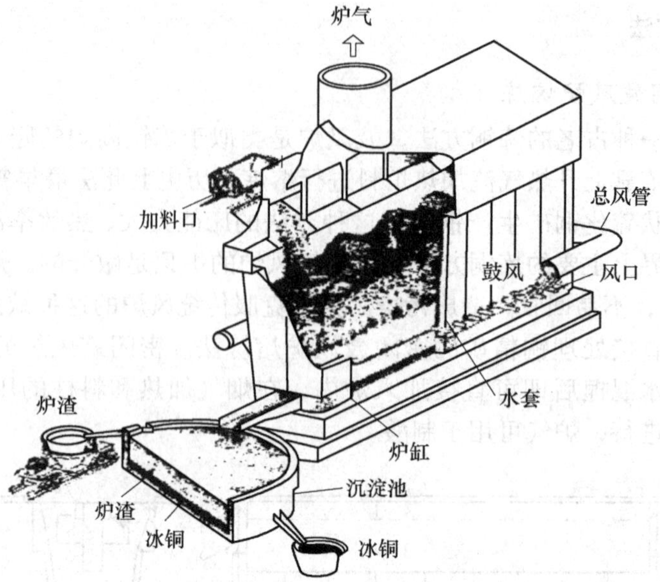

图 5-4 密闭鼓风炉熔炼示意图

坏了炉气与炉料之间及炉料相互之间的良好接触，不利于硫化物的氧化反应和造渣反应的进行。

鼓风炉炼铜法要消耗大量焦炭，焦率达 10%~12%；产出含铜品位不高的 30%~35% 铜，加重了吹炼作业的负担；排出烟气 SO_2 浓度仅为 5%左右，制酸厂预处理烟气时，硫的利用率低，尾气排放易造成大气污染。目前，鼓风炉炼铜法已基本淘汰，被先进炼铜方法所取代。

5.3.1.2 反射炉熔炼

反射炉熔炼是传统的火法炼铜方法之一，在 19 世纪末铜矿石浮选技术推广应用后开发的炼铜方法，它适于处理磨浮选的精矿或部分脱硫的焙烧矿。对原料适应性强，对燃料种类无严格要求，渣含铜低、操作简单、作业率高、生产稳定、炉体寿命长、炉床面积大，适合大规模生产。因此在 20 世纪前半叶发展很快，取代了大部分鼓风炉，成为当时火法炼铜工艺主要设备。

反射炉熔炼的生产过程是连续进行的。炉内连续供热，间断地加在料坡上的固体炉料在高温下发生一系列反应，产出锍和炉渣两种熔体，经澄清分离后间断地从炉内放出，在正常情况下维持炉内 0.6~0.8m 深的锍层和 0.5m 深的炉渣层。锍送往下一工序吹炼，炉渣经水淬后弃去或作建筑材料。

反射炉结构如图 5-5 所示，用镁砖或铬镁砖砌筑。其尺寸变化很大，大型熔炼反射炉一般宽为 8~11m，长 6~30m，炉膛高度 3.5~4m。燃烧器设在炉头，烟气从炉尾排出。炉料从炉顶靠侧处分多孔加入，冰铜和炉渣分别从侧墙尾部和端墙放出口放出。燃烧器用的燃料可以是固体（粉煤）、液体（如重油）、或气体（天然气等）燃料。由精矿（或焙烧矿）及熔剂组成的固体炉料与含铜的液态转炉渣及烟尘一起，被掠过熔池的高温燃烧气体加热到 1200~1250℃，完成干燥、加热、分解、氧化和熔炼反应。反射炉炼铜的特征是：

（1）传热方式以辐射为主。燃料燃烧产生的高温炽热气体向炉顶和料坡辐射热量，受热后的灼热炉顶（拱形）又往料层和熔池辐射热量。炉气主要与炉料表面接触，传热与传质过程缓慢。

（2）加料形成料坡，大部分熔化和氧化反应发生在料坡表面，属于"静态熔炼"，精矿中铁和硫氧化少。

（3）靠燃料燃烧供热，精矿氧化和造渣反应提供的热量仅占20%左右，而燃料燃烧供的热量又大部分被热气流带走，所以它的热效率极低。

（4）反射炉内是中性或弱氧化性气氛，氧位较低，因此脱硫率仅为25%左右，主要反应在固体与熔体之间进行。

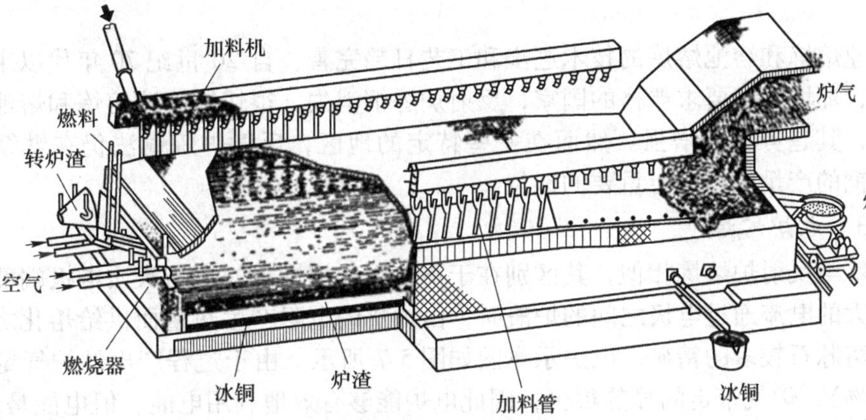

图 5-5 造锍熔炼反射炉示意图

反射炉熔炼有两个主要缺点，一是热效率低（仅为15%~30%），精矿反应热利用少，比其他冶金炉耗燃料都多；二是由于燃料产生大量的燃烧废气，从而极大地稀释了熔炼反的 SO_2 浓度，结果产出大量 SO_2 浓度低（约1%）的烟气，从这种低浓度气体中很难利用并且经济地除去其中的 SO_2，造成严重的大气污染，而治理这种大量的 SO_2 浓度低的烟气污染费用昂贵，国际上不少反射炉炼铜厂寻求过改造反射炉的途径，主要改进如下：

（1）改生精矿熔炼为焙烧矿熔炼。降低燃料消耗，提高硫的回收率。

（2）采用预热空气或富氧空气燃烧。采用预热空气，既提高空气的物理热，又提高炉子的热效率。当空气温度为298K时，炉子热效率为40%；当空气温度为723K时，热效率为53%。采用富氧空气可以提高床能率，提高烟气中 SO_2 体积分数，降低能耗和炼铜成本。

（3）研制新型燃烧器以强化熔炼，强化熔炼过程的气-固反应和气-液反应。在反射炉造锍熔炼过程中，FeS几乎全部进入锍中，故锍品位低。采用向熔池内鼓风加强气-液反应是降低能耗，提高烟气中 SO_2 体积分数的重要途径。

利用氧-精矿喷嘴将氧和精矿从反射炉顶喷撒到炉内，使精矿和氧之间在反射炉熔池上方空间发生反应。反射炉熔池表面至炉拱高约1.8m，可以满足精矿喷出后完全氧化的要求。这实质就是闪速熔炼，将闪速炉反应塔内的气-固反应变成了在反射炉熔池上方空间进行的反应，这种改进后的熔炼方法被称为氧气喷洒熔炼（morenci 法或 os3 法）。炉子结构如图5-6所示。

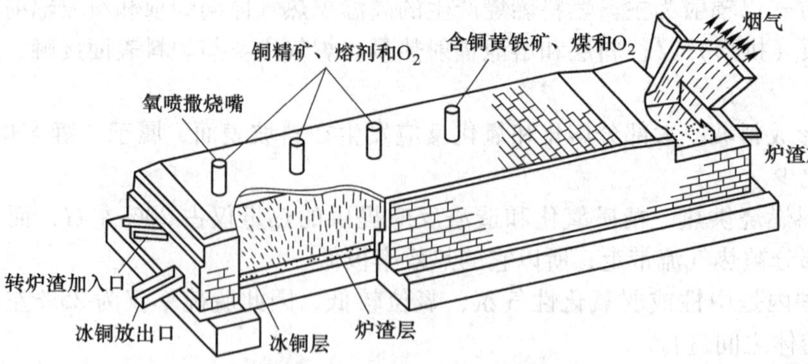

图 5-6 造锍熔炼反射炉示意图

由于闪速熔炼和熔池熔炼的技术进步和工艺日趋完善，自 20 世纪 70 年代以来，在经济技术发达、环境保护要求严格的国家，反射炉炼铜消失，很快被闪速熔炼和熔池熔炼新工艺所取代，其趋势日渐增强。然而在一些特定的地区，反射炉炼铜法仍在继续发挥作用，在世界铜的产量中仍占有重要的地位。

5.3.1.3 电炉熔炼

电炉熔炼与反射炉熔炼相似，其区别在于不使用外加燃料。自焙炭质电极端部淹埋于炉中，当巨大的电流通过电极之间的炉渣时，由炉渣的电阻产生热量而供给熔化之用，适合处理含难熔脉石较多的精矿。电炉示意图如图 5-7 所示。由于过程产出的炉气量少（没有燃料燃烧物），炉气带走的显热很少，因此电炉能够有效地利用电能。但电能是昂贵的，所以电炉只限于在电力丰富且便宜的地区使用。目前，我国云南冶炼厂用电炉熔炼冰铜，而甘肃金川有色冶金金属公司也曾用电炉熔炼铜—镍锍，但后者现在已改用闪速熔炼生产。电炉熔炼可利用炉气中的 SO_2，适合处理难熔物料，电能效率高。但不能利用精矿反应的热能，电能消耗大，费用高，因此电炉熔炼仅在电能方便的地区采用。

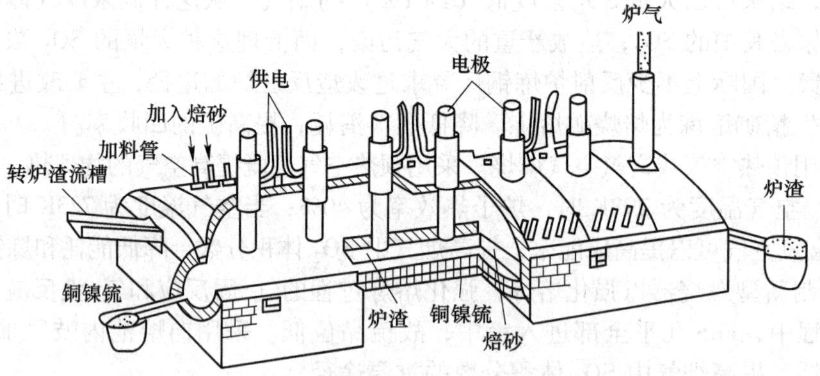

图 5-7 造锍熔炼电炉示意图

5.3.2 闪速熔炼

闪速熔炼是现代火法炼铜的主要方法。它克服了传统方法未能充分利用粉状精矿的巨大表面积，且将焙烧和熔炼分阶段进行的缺点，从而大大减少了能源消耗，提高了硫利用率，改善了环境。1949 年，第一座奥托昆普闪速炉在芬兰诞生；1953 年，加拿大国镍公司 Inco 闪速炉投产，至今闪速熔炼已经历了 60 余年的历程，得到了很大的发展。20 世纪 70 年代，日本对闪速熔炼技术所做的改革及当时 5 座闪速炉的兴建，将闪速熔炼技术推向世界起了重要作用。富氧和新型精矿喷嘴的采用，使闪速熔炼又有了新的发展。目前闪速熔炼法的产铜量占铜总产量的 30%以上。

闪速炉是一种典型的塔式熔炼设备。闪速熔炼的实质是将干精矿与氧气、预热空气或两者的混合物一起吹入高温反应塔内，此时，精矿颗粒被气体包围，处于悬浮状态，在 2~3s 内就基本完成了硫化物的分解、氧化和熔化等过程，同时放出大量的热，利用这个热作为熔炼所需的大部分或全部热量，完成造冰铜和造渣的过程，熔融硫化物和氧化物的混合熔体降入反应塔底部的沉淀池中汇集起来，进而完成铜锍与炉渣最终形成过程，并进行沉清分离。炉渣在单独贫化炉或闪速炉贫化区内经处理后再弃去。

闪速熔炼有以下的特点：（1）焙烧与熔炼结合成一个过程；（2）炉料与气体密切接触，在悬浮状态下与气相进行传热和传质；FeS 与 Fe_3O_4、FeS 与 Cu_2O 及其他硫化物与氧化物的交互反应，沉淀池中以液-液接触的方式进行。

闪速熔炼有两种基本形式：一是精矿从反应塔顶垂直喷入炉内的奥托昆普闪速炉；二是精矿从炉子端墙上的喷嘴水平喷入炉内的 Inco 闪速熔炼。

5.3.2.1 奥托昆普法闪速熔炼

奥托昆普闪速熔炼采用热风或富氧空气将干燥精矿垂直喷入靠闪速炉一端的反应塔中进行氧化，熔体落入沉淀池中完成最终造渣和造锍反应，澄清分离后分别放出。烟气从闪速炉另一端的上升烟道排出。这种炉子由反应塔、沉淀池、上升烟道和喷嘴等组成，其结构如图 5-8 所示。

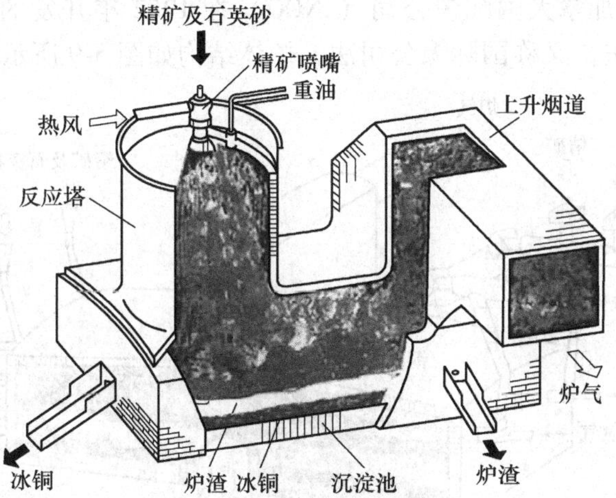

图 5-8　奥托昆普法闪速炉

（1）精矿喷嘴：由两个同心管组成，中间管子为固体炉料的通道，外面的套管是鼓入通道。料管底部装有一个喷射分散锥，把干燥的粉状炉料与富含 O_2 的空风混合，使之呈悬浮状态并向下直接喷入炉内。

（2）反应塔：反应塔是由厚 1cm 的钢板围成的一个圆筒，内衬铬-镁耐火砖。钢壳与炉衬之间装有水冷铜质冷却元件，保护耐火砖免受高温熔体侵蚀。氧与铜精矿粒子之间的反应大部分在此进行。

（3）沉淀池：由铬-镁砖砌成的长方形熔池，熔融的冰铜和炉渣液滴在此聚积，形成彼此分离的冰铜层和炉渣层。

（4）上升烟道：用来排出炉内含 SO_2 的烟气。

（5）冰铜和炉渣放出口。

各个铜厂的奥托昆普炉的尺寸和形状不完全相同，我国贵溪冶炼厂闪速炉的基本构造是反应塔内径为 6.8m，高 7m；沉淀池宽度为 8.3m，长 18.65m，高 2.37m。

奥托昆普法是芬兰奥托昆普公司于 1949 年开发，用于铜精矿的造锍熔炼，该方法的特点是：

（1）干精矿和熔剂是通过喷嘴自上而下地喷入一个大反应塔内，在塔内呈悬浮态，在向下运动过程中，与气流中的氧发生化反应，放出大团热，使反应塔中的温度在 1673K 以上；

（2）采用富氧空气或 723~1273K 的热风作为氧化气体；

（3）由于进入反应塔内的细颗粒物料迅速熔化，因此有很大一部分氧化反应是在液体状态下进行的。液滴内的温度和浓度差造成液滴内部的强烈循环，使氧化反应速度加快。虽然物料在反应塔内只停留 2~3s，但反应的高速度仍能保证反应进行到所要控制的程度。液滴随烟气向下运动，当烟气掠过沉淀池渣面时，借重力作用落入熔池中，微小的滴则被烟气带走。所以闪速熔炼的烟尘率比较大，一般为 10%左右；

（4）燃烧少量的矿物燃料（如重油、粉煤或天然气）。

5.3.2.2 INCO 闪速熔炼

INCO 闪速熔炼是加拿大国际镍公司（INCO）在 1952 年开发的另一类型的闪速熔炼铜精矿的造锍熔炼方法，又称国际镍公司法，炉体结构如图 5-9 所示。

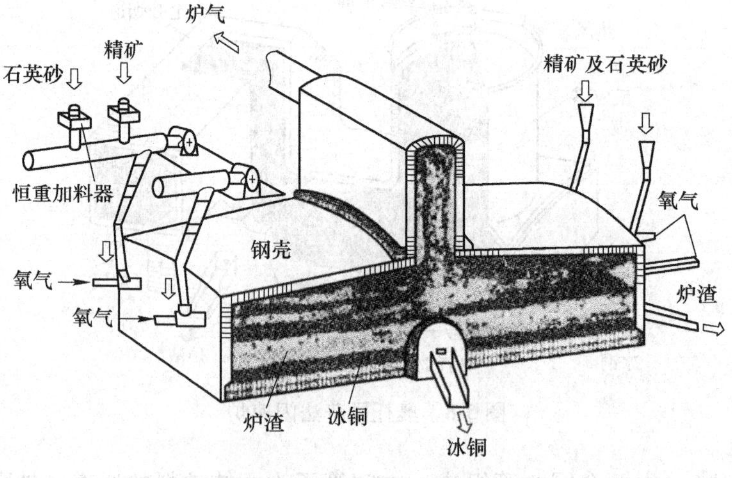

图 5-9 INCO 闪速熔炼炉

在炉子的两个端墙上安装有烧嘴，含水 0.1%的干精矿和含氧 95%的工业氧气一起从烧嘴水平喷入炉内，在空间运行零点几秒时间内完成氧气与精矿中硫和铁的氧化、造渣反应，生成铜锍、炉渣和含高浓度 SO_2 的烟气。精矿喷嘴为内衬陶瓷的水冷不锈钢管。生成的铜锍和炉渣在熔池分离，烟气自设于炉子中部的上升烟道排出并直接送烟气收尘系统。

INCO 闪速炉熔炼的技术特点是：

（1）采用氧气鼓风，烟气量小，烟气处理设备小，建设投资低；

（2）反应所需的氧是常温工业氧气（含氧浓度为95%左右），产出的烟气含 SO_2 高达70%~80%，可以生产液体二氧化硫、元素硫或硫酸；

（3）过程自热，熔炼 1t 铜消耗的氧气量为 800~1000m^3，相当于 0.15~0.18t 标煤，不需要燃烧矿物燃料；

（4）炉渣含铜较低，弃去前可以不做处理。

但是，由于INCO 闪速炉需使用工业氧气，故这种熔炼方法仅适用于电价低廉的地区，推广受到一定的限制。

5.3.2.3　闪速熔炼的工艺流程

硫化铜精矿和粉碎以后的熔剂，先经干燥、高度脱水后送闪速炉熔炼。形成的冰铜与炉渣汇集在炉内沉淀池中分离，分别放出。冰铜送去吹炼，炉渣含铜较高，须经贫化处理后方能弃去。闪速熔炼流程图如图 5-10 所示。

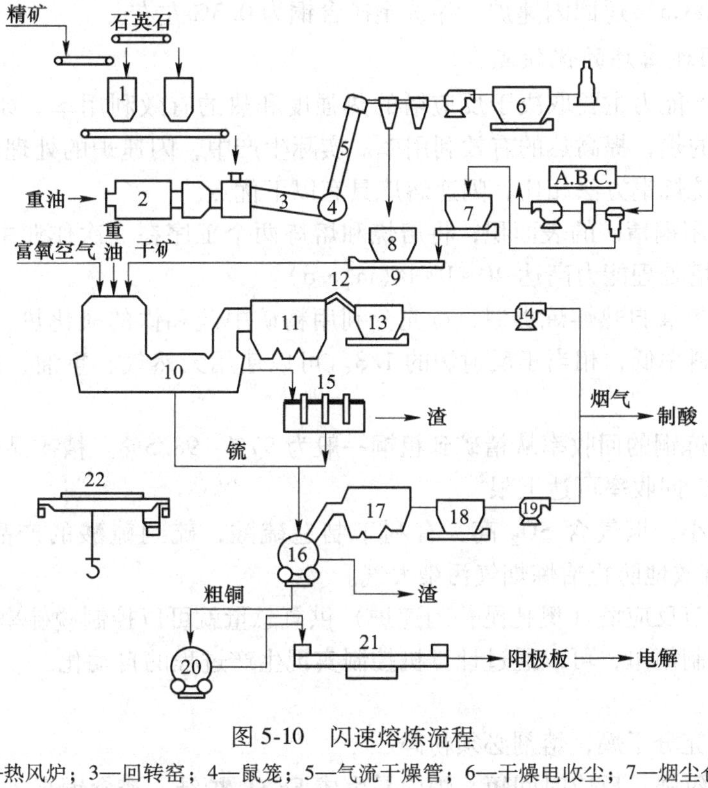

图 5-10　闪速熔炼流程

1—配料仓；2—热风炉；3—回转窑；4—鼠笼；5—气流干燥管；6—干燥电收尘；7—烟尘仓；8—干矿仓；9—埋链刮板；10—闪速炉；11—闪速炉余热锅炉；12—烟道；13—闪速炉电收尘；14—闪速炉排烟机；15—贫化电炉；16—转炉；17—转炉余热锅炉；18—转炉电收尘；19—转炉排烟机；20—阳极炉；21—圆盘浇注机；22—吊车

在闪速炉的周围有许多辅助设备，这些设备对闪速炉的正常作业来说，都是必不可少的。

（1）炉料干燥设备。大多用回转窑（约 400℃）干燥精矿和熔剂，使其含水量小于0.3%。

（2）制氧厂和氧气-空气混合装置。采用液化分馏装置分离空气，得到绝对压强为 2×10^5Pa 的气态工业氧气（90%~98%O_2），然后在鼓风预热器内与空气混合，以 25%~60% O_2 的预热富氧空气供给闪速炉的精矿喷嘴。

（3）余热锅炉。闪速炉出炉烟气温度为 1300℃左右，其中的显热是通过紧靠上升烟道后面的废热锅炉以蒸汽形式回收，蒸汽用于发电。

（4）烟尘回收设备。闪速炉的烟气含尘量为入炉精矿量的 6%~15%，烟尘通过废热锅炉沉降和电收尘器收集。除尘后的烟气含 10%~15% SO_2，一般送去制酸。烟尘返回闪速炉。

（5）闪速炉炉渣处理设备。奥托昆普闪速炉炼铜产出的炉渣含铜为 1%左右，必须通过炉渣贫化回收其中的铜。回收铜的方法有两种：一种是用电炉贫化法，炉渣中的铜在电热高温下沉降，经过贫化后废渣含铜可降到 0.4%以下，回收的冰铜送往吹炼炉；另一种是选矿，即将闪速炉渣缓慢冷却，然后进行磨浮选矿，像铜矿石浮选过程一样，得到渣精矿（含 15%~30%Cu）返回闪速炉，浮选尾矿含铜为 0.3%左右。

5.3.2.4　闪速熔炼的优缺点

闪速炉的生产能力主要取决于反应塔的热强度和热的有效利用率。如采用富氧热风，会减少炉气带走的热，提高热的有效利用率。实际生产中，闪速炉的处理能力可在较大范围内调节。与传统炼铜方法相比，闪速熔炼具有以下优点。

（1）充分利用铜精矿的表面积，将焙烧和熔炼两个工序在一次作业中完成，流程短、生产率高，反应塔处理能力高达 $40\sim100t/(m^2\cdot d)$。

（2）闪速熔炼属自热熔炼类型，可充分利用精矿中硫和铁的氧化热，因此热效率高、燃料消耗少、燃料率低，相当于反射炉的 1/3。可以使用天然气、重油、粉煤及焦粉等多种燃料。

（3）闪速熔炼铜的回收率从精矿到粗铜一般为 97%~98.5%。精矿品位较高，炉渣采用选矿法处理时，回收率可达上限。

（4）烟气量小，烟气含 SO_2 高，有利于制造硫酸，硫到硫酸的产品的回收率可达 85%~96%，能有效地防止冶炼烟气污染大气。

（5）通过调节反应塔（奥托昆普闪速炉）供氧总量就可以控制脱硫率和铜锍品位。

（6）过程控制简单，可以通过计算机控制实现生产过程的自动化。

其缺点是：

（1）精矿要充分干燥，熔剂必须粉碎。

（2）氧化气氛强，反应时间短，炉内易生成 Fe_3O_4 炉结，渣含铜高，必须进一步贫化处理。

（3）烟尘率高，给余热锅炉等设备的操作带来困难。

（4）精矿备料系统复杂，投资大，辅助设备多，仅限于大型工厂采用。

5.3.3 熔池熔炼

熔池熔炼是可以与闪速熔炼媲美的另一种强化熔炼过程的炼铜方法，与闪速熔炼不同的是，硫化铜精矿发生的熔炼和吹炼反应主要不是在炉膛空间进行，而主要发生在冶金炉熔池中。

反射炉熔炼和电炉熔炼也属于熔池熔炼范畴，但他们是“静态坡料熔炼”，不利于炉料与氧化性气体的充分接触，氧化和熔化速度都很慢。

所谓熔池熔炼，是通过铜精矿颗粒在强烈搅动着的三相流体的熔池中发生强烈氧化反应，从而实现其熔炼目的的技术。炉料直接加入鼓风翻腾的熔池中，在以液相（熔融炉渣和熔融冰铜）为连续相的熔炼体系中，固相（精矿和熔剂）和气相（富氧空气）呈高度分散状，气液固三相接触良好，在熔体中进行的传质和传热都很快，氧化和熔化的时间短，能迅速完成造锍和造渣反应。

熔池熔炼包括诺兰达法、艾萨/奥斯麦特法、三菱法、瓦纽柯夫法、特尼恩特法、卡尔多炉熔炼法、白银法、水口山法和旋涡顶吹法等。

熔池熔炼炉的炉型大多在熔池炉炉型或转炉炉型的基础上改造而成，鼓入富氧空气是现代熔池熔炼的共同特点，鼓风的部位和方式则各有不同。熔池熔炼炉可分为转动式和固定式炉型，属于转动式的有诺兰达炉、特尼恩特炉和水口山炉，属于固定式的有艾萨/奥斯麦特炉、三菱炉、瓦纽柯夫炉和白银炉等。

把熔池熔炼炉按鼓风部位或风口形式划分，则可分为浸没侧吹式、浸没顶吹式、直立吊吹式和底吹式4种。属于浸没侧吹式的有诺兰达炉、特尼恩特炉、白银炉、瓦纽柯夫炉等，艾萨/奥斯麦特法属于浸没顶吹式喷吹熔炼，三菱炉、卡尔多炉和氧气顶吹炉使用的是直立吊吹式喷枪，而属于底吹式的是水口山炉。

5.3.3.1 诺兰达法熔炼

诺兰达（Noranda）法是加拿大诺兰达矿业公司发明的一种熔池熔炼法，首次将铜精矿在同一台炉中实现连续熔炼和吹炼。用诺兰达反应器处理铜精矿可以直接生产粗铜，故曾被称作一步炼铜或连续炼铜。

诺兰达炼铜法最初是以生产粗铜为目的，但产出的粗铜含硫高达2%，其他杂质如砷、锑、铋等含量也较高，给下一步精炼作业带来困难，因此于1975年改为生产高品位铜锍。但到目前为止，全世界仍只有4台诺兰达炉在运转，并且都是生产高品位（70%~75%）铜锍而不是粗铜。我国大冶有色金属公司冶炼厂于1997年引进消化诺当达熔炼工艺，建成年生产能力10万吨粗铜的诺兰达熔炼生产工艺，经过一段时间的试运行获得了圆满的成功。

诺兰达熔炼炉是一台水平式圆筒形炉，类似于一般的卧式转炉，如图5-11所示。其沿炉身长度可分为熔炼区（风口区）和沉淀区，熔炼区的一侧装有浸没风口。

诺兰达法炼铜作业包括：

（1）用高速抛料机将含铜物料和熔剂抛入炉内，通过侧边风口喷入富氧空气以保持熔池内铜锍和熔渣处于搅动状态，精矿中的铁与氧发生氧化放热反应，提供熔炼所需的主要热量，不足的热量由配入炉料中的煤或碎焦补充，或者用燃烧装置烧煤或烧油补充。

（2）熔炼产生的铜锍含铜55%~75%，由铜锍口间断地放入铜锍包中送转炉吹炼。炉

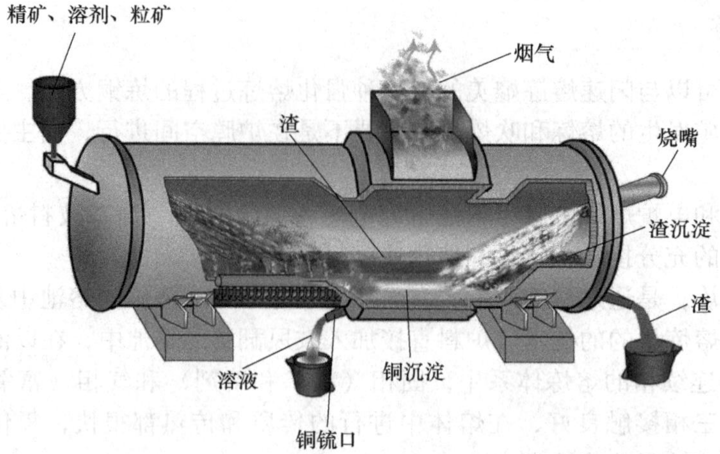

图 5-11 诺兰达炉

渣从端墙渣口放出，直接流到渣贫化电炉进行炉渣贫化处理，贫化炉铜锍也送转炉吹炼回收铜。或者炉渣放入渣包中，经缓冷，然后送选矿厂，选出渣精矿，渣精矿返回诺兰达炉回收渣中的铜。

(3) 反应炉烟气经水冷密封烟罩到余热锅炉将烟气降温并回收余热，或者用其他冷却方式将烟气降温，然后经电除尘器净化后送硫酸厂制酸。

诺兰达法熔炼炉渣含铜高，为 5%~7%，须进一步进行贫化处理回收铜。诺兰达熔炼过程可造高铁硅炉渣，采用这种低 SiO_2 炉渣，是为了减少渣量，有利于下一步炉渣处理时的破碎。虽然渣中 Fe_3O_4 含量达 25%~30%，但由于熔体的强烈搅动，也能顺利地进行操作。炼粗铜时渣含铜为 10%~12%，多数（约 2/3）为金属铜粒，这种炉渣细磨到 90%通过 0.04mm 筛时，可保证在浮选过程中得到含铜低（0.5%）的尾矿。

由于渣中铜含量高，铜的熔炼直接回收率只有 50%~60%，大量的浮选渣精矿在熔炼过程中循环，所以 Home 炼铜厂于 1975 年改为利用诺兰达炉生产高品位铜锍。

5.3.3.2 白银法熔炼

白银炼铜法是我国甘肃白银有色金属公司在 20 世纪 80 年代开发的熔池熔炼炼铜法。白银法的熔炼炉是在熔池中部装设隔墙，将熔池分为熔炼区和澄清区两大部分。炉料从炉顶的加料孔连续加入熔炼区，从浸没在熔炼区熔体深处（熔体面下 450mm 处）的风口鼓入空气，强烈地搅动熔体，落入熔池的炉料迅速被熔体熔化，并与气泡中的氧发生气-液两相的氧化反应，放出大量的热，维持熔炼区的炉膛温度为 1150~1250℃，熔体温度为 1100℃。如果热量不足，便由此区顶上安装的辅助燃烧器喷入粉煤或重油供热。在熔炼区形成的铜锍和炉渣，通过隔墙下面的孔道流入炉子的澄清区。在澄清区的端墙上装有重油或粉煤燃烧器，燃料燃烧放出的热使此区的温度维持在 1300~1350℃，使渣温升至 1200~1250℃，铜锍温度升至 1100~1150℃。经升温澄清后，炉渣与铜锍分别间断地从放渣孔和放铜锍孔放出。

白银炼铜法的冶炼过程在一台矩形的熔池熔炼炉中进行，类似于反射炉，单室白银炉的熔池结构如图 5-12 所示。

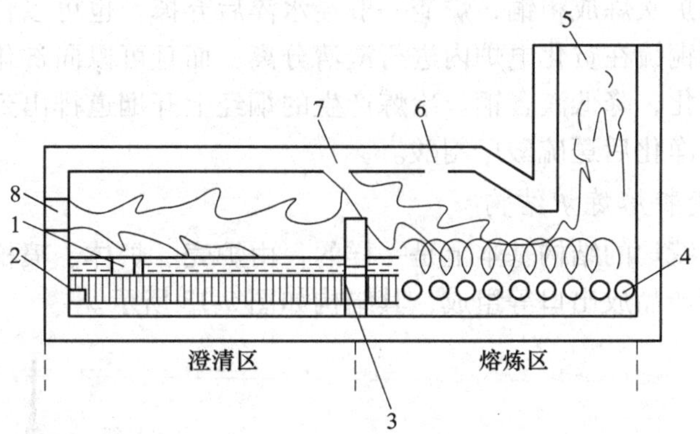

图 5-12 白银法炼铜炉

1—放渣孔；2—放铜锍孔；3—隔墙；4—风口；5—垂直烟道；6—加料口；7—炉顶粉煤烧嘴；8—端墙粉煤烧嘴

白银炼铜法属于浸没侧吹式熔池熔炼，获得了比反射炉优越得多的熔炼效果：（1）冰铜品位从30%提高到50%；（2）燃料消耗减少50%左右；（3）生产高近10倍；（4）烟气 SO_2 浓度达到15%，能满足生产硫酸的要求。白银炼铜法是我国具有自主知识产权的炼铜技术。

5.3.3.3 艾萨/奥斯麦特熔炼

艾萨熔炼法是由澳大利亚芒特-艾萨矿山有限公司和联邦科学与工业研究组织于1973年开始研究开发的一种冶炼新技术，也称其为浸没喷吹熔炼技术，其冶炼设备称之为艾萨炉。艾萨炉炉体为简单的竖式圆筒形，其技术核心是采用了浸没式顶吹燃烧喷枪。20世纪80年代初，澳大利亚奥斯麦特公司将其应用于硫化矿熔炼，提取铜、铅、镍、锡等金属，以及用于处理含砷、锑、铋的铜精矿的脱砷、锑、铋，研究并开发了奥斯麦特冶炼工艺，其冶炼设备称之为奥斯麦特炉，炉子形状与艾萨炉相同，其技术核心也是头部浸没在渣层内吹风的喷枪。艾萨炉、奥斯麦特炉叫法不同，其本质均属于空气或富氧空气浸没式顶吹熔炼炉。浸没式顶吹熔炼技术是将喷枪直接竖直浸没在渣层内，使熔池内熔体、炉料与气体之间造成强烈的搅拌与混合，从而强化传热、传质过程和提高化学反应速率的熔池熔炼技术。这种技术近年发展很快，已广泛应用于铜、铅、锡冶炼及炼铁等工业领域。目前，全世界已有20个厂家采用了艾萨熔炼法或奥斯麦特熔炼法，我国中条山有色金属公司侯马冶炼厂、云南铜业股份有限公司、云南锡业公司等厂家也相继引进了这两种冶炼方法。

A 艾萨/奥斯麦特熔炼炉工作原理

艾萨/奥斯麦特熔炼炉的核心技术是喷枪。它是喷送燃料和空气或富氧空气的装置。喷枪从炉顶中心插入炉内，喷枪头部浸没在熔池的熔渣层内，将混有燃料的空气或富氧空气浸没喷射到熔池中，使熔体涡动。空气或富氧空气进入熔体后，形成大量分散气泡，同时由于熔体的涡动，加速了传热和传质过程的进行。炉料（包括精矿、熔剂等）从炉顶加料口加入炉内，直接落入处于强烈搅动的熔池，被迅速熔化，生成炉渣和铜锍。需要补充的燃料，如果用块煤，可以配入炉料，与炉料同时加入炉内，若用粉煤、燃油或气体燃料可通过喷枪直接喷入熔池。生成的炉渣和铜锍由放出口放出到沉降炉，在沉降炉内实现渣锍分离。铜锍送吹炼炉吹炼成粗铜，炉渣一般经水淬后弃掉。也可以将熔炼的产品直接放入贫化电炉，炉渣和铜锍在贫化电炉内进行澄清分离，而且可以向贫化炉内加入适当的还原剂，对炉渣进行贫化，降低渣含铜。冶炼产生的烟经上开烟道排出到余热锅炉降温并回收余热，再经过除尘净化后送硫酸厂制酸。

B　艾萨/奥斯麦特熔炼炉结构

艾萨炉和奥斯麦特炉的结构基本上是一样的，由炉壳、炉体、喷枪、喷枪夹持架及升降装置、加料装置和产品放出口等组成，其结构如图 5-13 所示。

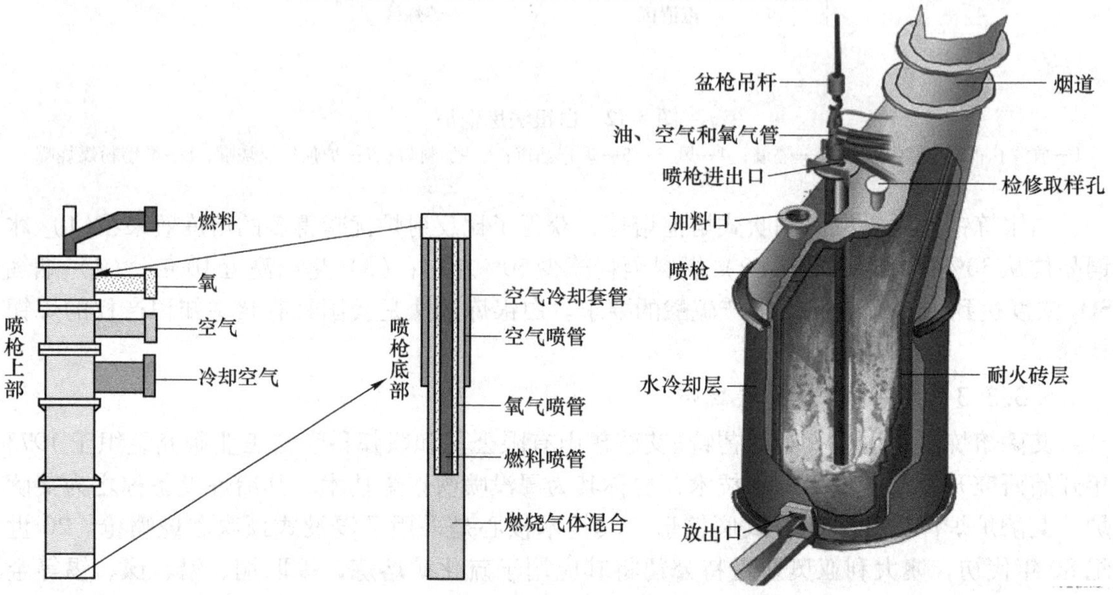

图 5-13　艾萨/奥斯麦特熔炼炉结构

a　炉壳

炉壳是一个直立的圆筒，由钢板焊接而成，上部钢板厚约 25mm，熔池部分钢板厚约 40mm。熔池部分还有一个钢结构加强框架。炉身上部向一边偏出一个角度，以便让开中心喷枪和设置烟气出口。

b　炉体

艾萨/奥斯麦特炉的炉型结构多为筒球形。炉顶为截头斜圆锥形或平顶圆柱形，斜炉顶烟气流动比较通畅。在炉盖上要布置喷枪孔、加料孔、烘炉烧嘴孔、烟道孔等。炉身为圆柱体，炉底为球缺形或反拱形。熔池由圆柱体与球缺两部分组成。这种炉型的特点是形状简单，炉壳制造容易、砌砖简便、形状接近于熔体的运动轨迹，利于反应的进行。炉衬全部用直接结合镁铬砖砌筑。考虑砖体的膨胀，在炉壳与砖之间或砖与水套之间填一层具有高导热性能的填料，该填料用片状石墨和黏土配制而成。

c　喷枪

喷枪是艾萨/奥斯麦特熔炼法的核心技术，也是专利产品。喷枪是多层同心套管，中心管送燃料，第二层送氧气，第三层送助燃空气，第四层为冷却空气。也有双层套管的，中心送油或天然气，外层送富氧空气。喷枪的头部是插到渣层里的，是最容易损坏的部位，长度一般为800~2000mm，外套管多用不锈钢制造。喷枪的枪身部分由于包上了一层喷溅的炉渣，起到了保护喷枪的作用，一般不会烧坏。喷枪头部的寿命为5~7天，最长15天。

d 喷枪升降机

艾萨炉是竖式炉，比较高，所以喷枪比较长，一般长13~16m，这样就需要一个行程很大的喷枪升降机。喷枪固定在一个滑架上，并与相应的管路连接。滑架由一个专用的电动卷扬机带动，沿导轨上下滑动。滑架的各种管接头分别用金属软管与车间相应的固定的供油、供风管道相接。金属软管的长度应能满足喷枪最大行程的需要。为了减少电动卷扬机的负荷，滑架设有配重。喷枪头部插入渣层的深度，根据喷吹气体的压强变化由计算机自动调节。

e 上升烟道

烟道的结构形式有倾斜式和垂直式。倾斜式的角度不小于70°，烟道内衬耐火材料，目的是使进入烟道的熔渣可自流回到炉内。这种烟道黏结严重，而且不易清理。垂直式烟道是余热锅炉受热面的一部分，这种形式的烟道内壁温度低，烟尘易黏结，但黏结层易脱落，好清理，所以垂直式烟道越来越广泛地被采用。

C 艾萨/奥斯麦特熔炼法优点

艾萨/奥斯麦特熔炼法优点如下。

（1）对炉料有较大的适应性，对炉料制备要求低，含水10%以下的炉料可直接入炉。

（2）熔炼过程中，熔池剧烈搅动，增强了反应过程的传质和传热强度，大大提高了反应速度，热效率高，床能力大。

（3）熔炼过程中充分利用炉料中硫和铁氧化反应热，需补充的热很少，燃料率低，而且可以用一般煤作燃料。

（4）炉子结构简单、不转动、占地小、投资低。同传统的熔炼工艺相比，艾萨炼铜炉脱除各种次要元素的速度很高。

（5）采用顶吹喷枪，操作方便，不存在侧吹、底吹熔炼炉与风口有关的各种问题。采用浸没式顶吹，鼓风压力低，动力消耗较小。

（6）烟气稳定，烟尘率低，烟气中SO_2浓度高，有利于硫酸厂制酸，硫的回收率高，酸厂尾气可达标排放。整个冶炼过程可通过计算机控制。

5.3.3.4 三菱法

三菱法是日本三菱金属公司发明的多炉连续炼铜法。它采用的是铁酸钙渣系。自1974年日本直岛炼铜厂的三菱炼铜法投入工业生产以来，相继被加拿大、韩国、印度尼西亚和澳大利亚的炼铜厂采用。

三菱法连续炼铜是把铜精矿和熔剂喷入熔炼炉，将其熔炼成铜锍和炉渣，而后流至贫化电炉产出弃渣，铜锍再流入吹炼炉产出粗铜的炼铜方法。包括一台熔炼炉（S炉）、一台炉渣贫化电炉（CL炉）和一台吹炼炉（C炉），这3台炉子用溜槽连接在一起连续生产，铜精矿要连续经过这3台炉子才能炼出粗铜。各炉子的工艺参数可独立控制，易于保持最优的熔炼状态。冶炼中间熔体靠3个炉子的位差自动通过溜槽在各炉子之间连续流动，其工艺设备连接流程如图5-14所示。全系统用计算机控制。就单一的S炉、CL炉和

C 炉而言，均为维持各自不同氧势的槽式反应器，当保温的溜槽串联组成复数炉群的连续系统时形成一个氧势梯度、铜浓度梯度的连续系统，使三菱连续炼铜过程能在合理反应条件下进行，因而有较好的技术经济指标。

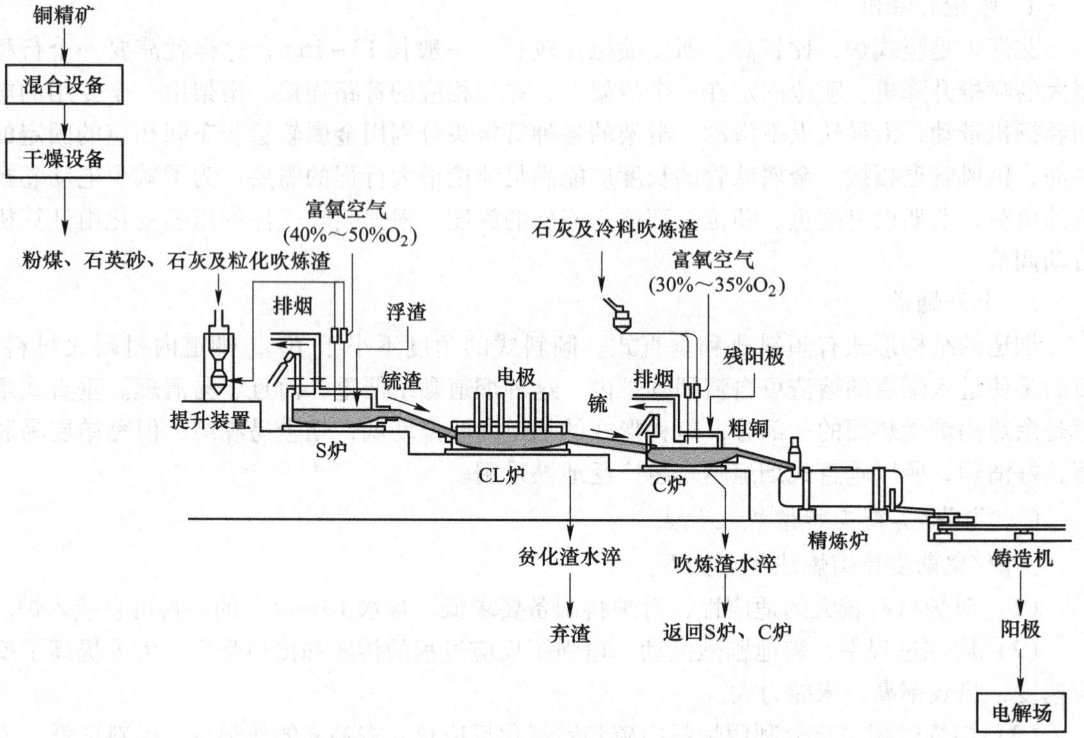

图 5-14　三菱法设备连接示意图

A　熔炼炉

熔炼炉为圆形，用铬镁砖和熔铸镁砖砌筑，通过炉顶垂直安装 6~7 根喷枪。炉内维持中等氧势，其任务是将精矿熔炼成品位高于 65%的铜锍。炉料由干燥至含水分低于 1%的铜精矿、细碎石英熔剂和转炉渣组成，用含氧 33%~35%的富氧空气经喷枪以高速喷入熔池中，迅速完成冶金反应。氧化反应产出的铜锍和炉渣溢流出炉，渣层很薄。熔池内主要是铜锍，存有大量未氧化的铁与硫，以便 O_2 参与反应。这样操作的结果是，虽然未将喷枪浸没熔池，但熔炼反应是迅速进行的，氧利用率也很高。近年来已将一些粉煤混入料中一起喷入熔池燃烧，可减少喷入的重油消耗。炉温可通过烧嘴喷油量来调节。铜锍和炉渣的混合熔体经保温溜槽流往炉渣贫化炉。烟气含 SO_2 达 12%，净化后送制酸。

B　炉渣贫化电炉

熔炼炉产出的铜锍与炉渣，通过一般的溢流孔流入贫化电炉贫化。电炉为椭圆形，维持较低氧势，配置三根石墨电极，提高混合熔体的温度，以改善渣的物理性质，使铜锍与炉渣分离。铜锍经虹吸和溜槽流入吹炼炉中。弃渣约含铜 0.6%从渣口放出，经水淬后外运。

C　吹炼炉

铜锍吹炼炉为圆形尺寸略小于熔炼炉。吹炼炉的许多特点类似于熔炼炉，但炉内氧势较高，通过顶插喷枪喷入富氧空气，熔剂喷入熔池，把铜锍迅速吹炼成含铜 98.5%、含硫 0.05%的粗铜。通过喷枪加入少量石灰石，以形成 Cu_2O-CaO-Fe_3O_4 三元系吹炼渣。虹吸放出的粗铜送阳极炉；吹炼渣放出后，经水淬和干燥返回熔炼炉。三菱法所用炉料及产物的化学成分（质量分数）见表 5-9。

表 5-9　三菱法所用炉料及产物的化学成分（质量分数）　　（%）

炉料及产物	化学成分							
	Cu	Fe	S	Pb	Zn	SiO_2	Al_2O_3	CaO
铜精矿	25.4	10.0	31.8	0.8	5.3			
河沙	—	1	—	—	—	73	10	
铜锍	65.0	10.0	22.0	0.45	1.5			
石灰石	—	—	—	—	—	—	—	53
弃渣	0.7	43.0	0.8	0.26	5.1			
吹炼渣	18.0	40.0	0.4	1.00	4.0			
粗铜	98.5		0.5	0.29				

三菱法炼铜是目前世界唯一在工业上应用的连续炼铜法，闪速吹炼法与三菱法的一个主要不同点是：三菱吹炼炉处理的是液态冰铜而不是固态铜，因为三菱炉不像闪速炉，它不要求粉状炉料，可以省去冰铜的冷凝与水淬工序，从而省了这些工序的能耗和作业费用；然而三菱法也有缺点，就是它的炉子比闪速炉要复杂。

5.4　冰铜（锍）吹炼

锍的吹炼是火法炼铜工艺流程中的重要工序，吹炼过程大多在卧式转炉中进行。原料主要是液态的锍。

冰铜吹炼的目的是在一定压强下将空气送到液体冰铜中，利用空气中的氧将冰铜中的铁和硫几乎全部除去，并除去部分其他杂质。FeS 氧化变成 FeO 与加入的石英熔剂造渣；而 Cu_2S 则部分经过氧化，并与剩下的 Cu_2S 相互反应变成粗铜。转炉吹炼是一个强烈的自热过程，不仅不需要补充热量，有时还需要加入适量的冷料，调节炉温。吹炼过程是间歇的周期性作业。一个吹炼周期分为两个阶段，即造渣期和造铜期。

第一阶段常称为造渣期，FeS 强烈氧化，生成 FeO 和 SO_2；FeO 与 SiO_2 造渣，冰铜富集为含铜 75%以上白冰铜，含铁千分之几；这一阶段以生成大量炉渣为特征，称之为造渣期，得到的产物称为白冰铜（Cu_2S）。

主要反应：

$$2FeS + 3O_2 = 2FeO + 2SO_2 + 936kJ \quad (5\text{-}24)$$

$$2FeO + SiO_2 = 2FeO \cdot SiO_2 + 93kJ \quad (5\text{-}25)$$

总反应：

$$2FeS + 3O_2 + SiO_2 = 2FeO \cdot SiO_2 + 2SO_2 + 429kJ \quad (5\text{-}26)$$

第二阶段为造铜期，主要进行硫化亚铜的氧化反应及硫化亚铜与氧化亚铜的相互反应，最终产出粗铜。在造渣期，需根据反应进行的情况加入液态锍和石英熔剂，并间断地排放炉渣。在造铜期无需加熔剂，不产出炉渣，故无放渣作业。

主要反应：

$$Cu_2S + 3/2O_2 = Cu_2O + SO_2 + 768kJ \quad (5\text{-}27)$$

$$Cu_2S + 2Cu_2O = 6Cu + SO_2 - 163kJ \quad (5\text{-}28)$$

总反应：

$$Cu_2S + O_2 = 2Cu + SO_2 + 605kJ \quad (5\text{-}29)$$

铜锍吹炼是放热反应，其过程可自热进行，通常还须加入部分冷料吸收其过剩热量，以维持熔体温度为1150~1250℃。吹炼后的炉渣含铜较高，一般为2%~5%，需返回熔炼或以选矿、电炉贫化等方法处理。吹炼烟气含 SO_2 浓度较高，一般为8%~12%，可制酸。

铜锍的吹炼大多在圆筒形的卧式转炉中（见图5-15）进行。转炉的一边沿长度方向安设一排风眼（30~40个），绝对压强为 1×10^5Pa 的空气或富氧空气通过风眼鼓入熔体。装料、倒渣、出铜和排烟都在炉体上部的炉口进行。

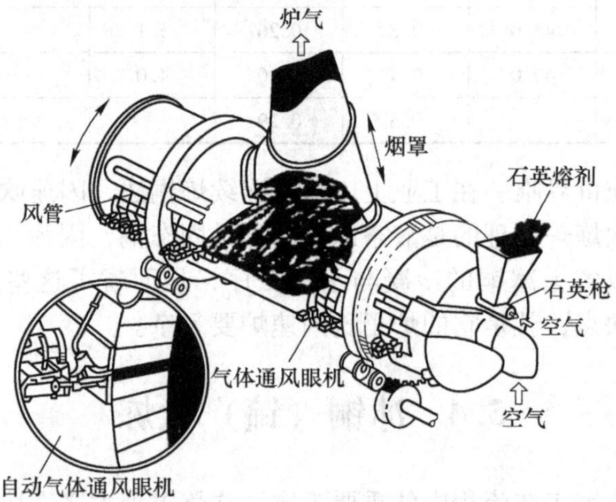

图5-15　冰铜吹炼转炉示意图

冰铜吹炼得到的产物有粗铜、转炉渣、烟尘和炉气。粗铜是冰铜吹炼的主要产物，其含铜量为98.5%~99.0%，此外还含有少量其他杂质，如硫、氧、镍、砷、锑、铋、硒、碲、金、银、铂等。具体组成和含量根据原料及熔渣而定，粗铜成分见表5-10。

表5-10　粗铜成分　　(%)

厂别	化学成分							
	Cu	Fe	S	Pb	Ni	Sb	Au/g·t^{-1}	Ag/g·t^{-1}
一厂	98.5~99.5	0.001~0.003	0.01~0.4	0.1~0.2	<0.2	0.3~0.5	150	< 2500
二厂	99.10	0.001	<0.1	0.003~0.03	0.03~0.3	0.11	15	160
三厂	98~99	0.016	0.022	0.01~0.1	—	0.3~0.5	30	400

炉渣指吹炼第一阶段形成的转炉渣，一般含铜量较高，需进一步回收处理，炉渣成分见表5-11。

表 5-11 炉渣成分 (%)

厂别	化学成分						
	Cu	SiO_2	Fe	S	Co	Zn	Mg
一般范围	1.5~3	22~30	40~50	1~2	0.1~0.2	4	0.3~0.5
一厂	1.5~1.8	24~28	45~50	—	0.21	0.42	0.66
二厂	1.4~2.5	24~28	51	1~2	0.08~0.1	—	0.4~1.7

吹炼过程的烟尘率一般为1%~2%，其主要成分是细粒的石英、炉渣、冰铜、金属及某些高温下挥发的化合物，如 PbO、ZnO、As_2O_3 等。粗尘含铜高，返回铜熔炼系统细尘含挥发性金属，如铅、锌，送铅锌系统处理。不同粒度烟尘分析结果见表 5-12。

表 5-12 不同粒度烟尘成分 (%)

粒别	占总烟尘量	化学成分					
		Cu	Pb	Zn	SiO_2	Fe	S
粗尘	20~25	35~40	4~8	1~4	1~2	7~8	11~14
细尘	75~80	8	30~40	9~11	2~3	2~3	10~14

转炉炉气中含 SO_2 较高，第一阶段与第二阶段变动较大，需回收制酸。炉气成分见表 5-13。

表 5-13 炉气成分 (%)

阶段	化学成分			
	SO_2	SO_3	O_2	N_2
第一阶段	11.3	2.3	1	85.4
第二阶段	16.0	3.5	2	79.5

5.5 粗铜火法精炼

铜锍吹炼产出的粗铜含铜约在 98.5%~99.5%之间，含杂质为 0.5%~1.5%，还含有一定数量的具有回收价值的稀贵金属。需要除去的杂质主要是镍、铅、砷、锑、铋、铁、硫和氧，稀贵金属需要回收，因此必须对粗铜进行精炼。粗铜的精炼分两步：火法精炼和电解精炼。

5.5.1 粗铜火法精炼的工艺流程

粗铜的火法精炼是在精炼炉中将固体粗铜熔化或直接装入粗铜熔体，然后向其中鼓入空气，使熔体中对氧亲和力较大的杂质（如锌、铁、铅、锡、砷、锑、镍等）发生氧化，以氧化物的形态浮于铜熔体表面形成炉渣或挥发进入炉气而除去，残留在铜熔体中的氧经还原脱去后，铜即可浇铸成电解精炼用的阳极板。粗铜火法精炼的工艺流程如图 5-16 所示。

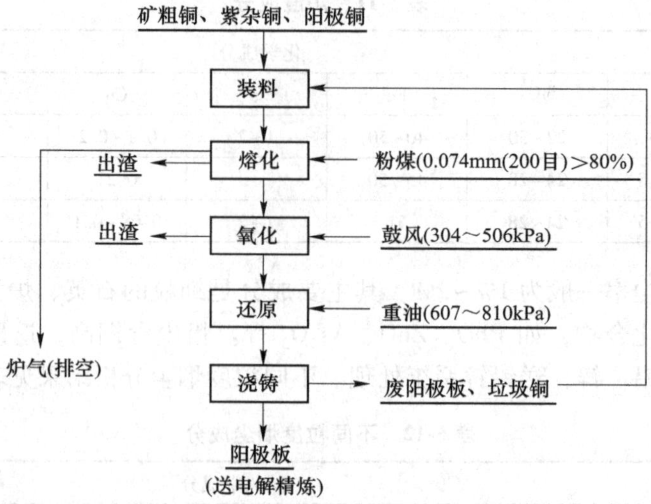

图 5-16 粗铜火法精炼工艺流程

5.5.2 铜火法精炼的基本原理

精炼作业过程首先是鼓风氧化除杂质，当铜液中杂质含量达到规定后，再往铜液中鼓入气体或液体还原剂脱氧，得到火法精炼铜（约 99.5%Cu）。火法精炼铜被浇铸成阳极板送往电解精炼，故火法精炼铜又称为阳极铜，相应地把用作火法精炼的炉子也称为阳极炉。粗铜的火法精炼包括氧化与还原两个主要过程。氧化过程主要是除去铜中有害杂质，而还原过程则主要是排除铜中的氧。

5.5.2.1 火法精炼的氧化过程

氧化精炼是利用杂质金属对氧亲和力比铜大，而其氧化物又不溶于铜液等性质，通过氧化造渣或挥发除去。在空气鼓入铜熔体时，杂质便优先被氧化除去。但铜是主体，而杂质含量较低，根据质量作用定律，事实上首先氧化的是铜：

$$4[Cu] + 2O \xlongequal{} 2[Cu_2O] \tag{5-30}$$

在 1100～1170℃ 的精炼温度下，铜熔体中饱和 Cu_2O 浓度约在 6%～13%，相应地，氧浓度为 0.6%左右，足以供给杂质金属作氧化剂。生成的 Cu_2O 溶解于铜熔体中，能较好地与铜熔体中的杂质接触。由于杂质与氧的亲和力大于铜与氧的亲和力，杂质与 Cu_2O 接触后即把 Cu_2O 中的氧夺取过来，发生以下反应：

$$[Cu_2O] + [Me] \xlongequal{} 2[Cu] + (MeO) \tag{5-31}$$

反应的平衡常数为：

$$K = \frac{w[MeO] \cdot w[Cu]^2}{w[Cu_2O] \cdot w[Me]}$$

由于 MeO 在铜液中的溶解度很小，容易达到饱和，而铜的浓度很大，杂质氧化时几乎不发生变化，因此都可视为常数，所以上式可写成：

$$w[Me] = \frac{K}{w[Cu_2O]}$$

因此，Cu_2O 的浓度越大，杂质金属 Me 的浓度就越小。为了迅速完全地除去铜中的杂质，必须使铜液中 Cu_2O 的浓度达到饱和。升高温度可以增加铜液中 Cu_2O 的浓度，但温度太高会使燃料消耗增加，也会使下一步还原的时间延长，所以氧化期温度以 1100～1150℃为宜，这时 Cu_2O 的饱和浓度约为 6%～8%。

杂质氧化顺序大体上可以根据杂质对氧的亲和力的大小来确定，但要考虑杂质在金属铜中的浓度等性质。粗铜中主要杂质的氧化趋势由小到大排列为：As—Sb—Bi—Pb—Cd—Sn—Ni—In—Co—Zn—Fe。生产实践表明，As、Sb、Bi 是粗铜火法精炼最难除去的杂质，这与上述顺序的趋势是一致的。

氧化除杂质时，为了减少铜的损失和提高过程效率，常常加入各种熔剂如石英砂（对铅锡）、石灰和苏打（对镍砷锑）等，使各种杂质生成硅酸铅、砷酸钙、砷酸钠等造渣除去。

脱硫是在氧化精炼最后进行，这是因为在有其他对氧亲和力大的金属时，铜的硫化物不易氧化，但只要氧化除杂质金属结束，立即就会发生剧烈的相互反应放出 SO_2：

$$Cu_2S + 2Cu_2O = 6Cu + SO_2 \tag{5-32}$$

这时铜水出现沸腾现象，称为“铜雨”。除硫结束就开始了还原操作过程。

5.5.2.2 火法精炼的还原过程

氧化阶段结束后，铜液中含有的 Cu_2O 必须用还原剂使之还原将氧脱除。常用的还原剂有重油、天然气、液化石油气等。重油的主要成分为各种碳氢化合物，高温下分解为氢和碳，而碳燃烧为 CO。我国多用重油，依靠重油等分解产出的 H、CO 等使 Cu_2O 还原：

$$Cu_2O + H_2 = 2Cu + H_2O \tag{5-33}$$

$$Cu_2O + CO = 2Cu + CO_2 \tag{5-34}$$

$$Cu_2O + C = 2Cu + CO \tag{5-35}$$

$$4Cu_2O + CH_4 = 8Cu + CO_2 + 2H_2O \tag{5-36}$$

粗铜火法精炼的特点是过程的周期性、精炼时间长、燃料消耗大。其改进方向是：研究连续精炼炉和连续浇铸设备；强化氧化和还原过程，即用富氧或水蒸气氧化，用气体还原剂如氨、天然气、液化石油气等还原；研究和改进反射炉炉气的余热利用。

铜火法精炼的设备主要为精炼反射炉或回转式精炼炉。

5.6 铜的电解精炼

火法精炼产出的阳极铜中铜的品位一般为 99.2%～99.7%，其中还含有 0.3%的杂质，杂质主要为砷、锑、铋、镍、钴、铁、锌、铅、氧、硫、金、银、硒和碲等。有些杂质含量虽不多，但能使铜的使用性能或加工性能变坏，如铜中砷含量只要达到 0.0013%，就使铜的电导率降低 1%；铅含量只要达到 0.05%，铜即变热脆，难以加工。火法精炼难以把这些杂质除去到能满足各种应用的要求。有些杂质其本身具有回收价值，如金、银、硒、碲等，而火法精炼时难以回收。为了提高铜的性能，使其达到各种应用的要求，同时回收其中的有价金属，必须进行电解精炼。电解精炼的目的就是把火法精铜中的有害杂质进一步除去，得到既易加工又具使用性能的电解铜，同时回收金、银、硒、碲等有价金属。

铜的电解精炼是将火法精炼的铜浇铸成阳极板，用纯铜薄片作为阴极片（又叫始极片），相间地装入电解槽中，用硫酸铜和硫酸的水溶液作电解液，当导电板分别接上电源，两极通以直流电流后，阳极上的铜和电位较负的金属溶解进入溶液，而贵金属和某些金属（硒、碲）不溶，成为阳极泥沉淀于电解槽底，溶液中的铜在阴极上优先析出，而其他电位较负的金属不能在阴极上析出。这样，阴极上析出的金属铜纯度很高，称为阴极铜或电解铜。铜电解精炼是利用铜和杂质的电位序不同，在直流电的作用下，阳极上的铜既能电化溶解，又能在阴极上电化析出，杂质有的进入电解液，有的进入阳极泥，使铜和杂质进一步分离。电解精炼体系如图 5-17 所示。

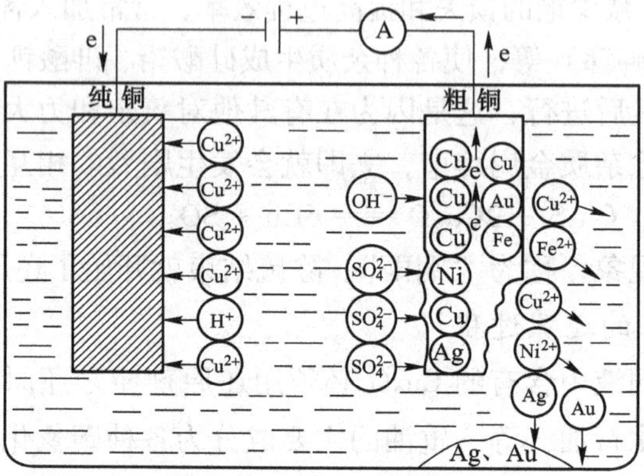

图 5-17　铜电解精炼过程示意图

5.6.1　电解精炼的电极反应

5.6.1.1　阳极过程

铜电解精炼的阳极是待精炼的粗铜阳极，这是一种含杂质的可溶性阳极，电解时主金属铜可能发生以下多种电极反应：

$$Cu - 2e = Cu^{2+} \qquad E^{\ominus}_{Cu^{2+}/Cu} = 0.34V \tag{5-37}$$

$$Me - 2e = Me^{2+} \qquad E^{\ominus}_{Me^{2+}/Me} < 0.34V \tag{5-38}$$

$$SO_4^{2-} - 2e = SO_3 + 1/2O_2 \qquad E^{\ominus}_{O_2/SO_4^{2-}} = 2.42V \tag{5-39}$$

$$H_2O - e = 2H^+ + 1/2O_2 \qquad E^{\ominus}_{O_2/H_2O} = 1.229V \tag{5-40}$$

根据电化学原理，在阳极上放电的是电极电位代数值较小的还原态物质，阳极上主要是铜的溶解。式中 Me 是指 Fe、Ni、Pb、As、Sb 等比铜更负电性的元素。因其质量浓度低，其电极电位将进一步降低，从而将优先溶解进入电解液。由于阳极主要成分是铜，因此阳极的主要反应将是铜溶解形成 Cu^{2+} 的反应。至于 H_2O 和 SO_4^{2-} 的氧化反应，由于其电极电位比铜正得多，故在阳极上不可能进行。Au、Ag 及 Pt 族元素电位更正，在阳极上不能被氧化进入溶液，而落到电解槽底部进入阳极泥中。

5.6.1.2　阴极过程

阴极过程的反应：

$$Cu^{2+} + 2e = Cu \qquad E^{\ominus}_{Cu^{2+}/Cu} = 0.34V \tag{5-41}$$

$$2H^+ + 2e = H_2 \qquad E^{\ominus}_{H^{2+}/H_2} = 0V \tag{5-42}$$

$$Me^{2+} + 2e = Me \qquad E^{\ominus}_{Me^{2+}/Me} > 0.34V \tag{5-43}$$

在阴极上放电的是电极电位代数值较大的氧化态物质，主要是铜的析出。杂质在电解中的行为主要决定于它们在电位序上的位置及其在电解液中的溶解度。电极电位较铜更负的杂质金属进入电解液后会以离子的形态留在电解液中，而电极电位较铜更正的贵金属和某些化合物较氢的标准电位比铜负，且在铜阳极加上的超电压使氢的电极电位更负，所以在正常电解精炼条件下，阴极不会析出氢而只有铜析出。同样，标准电位比铜低而含量又小的负电性金属 Me，也不会在阴极上析出。

5.6.1.3 阳极上杂质行为

金属电解精炼的目的是分离杂质和提纯金属，因此，粗铜阳极中杂质的行为成为关键问题。粗铜中常见金属杂质有锌、铁、镍、锡、铅、砷、锑、铋及稀贵金属金、银、硒、碲等。杂质在阳极过程中的行为主要取决于它们所发生的电极反应的电位数值。表 5-14 列出了各种金属的标准电极电位。

表 5-14 铜电解精炼中阳极标准电极电位

元素	电极反应	标准电位/V	元素	电极反应	标准电位/V
K	$K^+ + e \rightarrow K$	-2.97	Pb	$Pb^{2+} + 2e \rightarrow Pb$	-0.13
Ca	$Ca^{2+} + 2e \rightarrow Ca$	-2.76	H_2	$2H^+ + 2e \rightarrow H_2$	
Na	$Na^+ + e \rightarrow Na$	-2.71	Sb	$Sb^{2+} + 3e \rightarrow Sb$	+0.1
Mg	$Mg^{2+} + 2e \rightarrow Mg$	-1.55	Bi	$Bi^{2+} + 3e \rightarrow Bi$	+0.2
Al	$Al^{3+} + 3e \rightarrow Al$	-1.30	As	$As^{2+} + 3e \rightarrow As$	+0.3
Mn	$Mn^{2+} + 2e \rightarrow Mn$	-1.10	Cu	$Cu^{2+} + 2e \rightarrow Cu$	+0.34
Zn	$Zn^{2+} + 2e \rightarrow Zn$	-0.76	Ag	$Ag^+ + e \rightarrow Ag$	+0.80
Fe	$Fe^{2+} + 2e \rightarrow Fe$	-0.44	O_2	$4H^+ + O_2 + 4e \rightarrow 2H_2O$	+1.23
Ni	$Ni^{2+} + 2e \rightarrow Ni$	-0.24	Cl_2	$Cl_2 + 2e \rightarrow 2Cl^-$	+1.36
Sn	$Sn^{2+} + 2e \rightarrow Sn$	-0.14	Au	$Au^+ + e \rightarrow Ag$	+1.50

依据各种金属电极反应的电极电位，可将铜阳极中的杂质行为分为 4 类。

（1）第一类是不发生电化学溶解的杂质，以正电性金属和化合物形态存在的元素。包括金、银和铂族金属及形成化合物元素氧、硫、硒、碲等。它们在阳极上不进行电化学溶解而落入槽底，少量的 Ag 以 Ag_2SO_4 的形式溶解于电解液中，当有少量 Cl^- 存在时，形成 AgCl 进入阳极泥。氧、硫、硒、碲以 Cu_2S、Cu_2O、Cu_2Te、Cu_2Se、AgSe 和 AgTe 的形态落入槽底组成阳极泥。阴极含这些金属是阳极泥机械夹带所致。

（2）第二类是在电解液中形成不溶性化合物的 Pb 和 Sn。Pb 在溶解时形成 $PbSO_4$ 沉淀，并可进一步氧化成 PbO_2 覆盖在阳极上，使槽电压升高。Sn 进入电解液后氧化成四价，四价的 $SnSO_4$ 易水解成 $Sn(OH)_2SO_4$ 进入阳极泥中。

$$SnSO_4 + 1/2O_2 + H_2SO_4 = Sn(SO_4)_2 + H_2O \tag{5-44}$$

$$Sn(SO_4)_2 + 2H_2O = Sn(OH)_2SO_4 + H_2SO_4 \tag{5-45}$$

$Sn(OH)_2SO_4$ 沉淀时可吸附砷、锑的化合物，有利于减少电解液中 As 和 Sb 的含量（质量分数），但数量过多会黏附在阴极上，降低阴极质量。

第三类是发生电化学溶解的杂质，负电性金属，包括 Ni、Fe、Zn。Fe 和 Zn 在火法精炼后在阳极中的含量（质量分数）甚微。在阳极溶解时几乎全部进入溶液。阳极中镍的含量（质量分数）波动较大，它可以电化学溶解进入电解液。一些不溶性化合物如 NiO 和镍云母在阳极表面形成不溶性的薄膜，引起阳极钝化，槽电压升高。

第四类是电位与铜相近的砷、锑、铋，对铜产品危害最大。由于它们的电位与铜接近，电解时它们可能在阴极上放电析出。另外，它们容易形成漂浮阳极泥即 $SbAsO_4$ 和 $BiAsO_4$ 絮状物，漂浮在电解液中，黏附在阴极上。这种机械黏附在阴极上的砷和锑，相当于砷、锑放电析出的两倍。而且，锑进入阴极的数量比砷大，因此锑的危害更为突出。

表 5-15 为铜精炼时常见杂质的电极电位及去向的实例，其数量将随电解工艺，如电解液成分、温度、电解液循环速度、电流密度和阳极组成而变化。

表 5-15 铜电解精炼阳极中的杂质去向 （%）

元素	进入电解液	进入阳极泥	进入阴极
Cu	1~2	0.03~1	98~99
Ag	2	97~98	<1.6
Au	1	99	<0.5
铂族	—	约 100	0.05
Se，Te	2	约 98	1
Pb	2	约 98	1
Sn	2	约 98	1
Ni	75~100	0~25	<0.5
Fe	100	—	—
Zn	100	—	—
Al	约 75	约 25	5
As	60~80	20~40	<10
Sb	10~60	40~90	<15
Bi	20~40	60~80	5
S		95~97	3~5

通过以上的讨论可以看出，在铜电解精炼时，电极电位较铜负的杂质可在阳极共溶，但在阴极与铜一起析出而留在电解液中；电极电位较铜正的杂质虽可能在阴极共析，却不可能在阳极共溶，而只能进入阳极泥，这正是金属电解精炼的电化学原理。最危险的杂质是电极电位与铜接近的杂质，它们在阳极既可能共溶，又可能在阴极共析，因此它们在溶液中的浓度应加以控制，即通过定期地对电解液进行净化处理，来降低这些离子在溶液中的积累。

通过上述电解结果，到一定时期（7 天左右）即可取出阴极，这种阴极铜就是电解过程的最后产品，其纯度为 99.95%~99.99%。

5.6.1.4 铜电解精炼设备

铜电解精炼车间通常装有几百甚至上千个电解槽，并包括变电、整流设备、电解液循环、加热设备、起重运输设备、始极片制作、平整设备及其他辅助设备。

铜电解精炼的主体设备是电解槽，材质有钢筋混凝土、辉绿岩-水玻璃耐酸混凝土捣制和花岗岩等，结构如图 5-18 所示。电解槽是一个内衬防腐材料的无盖钢筋混凝土的长方形的槽，其中依次交错地挂着阳极和阴极。槽长 3000~5000mm，宽 850~1200mm，高 1000~1500mm。不同工厂的电解槽尺寸稍有差异，但各种槽的具体尺寸可通过计算确定，即槽宽比阴极片宽 100~110mm，使阴极与槽壁保持一定距离；槽深为阴极片长加上阴极片底边距槽底的距离约 250mm 左右；槽长为每槽阴极片数与极间距的乘积，加上槽壁与阴极的距离。电解槽一端设进液口，另一端有出液口，出液口处有闸板以调整液面高度。出液口一端的槽底设放液口，孔口高出槽底 100mm 左右，以备清槽时放出全部电解液而不放出阳极泥。槽底中部或另一端设阳极泥放出孔，以备洗槽时放出全部阳极泥。

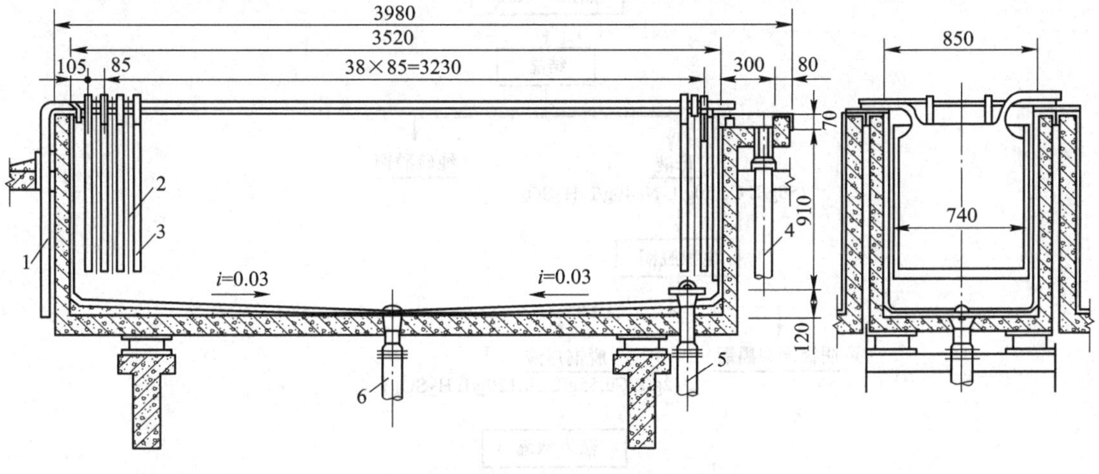

图 5-18 铜电解槽结构图

1—进液管；2—阴极板；3—阳极板；4—出液管；5—放液管；6—放阳极泥孔

若干个电解槽组成一组，放在钢筋混凝土立柱架起的横梁上，槽底四角垫瓷砖或橡胶衬进行电绝缘。侧壁槽沿上铺设绝缘瓷砖或塑料板，其上放槽间导电板和阴、阳极。

电解槽在车间的排列即电解车间的布置，要考虑电路的连接、电解液的循环、运输线路、通风采光等。

5.6.2 电解液的净化

随着铜电解精炼过程的进行，电解液的成分会发生变化，其中铜离子浓度会逐渐升高硫酸含量不断降低。杂质元素镍、砷、锑、铋等的含量也会升高，当它们的含量升到一定值后，也会在阴极析出。此外，添加剂的含量也会不断积累，使电解液成分发生变化。因此必须通过计算，定期抽出一定量的电解液进行净化，同时补充等量的新液。电解液净化的目的是回收铜、钴、镍；除去有害杂质砷、锑；使硫酸返回使用。大概每生产 1000kg 阴极铜约需净化 0.1~0.5m^3电解液，并用等量的新溶液替换。国内的铜电解厂目前采用的净化工艺流程概括为以下 4 类：

（1）鼓泡塔法中和生产硫酸铜，电解脱除砷、锑、铋，电热蒸发生产粗硫酸镍；

（2）中和法生产硫酸铜，电解脱除砷、锑、铋，蒸汽蒸发浓缩生产粗硫酸镍；

（3）中和、浓缩法生产硫酸铜，电解法除砷、锑、铋，冷冻结晶产粗硫酸镍；

（4）高酸结晶法生产硫酸铜，电解法除砷、锑、铋，电热蒸发产粗硫酸镍。

净化工艺流程实例如图5-19所示，主要包括3个步骤。

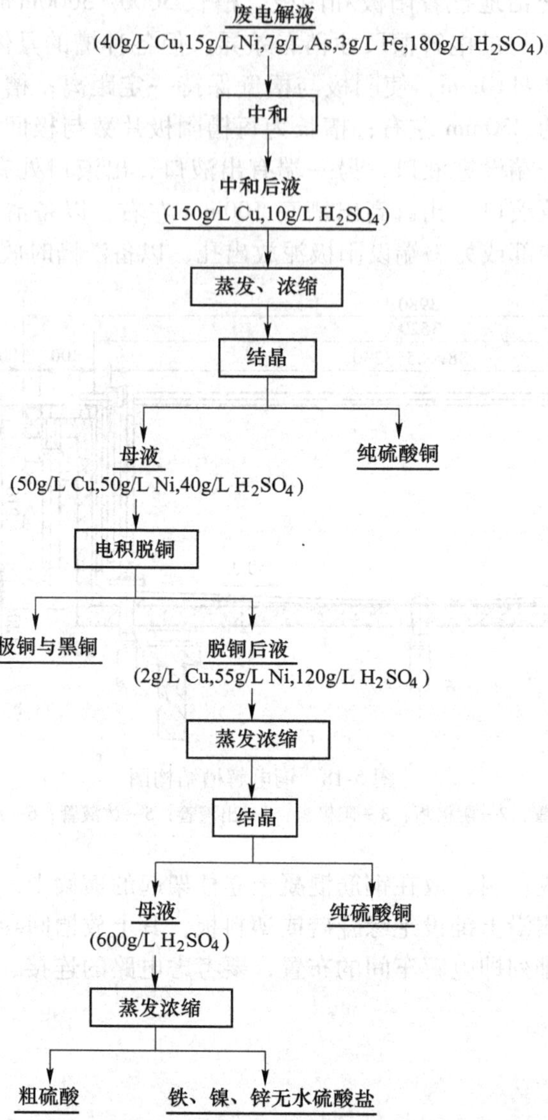

图5-19 电解液净化工艺流程

5.6.2.1 中和结晶

中和或浓缩铜电解液，使其中的硫酸铜浓度达到饱和状态，然后冷却结晶，大部分铜以结晶硫酸铜的形态产出。

电解液在中和槽内被蛇形管间接加热至353~363K，在鼓入溶液中的压缩空气作用下，溶液中的硫酸即与加入槽中的废铜线、铜屑、废始极片等作用生成硫酸铜：

$$Cu_2SO_4 + 1/2O_2 + H_2SO_4 \xlongequal{} 2CuSO_4 + H_2O \quad (5\text{-}46)$$

随着铜的不断溶解，溶液的相对密度逐渐提高，当溶液的相对密度达到 1.4 以上时，中和过程即完成。然后将此硫酸铜溶液经简单过滤后，放入结晶槽中，随着溶液的自然冷却，硫酸铜溶液即呈过饱和状态，而在悬挂于槽中的铅条或铜片上析出 $CuSO_4 \cdot H_2O$ 结晶。结晶后的母液，送去电积脱铜、砷、锑。

5.6.2.2 脱铜、砷、锑、铋

中和结晶后的母液，用不溶阳极电解沉积回收铜，同时脱除砷、锑等杂质。电沉积的总反应为：

$$CuSO_4 + H_2O = Cu + H_2SO_4 + 1/2O_2 \tag{5-47}$$

电解沉积脱铜过程产生硫酸。电积分两个阶段进行，第一阶段，母液含铜较高，约 25g/L，电积产出的阴极铜为合产品；第二阶段，随着电沉积的进行，Cu^{2+} 浓度不断降低，至 8g/L 以下时，由于 Cu^{2+} 放电，电位降低，使砷、锑、铋与铜一起析出，此时只能产出含砷的黑铜，须送火法精炼处理。

5.6.2.3 生产硫酸镍

脱铜、砷、锑后的母液中，镍的浓度为 40~55g/L，与生产硫酸铜的方法一样，先蒸发浓缩使 $NiSO_4$ 达到饱和然后降温结晶。如杂质含量低，结晶后液加温并过滤后返回电解精炼系统；如砷、锑等杂质含量高，再蒸发浓缩，使其以无水硫酸盐析出，经分离后溶液返回电解精炼系统使用。

5.6.3 电解过程主要技术经济指标

电解过程是将电能转变为化学能的过程，所以在生产上最重要的生产技术和经济指标是电流密度、槽电压、电流效率和电能消耗。

5.6.3.1 电流密度

电流密度是单位电极面积上通过的电流强度，单位为 A/m^2。在冶金上，电解过程的产品主要是阴极析出物，故常指阴极电流密度。电流密度是电解生产中最重要的技术参数。根据法拉第定律，电解产物量正比于通过的电流，故电流密度标记着电解过程的强度，直接决定电解工厂的生产率。在设备规格不变的情况下，提高电流密度可增加产量，但同时也增大槽电压和电能消耗。实际上，在允许电流密度范围内存在一个经济电流密度，长期实践认为，此值一般为 220~280A/m^2。

5.6.3.2 槽电压

电解过程的槽电压就是槽内相邻阴、阳两极间的电压。生产上，槽电压可以用电压表测量阴、阳一对电极的电压来确定。

铜电解精炼的槽电压很低，一般仅为 0.2~0.3V。这首先是由于铜电解精炼的两个反应是一对可逆反应，因而过程总的自由焓变化（ΔG）甚小，因此，理论分解电压趋于零。槽电压的大小直接影响电能消耗。

5.6.3.3 电流效率

电流效率是电解过程中阴极上实际析出金属量与理论析出量之比的百分数。理论析出量是按法拉第定律计算出来的，因此电流效率的计算公式为：

$$\eta = \frac{G}{qI\tau N} \times 100\%$$

式中 τ——电解通电时间，h；

G——通电时间内 N 个电解槽的阴极实际析出量，g；

I——通过电解槽的电流强度，A；

N——电解槽个数；

q——金属的电化当量，g/(A·h)。

法拉第定律是通过电解实验得出来的。实验证明，当以 96500C 的电量通过电解质（液）时，在电极上将获得 1g 当量的电解产物。该电量称为法拉第（F），即

$$1F = 96500C = 26.8A \cdot h$$

因此，当以 96500C 电量通过铜电解液时，将在阴极上有 63.54÷2＝31.77g 铜析出，即 1A·h 的电量能析出 31.77÷26.8＝1.185g 铜。这个通入单位电量所获得的物的质量称为电化当量。铜的电化当量为 1.185g/(A·h)。

由于上述公式中的理论析出量是按法拉第定律计算出来的，因此电流效率实际上是电解过程对法拉第定律偏差程度的一种量度。

在工业生产上，实际的析出产量总是小于理论计算的析出量，其主要原因：

（1）短路，即由于极板放置不正或阴极上产生树枝状结晶而引起的阴阳极短路。

（2）漏电，即由于电解槽与电解槽之间、电解槽与地面、溶液循环系统等绝缘不良引起漏电。

（3）化学溶解，即由于副反应如阴极铜被空气氧化和铁离子的氧化还原反应均会引起的化学溶解。

5.6.3.4　电能消耗

电能消耗是指生产 1t 电铜的耗电量。电能的单位消耗决定于电解槽的槽电压和电流效率，并随槽电压升高或电流效率降低而增多。一般工厂的电流效率都在 90%～98%（国内工厂一般在 95%～98%），波动范围不大。而槽电压则受电流密度、电解液成分及温度、阳极组成等因素的影响而波动范围很大，一般在 0.2～0.4V 之间，因而对电解铜的电能单位消耗具有更大的影响。电能消耗与槽电压、电流效率有如下关系：

$$W = \frac{I\tau V}{qI\tau\eta} = \frac{U \times 10^3}{q\eta}$$

式中 W——直流电耗，kW·h/t；

U——槽电压，V；

η——电流效率，%；

q——阴标属的电化当量，g/(A·h)。

在上面计算过程中，该铜厂电解车间电流效率为 96.9%，又测得其槽电压为 0.28V，那么，电解 1t 电解铜的电能消耗为：

$$W = \frac{0.28 \times 10^3}{1.185 \times 96.9\%} = 244(\text{kW} \cdot \text{h})$$

每吨铜电解精炼的电能消耗一般为 230～280kW·h。

电能消耗与槽电压成正比，与电流效率成反比。因此，凡有利于降低槽电压、提高效率的因素，均起到降低电能消耗的作用。

复习思考题

5-1 试比较铜、铁硫化物及其氧化物在高温下的性质有哪些差异？

5-2 工业价值大的硫化铜矿物有哪些？写出它们的化学式。

5-3 火法炼铜生产流程可分为哪几个冶金过程？分别画出它们的原则工艺流程。

5-4 造锍熔炼能使铜与铁和硫及其他杂质分开是基于哪些基本原理？

5-5 写出黄铁矿造锍反应的总反应方程式。

5-6 硫化铜精矿熔炼时为什么会形成冰铜，冰铜的形成对火法炼铜有什么意义？

5-7 硫化铜精矿造锍熔炼的目的及必须遵循的两个原则是什么？

5-8 磁性氧化铁对炼铜有什么危害，减少 Fe_3O_4 的生成有哪些途径？

5-9 什么是冰铜品位，传统熔炼、闪速熔炼和熔池熔炼的冰铜品位一般是多少，为什么后两种方法生产的冰铜品位较高，冰铜品位高有什么好处？

5-10 试比较不同类型炼铜方法所产炉渣中的 Fe_3O_4 和 Cu 含量与冰铜品位的关系。

5-11 什么是炉渣贫化，贫化方法有哪些，基本原理是什么？

5-12 传统法炼铜有哪些方法，它们各有什么特点，为什么用这些方法炼铜的工厂越来越少了？

5-13 闪速熔炼有哪两种类型，它们各有何特点？

5-14 熔池熔炼的特点是什么，熔池熔炼与闪速熔炼的最主要区别在什么地方？

5-15 诺兰达法炼铜的原理是什么，为什么它可以生产高品位冰铜甚至产出粗铜？

5-16 白银法炼铜比反射炉炼铜有何优点？

5-17 艾萨/奥斯麦特熔炼的原理是什么？

5-18 铜锍（冰铜）的吹炼的任务及实质是什么？

5-19 铜锍（冰铜）的吹炼过程分为哪两个周期，各周期的主要反应是什么？

5-20 粗铜火法精炼的目的及原理是什么，粗铜火法精炼分为哪两个过程？

5-21 简述粗铜电解精炼的基本过程，分别写出阴阳极的主要反应。

5-22 铜电解精炼时，阳极中的主要杂质行为如何？

5-23 什么是电流密度、槽电压、电流效率和电能消耗？

5-24 影响电解精炼电流效率的因素有哪些？

6 锌冶金

6.1 概　述

6.1.1 发展简史

锌的名称“zinc”来源于拉丁文 Zincum，意思是“白色薄层”或“白色沉积物”。迄今为止，西方的化学书籍均沿用一个提法，即锌是1746年德国化学家马格拉夫首先发现。但中国明朝宋应星于1637年编撰的《天工开物》中，详细地记述了炼锌的过程：“凡倭铅古书本无之，乃近世所立名色。其质用炉甘石熬炼而成，繁产山西太行山一带……”。

我国是最早掌握炼锌技术的国家，在16世纪，中国生产的金属锌传入欧洲，纯度达98%以上，至明代，炼锌技术已有较高水平。此时炼锌主要在太行山和湖南荆衡一带。

炼锌在英国始于1738年，德国始于1746年，直到19世纪法国和比利时的平罐炼锌才有了较大的发展。1758年以前，锌冶炼采用锌的氧化矿为原料，至1798年，平罐炼锌法出现。其后相当长的一段时期内，大部分锌的生产均采用平罐法。

20世纪30年代，竖罐炼锌实现工业化，同时发展了锌雨冷凝器的精馏。

随着环境保护要求日趋严格，加之能源价格上涨等原因，平罐炼锌技术逐渐被淘汰，炼锌产量逐渐下降，鼓风炉炼锌几乎停滞，湿法炼锌得到发展。自20世纪80年代以来，电解锌的产量已接近锌总产量的80%~85%。湿法炼锌已成为当今主导的炼锌方法。

6.1.2 锌的性质和用途

6.1.2.1 物理性质

锌是一种银白色金属，断面具有金属光泽，在室温下呈脆性，但在100~150℃下其延展性良好。

锌属于重金属，原子量为65.4，熔点为419.6℃，沸点为907℃，常温下密度为7.13g/cm^3。锌在熔点附近的蒸气压很小，锌蒸气压随温度的升高急剧增大，这是火法炼锌的基础。在不同温度下锌的蒸气压见表6-1。

表6-1 锌蒸气压与温度的关系

温度/℃	419	500	700	907	950
蒸气压/Pa	19.5	169	7892	101325	156347

在室温下锌很脆，布氏硬度为7.5。加热到100~150℃时锌变得很柔软，延展性变好，可压成0.05mm的薄片或拉成细丝。当加热到250℃时则失去延展性而变脆。

6.1.2.2 化学性质

锌是元素周期表中第4周期ⅡB族元素，元素符号Zn，原子序数30，相对原子质量65.39。锌原子的外电子构型为[Ar]$3d^{10}4s^2$，在形成化合物时容易失去4s轨道上的2个电子，+2价是锌离子常见的价态。

锌在420℃时开始与硫发生反应，而与氧反应在225℃时便开始了。锌对氧的亲和力比较大，硫化锌在空气中加热氧化生成稳定的氧化锌。氧化锌既能在高温下被碳还原，又能很好地溶解于稀硫酸溶液中，因此硫化锌的氧化焙烧对于火法炼锌和湿法炼锌都是重要的冶炼预处理过程。

锌具有较好的抗腐蚀性能，在常温下不被干燥的空气、不含二氧化碳的空气或干燥的氧所氧化。但在潮湿空气中，表面会生成一层灰白色致密的碱式碳酸锌($ZnCO_3 \cdot 3Zn(OH)_2$)，保护内部锌不再被腐蚀。锌在熔融时与铁形成化合物，冷却后保留在铁表面上，保护钢免受侵蚀，工业上称之为镀锌。锌易溶于稀硫酸、稀盐酸及碱性溶液中。

6.1.2.3 锌的用途

锌广泛用于航天、汽车、船舶、钢铁、机建筑、电子及日用工业等行业。金属锌的最大用途是镀锌，约占总耗锌量的40%以上；锌能和多种金属形成合金，其中最主要的是锌与铜形成的黄铜，广泛应用于机械制造业，约占总耗锌量的20%；锌与铝、镁、铜等组成的压铸合金，约占15%左右；其余20%～25%主要用于制造各种锌基合金干电池、氧化锌、建筑五金制品及化学制品等。锌的氧化物多用于橡胶、陶瓷、造纸、颜料工业；氯化锌用作木材的防腐剂，硫酸锌用于制革、纺织和医药等工业。在冶金工业中，锌可用来从氰化溶液中置换金；在湿法炼锌中，用锌粉置换除铜、镉等。

6.1.3 锌的主要化合物

锌的主要化合物有ZnS、ZnO、$ZnSO_4$和$ZnCl_2$。

6.1.3.1 ZnS

ZnS是炼锌的主要原料，在自然界中以闪锌矿的形态存在。在空气中480℃下缓慢氧化，在600℃以上时剧烈氧化。

$$ZnS + 3/2O_2 = ZnO + SO_2 \tag{6-1}$$

在1100℃下，与CaO反应生成CaS和ZnO：

$$ZnS + CaO = CaS + ZnO \tag{6-2}$$

硫化锌在酸中可氧化分解，目前利用这一点已研究开发了高压氧酸浸法处理硫化锌精矿的新工艺。

6.1.3.2 ZnO

自然界中无氧化锌天然矿物。ZnO可被C、CO和H_2还原，其中被CO还原的反应在800℃下十分激烈：

$$ZnO + CO = Zn(g) + CO_2 \tag{6-3}$$

在823℃以上，与Fe_2O_3形成铁酸锌。

6.1.3.3 $ZnSO_4$

自然界中无硫酸锌天然矿物。在850℃左右温度下分解压达到10132.5Pa，易溶于水，受热易分解：

$$ZnSO_4 \xlongequal{} ZnO + SO_2 + 1/2O_2 \quad (6\text{-}4)$$

在700K以上温度时，易与Fe_2O_3生成铁酸锌，加速上述分解反应的进行。

6.1.3.4 $ZnCl_2$

$ZnCl_2$熔点为318℃，沸点为730℃，在500℃下显著升华，$ZnCl_2$的这一特点是挥发锌并得以富集的依据。氯化锌易溶于水。

6.1.4 锌的矿物资源和炼锌原料

自然界中未发现有自然锌，锌在自然界多以硫化物状态存在。含锌的矿物种类很多，较常见的有闪锌矿（ZnS）、铁闪锌矿（nZnS · mFeS）、菱锌矿（$ZnCO_3$）、硅锌矿（$ZnSiO_4$）和异极矿（$ZnSiO_4 \cdot H_2O$）。通常将含锌矿石分为硫化矿和氧化矿。目前炼锌的原料大都是浮选硫化锌精矿。

锌的矿物以硫化矿最多，单一硫化矿极少，多于其他金属硫化矿伴生形成多金属矿，有铅锌矿、铜铅锌矿、铜锌矿，此外还含有银、金、砷、锑、铟、锗、镉等有价金属。硫化矿含锌约为8.8%～17%，氧化矿含锌约为10%，而冶炼要求锌精矿含锌大于45%～55%。因此一般采用优先浮选法对低品位多金属含锌矿物进行选矿得到符合冶炼要求的各种金属的精矿。炼锌厂的硫化锌精矿的化学成分见表6-2。

表6-2 硫化锌精矿的化学成分 (%)

序号	化学成分									
	Zn	Fe	S	Pb	Cu	Sb	As	Cd	SiO_2	$Ag/g \cdot t^{-1}$
一厂	44.83	15.60	32.43	0.98	0.64	0.001	<0.20	0.20	1.32	80
二厂	51.34	11.48	32.53	0.88	0.12	0.02	0.04	0.02	0.50	85
三厂	55.00	4.4	30.35	1.09	0.33	0.011	0.01	0.12	3.5	33

浮选得到的硫化锌精矿成分一般为：锌45%～60%、铁5%～15%，硫的含量变化不大，为30%～33%。可见，锌精矿的主要组分为Zn、Fe和S，三者共占总量的90%左右。从经济价值来考虑处理锌精矿的目的，首先应该回收锌和硫，因为两者加起来占精矿总量的80%左右。从冶炼过程和回收率来考虑，铁是最主要的杂质金属，采用的冶炼工艺流程要有利于原料中的锌铁分离，相近的化学性质决定了它们在冶金过程中的行为相似，应使铁全部进入熔渣或湿法冶金浸出后的铁渣中，且渣量要小，分离性能要好，从而减少随渣带走的金属损失。

硫化锌精矿的粒度细小，95%以上小于40μm，堆密度为1.7～2g/cm^3。在选用精矿氧化焙烧脱硫设备时应充分利用精矿粒度小、表面积大、活性高的特点，硫化物本身也是一种“燃料”，即使硫化锌能迅速氧化生成氧化锌，又能充分利用精矿的自身能量。

6.1.5 锌的生产方法

现代炼锌方法分为火法炼锌与湿法炼锌两大类，以湿法冶炼为主。

6.1.5.1 火法炼锌

火法炼锌为还原—蒸馏法，包括焙烧、还原蒸馏和精炼三个主要过程。火法炼锌原则工艺流程如图6-1所示。

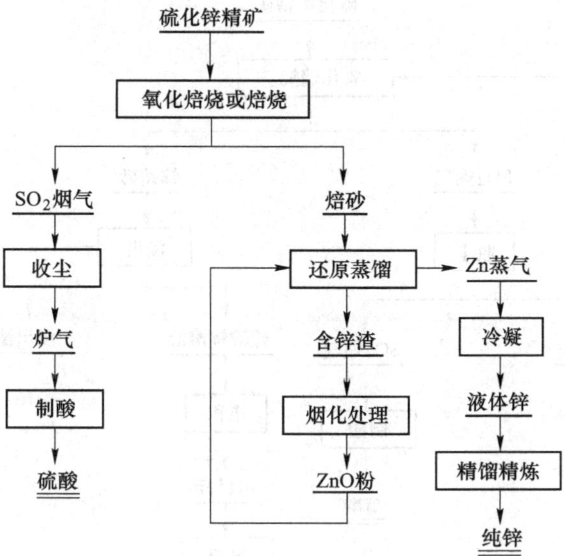

图 6-1　火法炼锌工艺流程

火法炼锌首先将锌精矿进行氧化焙烧或烧结，使精矿中的 ZnS 变为 ZnO，以便为碳质还原剂所还原。由于锌的沸点较低，在高于其沸点温度下还原出来的锌将呈蒸气状态从炉料中挥发出来，这样，锌便与炉料中其他组分分离。锌蒸气随炉气一起进入冷凝器，在冷凝器内冷凝成液体锌。与锌一起呈蒸气状态进入气相的还有其他易挥发的杂质金属，如镉和铅，会影响锌的纯度，须将冷凝所得的粗锌进行精炼。精炼方法是利用锌和杂质金属的沸点不同，采用蒸馏的方法来提纯的，称为锌精馏。将精馏锌浇铸成锭，得到纯度99.99%以上的精锌。

火法炼锌主要有平罐炼锌、竖罐炼锌、密闭鼓风炉炼锌及电热法炼锌。平罐炼锌和竖罐炼锌存在能耗高、对原料的适应性差等缺点，是一种简单而又落后的炼锌方法，目前已基本淘汰。竖罐炼锌和电热法炼锌于 20 世纪初用于工业生产，在生产能力和连续化操作等方面比平罐炼锌优越得多，但因煤耗、电耗大，如今已被淘汰。20 世纪 50 年代发展起来的密闭鼓风炉炼锌，既能处理铅锌混合精矿及含锌氧化物料，又能在同一座鼓风炉中可生产出铅、锌，是目前主要火法炼锌方法，产锌量占世界锌总产量的 10%左右。

6.1.5.2　湿法炼锌

湿法炼锌在第一次世界大战期间开始应用，到目前为止，湿法炼锌是当前的主导炼锌方法，其产量约占世界锌总产量的 90%。其本质是用稀硫酸（即废电解液）浸出焙烧矿中的锌，锌进入溶液后再以电解法从溶液中沉积出来。湿法炼锌可直接得到很纯的锌，不像火法蒸馏炼锌还需精炼。除此之外，操作所需劳动力较少，劳动条件也较好，只是电能消耗大。

湿法炼锌包括常规的湿法炼锌和全湿法炼锌两类。常规的湿法炼锌实际上是火法与湿法的联合流程，包括焙烧、浸出、净化和电积四个主要过程，含硫烟气用于制酸。常规湿法炼锌原则工艺流程如图 6-2 所示。

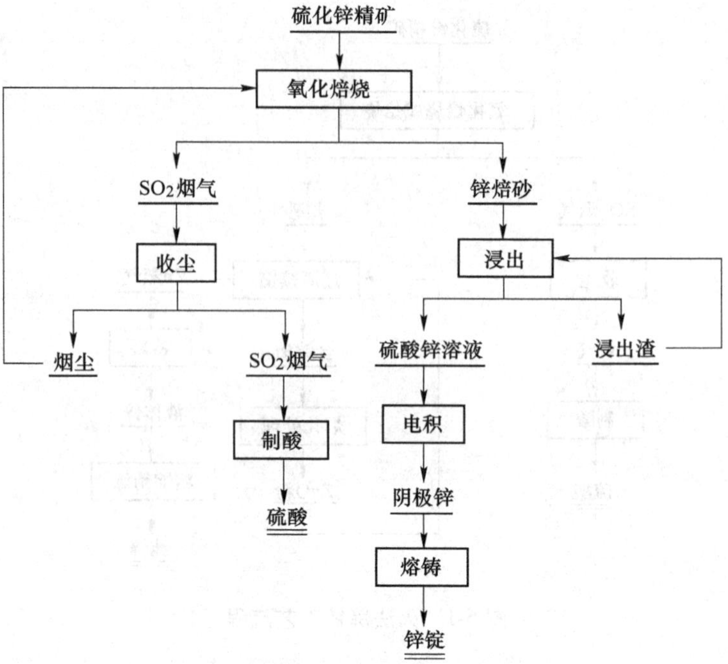

图 6-2　湿法炼锌原则流程

全湿法炼锌是在硫化锌精矿直接加压浸出的技术基础上形成，省去了常规湿法炼锌工艺中的焙烧和制酸工序，锌精矿中的硫以元素硫的形式富集在浸出渣中，避免了过程中二氧化硫的产出，环境污染小，锌回收率高，尤其适于地处偏远及硫酸销售困难的生产企业，且工艺灵活，既可单独建厂应用，也可与原有焙烧浸出工艺流程结合使用。除此之外，尚有硫化锌精矿的富氧常压浸出工艺和氧化锌矿的浸出—萃取—电积工艺得到工业应用。

6.2　硫化锌精矿的焙烧

6.2.1　焙烧的目的和要求

从硫化锌精矿中提取锌，除氧压浸出—电积流程外，无论采用火法还是湿法工艺，硫化锌精矿都必须经过焙烧脱硫变成氧化物，以适应下一步冶炼的需要。

硫化锌精矿焙烧过程是在高温下借助空气中的氧进行的氧化过程：

$$2ZnS + 3O_2 \xlongequal{} 2ZnO + 2SO_2 \qquad (6\text{-}5)$$

焙烧的根本目的在于将精矿中的硫化锌尽量氧化为氧化锌，同时尽量脱除对后续工艺有害的杂质，为便于将烟气中所含二氧化硫制成硫酸，还要产出有足够浓度的二氧化硫烟气。

火法炼锌和湿法炼锌的第一个工序都是焙烧。两者之间既有共同之处，也有不同点。火法炼锌的焙烧是氧化焙烧。焙烧时希望尽可能全部脱除硫，使 ZnS 转变为 ZnO，同时也希望尽可能多地挥发砷和锑。有些工厂还力求除去铅、镉。这样既可以得到含镉烟尘作为提镉原料，又可以提高还原锌的质量。所以，火法炼锌的焙烧是一个完全脱硫的过程。

湿法炼锌是在硫酸和硫酸锌溶液体系中进行的。由于原料中不同程度上含有难溶或溶度较小的硫酸盐金属组分，如铅、钙、镁等，它们在浸出时形成不溶性硫酸盐进入浸出液造成浸出剂硫酸的损失，此外，浸出-电积过程有硫酸挥发损失。为了使焙砂中形成少量酸盐以补偿电解与浸出循环系统中硫酸的损失，焙砂中须保留3%~4%硫酸盐形态，焙烧并不要求全部脱硫。所以湿法炼锌厂所进行的焙烧一般是氧化焙烧和部分的硫酸化焙烧的过程。

硫化物的焙烧过程是一个发生气固反应的过程，将大量的空气（或富氧空气）通入硫化矿物料层，在高温下发生反应，氧与硫化物中的硫化合产生气体 SO_2，有价金属则变为氧化物或硫酸盐。焙烧过程得到的固体产物就被称为焙砂或焙烧矿。

硫化物精矿焙烧时，一定要使炉料不发生熔融，否则会使氧化反应所要求的矿粒表面与氧化性气体的最大接触面积受到破坏。只有当矿粒在气相中呈悬浮状态，强烈搅动，才能使矿粒表面充分暴露给氧化性气体。

硫化精矿的氧化焙烧是放热反应过程，其反应热就能维持焙烧炉处于所需的温度之下，因而不需要燃烧燃料供热就使焙烧过程连续进行。

无论是火法炼锌还是湿法炼锌，尽管锌精矿焙烧的后续工艺多种多样，对焙烧过程要求也不尽相同，但近年来的趋势是尽可能提高焙烧温度，强化生产过程，降低锌焙砂残硫率。

6.2.2 焙烧时硫化锌精矿中各成分的行为

6.2.2.1 硫化锌

硫化锌（ZnS）以闪锌矿或铁闪锌矿（mZnS · nFeS）的形式存在于锌精矿中。焙烧时硫化锌进行下列反应：

$$ZnS + 2O_2 = ZnSO_4 \tag{6-6}$$

$$2ZnS + 3O_2 = 2ZnO + 2SO_2 \tag{6-7}$$

$$2SO_2 + O_2 = 2SO_3 \tag{6-8}$$

$$ZnO + SO_3 = ZnSO_4 \tag{6-9}$$

焙烧开始时，进行式（6-6）与式（6-7），反应产生 SO_2 之后，在有氧的条件下它又被氧化成 SO_3。式（6-8）是可逆的，低温时（500℃）由左向右进行，即 SO_2 氧化为 SO_3；在较高温度（600℃以上）时，该反应由右向左进行，即 SO_3 分解为 SO_2 与 O。式（6-9）表明，在有 SO_3 存在时氧化锌可以形成硫酸锌，此反应也是可逆的。硫酸锌生成的条件及数量取决于焙烧温度及气相成分，即温度低、SO_3 浓度高时，形成的硫酸锌就多，当温度高、SO_3 浓度低时，硫酸锌发生分解，趋向于形成氧化锌。调节焙烧温度和气相成分，就可以在焙砂中获得所需要的氧化物或硫酸盐。

ZnS 在焙烧过程中受热时不分解，仍保持紧密状态，使气体透过困难，同时，焙烧所得氧化锌，其密度较硫化锌小，所占体积较大，完全地包裹硫化锌核心，使氧扩散到硫化锌表面也很困难。因此，硫化锌是较难焙烧的一种硫化物。

6.2.2.2 硫化铅及硫化铁

硫化铅（PbS）是铅在硫化锌精矿中存在的矿物形式。硫化铅也是比较紧密的硫化物，热分解很小，被氧化的速率很慢。

硫化铁（FeS）通称作黄铁矿，它是锌精矿中常有的成分。焙烧时在较低的温度下即发生热分解：

$$FeS_2 = FeS + 1/2S_2 \tag{6-10}$$

也按下列反应生成氧化物：

$$4FeS_2 + 11O_2 = 2Fe_2O_3 + 8SO_2 \tag{6-11}$$

$$3FeS + 5O_2 = Fe_3O_4 + 3SO_2 \tag{6-12}$$

焙烧结果是得到 Fe_2O_3 与 Fe_3O_4，两者数量之比随温度改变而有所不同。由于 FeO 在焙烧条件下继续被氧化及硫酸铁很容易分解，故可以认为焙烧产物中没有或极少有 FeO 与 $FeSO_4$ 存在。

6.2.2.3 硅酸盐的生成

硫化锌精矿中脉石常含有游离状态的二氧化硅和各种结合状态的硅酸盐，二氧化硅量有时达到2%~8%。二氧化硅与氧化铅接触时，形成熔点不高的硅酸铅（$2PbO \cdot SiO_2$），促使精矿熔融，妨碍焙烧进行。熔融状态的硅酸铅可以溶解其他金属氧化物或其硅酸盐。二氧化硅还易与氧化锌生成硅酸锌（$2ZnO \cdot SiO_2$），硅酸锌和其他硅酸盐在浸出时虽然容易溶解，但二氧化硅变成胶体状态，对澄清和过滤不利。

为了减少焙烧时硅酸盐的形成，对入炉精矿中的铅、硅含量有严格控制。除注意操作外，还应从配料方面使各种不同精矿按比例混合得到含铅与二氧化硅尽可能少的焙烧物料。硅酸盐的生成对火法炼锌来说，不致造成生产上的麻烦，无需特别予以注意。

6.2.2.4 铁酸锌的生成

当温度在600℃以上时，焙烧硫化锌精矿生成的 ZnO 与 Fe_2O_3 按以下反应形成铁酸锌：

$$ZnO + Fe_2O_3 = ZnO \cdot Fe_2O_3 \tag{6-13}$$

在湿法浸出时，铁酸锌不溶于稀硫酸，留在残渣中而造成锌的损失。因此，对于湿法炼锌厂来说，力求在焙烧中避免铁酸锌的生成，尽量提高焙烧产物中的可溶锌率，可采用下列措施：

（1）加速焙烧作业，缩短反应时间，以减少在焙烧温度下 ZnO 与 Fe_2O_3 颗粒的接触时间。

（2）增大炉料的粒度，以减小 ZnO 与 Fe_2O_3 颗粒的接触的表面。

（3）升高焙烧温度并对焙砂进行快速冷却，能有效地抑制铁酸锌生成。秘鲁一家工厂曾用1150℃的高温沸腾焙烧，证明铁酸锌生成的数量较原950℃焙烧减少了14%。

（4）将锌焙砂进行还原沸腾焙烧，用 CO 还原铁酸锌，由于其中的 Fe_2O_3 被还原，破坏了铁酸锌的结构而将 ZnO 析出。还原反应如下：

$$3(ZnO \cdot Fe_2O_3) + CO = 3ZnO + 2Fe_3O_4 + CO_2 \tag{6-14}$$

6.2.2.5 硫化锌精矿的沸腾焙烧炉

焙烧硫化锌精矿的设备广泛采用沸腾焙烧炉。沸腾焙烧是强化焙烧过程的新方法，在焙烧过程中使空气自下而上地吹过固体炉料层，使精矿悬浮于炉气中进行焙烧，固体颗粒相互分离，悬浮粒子不停地翻动，形如水的沸腾。该方法又称流态化焙烧，它是一种强化气-固之间进行的传质传热和化学反应过程的工艺。

沸腾炉所用设备简单，易于实现自动化控制，目前采用的沸腾焙烧可分为带前室的直形炉、道尔型湿法加料直形炉和鲁奇上部扩大型炉三种类型。鲁奇型沸腾炉具有生产率高、热能回收好及焙砂质量较高等优点。20 世纪 70 年代以来各厂均改建或新建鲁奇型炉，结构如图 6-3 所示。

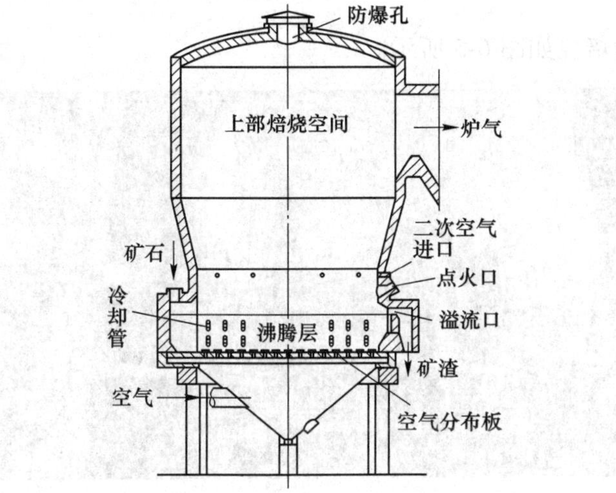

图 6-3 鲁奇上部扩大型沸腾炉图

6.2.2.6 沸腾焙烧车间的附属设备

锌精矿沸腾焙烧车间的设备连接如图 6-4 所示。沸腾炉排出的烟气温度一般为 900～1000℃，含 SO_2 为 10%左右，含尘 200～300g/cm^3。由于烟气量大，随烟气带出的烟尘量占焙烧固体产物总量的 1/3～1/2。烟气先经余热锅炉，使烟气温度降到 350℃左右，利用

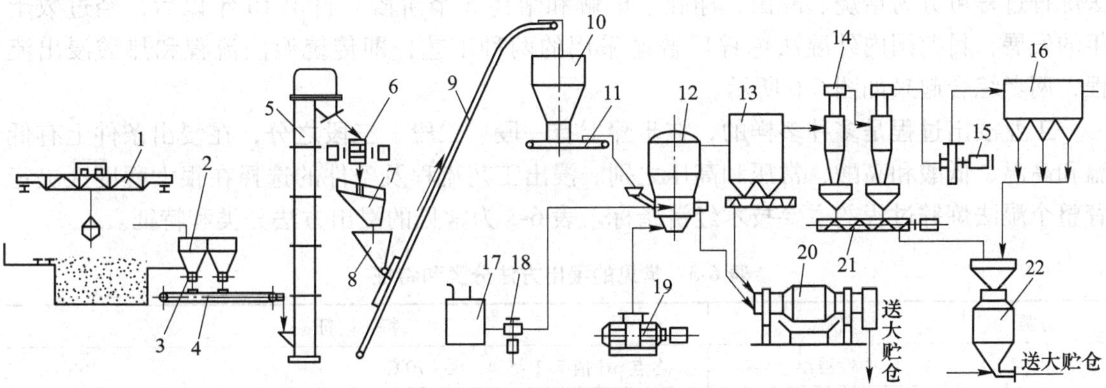

图 6-4 锌精矿流态化焙烧设备连接简图

1—抓斗起重机；2，10—料仓；3—圆盘给料机；4，9—带式输送机；5—斗式提升机；6—鼠笼破碎机；7—振动筛；8—料斗；11—带式给料机；12—流态化焙烧炉；13—废热锅炉；14—旋风收尘器；15—高温风机；16—电收尘器；17—油罐；18—油泵；19—风机；20—冷却圆筒；21—螺旋输送机；22—脉冲输送装置

烟气带出的热和沸腾层排出的余热一起生产高压蒸汽。烟气经旋风收尘器和电收尘器收集尘粒。从电收尘器排出的烟气，其温度降到300℃左右，含尘量降到100mg/cm^3，然后送硫酸厂生产硫酸。烟尘与从沸腾层排料口溢流出炉的焙砂（900℃）一道送往浸出车间。

一座109m^{2}沸腾炉，一天可处理700~800t锌精矿，将约含30%硫的精矿焙烧成约含硫0.3%的焙烧矿。利用烟气制酸可产生大约与精矿等质量的浓硫酸，利用废热锅炉可以生产大约与精矿等质量的高压（3~6MPa）蒸汽，除供湿法炼锌本厂消耗外，还有一半可用于发电。

湿法炼锌厂沸腾焙烧如图6-5所示。

图6-5 湿法炼锌厂沸腾焙烧

6.3 湿法炼锌的浸出过程

湿法冶金是在低温（25~250℃）及水溶液中进行的一系列冶金作业过程。传统的湿法炼锌过程可分为焙烧、浸出、净化、电解和熔铸5个阶段。自1916年以后，经过数十年的发展，目前国内外湿法炼锌厂普遍采用的两种工艺，即传统湿法流程和热酸浸出流程，两者综合起来如图6-6所示。

工业浸出过程是多种多样的，在步骤上有一段、二段、三段之分，在浸出条件上有低温和高温、低酸和高酸、常压和高压之别。浸出工艺流程及条件的选择在很大程度上决定着整个湿法炼锌过程的主要技术经济指标。表6-3为常见的浸出方法分类和特征。

表6-3 常见的浸出方法分类和特征

分类	名称	特征
按过程酸度等不同	中性浸出	终点pH值5.2~5.4，60~70℃
	酸性浸出（低酸浸出）	终酸1~5g/L（10~20g/L），75~80℃
	热酸浸出（高酸浸出）	终酸40~60g/L，90~95℃
	超酸	终酸120~130g/L，90~95℃
	氧压浸出	终酸15~30g/L，135~150℃，氧分压350~1000kPa
	还原浸出	终酸20g/L，100~110℃，SO_2压强150~200kPa

续表 6-3

分类	名称	特 征
按过程段数不同	一段浸出	一段中性浸出、一段氧压浸出、一段还原浸出
	二段浸出	一段中浸、一段酸浸；两段中浸；两段酸浸；两段氧压酸浸
	三段浸出	一段中浸、一段低浸、一段热酸浸出
	四段浸出	一段中浸、一段酸浸、一段高浸、一段超酸浸出
按作业方式不同	间断浸出	浸出过程在同一槽内分批间断进行
	连续浸出	浸出过程在几个槽内循序进行

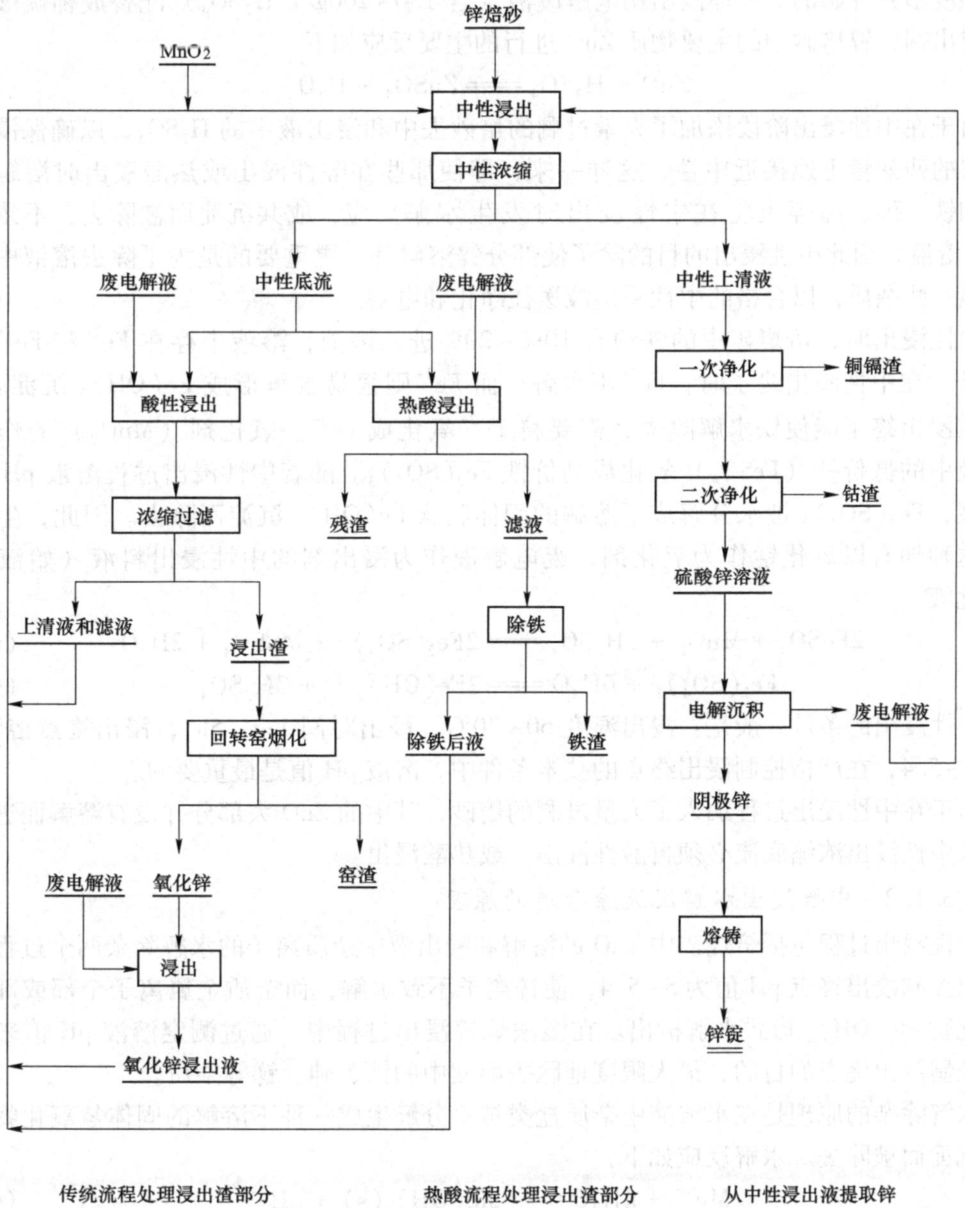

图 6-6 湿法炼锌的两种生产流程

6.3.1 锌焙砂的浸出

湿法炼锌的浸出是以稀硫酸溶液作溶剂，控制适当的酸度、温度和压强等条件，将含锌物料（如锌焙砂、锌烟尘、锌氧化矿、锌浸出渣及硫化锌精矿等）中的锌化合物溶解呈硫酸锌进入溶液，不溶固体形成残渣的过程。浸出所得的混合矿浆再经浓缩、过滤，将溶液与残渣分离。

6.3.1.1 中性浸出过程的主要反应

湿法炼锌无论是采用传统流程，还是采用热酸浸出流程，氧化锌焙砂的浸出反应都是从中性浸出并开始的。中性浸出用电解废液（含 150~200g/L H_2SO_4）配备成稀硫酸混合液作浸出剂，锌焙砂中的主要物质 ZnO 进行的主要反应如下：

$$ZnO + H_2SO_4 = ZnSO_4 + H_2O \quad (6\text{-}15)$$

由于在中性浸出阶段添加了大量过剩的焙砂去中和浸出液中的 H_2SO_4，以确保浸出终点矿浆的残酸量迅速接近中性，这样一来，即使那些在酸性浸出或热酸浸出时溶解的杂质，如铁、砷、锑等也将在中性浸出时发生水解反应，或共沉淀而被除去，不致进入 $ZnSO_4$ 溶液，因此中性浸出的目的除了使部分锌溶解外，更重要的是为了除去溶液中的铁及其他一些杂质，以合格的中性浸出液送往净化和电解。

中性浸出时，焙烧矿中的铁约有 10%~20%进入溶液，溶液中存在 Fe^{2+}和 Fe^{3+}两种铁离子。在中性浸出终了时，Fe^{2+}不水解，而 Fe^{3+}则很易水解形成 $Fe(OH)_3$ 沉淀除去。为了在浸出终了能使铁水解除去，需要将 Fe^{2+}氧化成 Fe^{3+}。氧化剂（MnO_2）的作用是把溶液中的低价铁（$FeSO_4$）氧化成高价铁 $Fe_2(SO_4)_3$。随着中性浸出过程溶液 pH 值逐渐升高，$Fe_2(SO_4)_3$ 被水分解成不溶解的固体胶状 $Fe(OH)_3$ 沉淀而除去。因此，生产上常把这种加有以氧化锰作为氧化剂，废电解液作为浸出剂的中性浸出料液（始液）称为氧化液。

$$2FeSO_4 + MnO_2 + 2H_2SO_4 = 2Fe_2(SO_4)_3 + MnSO_4 + 2H_2O \quad (6\text{-}16)$$

$$Fe_2(SO_4)_3 + 6H_2O = 2Fe(OH)_3\downarrow + 3H_2SO_4 \quad (6\text{-}17)$$

中性浸出的条件一般是：浸出温度 60~70℃，浸出时间 1~1.5h,，浸出终点溶液 pH 值为 5~5.4，在严格控制浸出终点的技术条件中，溶液 pH 值是最重要的。

由于在中性浸出过程加入了大量过剩的焙砂，其中的 ZnO 大部分并没有溶解而进入渣中，故中性浸出浓缩底流必须再酸性浸出，或热酸浸出。

6.3.1.2 中性浸出水解沉淀除杂质的原理

中性浸出过程包括焙烧矿中 ZnO 的溶解和浸出液中杂质离子的水解除杂两个过程。中性浸出控制浸出终点 pH 值为 5~5.4，使锌离子不致水解，而杂质金属离子全部或部分以氢氧化物 $Me(OH)_n$ 形式水解析出。在湿法炼锌浸出过程中，通过测定溶液 pH 值来达到正确控制浸出终点的目的，最大限度地除去溶液中的铁、砷、锑等杂质。

水解除杂的原理是在水溶液中杂质盐类被水分解生成一种不溶解的固体氢氧化物或碱式盐沉淀而被除去。水解反应如下：

$$Me^{n+} + nH_2O = Me(OH)_n(s) + nH^+ \quad (6\text{-}18)$$

从含有多种金属离子的盐溶液中沉淀时，一般首先析出的是形成 pH 值小且溶解度小的氢氧化物。在含同一种金属而价态不同的金属离子溶液中，因高价金属离子比低价金属离子溶解度小，所以总是比低价金属离子在pH值更小的溶液中形成氢氧化物沉淀。

控制溶液的pH值越大，杂质水解沉淀越完全，但湿法炼锌控制溶液pH值的原则是为了最大限度地溶出锌，浸出终点的pH值应当低于锌的氢氧化物析出的沉淀pH值。在锌浸出液中，开始析出金属氢氧化物沉淀的pH值见表6-4。

表6-4 开始析出氢氧化物沉淀的pH值

金属离子	Fe^{3+}	Al^{3+}	Cu^{2+}		Zn^{2+}	Cd^{2+}	Fe^{2+}	Co^{2+}	Mn^{2+}
浓度/g·L^{-1}	2.0	1.0	2.0	0.5	100~120	0.3	0.5	0.05	5.0
pH值	1.7	4.0	4.1	5.0	5.5~5.6	7.5	8.5	8.5	9.0

从表6-4可见，当溶液的pH值控制在5.0~5.4范围内时，Zn^{2+}不水解沉淀，Fe^{3+}完全析出沉，Al^{3+}也如此；Cu^{2+}部分发生水解沉淀而除，还有部分残留在溶液中，Cd^{2+}、Fe^{2+}、Co^{2+}、Mn^{2+}等不会发生水解沉淀而存在于溶液中。由于Fe^{2+}离子的水解pH值比Fe^{3+}离子高得多，因此在中性浸出时须加氧化剂将其氧化为Fe^{3+}使铁从溶液中全部除去。

浸出液中的As、Sb、Ge与铁共沉淀。所以当浸出液中这3种杂质含量较高时，必须保证浸出液中有足够多的铁离子。通常铁含量为As和Sb总量的10倍以上。Fe与As、Sb共沉淀的机理，基于下列原理：

在$Fe(OH)_3$胶体的絮凝过程中，具有很高的吸附能力，这时As和Sb的氢氧化物被吸附共沉，浸出液中形成的$Fe(OH)_3$胶体与As^{3+}发生下列反应：

$$4Fe(OH)_3 + H_3AsO_3 = Fe_4O_5(OH)_5As\downarrow + 5H_2O \tag{6-19}$$

锑也有类似的反应。

6.3.1.3 酸性浸出和火法处理浸出渣

在采用传统的湿法流程炼锌工厂，中性浓缩所得的底流（浓泥）送往酸性浸出槽，用大量的废电解液进行酸性浸出。酸性浸出的始酸浓度较高，也就是以高于理论量的硫酸量对酸性浸出底流中的ZnO进行再浸出，且浸出温度较高（70~80℃），浸出时间更长（2~4h），浸出终点溶液值高于中性浸出（pH值终点为2~3，即溶液残酸1~5g/L H_2SO_4），目的是使锌尽量多溶解，而杂质尽量少溶解。

酸性浸出液经浓密机固液分离后，上清液返回到中性浸出，底流经圆盘过滤机过滤后，得到含锌20%的残渣。经过两段浸出后，锌的浸出率为80%~90%。

在锌精矿的沸腾焙烧过程中，生成的ZnO与Fe_2O_3不可避免地会结合成铁酸锌（$ZnFe_2O_4$）。铁酸锌是一种难溶于稀硫酸的铁氧体，在一般的酸浸条件下不溶解，全部留在中性和酸性浸出渣中。经中性浸出和酸性浸出后的浸出渣含锌仍在17%~20%，渣中锌的主要形态为$ZnFe_2O_4$，含量在60%~90%。铁酸锌在中浸和酸浸的浸出条件下不溶解，而与脉石和其他杂质等不溶组分进入浸出渣。两段浸出渣中除了含有残余的锌之外，还含有许多其他有价元素，如重金属铅和铜，贵金属银和金，稀散金属镓、铟、锗等有价金属氧化物，这种含锌及其他金属高的浸出渣不能废弃，必须进一步处理回收锌。传统流程是用回转窑处理锌浸出渣，也称作威尔兹法。

回转窑处理锌浸出渣是一个用碳还原挥发锌的火法过程。将干燥后的浸出渣与还原剂（焦粉或无烟煤）混合均匀，通过一根加料管从窑尾部加入具有一定倾斜度的回转窑内。窑头部设燃料燃烧嘴，靠燃烧重油或煤气供热，使窑温达到1100~1200℃。炉料在窑内的充填系数约占窑内空间的15%左右。当窑体缓慢转动时，炉料翻转滚动，在向窑头高温端运动过程中，铁酸锌被还原分解成的游离的ZnO和Fe_3O_4，然后分别还原成锌蒸气和金属铁。锌蒸气被炉气中的O_2和CO_2氧化成ZnO固体细颗粒，随炉气带到与窑尾部紧相连的废热锅炉和布袋收尘器内，得到粗氧化锌。浸出渣中的铁被还原成FeO或金属铁（呈海绵状），分散于残渣中。

粗氧化锌是火法处理浸出渣的主要产物，含锌55%~65%，其次还含有铅、铟、锗、镉等有价金属氧化物，必须送氧化锌浸出系统进行湿法处理。氧化锌的浸出与锌焙砂浸出相似，氧化锌的中性浸出液返回至焙砂中性浸出槽（见图6-6）。此外，要注意从氧化锌处理过程中回收其他有价金属。

传统湿法炼锌厂最后产出的可废弃的残渣是以窑渣的形式得到固定。这种火法冶金排出的固体废料在环境中处于稳定状态，含可溶性的盐类和其他化合物少，便于堆存，对环境影响不大。但该工艺流程较长、能耗较高，窑衬耐火材料容易损坏，迫使人们研究用全湿法流程处理锌浸出渣。

6.3.2 热酸浸出和从高铁溶液除铁的方法

为了避免杂质的大量溶解，传统湿法炼锌采用较低温度和较低终酸浓度的条件下进行两段浸出，致使酸性浸出渣中仍残存有焙砂中的15%~20%的锌和几乎全部的铁，残存的锌和铁大部分是以未发生溶解反应的铁酸锌形态存在。整个浸出流程中锌的浸出率只有80%~85%。上述就是回转窑火法处理浸出渣存在的缺点。

从1916年电锌生产开始，在此以后近半个世纪的时间内，关于铁酸锌的溶解及其锌铁分离的问题一直是化学和冶金工作者为解决湿法炼锌金属回收率低的主要研究课题。早在20世纪30年代，人们从实验中就知道$ZnFe_2O_4$在浸出温度和酸度比较高的条件下也能进入溶液，这种温度比较高（90~95℃）、酸度比较大（终点残酸40~60g/L）的浸出方法称作高温高酸浸出或简称热酸浸出。在这种浸出条件下，铁酸锌可以被溶解，其反应为：

$$ZnFe_2O_4 + 4H_2SO_4 = ZnSO_4 + Fe_2(SO_4)_3 + 4H_2O \quad (6\text{-}20)$$

同时渣中残留的ZnS使Fe^{3+}还原成Fe^{2+}而溶解：

$$ZnS + Fe_2(SO_4)_3 = ZnSO_4 + 2FeSO_4 + S^0 \quad (6\text{-}21)$$

热酸浸出时锌的浸出率可达到97%~99%，铁70%~85%，金属锌的回收率显著提高（达到97%~98%），铅、银富集于渣中。但热酸浸出方法带来了一个新的问题，就是由于$ZnFe_2O_4$的大量溶解，使浸出液中Fe^{3+}的含量大为增加（高达20~40g/L）。如果将这种含Fe^{3+}量高的浸出液返回中性浸出，用中和水解除铁法则会产生大量$Fe(OH)_3$胶状沉淀难以沉降、过滤和洗涤，甚至导致生产过程由于液固分离困难而无法进行。

铁酸锌的溶解在工业上是容易办到的，于是为提高锌浸出率所做的努力都集中在改进除铁方法这个问题上。目前工业生产中采用将铁以不溶化合物沉淀的方法除去。根据沉淀铁的化合物形态不同，热酸浸出过程中采用的沉铁方法有黄钾铁矾（$KFe_3(SO_4)_2(OH)_6$）法、针铁矿（FeOOH）法和赤铁矿（Fe_2O_3）法。

6.3.2.1 黄钾铁矾法

在自然界中有些矿物具有相似的组成、相同的结构和相同的结晶形态，这就是地球化学上所称的类质同晶。所谓矾就是一系列类质同晶矿物的总称，而黄钾铁矾则是矾中的一种。在自然界，一价金属离子（K^+、Na^+、Ag^+、NH_4^+ 等）和三价金属离子（Al^{3+}、Fe^{3+}、Cr^{3+}等）的硫酸盐最容易一起形成矾。

该方法通过添加某些一价金属阳离子，可使三价铁以黄钾铁矾复盐的形式从弱酸溶液里沉淀出来，基本反应式可表示如下：

$$3Fe_2(SO_4)_3 + 2(A)OH + 10H_2O \xlongequal{} 2(A)Fe_3(SO_4)_2(OH)_6 + 5H_2SO_4 \quad (6\text{-}22)$$

式中，A 为 K^+、Na^+、NH_4^+、Ag^+、Rb^+、H_3O^+和 $1/2Pb^{2+}$。

这几种碱金属离子中 K^+的作用最佳，Na^+、Rb^+稍差。经 X 射线衍射分析，得知此种结晶与天然的黄钾铁矾结构非常相似，所以把这种复式盐通称为黄钾铁矾结晶。该法是目前国内外普遍采用的除铁方法，溶液中 90%~95%的铁可以沉淀出来，残存的铁进一步以 $Fe(OH)_3$ 沉淀。当溶液中的铁以黄钾铁矾形式析出时，沉淀物为结晶态，易于沉降、过滤和洗涤。黄钾铁矾法的基本反应为：

$$3Fe_2(SO_4)_3 + 2KOH + 10H_2O \xlongequal{} 2KFe_3(SO_4)_2(OH)_6 + 5H_2SO_4 \quad (6\text{-}23)$$

6.3.2.2 针铁矿沉铁法

针铁矿沉铁法又称空气氧化除铁法。它是在高温（80~100℃左右）、较低酸浓度（pH=3~5）和低 Fe^{3+}（小于 1g/L）的硫酸盐溶液中，使溶液中 Fe^{3+}以稳定的化合物针铁矿（$Fe_2O_3 \cdot H_2O$ 或 α-FeOOH）的形式析出：

$$Fe_2(SO_4)_3 + ZnS + 1/2O_2 + 3H_2O \xlongequal{} ZnSO_4 + Fe_2O_3 \cdot H_2O + 2H_2SO_4 + S^0 \quad (6\text{-}24)$$

在热酸浸出溶液中，两种价态的铁离子并存，且浓度都很高，而其中的 Fe^{3+}水解沉淀的 pH 值为 2 左右，只要限制 Fe^{3+}浓度很小，或者在沉铁前把溶液中的高价铁离子还原成低价铁离子，就可以不用担心形成胶体 $Fe(OH)_3$ 的析出问题。

Fe^{3+}的沉淀过程受温度的影响，低温下，控制一定的 pH 值和温度可生成 $Fe(OH)_3$ 沉淀，当温度升高到 90℃以上时，控制一定的 pH 值可生成 FeOOH（针铁矿），当温度升高到 150℃时，可生成 Fe_2O_3（赤铁矿）。

在生产上，针铁矿法的操作分为两个阶段进行，首先把来自热酸浸出液中的高铁离子还原成低价状态，然后再把这种主要含 Fe^{2+}离子的酸性 $ZnSO_4$ 溶液送到沉铁槽进行中和及氧化沉铁。

在湿法冶金中，把 Fe^{3+}离子还原成 Fe^{2+}离子可供选择的还原剂很多，例如，金属元素（如锌、铁等）、氢气、S^{2-}、二氧化硫和亚硫酸等。从理论上来看，凡是其还原电极电位值低于 $Fe^{3+} \rightarrow Fe^{2+}$的还原电位值的都可作为高价铁的还原剂。在生产实践中，还应当考虑还原剂被氧化后，不应给生产过程带来任何不利的影响，不会带入新的杂质，且还原剂价格低廉、操作简便、完全无害。

针铁矿法选用纯度较高的硫化锌精矿作还原剂。

从上述反应可见，针铁矿法处理锌浸出渣的基本过程是：热酸浸出，用硫化锌精矿还原 Fe^{3+}，空气氧化沉铁，得到含铁小于 1g/L 的 $ZnSO_4$ 溶液再送往锌焙砂浸出系统。

6.3.2.3　赤铁矿沉铁法

当硫酸浓度不高时，在高温（180～200℃）和高压（2000kPa）条件下，溶液中的 Fe^{3+} 会发生如下水解反应得到结晶状赤铁矿（Fe_2O_3）沉淀：

$$2FeSO_4 + 1/2O_2 + 2H_2O \longrightarrow Fe_2O_3\downarrow + 2H_2SO_4 \quad (6\text{-}25)$$

赤铁矿法的沉铁率可达90%。赤铁矿法的优点是：锌及伴生金属浸出率高、综合回收好；产渣量少、渣的过滤性好，渣含铁高（58%）。缺点在于需用高压釜，建设投资费用大、蒸汽消耗多，产生的大量 $CaSO_4$ 渣需找到合适的销路，铁渣虽然含铁量较高，但由于含有较高的锌等有色金属和硫酸根，目前还不能用作炼铁原料。

6.3.3　浸出设备和液固分离设备

6.3.3.1　浸出槽

常压浸出采用的浸出槽根据搅拌方式的不同分为空气搅拌与机械搅拌两种。浸出槽槽体多采用钢筋混凝土捣制，也可用钢板制作。衬里有铅板、聚氯乙烯板、氢丁橡胶、耐酸瓷砖、环氧树脂等。国内目前多采用钢筋混凝土捣制槽体，内衬环氧树脂或耐酸瓷砖。目前工厂多采用机械搅拌。两种搅拌浸出槽分别如图6-7和图6-8所示。

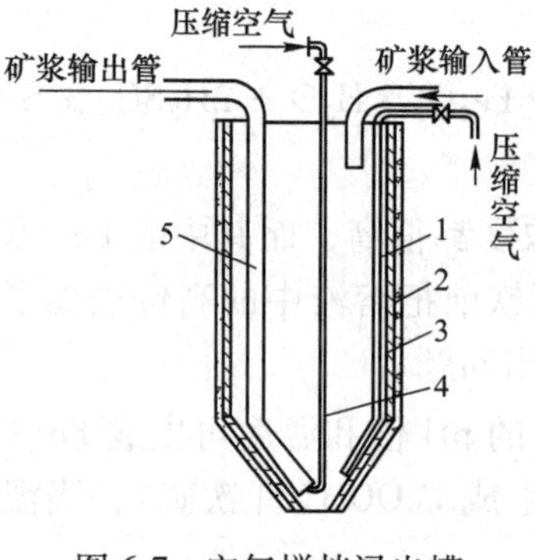

图6-7　空气搅拌浸出槽

1—搅拌风管；2—防腐衬里；3—混凝土槽；4—扬升器；5—矿浆输出管

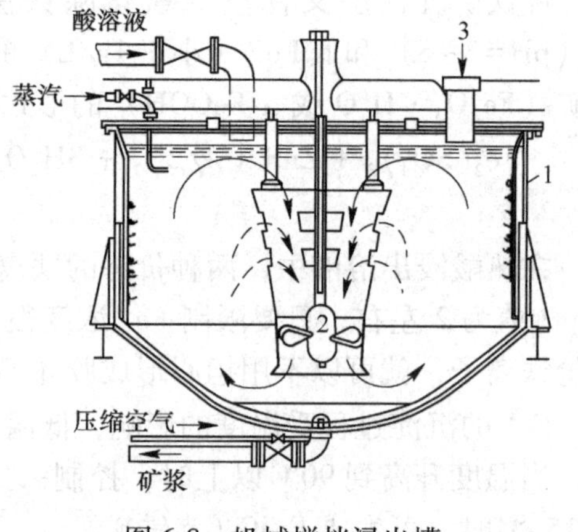

图6-8　机械搅拌浸出槽

1—槽体；2—搅拌桨；3—焙砂加入口

6.3.3.2　浓缩槽

锌焙砂浸出矿浆须经液固分离。由于浸出矿浆液固比较大（10∶1～15∶1）通常先经浓缩槽（又称浓密机）分出大部分溶液，浓缩底流则用过滤机过滤。浓缩槽是矿浆中固体颗粒借助重力而自然沉降以达到液固初步分离的湿法冶金设备，如图6-9所示。在槽内锥底面上安装有靠机械传动而缓慢转动的耙臂，浓缩底流（浓泥）被耙臂上的耙齿刮到中心位置，通过电动阀门开启从锥底排出。在上部液面处的槽内壁，设有周边溢流堰，上清液从溢流堰流出。浓缩槽具有处理量大、操作简单和消耗动力少的优点，但占地面积大，且只能用于液固初步分离。

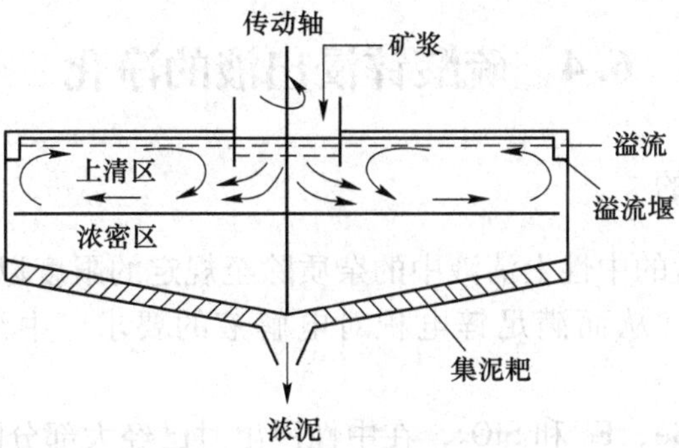

图 6-9　浓缩槽（浓密机）

湿法炼锌厂中性浸出矿浆大都采用浓缩槽进行液固分离，被分离出来的上清液送至工序，底流进行酸性浸出或热酸再浸出，再浸出后的浓缩底流送洗涤过滤。

6.3.4　过滤机

湿法炼锌厂浸出渣的过滤设备有板框式过滤机、圆盘真空过滤机、自动压滤机、带式真空过滤机、转鼓真空过滤机。各种过滤机示意图如图 6-10～图 6-12 所示。

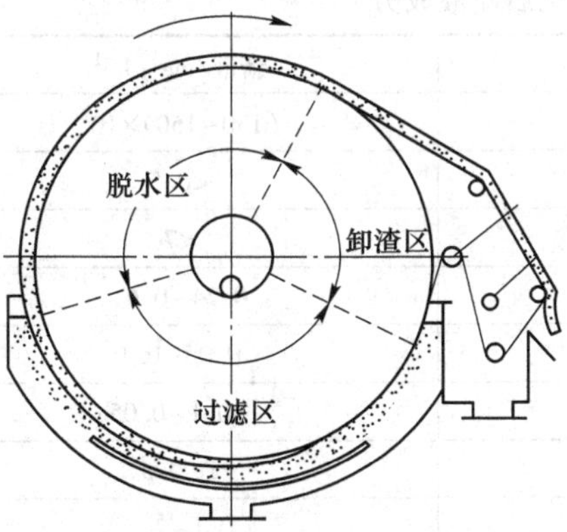

图 6-10　转鼓真空过滤机

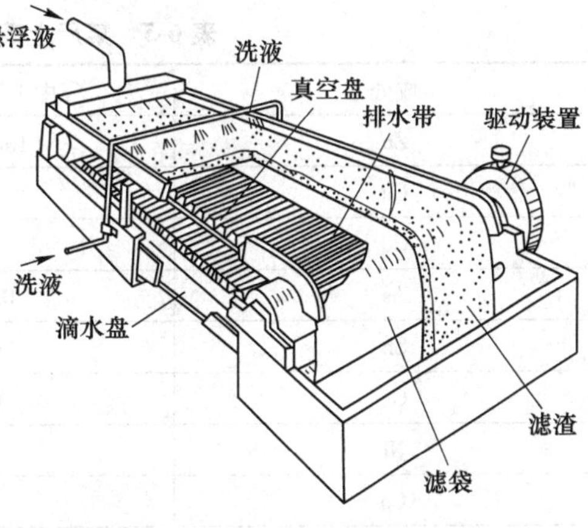

图 6-11　带式真空过滤机结构

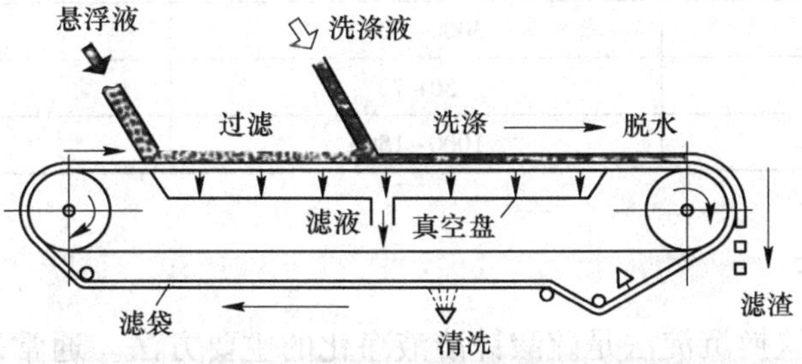

图 6-12　带式真空过滤机工作原理

6.4 硫酸锌浸出液的净化

6.4.1 浸出液净化的目的

净化是将浸出过滤后的中性上清液中的杂质除至规定的限度以下，提高其纯度，使杂质浓度在允许含量之下，从而满足锌电积对电解液的要求。中浸上清液中的杂质可分3类。

第一类为As、Sb、Ge、Fe和SiO_2，在中性浸出时已经大部分除去。

第二类为Cu、Cd、Co和Ni，电解液中存在此类离子的话，会显著降低电流效率并影响电锌质量，为常规重点脱除对象。此类杂质脱除后还具有相当大的回收价值。净化主要采用多段锌粉置换法，同时加入一些添加剂，如砒霜和锑盐。其工艺根据温度的变化分为正向和逆向，温度从高到低为正，反之为逆。

第三类为F、Cl、Ca和Mg，过高浓度的F会造成电积时阴极剥锌困难，Cl浓度过高会腐蚀锌电积的阳极，恶化环境，而高浓度的Ca、Mg会增大电解液电阻，并在电解液温度降低时以硫酸盐结晶形式析出堵塞管路，因此也要根据需要脱除。某厂的上清液成分和对净化后新液的成分要求见表6-5。

表6-5 某厂上清液成分及净化后新液成分

成分	中上清液/$mg \cdot L^{-1}$	新液/$mg \cdot L^{-1}$
Zn	$(130 \sim 150) \times 10^3$	$(130 \sim 150) \times 10^3$
Cu	240~420	<0.5
Cd	460~680	<7
As	0.18~0.36	0.24~0.61
Sb	0.3~0.4	0.05~0.1
Ge	0.2~0.5	<0.1~0.05
Ni	2~7	1~0.5
Co	10~35	1~2
Fe	1~7	10~20
F	50~100	50~100
Cl	100~300	100~300
Mn	3000~6000	3000~6000
SiO_2	50~70	40~50
悬浮物	1000~1500	

6.4.2 加锌粉置换法

在工业生产上，置换沉淀法是硫酸锌溶液净化的主要方法。通常采用不会给溶液带入新的杂质的金属锌粉作置换剂。置换沉淀的原理是在金属盐水溶液中用活泼金属（电位较负）将较惰性的金属（电位较正）还原成金属而沉淀的溶液净化方法。利用锌的标准电极电位（−0.76V）比铜（+0.34V）、镉（−0.40V）和钴（−0.27V）的电极电位更负的特点，从浸出液中把铜、镉、钴置换出来，发生如下反应：

$$Zn + Cu^{2+} = Zn^{2+} + Cu \tag{6-26}$$

$$Zn + Cd^{2+} = Zn^{2+} + Cd \tag{6-27}$$

$$Zn + Co^{2+} = Zn^{2+} + Co \tag{6-28}$$

但是，实际生产中用锌粉作置换剂只能除去铜和镉，只有另外再添加活化剂，才能同时除去钴、镍。从电位序看，钴比镉更易于用锌粉置换除去，然而实际情况并非如此。人们早就发现，用相当于理论量的锌粉可以容易地沉淀铜，而用几倍于理论量的锌粉也可以置换镉，但是用大量的甚至为理论量几百倍的锌粉却难以除去钴。置换除钴遇到困难比除去镉更复杂，不采取特殊措施很难除钴。

6.4.2.1 砷盐法

用砷盐（常以砒霜 As_2O_3 加入）作锌粉活化剂，分两步进行：第一步是在80℃温度下，向溶液中加入锌粉的同时，加入铜盐和砷盐，除铜、钴；第二步是加锌粉除镉。

其净化原理为：硫酸铜液与锌粉反应，在锌粉表面沉积铜，形成Cu-Zn微电池，由于该微电池的电位差比Co-Zn微电池的电位差大，钴易于在Cu-Zn微电池阴极上放电还原，形成Zn-Cu-Co合金。而这时的钴仍不稳定，易重新溶解。加入砷盐后，As^{3+} 也在Cu-Zn-Co微电池上还原，形成稳定的As-Cu-Co(-Zn)合金，从而使 Co^{2+} 降到电解合格的程度。砷盐净化法缺点是在净化过程中产生的Cu-Co渣被砷污染，而且还有可能放出有毒的 AsH_3 气体和 H_2，在工业应用上受到限制。

6.4.2.2 锑盐净化法

锑盐净化的原理（生成 $CoSb_{0.85}$，氧化还原电位提高了200mV）与砷盐净化相同，但净化的温度制度与砷盐净液法相反。先在较低温度下（50～60℃），加锌除铜、镉，使铜和镉的含量小于0.1mg/L和0.25mg/L，然后在较高的温度（85～90℃）加入锌粉和 Sb_2O_3 除钴，即先低温，后高温净化。实际生产中还可以用含锑锌粉或其他含锑物料，比如酒石酸锑钾、锑酸钠和铅锑合金等。

锑盐净化法有许多优点，不需要添加铜离子，先除铜和镉，后加锑盐除钴效果好；对于含钴高的溶液更有利；净化过程中 SbH_3 易分解，没有剧毒气体产生，锑盐活性比较大，所以用量较少。因此，锑盐净化法是目前最重要的净化除钴方法。

6.4.3 净化除氟氯

湿法炼锌厂除了处理锌焙砂外，还处理各种烟尘和氧化锌粉等含锌物料。这些物料含氟、氯比焙砂多，在浸出时它们差不多全部进入溶液。另外生产用水也带入一些氯，它们对锌电积都有危害，如腐蚀电极、降低阴极锌质量、剥锌困难等。当溶液中氟、氯的质量浓度超过100mg/L时，就必须在送电积之前进行除氟、氯。除氯方法较多，常采用的有以下几种方法：

（1）硫酸银法除氯是使溶液中的 Cl^- 形成AgCl沉淀将氯除去，其反应为：

$$Ag_2SO_4 + 2Cl^- = 2AgCl\downarrow + SO_4^{2-} \tag{6-29}$$

此法在除铜、镉之后进行。在 $pH=3\sim4$，$T=323\sim328K$ 的条件下除氯效果好。缺点是

Ag_2SO_4 昂贵，再生率也低。

（2）铜渣除氯是使铜和铜离子与溶液中的氯离子相互作用，生成难溶的 Cu_2Cl_2 沉淀将氯除去。其反应为：

$$Cu + Cu^{2+} + Cl^- = Cu_2Cl_2 \tag{6-30}$$

所用铜渣可以是除 Cu、Cd 产出的铜渣，也可以是从 Cu-Cd 渣中回收 Cd 后产出的铜渣。

6.5 硫酸锌溶液的电解沉积

硫酸锌溶液电沉积是从溶液中提取金属锌的过程。所用电解液为 $ZnSO_4$ 和 H_2SO_4 的水溶液。以铝板为阴极，铅银合金板（$w(Ag) = 0.5\% \sim 1\%$）为阳极，通过不溶阳极电解的方法从中提取锌。当通直流电时，在阴极上析出金属锌，在阳极上放出氧气（见图 6-13）。其反应为直流电。

$$ZnSO_4 + H_2O = Zn + H_2SO_4 + 1/2O_2 \tag{6-31}$$

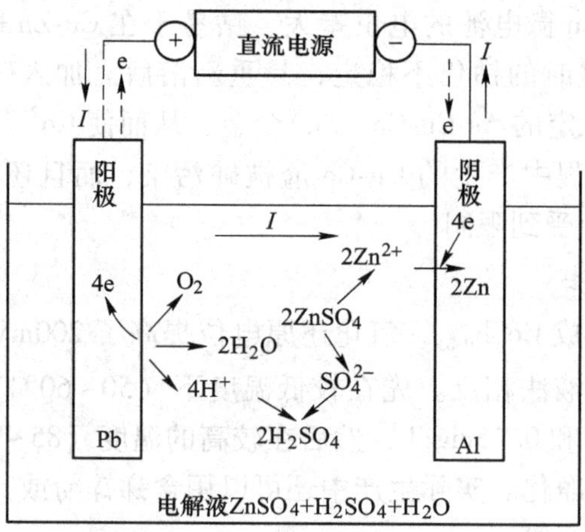

图 6-13 从硫酸锌溶液电积锌

6.5.1 阳极反应

由于采用不溶性阳极，阳极过程主要为析氧反应：

$$2H_2O + 4e = O_2 + 4H^+ \qquad E^{\ominus} = 1.229V \tag{6-32}$$

$$Pb - 2e = Pb^{2+} \qquad E^{\ominus} = -0.126V \tag{6-33}$$

铅电位更负，更易溶解，进而在阳极表面形成致密的保护膜，阻止铅板继续溶解。

当阳极电位升高至接近 0.65V 时，发生如下反应，生成 PbO_2 形成更致密的保护层。

$$Pb + 2H_2O - 4e = PbO_2 + 4H^+ \qquad E^{\ominus} = 0.655V \tag{6-34}$$

$$Pb + SO_4^{2+} + 2e = PbSO_4 \tag{6-35}$$

当电位超过 1.45V 时，溶液中的 Pb^{2+} 和 $PbSO_4$ 也会氧化成 PbO_2。

$$Pb^{2+} + 2H_2O - 2e = PbO_2 + 4H^+ \quad E^{\ominus} = 1.45V \tag{6-36}$$

$$PbSO_4 + 2H_2O - 2e = PbO_2 + H_2SO_4 + 2H^+ \quad E^{\ominus} = 1.68V \tag{6-37}$$

由于氧超电压（约为0.5V）的存在，待阳极基本上为PbO_2覆盖后，即进入正常的阳极反应，结果在阳极上放出氧气，而使溶液中的H^+浓度增加。氧的超电压越大，在阳极上析氧越困难，致使槽电压升高，电能消耗增加，因此，在生产中力求降低氧的超电压。由于铅银阳极的阳极电位较低，形成的PbO_2较细且致密，导电性较好，耐腐蚀性较强，故在锌电积厂普遍采用。

除此之外，如果电解液中有Mn^{2+}、Cl^-等离子时，会发生下列阳极副反应：

$$Mn^{2+} + 2H_2O - 2e = MnO_2(s) + 4H^+ \quad E^{\ominus} = 1.25V \tag{6-38}$$

$$MnO_2 + 2H_2O - 3e = MnO_4^- + 4H^+ \quad E^{\ominus} = 1.71V \tag{6-39}$$

$$2Cl^- - 2e = Cl_2 \uparrow \quad E^{\ominus} = 1.35V \tag{6-40}$$

$$Cl^- + 4H_2O - 8e = ClO_4^- + 8H^+ \quad E^{\ominus} = 1.39V \tag{6-41}$$

当氯离子存在时，析出的氯气会使阳极腐蚀，污染车间。

6.5.2 阴极反应

电解液中杂质元素的含量很低时，阴极放电的离子只能是Zn^{2+}和H^+。若电解液含Zn 50g/L，H_2SO_4 115g/L，40℃条件下（正常电解时电解液成分范围内）发生如下反应：

$$Zn^{2+} + 2e = Zn \quad E^{\ominus} = -0.76V \tag{6-42}$$

$$2H^+ + 2e = H_2 \quad E^{\ominus} = 0.0V \tag{6-43}$$

从理论上看，H^+优先于Zn^{2+}放电。但实际上由于H^+在金属电极上有很高的超电位，而Zn^{2+}的超电位很小（0.02~0.03V），因此，使得H^+的实际析出电位远远低于Zn^{2+}实际析出电位。

氢析出超电压与阴极材料、阴极表状态、电流密度、电解液温、添加剂及溶液成分等有关。当溶液中有铜、锑、铁、钴等存在时会大大降低氢析出超电压。在锌电积过程中，氢气析出不可避免。为了提高锌的电流效率，必须设法提高氢析出超电压。

氢的超电压与温度、电流密度及阴极材料的关系由塔非尔公式表示：

$$\eta_{H^+} = a + b\lg D_k$$

式中 a——常数，取决于阴极材料及表面状况（主要因素）；

b——随温度变化的参数，$b=(2\times2.303RT)/F$，取0.11~0.12；

D_k——阴极电流密度，A/m^2。

氢的超电压很大程度上取决于阴极材料，即常数a，氢在不同金属上的超电压见表6-6。

由塔非尔公式可知，氢的超电压随电流密度增大而增大，所以提高电流密度有利于减少氢的析出。阴极表面结构对氢超电位的大小有间接影响。阴极表明越不平整，其表面的真实面积越大，则真正的电流密度越小，因而氢的超电压也越小。此外，在电解液中加胶可以增大氢的超电压，但胶只能达到一定限度，过多时反而又造成氢的超电压下降。

表 6-6 氢在不同金属上的超电压

电流密度 /A·m^{-2}	金属名称								
	铝	锌	金	银	铜	锡	铅	镍	铁
100	0.825	0.746	0.390	0.7168	0.584	1.0767	1.090	0.747	0.5571
500	0.968	0.926	0.507	0.8300	—	1.1851	1.168	0.890	0.7000
1000	1.066	1.064	0.588	0.8749	0.801	1.2230	1.179	1.408	0.8148
2000	1.176	1.168	0.688	0.9397	0.988	1.2342	1.217	1.130	0.9854
5000	1.237	1.201	0.770	1.0300	1.186	1.2380	1.235	1.208	1.2561

6.5.3 锌电积车间主要设备

锌电积车间的主要设备有电解槽、阴极、阳极、供电设备、载流母线、冷却电解液的设备及剥锌机等。

6.5.3.1 电解槽

锌电解槽为长方形槽子，一般长 2~4.5m，宽 0.8~1.2m，深 1~2.5m。为保证电解液的正常循环，阴极边缘到槽壁的距离一般为 60~100mm，槽深按阴极下缘距槽底 400~500mm 考虑，以便阳极泥平静地沉于槽底。早期的锌电解槽大都用钢筋混凝土制成，内衬铅皮、软塑料、环氧玻璃钢。近来国内多采用无衬聚合物混凝土电解槽，防渗性能好，不需再使用内衬。电解槽一般按双列配置，列与列和槽与槽之间是串联的，每个槽的阴、阳极则是并联的。

6.5.3.2 阳极

阳极由阳极板、导电棒及导电头组成。阳极板大多采用含 Ag 0.5%~1%的铅银合金压延制成。阳极尺寸一般为长 900~1077mm、宽 620~718mm、厚 5~6mm，质量为 50~70kg。为减轻极板质量及改善电解液循环，有些阳极上有些小的圆孔。阳极平均寿命为 1.5~2年，每吨电锌耗铅约为 0.7~2kg。

为了降低析出锌含铅，延长阳极使用寿命和降低造价，研究使用了 Pb-Ag-Ca（Ag 0.25%，Ca 0.05%）三元合金阳极和 Pb-Ag-Ca-Sr（Ag 0.25%，Ca 0.05%~1%，Sr 0.05%~0.25%）四元合金阳极，后者使用寿命长达 6~8 年。

6.5.3.3 阴极

阴极由阴极板、导电棒及铜导电头（或导电片）组成。阴极板用压延纯铝板（$w(Al)>99.5\%$）制成，一般尺寸为长 1020~1520mm、宽 600~900mm、厚 4~6mm，质量为 10~12kg。目前，湿法炼锌厂趋向采用大阴极（1.6~3.4m^2）。阴板平均寿命一般为 18 个月。每吨电锌消耗铝板 1.4~1.8kg。

6.5.3.4 剥锌机组

锌电积车间的正常操作主要是出装槽和剥锌，国外大多电锌厂已实现了出装槽和剥锌的机械化和自动化，国内大型电锌厂已实现了机械化出装槽，并引进自动剥锌机。目前，有四种不同类型的剥锌机用于生产，分别是马格拉港铰接刀片式剥锌机、比利时巴伦双刀式剥锌机、日本三井式剥锌机和日本东邦式剥锌机。

已实现机械剥锌和自动控制的锌电积车间的共同特点是采用较低的电流密度（300~400A/m^2），延长剥锌周期为48h，增大有效阴极面积。

6.5.3.5 冷却系统

电解过程中，电解液在通电作用下产生热效应，使电解温度升高，引起阴极上氢的超电压减小，锌的反溶加剧，杂质危害作用增加，电流效率下降，必须对电解液进行冷却，设置电解液冷却设备。

电解液的冷却方式分为槽内分别冷却和槽外集中冷却两种，多采用槽外集中冷却方式。槽外集中冷却设备主要是空气冷却塔。电解液从上向下流经冷却塔，从塔的下部强制鼓入冷风。冷风与电解液呈逆向流动，蒸发水分，带走热量。

目前锌电解车间供液多采用大循环制，即经电解槽溢流出来的废液（含酸130~170g/L、含锌45~55g/L）一部分返回浸出车间作溶剂，一部分送冷却，并按一定体积比（15：1~25：1）与新液混合后供给每个电解槽。电解液冷却后液的温度控制在35℃左右为宜。

6.5.4 锌电解沉积的技术经济指标

6.5.4.1 电流效率

在生产实践中，电极上析出物质的数量往往与按法拉第定律计算的数值不一致。这是因为金属锌析出的同时，还有杂质及氢气析出，阴极沉积物的氧化和溶解，以及电极短路及电损失等，因此，提出了电流有效利用的问题，即电流效率。

工业上，常用电积过程实际产出的锌量与通过相同电量理论上析出锌量的百分比来表示电流效率，计算方法如下：

$$\eta_i = \frac{m}{qItn} \times 100\%$$

式中 η_i——阴极电流效率，%；

m——t时间内析出的实际锌量，g；

I——阴阳极之间的电强度，A；

t——电积时间，h；

n——电解槽数；

q——电化当量，q=1.22g/(A·h)。

现代湿法炼锌工业中阴极电流效率大多波动在85%~95%之间。

6.5.4.2 槽电压

槽电压是指电解槽内相邻阴、阳极之间的电压降，它直接影响到锌电积的电能消耗。工厂槽电压一般为3.3~3.6V。生产中要力求降低这些无用的电压降。

槽电压=硫酸锌的分解电压+电解液电压降+导电杆、导电板、接触点等的电压降，即：

$$u_{槽} = u_{分} + u_{超} + u_{极} + u_{液} + u_{泥} + u_{接}$$

锌电解槽的槽电压分配情况见表6-7。槽电压决定于电流密度、电解液的组成和温度、两极间的距离和接触点电阻等。因此，降低槽电压的途径就是减少电解液的电阻率，缩短极间距离，减少接触点上的电压损失等。

表 6-7 锌电解槽电压分配情况

项目	电压降/A	分配率/%
硫酸锌分解电压	2.4~2.6	75~80
电解液电阻电压降	0.4~0.6	13~17
阳极电阻电压降	0.02~0.03	0.7~0.8
阴极电阻电压降	0.01~0.02	0.3~0.5
接触点上电压降	0.03~0.05	1~1.1
阳极泥电压降	0.15~0.20	5~6
槽电压	3.3~3.4	100

6.5.4.3 电能效率

电能效率是电积生产过程中生产一定量的金属理论上所必需的电能量与实际上消耗的电能量之比，即：

$$\eta_e = \frac{I^\theta t V_{理}}{ItV_{槽}} = \frac{I^\theta V_{理}}{IV_{槽}} = \eta_i \eta_V$$

式中 η_i——电流效率；

I——实际电解电流强度；

I^θ——对应于实际产出锌量的电流强度值；

η_V——电压效率；

$V_{理}$——硫酸锌的理论分解电压；

$V_{槽}$——实际槽电压。

6.5.4.4 电能消耗

电能效率代表电积过程的技术水平，但在实际生产中，经常计算的是实际的电能消耗，即每生产 1t 锌消耗的电能，即：

$$W = \frac{实际消耗电能}{析出锌量} = \frac{ItnV_{槽}}{Itqn_i \cdot n} \times 1000 = \frac{V_{槽}}{q\eta_i} \times 1000$$

式中 W——析出吨锌的电能消耗，kW · h/t；

I——通过电解槽的电流，A；

t——电解沉积的时间，h；

n——电解槽数目；

q——锌的电化当量，$q = 1.22\text{g}/(\text{A} \cdot \text{h})$；

$V_{槽}$——槽电压，V；

η_i——电流效率，%。

目前工业上析出锌的电能消耗一般为 3000~3300kW · h/t。从上式可见，电能消耗与电流效率成反比，与槽电压成正比。因此，在生产实践中，总是采取一切措施提高电流效率，同时降低槽电压，以确保电能消耗。但同时提高电流效率和降低槽电压的因素是比较复杂的，选择电积条件时要综合考虑。

复习思考题

6-1 锌有哪些用途，其主要用途与金属锌的基本性质有何关系？

6-2 我国铅锌资源有何特点，炼锌应当考虑锌精矿原料的哪些特点？

6-3 火法炼锌和湿法炼锌各包括哪些主要过程？绘制火法和湿法两种炼锌方法的原则流程图。

6-4 锌精矿焙烧可能发生哪些主要化学反应，写出它们的反应式。

6-5 火法炼锌和湿法炼锌锌精矿焙烧的目的有什么不同，湿法炼锌工厂的锌精矿焙烧为什么采用氧化焙烧和部分硫酸化焙烧？

6-6 什么是沸腾焙烧，这种焙烧炉有何优点？

6-7 简述传统湿法炼锌的基本过程。

6-8 湿法炼锌传统流程与热酸浸出流程有何异同？

6-9 锌焙砂浸出过程发生哪些主要反应，热酸浸出主要发生什么反应，分别写出它们的化学反应式。

6-10 为什么要控制锌焙砂中性浸出终点的溶液 pH 值为 5~5.4，为什么中性浸出过程加二氧化锰？

6-11 热酸浸出溶液不经沉铁过程能直接返回至中性浸出吗，为什么？

6-12 在湿法炼锌的热酸浸出过程中，从含铁高的浸出液中沉铁有哪些方法，其基本原理是什么？

6-13 简述硫酸锌溶液采用锌粉置换除铜、镉的原理。

6-14 锌电解沉积的阳极过程和阴极过程主要发生哪些电化学反应？

6-15 锌和氢的标准电极电位各是多少，为什么锌电解时锌会优先于氢在阴极上析出？

6-16 分别写出硫酸锌溶液电解沉积过程和粗铜电解精炼过程的总反应式，并说明这两种电解的阳极过程有何不同？

6-20 锌电解沉积的槽电压一般是多少，为什么比粗铜电解精炼的槽电压要高得多？

6-21 某湿法炼锌厂锌电积车间有电解槽 380 个，电解过程中槽电压为 3.3V、电流强度为 38000A，车间平均每天产阴极锌 400t，分别计算出该厂锌电积过程的电流效率和电能消耗（已知锌的电化当量 q 为 1.2195g/(A·h)）。

7 铝冶金

7.1 概述

7.1.1 铝冶金发展简史

铝在自然界中分布极广，地壳中铝的含量约为8%，仅次于氧和硅，居第三位。在各元素当中，铝居首位。铝的化学性质十分活泼，在自然界中以化合物形式存在。含铝的矿物总计有250多种，其中主要的是铝土矿、高岭土、明矾石等。

我国开采和利用铝矿有悠久的历史，很早就开始从明矾石提取明矾（古称矾石），以供医药及工业上使用。汉代《本草经》（公元前1世纪）一书中记载了16种矿物药物，其中就包矾石、铅丹、石灰、朴硝、磁石。明代宋应星所著《天工开物》（公元1637年）一书中记载了矾石的制造和用途。

在有色金属中，铝是一个被发现较晚的金属，到19世纪下半叶才被制取出来。1825年，丹麦奥斯特（H · C · Oersted）用钾汞齐还原无水氯化铝第一次得到几毫克的铝。1827年，德国武勒（F · Wöhler）用还原无水氯化铝得到少量细微的金属颗粒。1845年，他用氯化铝气体通过熔融金属钾的表面，得到了细小的铝珠，于是铝的一些物理性质和化学性质得到初步的测定。1854年德国本生（Bunsen）和法国戴维尔分别电解 $NaCl\text{-}AlCl_3$ 络合盐，得到金属铝。1854年，在巴黎附近建成了世上第一座炼铝厂。1865年，俄国 Бекетов 提议用镁还原冰晶石来生产铝。这一方案后来在德国 Gmelingen 铝镁工厂里采用。这就是化学法制取铝的历史。

在1867年发明了发电机，并在1880年加以改进之后，才使电解法可以用于工业生产。自从1887~1888年电解法炼铝工厂开始投入生产后，化学法便渐渐被弃用了。

1883年，美国 Bradley 提出利用氧化铝可溶于熔融冰晶石的特性来电解冰晶石-氧化制融盐的方案。1886年美国的霍尔（Hall）和法国的埃鲁（Heroule）分别申请了冰晶石—氧化铝熔盐电解法制铝的专利。100多年以来，该法成为唯一的工业炼铝方法，被称为霍尔-埃鲁法。

霍尔-埃鲁法问世以后，世界铝工业得以迅速发展。1888~1895年，世界总共生产14t左右的金属铝。1940年世界原铝产量达到81万吨，1973年达1247万吨，1996年已经达到2045万吨。

7.1.2 铝的性质和用途

7.1.2.1 物理性质

铝是一种银白色的金属，室温下，铝的导热系数大约是铜的1.5倍，铝线的导电系数大约是铜线的60%。铝具有良好的延性和展性，可以拉成铝线，压成铝板和铝箔。铝的主要物理性质见表7-1。

表7-1　铝的主要物理性质

性质	数值	性质	数值
半径/pm	57(Al^{3+}), 143.1(Al)	汽化热/kJ·mol^{-1}	290.8
熔点/K	933.52	密度/kg·m^{-3}	2698(293K), 2390(在熔点时)
沸点/K	2740	热导率/W·(m·K)$^{-1}$	237
熔化热/kJ·mol^{-1}	10.67	电阻率(293K)/Ω·m	2.6548×10^{-8}

7.1.2.2　化学性质

铝是元素周期表中第3周期ⅢA族元素，元素符号Al，原子序数13，相对原子质量26.98154。铝在常温下的氧化态为+3价，在高温下有稳定的+1价化合物。

铝的化学性非常活泼，与氧的亲和力很强。在空气中，铝的表面生成一层厚度为0.005~0.02μm的连续而致密的氧化铝薄膜，成为天然的保护层，使铝不再氧化因而具有良好的抗腐蚀能力。铝粉或铝箔在空气中强烈加热即燃烧生成氧化铝。

铝可溶于盐酸、硫酸和碱溶液，但对冷硝酸和有机酸化学上是稳定的。热硝酸与铝发生强烈反应。

铝与卤素、硫、碳都能发生反应，生成相应的卤化物（如$AlCl_3$、AlF_3）、硫化物（Al_2S_3）、碳化物（Al_4C_3）。此外，铝还有多种低价化合物，如AlF、AlCl、Al_2S等。

7.1.2.3　铝的应用

由于铝具有密度小、导热性、导电性、抗蚀性良好等突出优点，又能与许多金属形成优质铝基轻合金。铝的应用有两种形式：纯铝和铝合金。

铝合金有很强的机械强度。铝和铝合金具有良好的加工性能，能加工成铝线、铝板、铝管、铝箔及各种形状的铝材和机器的零部件。由于铝和铝合金具有许多的优良性质，因此它的用途非常广泛，被称作万能的金属。

在航空方面，铝是飞机、导弹、火箭、人造卫星、宇宙飞船、潜艇、军舰不可缺少的结构材料，所以铝是一种重要的国防战略物资。

在交通运输方面，汽车、火车车厢的内外装饰，格子窗、散热器、发动机部件乃至车身都用铝材制造，以减少其本身的质量，增加运载能力。船舶的建造也要大量铝材。

在房屋建筑方面，铝材用来制造门、窗、板壁、隔墙、落水管及屋檐槽。

在电气方面，铝用作高压输电线、电缆壳、导电板及各种电工制品。许多部门用铝来代替铜。

此外，化工管道、贮罐、食品包装、冷库设施、日常生活用品也广泛使用铝。铝还用作冶金生产中的还原剂、脱氧剂。

非冶金Al_2O_3的用途也很广泛，诸如耐火材料、砂轮磨料、陶瓷、制纸、牙膏、药品、化工用作催化剂、阻燃剂、人造宝石等。

7.1.3　现代铝工业

铝与氧的亲和力很强，因而不能用碳还原其氧化物的方法制取。又由于它的极小的负电性，不能用电解铝盐水溶液的办法制取铝（阴极上析出的将是氢气而不是铝）。现代工业炼铝的唯一方法是冰晶石一氧化铝熔盐电解法。

用电解法或其他方法直接生产出来的纯铝称为原铝，现代铝工业除了生产原铝之外，还生产精铝和高纯铝，以及多种铝基合金。

现代铝工业有三个主要生产环节：（1）从铝土矿提取纯氧化铝；（2）用冰晶石-氧化铝熔盐电解法生产金属铝；（3）铝加工。此外，还有两个重要的辅助环节：碳素电极制造和氟盐生产。图 7-1 为现代铝工业生产流程图。

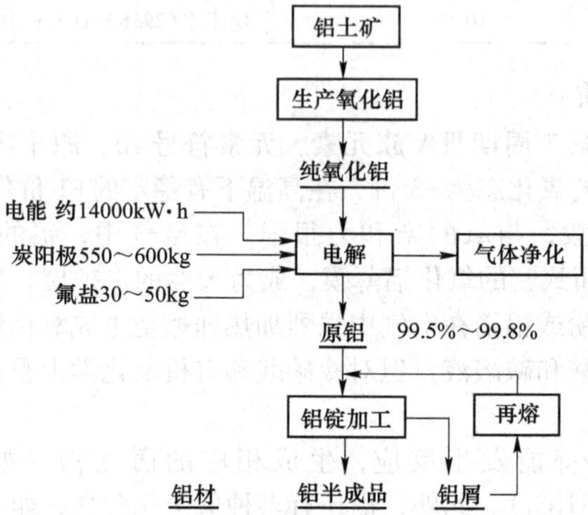

图 7-1　现代铝工业生产流程

7.2　氧化铝生产的矿物原料和方法

7.2.1　提取氧化铝的矿物

铝在地壳中的含量约为 8.1%，仅次于氧和硅，而居各种金属元素之首。由于铝的化学性质极为活泼，在自然界中没有游离的金属铝，均以化合物形态存在。在已经发现的 250 多种含铝矿物中，以铝的硅酸盐最多，其次是氧化铝的水合物。提取氧化铝的主要矿是以氧化铝水合物为主要矿物成分的铝土矿。目前，世界上 95%以上的 Al_2O_3 是用铝土矿生产的。

铝土矿是一种以氧化铝的水合物为主要成分的矿石，氧化铝的含量在 40%～70%。根据氧化铝所含结晶水数量及矿物结构不同分为三水铝石型铝土矿、一水软铝石铝土矿和一水硬铝石铝土矿，三者之间的区分见表 7-2。

铝土矿中的 SiO_2 主要是以高岭石（$Al_2O_3 \cdot SiO_2 \cdot 2H_2O$）形式存在，其次为石英（$SiO_2$），是铝土矿中最有害的杂质，它在氧化铝生产过中引起 Al_2O_3 和碱的损失。SiO_2 在铝土矿中的含量波动范围很大，其含量百分之几到百分之十几，甚至达百分之几十。它的含量与 Al_2O_3 的含量一样，是评价铝土矿质量的重要指标。铝土矿中的 Al_2O_3 与 SiO_2 的质量之比被称之为铝硅比（A/S）。矿石的铝硅比不同，生产上所采用的工艺也不同。

表 7-2 铝土矿类型及性质

类型	三水铝石	一水软铝石	一水硬铝石
组成	$Al_2O_3 \cdot 3H_2O$	$Al_2O_3 \cdot H_2O$	$Al_2O_3 \cdot H_2O$
最高含 Al_2O_3/%	65.4	85.0	85.0
晶系	单斜	正方	正方
硬度	2.5~3.5	3.5~4.0	6.5~7.0
密度/$g \cdot cm^{-3}$	2.42	3.01	3.44
快速脱水温度/℃	150	350	450
在每升 Na_2O 水溶液中 Al_2O_3 溶解度（125℃）/g	105	45	基本不溶

含铁矿物在铝土矿中的含量波动范围也很大，可在百分之几到百分之几十的范围内波动。在氧化铝生产过程中，Fe_2O_3 进入渣中使渣呈红色故称为赤泥。

全世界铝土矿的总储量约为240亿吨，足以满足今后150年左右的需要。铝土矿储量的80%集中在几内亚、澳大利亚、巴西、加勒比海地区、印度、印度尼西亚和东欧等处于热带及亚热带的国家和地区。这些矿多数为三水铝石型，在地中海沿岸以一水软铝石型居多，希腊为一水硬铝石和一水软铝石混合型。这些铝土矿的主要特点是硅的质量分数较低（约低于7%），而铁的质量分数较高。

我国铝土矿资源十分丰富，分布甚广。目前已经探明的具有工业开采价值的铝土矿床主要分布在山西、河南、贵州、广西及山东等省（区）。我国的铝土矿大多为一水硬铝石型，其特点是高铝、高硅和低铁。矿石中铝硅比多数在4~7之间，铝硅比在10以上的相对少些。福建、河南和广西有少量的三水铝石型铝土矿。

7.2.2 氧化铝生产方法概述

矿石中的氧化铝水合物是两性物质，它既可溶于酸，又可溶于苛性碱。因此，理论上氧化铝可用酸法生产，也可用碱法生产。由于酸有腐蚀性，耐酸设备难以解决，酸的再生循环使用困难，因此酸法生产未能在工业上得以应用。目前，世界上几乎所有氧化铝都是用碱法生产的。

根据矿石中铝硅比的不同，生产工艺主要有拜耳法、碱石灰烧结法及各种联合法。

7.3 拜耳法生产氧化铝

拜耳法是奥地利人拜耳（Karl Josef Bayer）在1889~1892年发明并命名的。拜耳法处理铝硅比高的铝土矿，特别是三水铝石型矿，具有流程简单、能耗低、产品质量好等优点，因而得到广泛使用。拜耳法问世一百多年来，技术上已有许多的改进和发展。目前世界上大部分氧化铝是用该法生产的。

7.3.1 拜耳法的基本原理

拜耳法的基本原理是基于拜耳发表的两项专利发明。

（1）用分解母液氢氧化钠经过浓缩在高温条件下直接溶出铝土矿中的氧化铝，生成铝酸钠溶液；

（2）铝酸钠溶液在低温下添加 $Al(OH)_3$ 作晶种，不断地搅拌，溶液中的 Al_2O_3 以 $Al(OH)_3 \cdot 3H_2O$ 析出，同时获得 $Na_2O : Al_2O_3$ 摩尔比高的母液。

拜耳法的原理是用苛性钠溶液（其 Na_2O 质量浓度为 130~350g/L）在加热的条件下将铝土矿中的各种氧化铝水合物溶解出来，生成铝酸钠溶液，此种溶液经稀释后在冷却的条件下分解出纯的氢氧化铝，同时重新生成苛性钠溶液，供循环使用。

7.3.2 拜耳法的基本工艺流程

拜耳法的基本工艺流程如图 7-2 所示。主要由溶出、晶种分解和煅烧三个主要阶段组成。全流程主要加工工序为矿石的破碎及湿磨、高温高压溶出、赤泥分离、洗涤、晶种分解、母液蒸发及氢氧化铝煅烧和水苏打苛化等作业过程。

7.3.3 铝土矿的高温溶出

铝土矿经过破碎，在球磨机中配入循环碱液进行细磨成为具有一定粒度的原矿浆，然后送入压煮器组中进行高温溶出。溶出过程中，循环碱液中的 NaOH 与矿石中的 Al_2O_3、SiO_2 等发生一系列的化学反应。

氧化铝的水化物与 NaOH 的反应：

$$Al_2O_3 \cdot 3H_2O + 2NaOH + aq = 2NaAl(OH)_4 + aq \quad (105℃)$$

$$Al_2O_3 \cdot H_2O + 2NaOH + aq = 2NaAl(OH)_4 + aq \quad (190℃)\quad（一水软铝石）$$

$$Al_2O_3 \cdot H_2O + 2NaOH + aq = 2NaAl(OH)_4 + aq \quad (220℃)\quad（一水硬铝石）$$

含硅矿物在溶出时的行为，如前所述，铝土矿中的硅矿物主要有无定形的蛋白石、石英及高岭石类的铝硅酸盐，它们在高温条件下也与 NaOH 发生反应，生成 Na_2SiO_3：

$$SiO_2 \cdot nH_2O + 2NaOH + aq = Na_2SiO_3 + H_2O + aq$$

$$SiO_2 + 2NaOH + aq = Na_2SiO_3 + H_2O + aq$$

$$Al_2O_3 \cdot 2SiO_2 \cdot 2H_2O + 6NaOH + aq = 2NaAl(OH)_4 + 2Na_2SiO_3 + H_2O + aq$$

溶出生成的 $2Na_2SiO_3$ 进入溶液，并与 $NaAl(OH)_4$ 反应生成不溶性的固体铝硅酸钠进入渣中，其反应如下：

$$2Na_2SiO_3 + 2NaAl(OH)_4 + 4H_2O = Na_2O \cdot Al_2O_3 \cdot 2SiO_2 \cdot 2H_2O \downarrow + 4NaOH$$

矿石中的 SiO_2 以 $Na_2O \cdot Al_2O_3 \cdot 2SiO_2 \cdot 2H_2O$ 的形式进入赤泥，同时造成 NaOH 和 Al_2O_3 的损失，这种损失与矿石中的 SiO_2 含量成正比。

假设铝土矿中的 Al_2O_3 含量为 $A\%$，SiO_2 含量为 $S\%$，则溶出时 Al_2O_3 的理论溶出率为：

$$\eta_{Al_2O_3} = \frac{A - S}{A} \times 100\% = \left(1 - \frac{1}{A/S}\right) \times 100\%$$

每溶出 1t Al_2O_3 所造成的 Na_2O_3 的化学损失为：

$$Na_2O_{3\,损失} = \frac{0.608S}{A - S} \times 100\% = \frac{608}{A/S - 1} \times 100\%$$

由此可见，矿石铝硅比（A/S）越高，溶出率越高，碱损失越小，越有利于拜耳法生

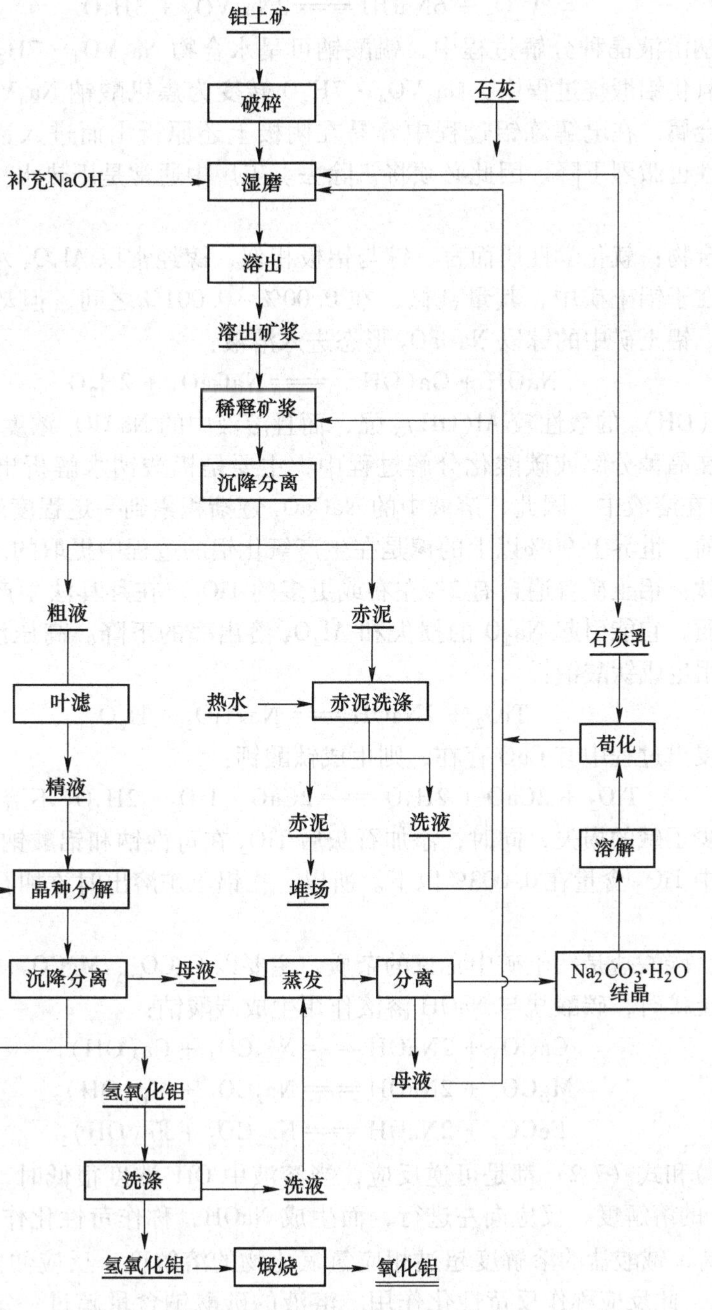

图 7-2　拜耳法生产氧化铝的基本工艺流程

产，因此，拜耳法只宜处理矿石铝硅比大于 7.0 的矿石。

氧化铁：氧化铁是铝土矿的主要成分之一，其含量可达 7%~25%。在铝土矿溶出条件下，Fe_2O_3 不与碱溶液作用，而直接以固相进入残渣，使残渣呈粉红色，所以溶出所得残渣称作赤泥。

钒氧化物：铝土矿中 V_2O_5 含量约达 0.05%~0.15%，浸出时约有 1/3 以钒酸钠形式进入溶液：

$$V_2O_5 + 6NaOH = 2Na_3VO_4 + 3H_2O$$

在铝酸钠溶液晶种分解过程中，钒酸钠可呈水合物 $Na_3VO_4 \cdot 7H_2O$ 与 $Al(OH)_3$ 一同析出。在氢氧化铝煅烧过程中，$Na_3VO_4 \cdot 7H_2O$ 转变为焦钒酸钠 $Na_4V_2O_7$。由于钒是比铝更正电性的金属，在电解炼铝过程中容易在阴极上还原析出而进入铝中。铝含有微量钒时，其导电性也激烈下降。因此必须将钒除去。工厂中通常是用热水洗涤 $Al(OH)_3$，把钒除去。

镓的化合物：就化学性质而言，镓与铝极相似，镓经常以 Al_2O_3 水合物的类质同晶混合物形态存在于铝土矿中，其量甚微，在 0.00%～0.001%之间，但却是获得镓的主要来源。浸出时，铝土矿中的镓以 $NaGaO_2$ 形态进入溶液：

$$NaOH + Ga(OH)_3 = NaGaO_2 + 2H_2O$$

由于 $Ga(OH)_3$ 的酸性较 $Al(OH)_3$ 强，而且溶液中的 $NaAlO_2$ 浓度大大超过 $NaGaO_3$ 的浓度，因此在晶种分解或碳酸化分解过程中，主要是铝酸钠水解析出 $Al(OH)_3$，大部分 $NaGaO_3$ 都留在溶液中。因此，溶液中的 $NaGaO_3$ 逐渐积累到一定程度后，可以自溶液中提取出来。目前，世界上 90%以上的镓是在生产氧化铝的过程中提取的。

二氧化钛：铝土矿普遍含有 2%左右或更多的 TiO_2。在拜耳法生产过程中，TiO_2 也是有影响的杂质，它能引起 Na_2O 的损失和 Al_2O_3 溶出率的下降。高压浸出铝土矿时，TiO_2 与 NaOH 作用生成钛酸钠：

$$TiO_2 + 2NaOH = Na_2TiO_3 + H_2O$$

如果在浸出过程中有 CaO 存在，则生成钛酸钙：

$$TiO_2 + 2CaO + 2H_2O = 2CaO \cdot TiO_2 \cdot 2H_2O(\text{不溶})$$

因而减少了碱的损失，同时，添加石灰后 TiO_2 在苛性钠和铝酸钠溶液中几乎不溶解，生成氧化铝中 TiO_2 含量在 0.003%以下。所以，在铝土矿溶出时添加石灰是消除 TiO_2 危害的有效措施。

碳酸盐：碳酸盐是铝土矿中常见的杂质，主要以 $CaCO_3$、$MgCO_3$、$FeCO_3$ 等形式存在。高压浸出铝土矿时，碳酸盐与 NaOH 溶液作用生成碳酸钠：

$$CaCO_3 + 2NaOH = Na_2CO_3 + Ca(OH)_2 \tag{7-1}$$

$$MgCO_3 + 2NaOH = Na_2CO_3 + Mg(OH)_2 \tag{7-2}$$

$$FeCO_3 + 2NaOH = Na_2CO_3 + Fe(OH)_2 \tag{7-3}$$

式（7-1）和式（7-2）都是可逆反应，当溶液中 OH^- 浓度很低时，碳酸盐的溶解度小于 $Ca(OH)_2$ 的溶解度，反应向左进行，而生成 NaOH，称作苛性化作用。浸出铝土矿时，OH^- 浓度很高，碱酸盐的溶解度超过相应氢氧化物的溶解度，反应便向右进行而使 NaOH 变成 Na_2CO_3，此反应称作反苛性化作用。溶液的碳酸钠含量超过一定限度后，在母液蒸发阶段便有一部分 Na_2CO_3 呈 $Na_2CO_3 \cdot H_2O$ 结晶析出。用石灰乳处理所得一水苏打的水溶液，便发生苛性化作用而重新得到 NaOH 溶液并返回生产流程中去。

从上述反应可知，铝土矿溶出的结果使矿石中的 Al_2O_3 进入溶液，而硅、铁、钛等杂质则残留在赤泥渣中。

7.3.4 铝土矿的溶出实践

高压溶出是拜耳法的核心工序，要求其热利用率高、建设投资少及易操作、经营成本低。对溶出一水硬铝石型铝土矿而言，目前有 3 种高压溶出的形式：管道化预热及停留溶出（即全管道化），管道化预热及机械搅拌压煮罐预热、新蒸汽加热、停留化预热、熔盐加热及停留罐（无机械搅拌）溶出。3 种形式在我国都有实践。

铝土矿的溶出工艺主要采用压煮器溶出。压煮器是一种强度较大的薄壁钢制容器，能耐 250℃矿浆所产生的压强，其结构如图 7-3 所示。这种压煮器的特点是结构简单，但是蒸汽直接加热产生冷凝水，会降低碱的有效浓度，而影响溶出效果，并且增加母液的蒸发量。因此现代拜耳法工厂多采用间接加热的机械搅拌的压煮器。

压煮器作业可以是单个压煮器间断操作，也可以在串联压煮器中进行的连续作业。目前在生产中已很少采用单个压煮器间断操作，而是将若干个预热器、压煮器和自蒸发器依次串联成为一个压热器组实行连续作业。

现在广泛采用间接加热的压煮器，其结构图如图 7-4 所示。

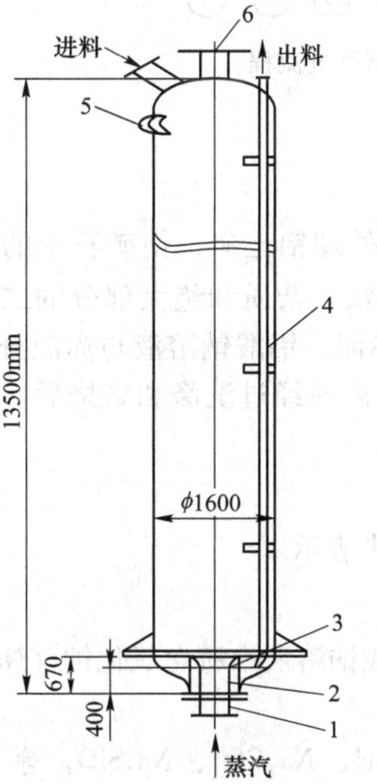

图 7-3　用蒸汽直接加热的压煮器

1—蒸汽管；2—套筒；3—蒸汽喷头；4—出料管；
5—人孔；6—不凝性气体排出管

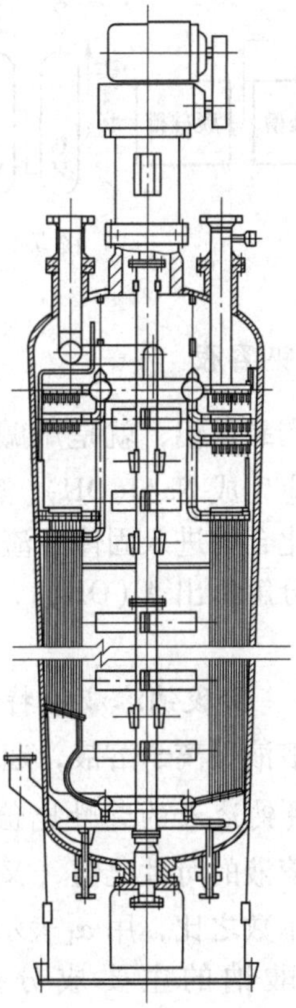

图 7-4　间接加热的压煮器

图 7-5 所示为用蒸汽间接加热的高压溶出器组。原矿浆先在套管预热器内由自蒸发蒸气间接预热至 423K 后进入预热压煮器，再在预热压煮器中由自蒸发蒸气间接预热至 513K 后进入预热压煮器，由新蒸汽间接加热至溶出温度（538K）。然后料浆再依次流过其余各个压煮器，料浆在这些压煮器中停留的时间就是所需的浸出时间。由最后一个压煮器流出

的料浆进入自蒸发器。由于自蒸发器内压强逐渐降低，故浆液在那里激烈沸腾，放出大量蒸汽。水分蒸发时消耗大量的热，使浆液温度降低。经过10~11级自蒸发以后，由最后一级自蒸发器出来的浆液，温度已经降到溶液的沸点左右，得到浓度很高的铝酸钠溶液及赤泥。

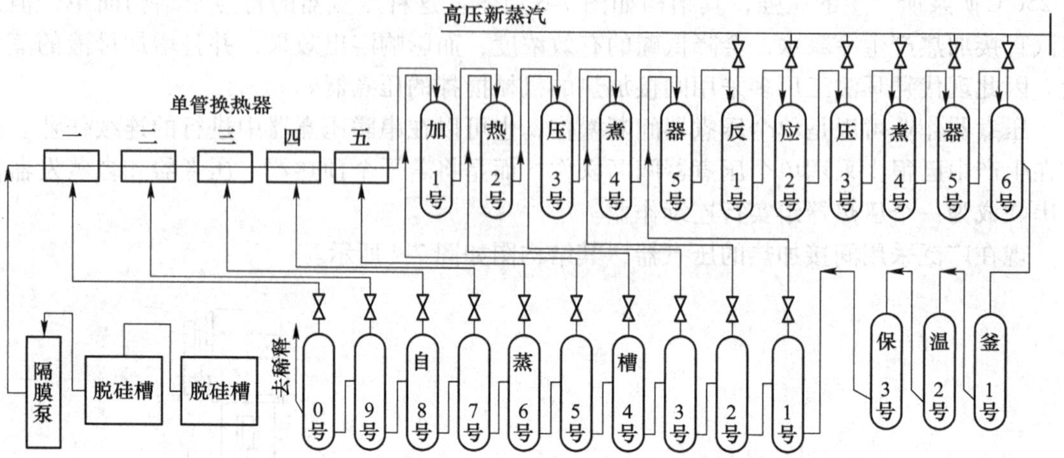

图 7-5　蒸汽间接加热高压溶出器系统流程

7.3.5　铝酸钠溶液

碱法生产氧化铝，就是用碱（NaOH 或 Na_2CO_3）处理铝土矿，使矿石中的氧化铝水合物和碱反应生成 $NaAl(OH)_4$ 溶液。铝土矿中的铁、钛等杂质和绝大部分的二氧化硅成为不溶性的化合物进入固体残渣中。这种残渣被称作赤泥。铝酸钠溶液与赤泥分离后，经净化处理，分解析出 $Al(OH)_3$，将 $Al(OH)_3$ 与碱液分离并经过洗涤和焙烧后，即获得产品氧化铝。

7.3.5.1　铝酸钠溶液的特性参数

铝酸钠溶液是离子溶液，通常用 $NaAl(OH)_4(aq)$ 来表示。

A　铝酸钠溶液的苛性比值

铝酸钠溶液的苛性比值（又称苛性化系数）是铝酸钠溶液中所含氧化钠（$Na_2O_{苛}$）与氧化铝的摩尔数之比，用 α_k 表示。

工业铝酸钠的主要成分是 $NaAl(OH)_4$、NaOH、Na_2CO_3、Na_2SiO_4 等。通常把 $NaAl(OH)_4$ 中的 Na_2O 称作化合碱；把 NaOH 中的 Na_2O 称作游离碱，把 Na_2CO_3 中的 Na_2O 称作碳酸碱。把化合碱与游离碱之和称作苛性碱，并把碳酸碱和苛性碱统称为全碱。

$$苛性比(\alpha_k) = 苛性碱(Na_2O)(mol) / 氧化铝(Al_2O_3)(mol)$$
$$= 苛性碱(g) / 氧化铝(g) \times 1.645$$

苛性比值表示铝酸钠溶液中氧化铝的饱和程度，是一个非常重要的特性参数。

B　铝酸钠溶液的硅量指数

铝酸钠溶液的硅量指数是指铝酸钠溶液中所含 Al_2O_3 的质量与 SiO_2 的质量之比值，用 *A/S* 来表示。

硅量指数越高，表示溶液中含 SiO_2 少，其纯度就高，反之 SiO_2 多，纯度低。所以它是表示溶液纯度的一个重要参数。

7.3.5.2 铝酸钠溶液的稳定性

铝酸钠溶液稳定性是指过饱和的铝酸钠溶液从制成到开始分解析出氢氧化铝所需时间的长短。溶液制成后立即开始分解或经短时间就显著发生分解，则此溶液不稳定，而制成后经过长时间放置也不分解，则溶液是稳定的。

铝酸钠溶液的稳定性对生产有着非常重要的意义。例如，拜耳法溶出铝酸钠溶液后，在某些工序如铝土矿的溶出和赤泥分离洗涤工序中，需要铝酸钠溶液具有足够的稳定性，如果到达这些工序铝酸钠溶液不够稳定，将会造成氧化铝的大量损失。而在另一些工序，如在铝酸钠溶液晶种分解工序，则需要铝酸钠溶液不稳定，以便能够比较容易地使其分解，否则分解槽的生产能力和铝酸钠溶液的分解率都将大为降低。

影响工业铝酸钠溶液稳定性的因素主要有溶液的苛性比值、溶液的温度、溶液的浓度、存在于溶液中的结晶核心和机械搅拌等。

（1）溶液的苛性比值：提高溶液苛性比值使溶液的过饱和程度减小增加其稳定性。

（2）温度：提高温度稳定性增加。

（3）溶液浓度：铝酸钠溶液的浓度（Al_2O_3）与其稳定性的关系是比较复杂的，一般在高浓度和低浓度时稳定性好，中等浓度稳定性差。

（4）溶液中的杂质：如 Na_2CO_3、Na_2SO_4、Na_2SiO_3 及有机物等杂质使溶液黏度增大而稳定性提高。

（5）加入结晶核心：如加入 $Al(OH)_3$ 微粒使稳定性显著降低。

（6）搅拌作用：搅拌会使稳定性下降。

7.3.6 溶出料浆的稀释和赤泥分离洗涤

高压溶出后的料浆，溶液浓度很高，Al_2O_3 的浓度达 250g/L，这不利于赤泥分离和分离后溶液的晶种分解，因此在分离前必须进行稀释。稀释作业的作用有如下几点：

（1）降低溶液中 Al_2O_3 浓度，便于下一工序晶种分解。溶出后的溶液中 Al_2O_3 的浓度很高，这种高浓度的溶液很稳定，分解速度很慢，必须降到 130~150g/L 的中等浓度，才能有较快的分解速度。同时分离后的赤泥附液中的有用成分经过洗涤进入赤泥洗液中，Al_2O_3 的浓度在 30~50g/L，浓度低也不能直接进行分解。用赤泥洗液来进行稀释既满足了晶种分解的浓度要求，又回收了洗液中的 Al_2O_3 和 Na_2O。

（2）稀释使铝酸钠溶液进一步脱硅。在溶出时发生自动脱硅反应是不完全的，当溶液中的 SiO_2 达到平衡浓度脱硅反应便停止进行。而 SiO_2 在溶液中的平衡浓度是随 Al_2O_3 降低而降低的。例如，Al_2O_3 浓度由 260g/L 稀释到 140g/L，SiO_2 的平衡浓度由 1.6g/L 下降到 0.4g/L，硅量指数由 162.5 上升到 350，从而得到提高溶液的纯度，可提高产品质量。

（3）便于赤泥沉降分离作业。溶出料浆的赤泥分离是在沉降槽中进行的。料浆浓度大，则黏度也高，进行分离作业非常困难。经过稀释降低黏度，有利于分离作业操作的进行。

稀释后的赤泥浆进入沉降槽沉降分离，溢流中含有少量的微粒赤泥浮游物，经控制过滤送往晶种分解。分离沉降槽的底流即赤泥渣还会有相当数量的溶液，需用热水进行多次逆向洗涤回收其中的 Al_2O_3 和 Na_2O，赤泥洗液送往稀释，洗涤后的赤泥送往赤泥堆场。

7.3.7 铝酸钠溶液晶种分解

铝酸钠溶液的分解过程不同于一般无机盐溶液的结晶过程。过饱和的铝酸钠溶液的分解速度非常缓慢，主要是晶核形成需要很长的诱导期。添加晶种使之成为现成的结晶核心，克服铝酸钠溶液均匀形核的困难。

铝酸钠溶液晶种分解用下式表示：

$$NaAl(OH)_4 + xAl(OH)_3 + aq \Longrightarrow (x+1)Al(OH)_3 + NaOH + aq$$

种子即为 $Al(OH)_3$，晶种的数量和质量是影响分解速度的重要因素。通常用晶种系数表示添加晶种的数量，它的定义是添加晶种中 Al_2O_3 含量与溶液中 Al_2O_3 含量的比值。各厂晶种系数差别很大，一般多数在1.0~3.0的范围内波动。可见，在生产中周转的数量是很大的。一个日产1000t的氧化铝厂，当晶种系数为2时，在生产中周转的氢氧化铝晶种数量在15000~18000t。

铝酸钠溶液的晶种分解是在圆筒形空气搅拌分解槽中进行。为了加速分解，在分解前须将溶汇冷却到343K，随着过程的进行，它的温度降低到313K。当苛性比值达到3.6~3.8时，分解结束。分解时间长达45~70h，分解率40%~54%。

7.3.8 氢氧化铝的煅烧

氢氧化铝经过洗涤过滤后，仍含有10%左右的附着水和34.5%的结晶水，所以，氢氧化铝煅烧的任务是除去附着水和结晶水，并使 Al_2O_3 发生晶型转变，获得符合电解要求的含有一定数量的 $\alpha\text{-}Al_2O_3$。

在煅烧过程中，在100~200℃脱去附着水；在250~300℃，$Al(OH)_3$ 脱去两个结晶水；在500℃左右脱去最后一个结晶水转变成 $\gamma\text{-}Al_2O_3$；在900~1200℃，$\gamma\text{-}Al_2O_3$ 转变成 $\alpha\text{-}Al_2O_3$，$\gamma\text{-}Al_2O_3$（尖晶石型立方晶系）在900℃开始转变为 $\alpha\text{-}Al_2O_3$（六方晶系），但须在1200℃维持足够长的时间，$\gamma\text{-}Al_2O_3$ 才能转变为适合电解的 $\alpha\text{-}Al_2O_3$。

煅烧的反应为：

$$Al_2O_3 \cdot 3H_2O \xrightarrow{225℃} Al_2O_3 \cdot H_2O + 2H_2O$$

$$Al_2O_3 \cdot H_2O \xrightarrow{500\sim550℃} \gamma\text{-}Al_2O_3 + H_2O$$

$$\gamma\text{-}Al_2O_3 \xrightarrow{900℃\text{ 开始}} \alpha\text{-}Al_2O_3$$

传统的煅烧设备是回转窑。用回转窑煅烧氢氧化铝的实际热耗为5.4MJ/tAl_2O_3，因此，热效率低是回转窑的致命缺点。现在采用的是流态化焙烧炉，主要进步在于使热耗大为降低，热耗在3.1MJ/tAl_2O_3。目前大多数氧化铝厂还是采用气体悬浮焙烧炉进行煅烧，以油、煤气作燃料。煅烧后的氧化铝冷却后送往储仓或电解车间。

7.3.9 母液蒸发

母液蒸发的任务是维持生产系统中水量平衡和提供能满足铝土矿溶出所需碱浓度的循环母液。拜耳法生产氧化铝是一个闭路循环作业流程，母液中的碱是循环使用的。在生产过程中，加入了大量的赤泥洗涤水和氢氧化铝洗涤水，使循环碱的浓度远远低于溶出所需的浓度，因此必须将分解母液蒸发浓缩。

母液蒸发的另一个任务是排除生产过程中积累的 Na_2CO_3 及 Na_2SO_4，它们的溶解度与碱浓度成反比，当碱浓度达到一定程度时它们从溶液中呈固相析出进而分离出去。如前所述，矿石中的碳酸盐在溶出时发生反苛化反应：

$$CaCO_3 + 2NaOH = Na_2CO_3 + Ca(OH)_2$$

$$MgCO_3 + 2NaOH = Na_2CO_3 + Mg(OH)_2$$

此外，由于吸收空气中的 CO_2 也使溶液中少量 NaOH 转化成 Na_2CO_3：

$$CO_2 + 2NaOH = Na_2CO_3 + H_2O$$

碳酸钠在铝酸钠溶液中的溶解度是随全碱浓度的提高而降低的，因此随着母液蒸发浓缩，Na_2CO_3 的溶解度下降，会以一水苏打（$Na_2CO_3 \cdot H_2O$）的形式结晶析出。并且要排除生产过程中积累的有机物，一般有机物随 Na_2CO_3 及 Na_2SO_4 的析出而析出。母液蒸发作业均采用多效真空蒸发设备。

7.3.10 苏打苛化

在母液蒸发析出的 $Na_2CO_3 \cdot H_2O$ 必须转变成 NaOH 才能返回生产系统。

拜耳法采用石灰苛化法，先将 $Na_2CO_3 \cdot H_2O$ 溶解，然后加入石灰乳，在一定温度下发生苛化反应：

$$Na_2CO_3 + Ca(OH)_2 = 2NaOH + CaCO_3\downarrow$$

拜耳法生产中用于溶出铝土矿的循环碱液一般要求较高的浓度，因此也希望碳酸钠苛化得到的碱液具有尽可能高的浓度，否则苛化后的溶液还须经过蒸发才能用于溶出。按拜耳法生产 1t 氧化铝，需要 2.4~2.6t 铝土矿，0.10~0.20t 碱，0.12t 石灰和 300kW·h 左右的电能。在生产过程中碱的损失以向送去溶浸的返回浓溶液中加入苛性钠来补充。

7.4 碱石灰烧结法生产氧化铝

拜耳法是目前世界上处理铝土矿生产氧化铝的方法中流程最短、最经济的生产方法，也是最主要的生产方法。但是随着矿石铝硅比的降低，拜耳法的经济效果就明显变差，拜耳法生产时形成 $Na_2O \cdot Al_2O_3 \cdot 2SiO_2 \cdot 2H_2O$，进入赤泥造成 NaOH 和 Al_2O_3 的损失。例如矿石的铝硅比为 3.5 时，氧化铝的理论溶出率只有 71.4%，而碱耗达到 25kg/t 氧化铝。

因此，对于铝硅比低的铝土矿的处理就必须采用其他方法。为处理低铝硅比的铝土矿，且随着优质矿石的减少和矿石品位的降低，烧结法优势渐显。烧结法可处理硅酸盐矿石，且要求铝土矿的品位不高。特别是处理我国独特的一水硬铝石，可以获得较低的碱耗和较高的铝氧回收率。

7.4.1 碱石灰烧结法的基本原理

碱石灰烧结法的实质是将铝土矿与一定数量的纯碱、石灰（或石灰石）配成炉料在高温下进行烧结，氧化铝与纯碱化合生成可溶于水的固体铝酸钠（$Na_2O \cdot Al_2O_3$），而氧化铁与纯碱化合成可以水解的铁酸钠（$Na_2O \cdot Fe_2O_3$），氧化硅与石灰化合成不溶于水的原硅酸钙（$2CaO \cdot SiO_2$），将烧结产物（熟料）用稀碱溶液溶出时固体铝酸钠便进入溶液，铁酸钠水解放出碱（NaOH），氧化铁以水合物与原硅酸钙一道进入赤泥。再用二氧化碳分解铝酸钠 $NaAl(OH)_4$ 溶液便可以析出氢氧化铝，经过焙烧后产出氧化铝。分离后的母液成为碳分母液，经过蒸发后返回配料。所以烧结法的碱也是循环使用的。碱石灰烧结法的基本工艺流程如图 7-6 所示。

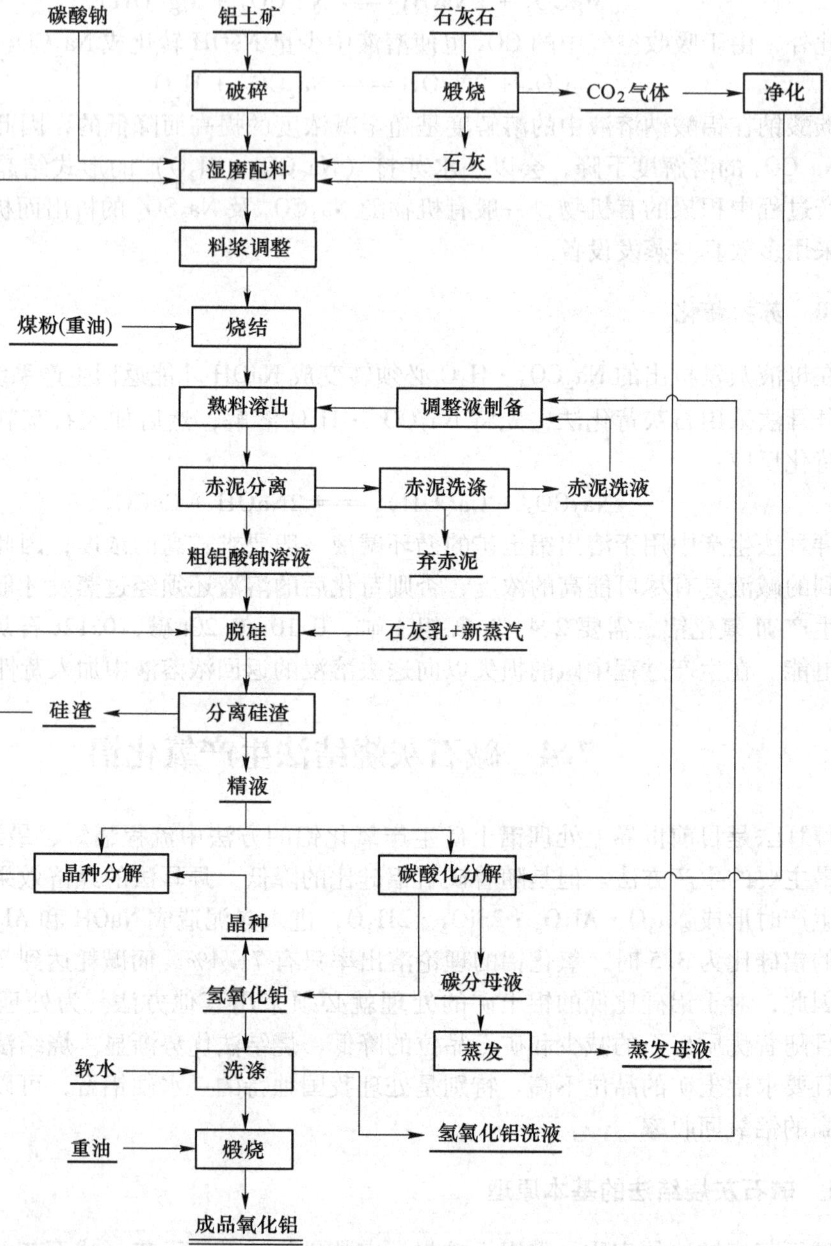

图 7-6　碱石灰烧结法基本工艺流程

7.4.2 铝土矿的碱石灰烧结

烧结铝土矿生料的目的在于将生料中的氧化铝尽可能完全地转变为铝酸钠，而氧化硅为不溶解的原硅酸钙。为此，必须了解在烧结过程中各种因素对这两种化合物生成过程的影响。实践证明，决定烧结最后产品成分的主要因素是烧结温度和生料的原始成分。若生料配制适当而又有合适的烧结温度，实际上可以完全地使氧化铝变为铝酸钠，而氧化硅变为原硅酸钙。

由铝土矿、苏打、石灰（或石灰石）组成的炉料中，主要成分为 Al_2O_3、Na_2CO_3、Fe_2O_3、SiO_2 和 CaO（$CaCO_3$）。各成分间的主要反应如下：

$$Al_2O_3 + Na_2CO_3 \xlongequal{} Na_2O \cdot Al_2O_3 + CO_2\uparrow$$
$$Fe_2O_3 + Na_2CO_3 \xlongequal{} Na_2O \cdot Fe_2O_3 + CO_2\uparrow$$
$$SiO_2 + 2CaCO_3 \xlongequal{} 2CaO \cdot SiO_2 + CO_2\uparrow$$

烧结时即使有大量 Na_2CO_3 过剩，Na_2CO_3 与 Al_2O_3 在烧结的高温下相互反应，也只能生成 $Na_2O \cdot Al_2O_3$ 一种化合物。多余的 Na_2CO_3 依然保持原来形态。

矿石中的高岭石首先与 Na_2CO_3 反应生成霞石，再被 CaO 分解：

$$Al_2O_3 \cdot 2SiO_2 + Na_2CO_3 \xlongequal{} Na_2O \cdot Al_2O_3 \cdot 2SiO_2 + CO_2\uparrow$$
$$Na_2O \cdot Al_2O_3 \cdot 2SiO_2 + CaO \xlongequal{} (2CaO \cdot SiO_2) + Na_2O \cdot Al_2O_3$$

在烧结炉料（生料）中，当 Na_2CO_3 和 $CaCO_3$ 的配入量按 $Na_2O/(Al_2O_3+Fe_2O_3)=1.0$ 或 $CaO/SiO_2=2.0$ 计算时（均为分子比），这种配料称为饱和配料；而 $Na_2O/(Al_2O_3+Fe_2O_3)$或 $CaO/SiO_2<2.0$，称为不饱和配料。从理论上说，饱和配料能保证所有的 Al_2O_3 都生成 $Na_2O \cdot Al_2O_3$，所有 Fe_2O_3 都生成 $Na_2O \cdot Fe_2O_3$，所有 SiO_2 都生成 $2CaO \cdot SiO_2$，具有最好的烧结效果。以各种氧化物的化学纯试剂进行的实验室研究也证明了这一点。但是，在生产条件下，烧结反应比在实验室条件下进行的反应复杂得多，饱和配料有时得不到溶出率最高的熟料。因此，生产中最适宜的配料比常需通过实验确定。

目前在碱石灰烧结法中都是采用湿式烧结，即将碳分母液蒸发到一定浓度后，与铝土矿石灰（或石灰石）和补加的碳酸钠按要求的比例配合，送入球磨中混合磨细，再经调整成分，制成合格的生料浆，进行烧结。

工业上烧结铝土矿生料的唯一设备是回转窑，规格大致有：ϕ4.3m×72m、ϕ4m×100m、ϕ3.0m×51m 等。回转窑可用煤气、粉煤和液体等各种类型的燃料。因为粉煤比较便宜，且灰分中的 Al_2O_3 可得到回收，故一般多用粉煤作烧结用的燃料。图 7-7 为回转窑设备系统图。调整好成分的生料浆，用泥浆泵通过喷浆器（喷枪）从窑的冷端喷入窑内。料浆在喷出时雾化成很小的细滴，与窑气充分地接触，强烈进行热交换，水分迅速蒸发，干生料落在炉衬上，逐渐地受热并向炉的高温带（1473～1573K）移动使炉料得到烧结。烧结后得到主要由铝酸钠、铁酸钠和原硅酸钙组成的块状而多孔的熟料与含尘炉气。熟料经冷却、破碎送去溶出；除尘净化后供给碳酸化过程，作为 CO_2 的来源。

碱石灰烧结法的发展方向是强化烧结。强化烧结不仅仅配料分子比不同，矿石的适应范围扩宽，操作制度也有一定的变化，综合提高了生产能力。

7.4.3 熟料溶出

溶出目的是使熟料中的铝酸钠尽可能完全地进入溶液，同时尽可能避免其他成分溶解

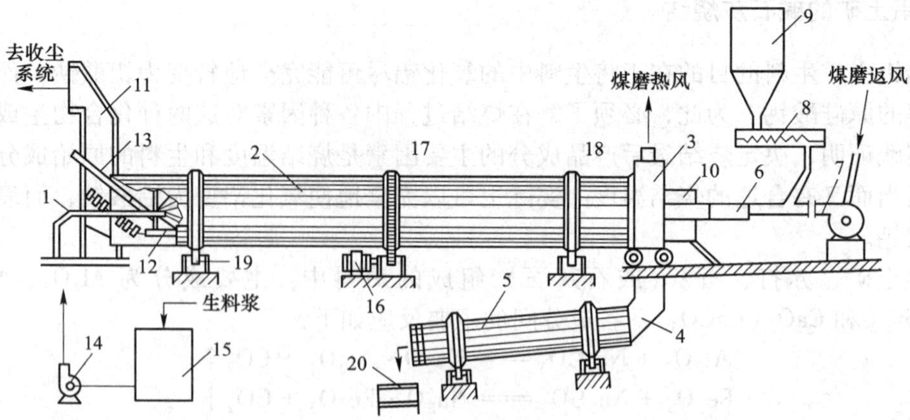

图 7-7 铝土矿炉料烧结回转窑

1—喷枪；2—窑体；3—窑头罩；4—下斜口；5—冷却机；6—喷煤管；7—鼓风机；8—煤粉螺旋；9—煤粉仓；10—着火室；11—窑尾罩；12—刮料机；13—返灰管；14—高压泵；15—料浆槽；16—电动机；17—大齿轮；18—滚圈；19—托轮；20—裙式运输机

从而获得铝酸钠溶液与不溶残渣。

熟料溶出是用生产过程中产生的赤泥洗液和氢氧化铝洗液配制的稀碱溶液（工业上称之为调整液）来进行溶出。溶出过程中的主要反应如下。

7.4.3.1 固体铝酸钠的溶解

固体铝酸钠反应进行速度很快，化学反应如下：

$$Na_2O \cdot Al_2O_3 + 4H_2O \longrightarrow 2NaAl(OH)_4 \quad (溶解)$$

7.4.3.2 固体铁酸钠水解

固体铁酸钠不溶于水，但在水中会发生水解反应，生成 NaOH 进入溶液，而含水氧化铁进入渣中成为赤泥的主要组分之一。

$$Na_2O \cdot Fe_2O_3 + 4H_2O \longrightarrow Fe_2O_3 \cdot 4H_2O\downarrow + 2NaOH \quad (水解)$$

7.4.3.3 硅酸二钙

$2CaO \cdot SiO_2$ 在水中的溶解度很小，所以，熟料溶出时一般进入赤泥中，但由于赤泥与溶液不能马上分离，将与铝酸钠溶液发生二次反应，使溶出的部分氧化铝和氧化钠重新进入固相，造成其损失，主要反应有：

$$2CaO \cdot SiO_2 + 2NaOH + 4H_2O \longrightarrow 2Ca(OH)_2 + Na_2SiO_3$$

$$2CaO \cdot SiO_2 + 2Na_2CO_3 + aq \longrightarrow 2CaCO_3\downarrow + Na_2SiO_3 + 2NaOH + aq$$

SiO_2 进入溶液且继续与 $NaAl(OH)_4$ 发生反应：

$$Na_2SiO_3 + 2NaAl(OH)_4 + aq = Na_2O \cdot Al_2O_3 \cdot SiO_2 \cdot 2H_2O\downarrow + 2NaOH + aq$$

$$NaAl(OH)_4 + 3Ca(OH)_2 + xNa_2SiO_3 + aq = 3CaO \cdot Al_2O_3 \cdot xSiO_2 \cdot yH_2O\downarrow + 2(1-x)NaOH + aq$$

以上反应生成的 Na_2SiO_3 进入溶液。当溶液中 SiO_2 达到一定浓度时，便与溶液中的 $NaAl(OH)_4$ 发生反应，生成溶解度很小的铝硅酸钠，造成 Al_2O_3 和 Na_2O 的损失。

$$2NaAl(OH)_4 + 2Na_2SiO_3 + 4H_2O = Na_2O \cdot Al_2O_3 \cdot SiO_2 \cdot 2H_2O + 4NaOH$$

浸出过程中原硅酸钙与碱及铝酸钠溶液之间的反应，称作二次反应，由此而引起的

Al_2O_3 和 Na_2O 的损失，称作二次反应损失。当浸出条件控制不当，二次反应可造成很严重的 Al_2O_3 和 Na_2O 的损失。

在采用烧结法生产氧化铝的工厂中，熟料的浸出过程在带搅拌器的浸出槽或者在湿式球磨机中进行。我国根据低铁熟料的特点研究出低苛性比二段磨料浸出流程，此工艺大大减少了二次反应损失，将碱石灰烧结法提高到一个新的水平。二段磨料浸出的特点是利用通用的设备来实现赤泥的迅速分离，物料在一段湿磨内停留的时间只有几分钟，进入分级机后，将50%~60%的赤泥送入二段湿磨继续浸出。一段分级机溢流料浆通过圆筒过滤机滤出赤泥，这样就使一段分级机溢流中的赤泥尽快地从溶液中分离出来，以减轻其中 $2CaO \cdot SiO_2$ 的分解。二段湿磨中的 Na_2O 浓度降低，二次反应也显著减少，加上溶液的苛性比保持在1.25左右，从而使 Al_2O_3 和 Na_2O 的净浸出率大大提高。

7.4.4 铝酸钠溶液脱硅

熟料溶出分离过程中，尽管采用了各种技术措施来防止二次反应的大量发生，但 $2CaO \cdot SiO_2$ 部分被分解，$Na_2O \cdot SiO_2$ 进入铝酸钠溶液是不可避免的。因此在分离后的铝酸钠溶液中 SiO_2 的浓度仍达到3~5g/L，当 Al_2O_3 的浓度为110~120g/L，其硅量指数只有20~30。从如此高的 SiO_2 的铝酸钠溶液中分解出的 $Al(OH)_3$ 是很不纯的，用来生产 Al_2O_3 所含 SiO_2 会大大超过国家规定的指标，所以必须在送分解之前将其除去，这一作业过程称作脱硅。生产中将脱硅之前的溶液称为粗液；脱硅之后，硅量指数达到400以上的溶液，称为精液。合格的精液送去碳酸化分解，脱硅分为常规脱硅法和深度脱硅法。

7.4.4.1 常规脱硅

常规脱硅方法是把粗液加热到150~170℃，搅拌2~4h，溶液中的 SiO_2 与 $Na_2Al(OH)_4$ 发生自动脱硅反应，生成水合铝硅酸钠（称为钠硅渣），也称“白泥”。它在铝酸钠溶液中溶解度很小，故沉淀下来，使溶液的硅量指数达到300~400，其反应为：

$$2Na_2SiO_3 + 2NaAl(OH)_4 \xlongequal{} Na_2O \cdot Al_2O_3 \cdot 2SiO_2 \cdot H_2O \downarrow + 4NaOH$$

为了提高脱硅效果，可在粗液中添加少量拜耳法赤泥作晶种。常规脱硅是在压煮器中进行的。

7.4.4.2 深度脱硅

深度脱硅又称加石灰脱硅。它可使溶液的硅量指数达到1000以上。深度脱硅的具体操作是往溶液中加入一定数量的石灰，使 SiO_2 生成水化石榴石。水化石榴石在铝酸钠溶液中的溶解度比含水铝硅酸钠更小，因而能达到深度脱硅。深度脱硅是在温度为90~100℃下的搅拌槽中进行的，其反应为：

$$2NaAl(OH)_4 + 2Na_2SiO_3 + Ca(OH)_2 \xlongequal{} CaO \cdot Al_2O_3 \cdot 2SiO_2 \cdot 2H_2O \downarrow + 6NaOH$$

在深度脱硅条件下，水化石榴石中 SiO_2 的饱和系数 x 为0.1~0.2。由此可见，1g SiO_2 约造成11.3g Al_2O_3 损失，而生成钠硅渣脱除1g SiO_2 只损失1g Al_2O_3。为了减少因深度脱硅而造成 Al_2O_3 的损失，同时也减少石灰消耗，深度脱硅应该在常规法脱硅并分离了钠硅渣之后进行，这就是工业上采用的所谓二段脱硅。

7.4.5 铝酸钠溶液碳酸化分解

碳酸化分解是以含 CO_2 的炉气处理铝酸钠溶液。一般认为，CO_2 的作用在于中和溶液中的苛性碱，使溶液的苛性比降低，从而降低溶液的稳定性，引起溶液的分解。碳酸化的初期发生中和反应：

$$2Na(OH)_2 + CO_2 = Na_2CO_3 + H_2O$$

当一些苛性碱结合为苏打后，铝酸钠溶液的稳定性降低，发生水解反应而析出氢氧化铝：

$$NaO \cdot Al_2O_3 + 4H_2O = 2NaOH + 2Al(OH)_3 \downarrow + H_2O$$

由于分解时生成的苛性碱不断被 CO_2 所中和，因此铝酸钠溶液有可能完全分解。研究碳分过程中二氧化硅的行为具有重要意义，因为它关系到 $Al(OH)_3$ 中 SiO_2 的含量。SiO_2 在碳分过程中的行为与 $Al(OH)_3$ 有所不同。在碳酸化的初期，$Al(OH)_3$ 与 SiO_2 大约有相同的析出率。但在此以后，$Al(OH)_3$ 大量析出，而溶液中的二氧化硅含量几乎不变。当碳酸化继续深入到一定程度后，SiO_2 析出速度又急剧增加。这种现象的产生是由于碳酸化初期析出的氧化铝水合物具有极大的分散度，能吸附 SiO_2。这种吸附作用随 $Al(OH)_3$ 结晶长大面减弱，所以 $Al(OH)_3$ 继续析出时，SiO_2 含量还相对减少。直到分解末期，溶液中 Al_2O_3 浓度降低，溶液中的 SiO_2 达到介稳状态，因此再通入 CO_2 使 $Al(OH)_3$ 继续析出时，SiO_2 也就剧烈析出。因此，用控制分解深度的办法可能得到含 SiO_2 很低的、质量好的 $Al(OH)_3$，同时，还可用添加晶种的办法改善 $Al(OH)_3$ 的粒度组成，以防止碳分初期 SiO_2 的析出。

7.5 拜耳-烧结联合法生产氧化铝

拜耳法和碱石灰烧结法是工业上生产氧化铝的两个主要方法，这两种方法各有其优缺点和适用范围。拜耳法流程简单、能耗低，产品质量好，处理优质铝土矿时能获得最好的经济效果。但随着矿石铝硅比降低，它在经济上的优越性也将随之下降。一般说来，矿石的铝硅比在 7 以下时，拜耳法劣于烧结法。因此，拜耳法只局限于处理优质铝土矿，其铝硅比至少不低于 7~8，通常在 10 以上。烧结法流程比较复杂、能耗大，产品质量一般不如拜耳法。但烧结法能有效地处理高硅铝土矿（如铝硅比为 3~5），而且所消耗的是价格较低的碳酸钠。

实践证明，在某些情况下，采用拜耳法和烧结法的联合生产流程，可以兼收两种方法的优点，取得较单一的拜耳法或烧结法更好的经济效果，同时也使铝矿资源得到更充分的利用。联合法有并联，串联两种基本流程。联合法原则上都以拜耳法为主，烧结法系统的生产能力一般只占总能力的 10%~20%。

7.5.1 并联法

并联法流程由两个平行的生产系统组成。主要部分是按拜耳法处理低硅铝土矿，辅助部分则是按烧结法处理高硅铝土矿；烧结法系统的溶液并入拜耳法系统，以补偿拜耳法系统的苛性碱损失。图 7-8 为并联法的工艺流程。

通常，在高品位矿石产区也总有一些低品位矿石。为了充分利用资源和降低成本，同时处理这两种矿石是必要的，这就是采用并联联合法的基本原因。同时，并联联合法的烧结系统还不限于处理高硅铝土矿，也可以烧结霞石、黏土等其他铝矿。

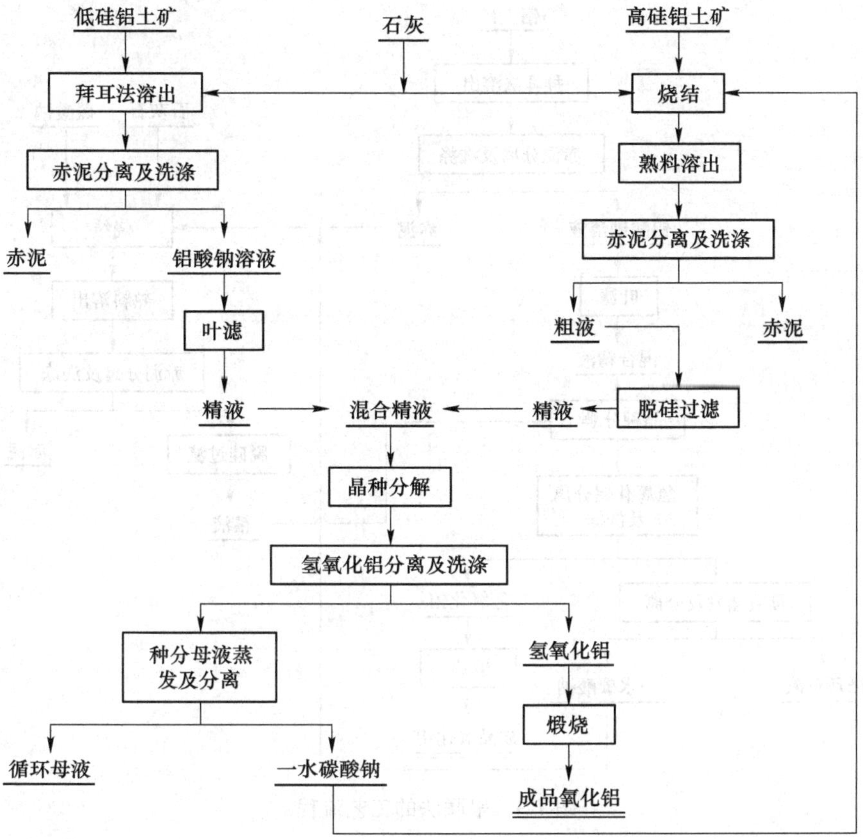

图 7-8 并联法的工艺流程

7.5.2 串联法

串联法流程最适于处理中等品位铝土矿。我国大多是中等品位的一水硬铝石的矿石，故串联联合法对于我国的铝工业是很有意义的方法。生产氧化铝的串联法流程如图 7-9 所示。串联法流程的实质在于全部高硅铝土矿首先用拜耳法处理，而含有大量氧化铝和苛性碱的赤泥再用烧结法处理，所得铝酸钠溶液并入拜耳法系统，同按拜耳法的技术作业处理，而从蒸发母液中析出的一水苏打返回烧结系统，用以配料。

7.5.3 混联法

混联法（见图 7-10）是兼有串联与并联的一种联合方法。在拜耳法赤泥中添加一部分铝硅比低的矿石作为烧结法的原料进行烧结。烧结法系统的铝酸钠溶液大部分并入拜耳法系统进行种分，以补偿拜耳法的碱耗，少部分进行碳分。混联法实质上是在串联法的基础上研制出来的流程。因为拜耳法赤泥铝硅比较低，烧结作业技术较难控制，加入部分矿石提高了烧结炉料的铝硅比，改善了烧结作业。混联法最适合高硅低铁的铝土矿。所有联合法流程都有一个共同的缺点就是流程复杂、设备多，两个系统互相制约，技术管理难度大。

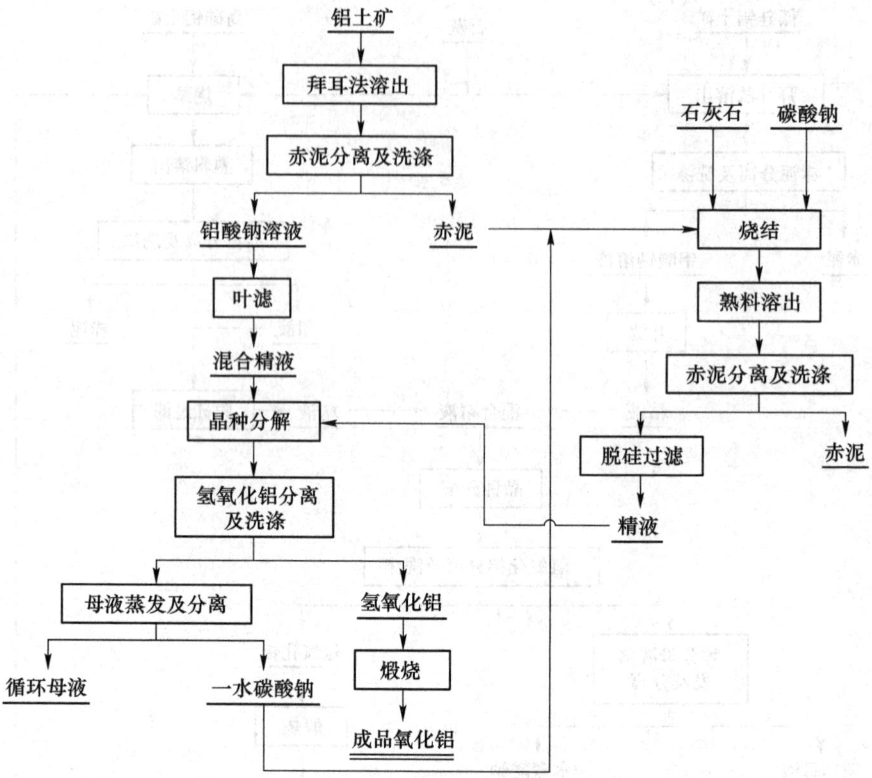

图 7-9 串联法的工艺流程

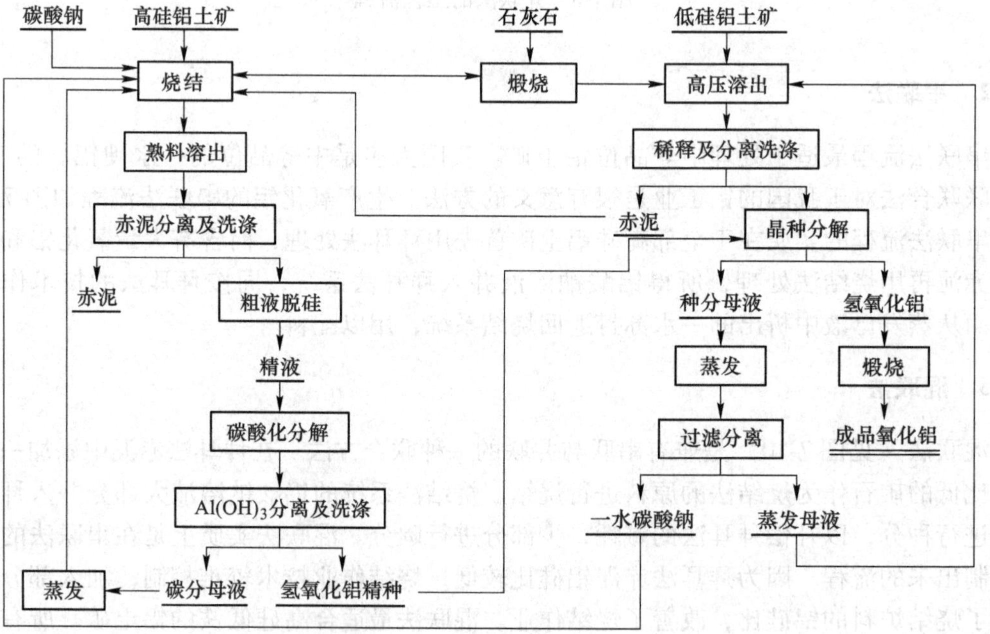

图 7-10 混联法的工艺流程

7.6 铝电解生产

自1886年美国霍尔（Hall）和法国人埃鲁（Heroult）发明了冰晶石一氧化铝熔盐电解炼铝以来，该法就成为生产铝的主要方法。图7-11所示为铝电解生产工艺流程图。

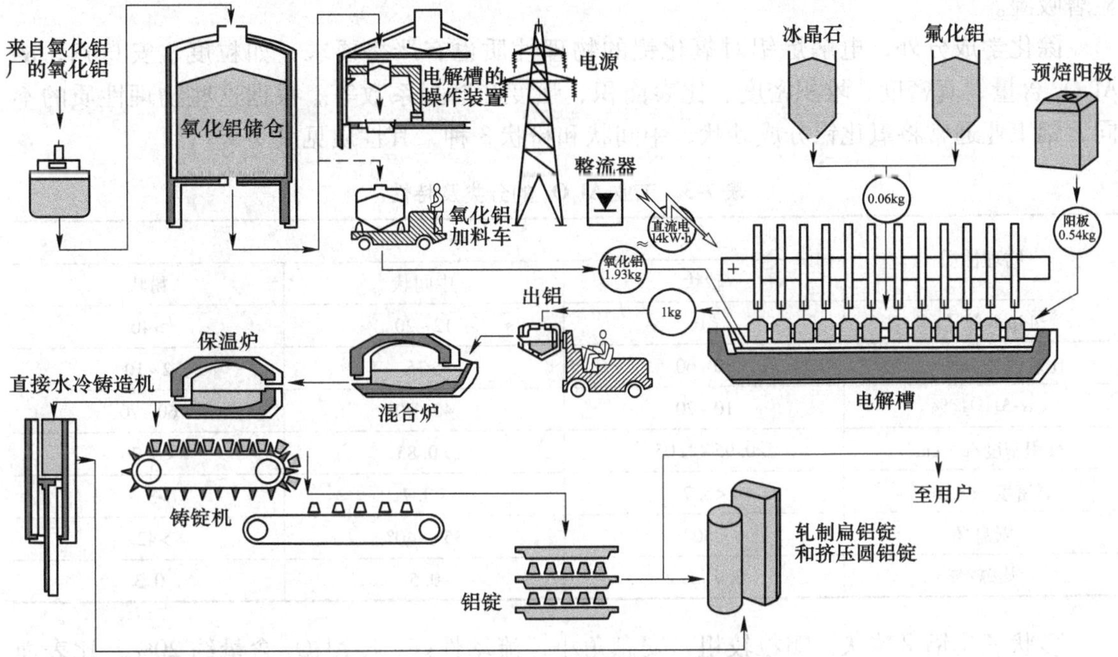

图7-11 现代铝工业生产流程

生产过程是直流电通过铝电解槽，依靠电流的焦耳热使电解质熔化并维持950~970℃的电解温度。直流电经过电解质使氧化铝分解，在阴极上析出铝，在阳极上析出氧并使阳极碳氧化而生成CO_2和CO。铝液真空抽出，经澄清净化浇铸成锭。阳极气体中常含有少量有害的氟化物气体和粉尘，经过净化，废气排放到大气，回收的氟化物返回电解槽。

7.6.1 电解铝生产原材料

7.6.1.1 原料——氧化铝

氧化铝是铝电解生产中的主原料。它是一种白色粉状物，熔点为2050℃，沸点为3000℃，真密度为3.6g/cm^3。它不溶于水，能溶于冰晶石熔体中。生产1t铝理论上需要氧化铝1889kg，由于生产与运输过程中的机械损失，实际消耗为每吨铝消耗氧化铝1920~1940kg。

氧化铝作为电解炼铝的原料，对它的化学纯度和物理性能都有严格的要求。电解炼铝时，含Al_2O_3应大于98.2%。因为氧化铝纯度是影响原铝质量的主要因素，同时也影响电解过程的技术经济指标。例如，若氧化铝含有比铝更正电性元素的氧化物（Fe_2O_3、SiO_2、TiO_2等），则在电解过程中，这些氧化物将分解并在阴极上出相应的元素，使所得铝的质量降低；若氧化铝含有比铝更负电性元素的氧化物，如 Na_2O、CaO，则在电解过程中与冰晶石、氟化铝等发生反应从而破坏电解质的正常成分，影响电解作业正常进行或增加冰晶石与氟化铝的消耗。

水分也是有害成分，因为水与 AlF_3 作用而生成 HF，造成氟的损失，同时 HF 使车间卫生条件恶化。因此，电解炼铝用的氧化铝不仅必须含水量低，而且必须是长期贮存也不显著吸湿。

除化学成分外，电解炼铝对氧化铝的物理性质也有严格要求，如粒度、安息角、α-Al_2O_3 含量、真密度、堆积密度、比表面积、强度和磨损系数等。根据这些物理性质的不同，铝工业通常将氧化铝分成砂状、中间状和粉状 3 种，其性质见表 7-3。

表 7-3 工业 Al_2O_3 的分类及特性

物理性质	分类		
	砂状	中间状	粉状
$-44\mu m$ 粒子/%	<10	12~20	>40
比表面积/$m^2 \cdot g^{-1}$	50~60	>35	2~10
α-Al_2O_3/%	10~20	40~50	60~70
堆积密度/$g \cdot cm^{-3}$	0.95~1.05	>0.85	<0.76
真密度/$g \cdot cm^{-3}$	<3.7	<3.7	>3.7
安息角	<30°	35°~40°	>42°
灼碱/%	0.9~1.2	0.5	0.3

砂状氧化铝呈球状，颗粒较粗，安息角小，流动性好，α-Al_2O_3 含量约 20%，比表面积大，具有较大的活性，对氟化氢气体吸附能力强。真密度和容重一致，堆积密度在 0.95~1.05g/cm^2。平均粒度为 60~70μm，小于 40μm 的低于 10%，大于 150μm 的高于 5%。磨损系数小于 10%，强度好。

砂状氧化铝的这些物理性能决定了其在电解时，在电解质中的溶解度大、流动性好、便于风动输送和从料仓向电解槽自动加料；保温性能好，在电解质上能形成良好的结壳，以屏蔽电解质熔体，降低热损失；能够严密地覆盖在阳极炭块上，防止阳极炭块在空气中氧化，减少阳极消耗。从而能够保证电解过程正常进行，保证电解过程的技术经济指标，还能保护环境。因此以现代冶金工厂都使用砂状氧化铝。

7.6.1.2 冰晶石

现代大型预焙铝电解生产所用的熔剂主要是冰晶石，其他还有一些添加剂，如氟化铝、氟化钙、氟化镁、氟化钠、氟化锂等。

冰晶石学名六氟铝酸钠，因放入水中和冰的折射率相似，人们俗称其为冰晶石。冰晶石有天然和人造两种，天然冰晶石储量极少，现代生产用的冰晶石绝大多数为人工合成制取的。天然冰晶石是一种无色或白色晶体，密度为 2.95gcm^2，硬度为 2.5，熔点为 1010℃。人造冰晶石实际上是正冰晶石（Na_3AlF_6）与亚冰晶石的混合物，其分子比为 2.1 左右，呈酸性、白色粉末、略粘手、微溶于水。冰晶石是熔剂的主要成分。许多年以来，铝电解质一直以冰晶石为主体，其原因如下。

（1）纯冰晶石不含析出电位（放电电位）比铝更正的金属杂质（铁、硅、铜等），只要不从外界带入杂质，电解生产可以获得较纯的铝。

（2）冰晶石能够较好地溶解氧化铝，在电解温度1223~1243K时，氧化铝在冰晶石熔液中的溶解度约为10%。

（3）在电解温度下，冰晶石-氧化铝熔融液的密度比同温度铝液的密度小，它浮在铝液上面，可防止铝的氧化，电解出来的铝液能沉积在槽底上面，同时使电解质和铝很好地分离，这既有利于电解过程，又简化了电解槽结构。

（4）冰晶石熔体具有良好的导电性，这样使得电解液层的电压降不至过高。

（5）冰晶石熔融液在电解温度下有一定的流动性，阳极气体能够从电解液中顺利地排出，而且有利于电解液的循环，使电解液的温度和成分都比较均匀。

（6）铝在冰晶石熔融液中的溶解度不大，这是提高电流效率的一个有利因素。

（7）冰晶石熔融液的腐蚀性很大，但碳素材料能抗受它的侵蚀，用碳素材料作内衬建造电解槽基本上可以满足生产的要求。

（8）在熔融状态下，冰晶石基本上不吸水，挥发性也不大，这将减少物料消耗并能保证电解液成分相对稳定。

冰晶石的使用在大型槽正常生产中比例很小，原因是大型槽的物料基本形成闭路循环。冰晶石主要应用于电解槽焙烧启动和后期管理阶段。因此高分子冰晶石应运而生，占据市场份额的一半以上，由于高分子冰晶石相对传统中分子比冰晶石调和氟化钠方法均质性好，现场操作简便，特别是系列启动，深受欢迎。中分子比冰晶石主要应用于启动后期管理中补充和清理电解质。由于其分子比在2.1~2.2之间，因此清理碳渣和溶解氧化铝的能力较强，并且满足启动后期管理中电解质温度下降的工艺要求，所以优质的中分子比冰晶石仍在系列启动中占有一席之地，其质量要求是挥发要小、溶解性要好、水分要少。粉状冰晶石由于颗粒强、崩溅冒烟少，要优于砂状冰晶石。

7.6.1.3 其他氟化盐添加剂

铝电解质的主要成分是冰晶石（Na_3AlF_6）和 Al_2O_3。Na_3AlF_6 是熔剂，Al_2O_3 是电解过程消耗的原料。为了改善电解质的某些物理化学性质，如降低电解质的熔点、改善电解质的表面性质、提高导电率等，通常加入少量添加剂，最常用的添加剂有氟化铝（AlF_3）、氟化钙（CaF_2）、氟化镁（MgF_2）和氟化锂（LiF）。

氟化铝是一种白色的细微粉末，颗粒比氧化铝稍大，流动性次之。它作为一种添加剂，在补充电解质中氟化铝损失的同时调整电解质的分子比，通过调整分子比使电解温度保持在一定范围，保证生产技术条件的稳定。作为冰晶石-氧化铝熔融液的一种添加剂，它既可以弥补电解质中氟化铝的损失，又可以降低电解质的分子比，降低电解质温度。随着大型预焙铝电解槽的快速发展，铝电解厂的生产规模越来越大，加之全民环保意识的增加和国家对有害气体排放标准的提高，对电解生产排氟量的要求越来越严。因此对氟化铝的质量也有了新的要求。

氟化钙也叫“萤石”，是电解质的成分之一，工业电解质中氟化钙的含量为3%~5%。氟化钙广泛存在于所有工业电解槽的电解质中，一方面它是特意加入的，另一方面它是原料中杂质CaO带来的，因为工业氧化铝中通常含有CaO(0.02%~0.04%)，进入电解质中的 CaO 同冰晶石溶液发生反应并生成 CaF_2（$3CaO+2Na_3AlF_6 = 3CaF_2+Al_2O_3+6NaF$）。生产过程中氟化钙的含量要随电解质的损失而减小，但由于原料中带入的少量氧化钙与氟化铝反应生成氟化钙，所以氟化钙只是在新槽启动时加入，平时并不经常添加氟化钙。氟化钙在电解生产中的应用，其主要作用如下。

（1）在电解质中起矿化剂的作用，可加速 γ-Al_2O_3 向 α-Al_2O_3 转变，形成含有 80%的 β-Al_2O_3 的侧部槽帮，这种结构稳定的槽帮，槽膛比较稳定，有利于提高电流效率。

（2）降低电解质的初晶温度，增大电解质与铝液的界面张力，提高电解槽的电流效率。

（3）Ca^{2+}可以在阴极表面形成化学屏障，阻碍 Na^+放电析出，把 Na^+与 Al^{3+}隔离开来，保护炭阴极；其次，氟化钙不溶于铝液而呈沉淀状态，有加速 γ-Al_2O_3，朝 α-Al_2O_3 转变的功能，能使填补物更加坚硬，有效阻止铝液对阴极和钢棒的渗透、侵蚀。因此电解生产中通常用其为补炉材料。

（4）氟化钙在铝电解生产中的应用会减小电解质的导电度和降低电解质中氧化铝的溶解度，同时增大电解质的黏度和电解质与碳素材料的湿润角。氟化锂可降低熔点、提高导电率；氯化钠可降低熔点、提高导电率，但易水解。

氟化镁在铝电解生产中的应用较晚。我国从 1956 年起添加氟化镁，已收到显著成效。氟化镁在铝电解生产中的主要作用是降低电解质的初晶温度及铝在电解质中的溶解度，减少电解质对炭的湿润性，促进电解质和炭渣的分离，并减小电解质向炭电极内部的渗透。另外，添加 CaF_2、MgF_2 的电解质结壳疏松好打，打下的结壳小块也能增加氧化铝的溶解速度。还有，Mg^{2+}和 Ca^{2+}能在阴极附近构成一个屏障，阻碍 Na^+放电析出，把 Na^+与 Al^{3+}隔离开来，因此通常也把它用来做补炉材料。但 MgF_2 对熔体导电有不良影响，会降低电解质中氧化铝的溶解度，增大电解质的密度且它的使用对铝的质量稍有影响。因此，电解质中 MgF_2 含量不宜过高，当 MgF_2 含量偏高时还会对试样分析结果产生影响，使分析结果偏差率偏高。

在铝电解质中添加氟化锂可以明显降低电解质的初晶温度、减小电解质密度、提高电解质的导电度、减小电解质的黏度、降低电解质的挥发性，但同其他添加剂一样也会降低氧化铝在电解质中的溶解度。氟化锂和锂冰晶石都是低熔点化合物，并具有良好的导电性。我国有丰富的锂矿资源，扩大锂盐在铝电解中应用将会逐渐降低锂盐的价格。随着锂盐应用技术的日趋成熟和能耗的紧缺，锂盐将成为今后铝电解生产中最常用的添加剂之一。氟化盐的作用见表 7-4。

表 7-4　氟化盐的作用

氟化盐	初晶温度	铝在电解质中的溶解度	电导	黏度	电解质熔体与 Al 之间的界面张力
AlF_3	↓	↓	↓	↓	↑
CaF_2	↓	↓	↓	↑	↑
MgF_2	↓	↓	↓	↑	↑
LiF	↓	↑	↑	↓	↑

7.6.1.4　碳素材料

铝工业上均采用碳素材料作电极——炭阳极和炭阴极。在大型预焙槽铝电解生产中，阳极炭块不仅承担着导电的作用，而且还参与电化学反应，阳极炭块质量的好坏，直接影响到铝电解的正常生产操作，阳极的消耗，原铝的质量和电流效率等经济指标。因此，对阳极炭块的要求很严格，在化学成分上要求阳极炭块中杂质含量少，如铁、硅、钒、硫等氧化物含量会影响铝质量。除此之外，还要求阳极灰分少，灰分中的杂质少、密度大、比电阻低、气孔率低、抗热冲击性能好、抗压强度高、抗氧化性能好和具有较小的掉渣率。

铝电解槽采用消耗性炭阳极，即阳极上析出的氧与碳反应生成 CO_2 和 CO。每吨铝消耗阳极碳 400~450kg。电解铝生产中碳素阳极的消耗可以分为电化学消耗、化学消耗和机械损耗。阳极消耗中大部分是由电解过程电化学反应直接消耗的，在电解铝过程中，含氧络合离子在阳极的表面放电，与炽热的碳反应并放出 CO_2，CO_2 以气泡的形式离开电极造成炭阳极消耗。

7.6.2 铝电解质的某些性质

7.6.2.1 冰晶石比

电解铝工业中，通常用冰晶石分子比（简称冰晶石比）来表示电解质中 NaF 和 AlF_3 的相对含量。纯冰晶石的分子比为 $NaF : AlF_3 = 3$。当加 AlF_3 于冰晶石时，冰晶石分子比降低而小于 3，富有 AlF_3 的冰晶石熔体（$NaF/AlF_3<3$）称为酸性电解质。当加 NaF 于冰晶石时，冰晶石分子比升高而大于 3，富有 NaF 的冰晶石熔体（$NaF/AlF_3>3$）称为碱性电解质。

现今铝电解槽普遍采用酸性电解质，一般冰晶石比为 2.6~2.8。过酸的电解质挥发性很大，而且溶解 Al_2O_3 的能力降低。碱性电解质因为 Na^+浓度高，容易在阴极上析出钠来，所以都不采用。

7.6.2.2 Al_2O_3 在电解质中的溶解度

电解炼铝所用的电解质是以 $NaF\text{-}AlF_3$ 系为主的熔体。$Na_3AlF_6\text{-}Al_2O_3$ 系是一个简单的二元共晶系，共晶点温度为 1211K，含 Al_2O_3 为 14.8%（1273K 时氧化铝在冰晶石中的溶解度约为 16.5%）。

在电解铝时，随着电解过程的进行，电解质中的 Al_2O_3 逐渐减少，必须定时往电解槽中添加 Al_2O_3，使电解过程得以连续进行。

为了避免在电解槽底（阴极）上形成 Al_2O_3 沉淀，电解质中的 Al_2O_3 含量一般不超过 8%~10%，也不低于 3%。

7.6.2.3 电解质的离解

电解质的离解，包括熔融冰晶石的离解和溶解于其中的氧化铝的离解。

一般认为冰晶石按下式离解：

$$Na_3AlF_6 \longrightarrow 3Na^+ + [AlF_6]^{3-}$$

$[AlF_6]^{3-}$还会部分地离解为氟离子和更简单的氟铝酸络阴离子，最可能的离解式是：

$$AlF_6^{3-} \longrightarrow [AlF_4]^- + 2F^-$$

溶解在熔融冰晶石中的氧化铝，最可能按如下方式离解成为铝离子与含氧离子：

$$Al_2O_3 \longrightarrow Al^{3+} + [AlO_3]^{3-}$$

溶解在冰晶石中的 Al_2O_3 由于和 $[AlF_6]^{3-}$以及 F^-发生反应而结合为铝氧氟络合离子：

$$4[AlF_6]^{3-} + Al_2O_3 = 3[AlOF_5]^{4-} + 3AlF_3$$

$$2[AlF_6]^{3-} + Al_2O_3 = 3[AlOF_3]^{2-} + AlF_3$$

还可能按照以下反应生成$[Al_2OF_8]^{4-}$和$[Al_2OF_{10}]^{6-}$型络合离子：

$$4[AlF_6]^{3-} + Al_2O_3 = 3[Al_2OF_8]^{4-}$$

$$6F^- + 4[AlF_6]^{3-} + Al_2O_3 = 3[Al_2OF_{10}]^{6-}$$

在Al_2O_3浓度高时，新离子可能是$[AlO_2]^-$，即发生下列反应：

$$Al_2O_3 + 2F^- = [AlOF_2]^- + [AlO_2]^-$$

$$Al_2O_3 + [AlF_6]^{3-} = [AlOF_2]^- + [AlO_2]^- + [AlF_4]^-$$

综上所述，冰晶石-氧化铝熔融液中的离子质点有：Na^+、$[AlF_6]^{3-}$、$[AlF_4]^-$、F^-，还有Al-O-F型络合离子。其中Na^+是单体离子，Al^{3+}结合在络合离子里。

7.6.2.4 电解质的导电度

铝电解质的电压降占槽电压的36%~40%。因此，应该力求降低电解质的电阻。

纯冰晶石的电导率等于0.028S/m(1273K，外推值)。工业电解质的电导率受多方面因素的影响，其中最主要是温度和氧化铝浓度。在正常电解过程中，电解质的电导率随温度升高而提高，随Al_2O_3浓度增加而减小。在工业生产上，随着电解过程的进行，Al_2O_3浓度逐渐降低，电解质的电导率不断提高；加料之后，电解质里的Al_2O_3浓度增大，使电导率减小。所以在电解过程中电导率是周期性地改变。

7.6.2.5 电解质的密度

在电解温度下，熔融铝比冰晶石密度大，尤其当冰晶石中溶解有大量氧化铝时。例如，在电解炼铝的工业条件下，电解温度为1223K铝的密度为2.308g/cm³，而含有5% Al_2O_3的冰晶石熔体密度为2.102g/cm³，可见在电解温度下，熔融铝要比电解质密度大10%。按此密度差是可以很好分层的，所以电解过程中，析出的铝聚集在电解槽底部。

7.6.2.6 电解质的黏度

在工业生产上要求电解质具有适当的黏度，例如3×10^{-3}Pa·s。如果黏度过大，则阳极气泡不易逸出，加入电解质内的氧化铝不易沉降，而呈悬浮状态，这些都对电解过程产生不良影响。反之，如果黏度太小，则电解质的循环运动加快，从而加速铝滴和溶解了的铝的转移，影响电流效率。

电解质的黏度随温度增高而降低，随熔体中的Al_2O_3含量增加而增加。所以，有的铝厂为了获得高效率，宁愿采取比较高的Al_2O_3浓度和比较低的电解温度，以增大电解质的黏度。

7.6.3 电解槽的结构

电解槽是在一个钢制槽壳内部衬以耐火砖和保温层，压型炭块镶于槽底，充作电解槽的阴极。电流经由炭质槽底（阴极）与插入电解质中的炭质阳极（预焙阳极）通过电解质，完成电解过程。图7-12为预焙阳极电解槽断面图。

电解过程中，阳极要不断消耗，同时要通过调整极距来调整电解液的温度。所以，电解槽正常操作需要经常升降阳极。因此，有悬挂和升降阳极的专门机构。

所谓预焙阳极，是预先经过压型和焙烧制成的炭质阳极。将糊状沥青焦、石油焦等碳

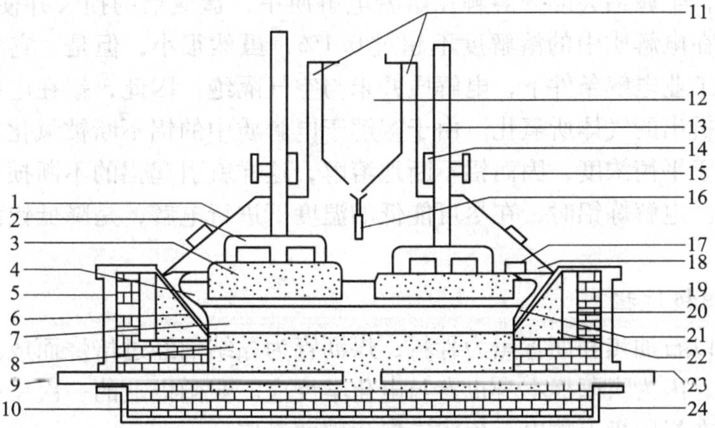

图 7-12 预焙阳极电解槽断面图

1—槽罩；2—钢爪梁；3—阳极；4—电解质；5—槽壳；6—涂层；7—铝；8—阳极炭块；9—阴极棒；10—保温砖；11—排烟装置；12—氧化铝；13—导杆；14—夹板；15—螺栓；16—打壳和电式下料器；17—氧化铝；18—壳面；19—边部砖；20—边部保温砖；21—结壳；22—边部炭块；23—密封圈；24—钢壳

素材料振动成型为阳极炭块，经1573K左右高温下蒸馏处理除去挥发物的沥青焦、石油焦等碳素材料与作为黏结剂的沥青混合的块状固体物料，烧结形成阳极，即预焙阳极。预焙阳极在电解时不断消耗，随着电解过程的进行，阳极要不断下降，当预焙阳极消耗到不能继续使用时就要更换新的预焙阳极。这就是不连续预焙阳极电解过程。尽管不连续预焙阳极电解要不断更换预焙阳极，但电解烟气净化很容易实现机械化和自动化。预焙阳极在专门的熔烧炉内焙烧过，它的沥青烟气正好作燃料使用，不再在铝电解槽上散发出来。以机械化和自动化程度而论，目前预焙槽最好。

7.6.4 电解槽的两极反应

7.6.4.1 阴极过程

Na_3AlF_6-Al_2O_3 熔体的离子结构中阳离子有单质的 Na^+ 和络合的 Al^{3+} 在电解温度为950~970℃的条件下，钠的析出电位比铝的析出电位-250mV左右。因此，在正常电解条件下在阴极上放电的是络合的 Al^{3+}。

$$Al^{3+}(\text{络合}) + 3e \longrightarrow Al$$

钠与铝的析出电位并不是一成不变的，当电解质分子比增大，Na^+ 的活度增加；当 Al_2O_3 浓度低时，Al^{3+} 的活度减小，相应 Na^+ 的活度也增大；在电解温度升高和阴极电流密度增大等条件下都会使 Al^{3+} 和 Na^+ 的电位差减小。当其差值等于或接近于零时，Na^+ 就会在阴极上放电析出。

$$Na^+ + e \longrightarrow Na$$

这一放电反应被视为阴极副反应之一，它会导致电流效率降低。在生产上为使阴极上放电析出的钠减小到最低程度，通常是在电解质中保持过量的 AlF_3，也就是采用酸性电解质。当 AlF_3 含量增高时，Al^{3+} 离子与 Na^+ 的电位差增大。因此，提高电解质的 AlF_3 含量，便可使 Na 析出的可能性减小。避免电解质过热也是防止 Na 析出的必要条件。

电解炼铝时，金属铝会部分溶解在熔融电解质中，造成铝的损失并使电流效率降低。在电解温度下铝在电解质中的溶解度不超过0.1%，虽然很小，但是，它是分布在整个电解质中的，而在工业电解条件下，电解质并未与空气隔绝。因此，铝在电解质表面上不断被空气和阳极上析出的气体所氧化。由于溶解于电解质中的铝不断被氧化，因此铝在熔体中的浓度总是低于平衡浓度，因而铝不断地溶解，这样就引起铝的不断损失，这种损失随温度增高而增大。电解炼铝时，在尽可能低的温度下进行电解，是降低铝溶解损失的有效措施。

7.6.4.2 阳极过程

预焙阳极是以石油焦和沥青焦为骨料，煤沥青为黏结剂经过焙烧而成。铝电解槽的阳极过程比较复杂，因为炭阳极本身也参与电化学反应。炭阳极上的一次反应是铝氧氟络合离子中的氧离子在炭阳极上放电，生成二氧化碳的反应：

$$2O^{2-}(\text{络合}) + C - 4e = CO_2$$

CO_2 被视为第一阳极反应产物。

铝电解的结果只消耗了 Al_2O_3 和碳，因此电解过程总反应式为；

$$2Al_2O_3 + 3C \longrightarrow 4Al + 3CO_2$$

在铝电解生产中，阳极上还会发生一种特殊现象，就是阳极效应。电解槽发生阳极效应的最显著特征是电解槽的槽电压由正常时的4~4.5V突然升高到30~40V（有时甚至高到60V），在与电解质接触的阳极表面出现许多微小的电弧。火花并伴随发生电弧的劈啪声，电解质停止正常沸腾，实际上电解过程停止。

阳极效应发生的原因是电解质中 Al_2O_3 浓度降低到了某一极限值（一般在2%以下）。Al_2O_3 是表面活性物质，当 Al_2O_3 浓度太低时，电解质与阳极碳的界面张力增大，电解质对阳极碳润湿不好，从而导致阳极气体不能从阳极表面上逸出而在阳极底部形成一层阻力很大的气膜，使电压迅速升高以致发生阳极效应。

阳极效应能预告向电解槽中加入新 Al_2O_3 的时间，并且还可以根据它来判断电解槽的操作是否正常，调节电解槽温度，净化电解质，溶解槽底沉淀。如果电解槽操作正常，那么阳极效应的周期（两次效应之间的时间间隔）是一定的，而且与加入电解槽中的 Al_2O_3 量和工作电流强度相适应；如果阳极效应推迟或提前到来，则说明电解槽操作不正常，比如，阳极效应推迟到来，就很可能是电解槽发生了漏电等。但阳极效应频频发生将造成系列电流不稳定，增加电耗，也增加劳动强度。从工艺上说，阳极效应应当越少越好，一般控制在每48h一次，即阳极效应系数为0.5。

7.6.4.3 电解过程中的副反应

在电解炼铝时，除了上面所说的那些主要反应之外，还发生一些副反应，其中最重要的是碳化铝的生成和电解质成分的变化。

在通常情况下，碳和铝之间的反应要在1973~2273K高温下才会发生，而在铝电解槽中，在1203~1223K的电解温度下就有碳化铝生成，反应如下：

$$4Al + 3C = Al_4C_3$$

较多的研究者认为，由于处于熔融冰晶石层下面的金属铝的表面上没有通常情况下看到氧化铝薄膜，总是存在于铝的表面，这就使得铝同碳的交互作用容易发生。

碳化铝是难熔的固体，密度大，沉积于电解槽底部。渗入炭电极孔洞和裂隙中的铝，也会在那里生成 Al_4C_3。由于阴极炭块中产生 Al_4C_3 并且吸收电解质和 Al_2O_3，使阴极逐渐“老化”而失去工作能力。碳化铝导电性很小，存在于电极和电解质中会引起电阻增大，槽电压增大，最终表现为电能耗增大。所以，阴极炭块要定期拆换。

电解槽内的电解质随着使用时间的延长其成分会发生变化，使得冰晶石比不能保持在规定的范围内。电解质成分发生变化的原因：一是易挥发的 AlF_3（其蒸气压在电解温度下约为933K）发生挥发损失；二是随氧化铝和冰晶石带入电解槽中的杂质 SiO_2、Na_2O、H_2O 等与冰晶石作用的结果，且这也是最主要的原因。

由于氢氧化铝洗涤不好而在 Al_2O_3 中留下的 Na_2O，按如下反应式使冰晶石分解：

$$2Na_3AlF_6 + 3Na_2O \xlongequal{} Al_2O_3 + 12NaF$$

作为 Al_2O_3 与冰晶石的杂质而进入电解槽的 SiO_2 按如下反应式使冰晶石分解：

$$4Na_3AlF_6 + 3SiO_2 \xlongequal{} 2Al_2O_3 + 6NaF + 3SiF_4\uparrow$$

生成了挥发性的四氟化硅，造成 NaF 的过剩。

随 Al_2O_3 带入的水分也会使冰晶石发生分解：

$$2Na_3AlF_6 + 3H_2O \xlongequal{} Al_2O_3 + 6NaF + 6HF\uparrow$$

上述所有反应都使冰晶石比增大，使冰晶石中出现 NaF 过剩，电解质由酸性变为碱性。

7.6.5 铝液的净化

从电解槽抽出来的铝液中，通常都含有 Fe、Si 及非金属固态夹杂物、溶解的气体等多种杂质，因此需要经过净化处理，清除掉一部分杂质，然后铸成商品铝锭（99.85% Al）。

铝液的净化的方法主要有熔剂净化法和气体净化法。

熔剂净化法主要是为清除铝中的非金属夹杂物。所用的熔剂是由钾、钠、铝的氟盐和氯盐组成。

现在气体净化法广泛应用惰性气体氮气。在该法中用氧化铝球（刚玉）作过滤介质，N_2 直接通入铝液内，铝液连续送入氮化炉内，通过氧化铝球过滤层，并受氮气之冲洗，于是铝液中的非金属夹杂物及溶解的氢均被清除，然后连续排出。

7.6.6 烟气净化

根据国家环保要求，冶金工厂从设计到生产在考虑生产工艺的同时也应考虑“三废”治理，确保环境卫生与安全。因此从电解槽排放出来的有害烟气必须治理。

铝电解槽中排放出来的有害物质包括气态污染物和固态污染物两种。

气态污染物包括在阳极上产生大量的 CO_2 与 CO 气体，在发生阳极效应时，高电压作用下析出的初生态氟原子与阳极作用生成 CF_4。

固态污染物主要是原料挥发和飞物产生的 Al_2O_3、C、Na_3AlF_6、$Na_5Al_3F_{14}$ 等粉尘，最有害的是氟化物和吸附了 HF 的 Al_2O_3 粉尘。

对于烟气的净化，铝电解槽有湿法和干法两种工艺。

湿法净化通常用5%的碳酸钠溶液淋洗含氟烟（尘）气，使之生成 NaF 和 $NaHCO_3$，

之后用 $NaAl(OH)_4$ 液合成 Na_3AlF_6 返回电解槽中。

$$2Na_2CO_3 + 4HF \xlongequal{} 2NaF + 2NaHCO_3$$

$$6NaF + 4NaHCO_3 + NaAl(OH)_4 \xlongequal{} Na_3AlF_6 + 4Na_2CO_3 + 4H_2O$$

干法净化是用活性 Al_2O_3 吸附烟气中的氟化氢，并截留烟气中的粉尘。Al_2O_3 对 HF 的吸附为化学吸附，吸附后在一定温度下使 Al_2O_3 转化成 AlF。

$$Al_2O_3 + 6HF \xlongequal{} 2AlF_3 + 3H_2O$$

这一过程进行速度很快，在 0.5～1.5s 内即可完成。干法净化要求采用比表面积大、吸附力强的砂状氧化铝，其净化效率可达 99%。目前，我国大型预焙槽都使用干法净化，因为干法净化具有方法简单、净化效果好，载氟 Al_2O_3 可直接返回电解槽并无二次污染源产业等优点。

7.6.7 铝电解的主要技术经济指标

7.6.7.1 电流效率

铝电解的电流效率是指阴极上实际产出的铝量相对于理论上按照法拉第定律计算的铝量的百分数或小数。电流效率是铝电解生产的一项重要技术经济指标，在其他条件不变的情况下与铝产量、物耗、能耗是密切关联的。铝电解的电流效率用下面的公式计算。

$$\eta = \frac{Q}{0.3356I \times \tau} \times 100\%$$

式中 η——电流效率，%；

τ——电解时间，h；

I——电流强度，A；

Q——τ 时间内实际产铝量，g；

0.3356——铝的电化当量，g/A·h。

目前，铝电解槽的电流效率一般在 88%～90%，世界上最先进的能达到 93%～95%。电流效率低的原因主要有以下几点：

（1）阴极铝的溶解与氧化是造成电流效率低的主要原因，即阴极上析出的铝会返溶到电解质中并随电解质循环在阳极区被 CO_2 氧化：

$$2Al + 2CO_2 \xlongequal{} Al_2O_3 + 2CO$$

（2）其他离子在阴极上放电。如前所述，在某些极端情况下，Na^+在阴极上放电析出：

$$Na^+ + e \xlongequal{} Na$$

析出的钠只有少量进入金属铝，大部分被碳吸收或氧化燃烧。

（3）离子的不完全放电。当电压太低或阴极电流密度太小时，Al^{3+}在阴极上放电不完全，生成一价铝离子：

$$Al^{3+} + 2e \xlongequal{} Al^+$$

生成的 Al^+随电解质循环到阳极区又氧化成三价的铝离子：

$$Al^+ - 2e \xlongequal{} Al^{3+}$$

（4）电流空耗。当电解质中发生电子导电、漏电和短路时，造成电流空耗，不发生电化学反应。

影响电流效率的因素很多。一般来说，采用较低的电解温度和分子比较低的酸性电解质，保持适宜的 Al_2O_3 浓度，维持规整的炉膛以保证较高的阴极电流密度，合理的母线配置和适当的两极间的距离，这些都有利于提高铝电解槽的电流效率。

7.6.7.2 电能效率与电能消耗

电能效率与电能消耗是铝电解槽的又一项重要经济指标。

电能效率是指生产出一定数量的铝理论上所需的电能与实际消耗电能之比。

$$\eta_E = \frac{W_{理}}{W_{实}}$$

铝电解的第一电解反应为：

$$2Al_2O_3 + 3C \longrightarrow 4Al + 3CO_2$$

把原料 Al_2O_3 和碳从室温加热到电解温度 950℃，并完成上述反应，通过计算求得吨铝的理论电耗为 6320kW·h，如果吨铝的实际电耗为 13500kW·h，则其电能效率为：

$$\eta_E = \frac{6320}{13500} \times 100\% = 46.8\%$$

可见铝电解电能效率很低。

吨铝电解槽电能消耗用下式计算：

$$\eta_E = \frac{\overline{U}_{槽}}{0.3356\eta} \times 1000 = 2980\frac{\overline{U}_{槽}}{\eta}\ \text{kW}\cdot\text{h}$$

$$\overline{U}_{槽} = U_{槽} + U_{效应分摊} + U_{槽外导线分摊}$$

式中 $\overline{U}_{槽}$——铝电解槽的平均槽电压，V；

$U_{槽}$——电解槽的工作电压，V；

$U_{效应分摊}$——发生阳极效应时电压升高分摊到每台电解槽的电压增加；

$U_{槽外导线分摊}$——电解槽外的连接母线产生的电压分摊值。

可见铝电解槽的电能消耗与电解槽的平均槽电压及电流效率有关。凡降低槽电压及提高电流效率的措施均能降低电能消耗。

7.6.7.3 铝电解槽的电压平衡

从电能效率的计算式可以看出，与铝电解槽的工作电压有着十分重要的关系。铝电解槽的工作电压可用电压表直接测量，故又称表压，可用下式表示：

$$\overline{U}_{槽} = U_{槽} + U_{效应分摊} + U_{槽外导线分摊}$$

$$U_{槽} = \Delta U_{质} + \Delta U_{阳} + \Delta U_{阴} + \Delta U_{导} + E_{实}$$

式中 $\Delta U_{质}$——电解质电压降，V；

$\Delta U_{阳}$——阳极电压降，V；

$\Delta U_{阴}$——阴极电压降，V；

$\Delta U_{导}$——导电母线电压降，V；

$E_{实}$——Al_2O_3 的实际分解电压，V。

铝电解生产的技术经济指标见表 7-5。

表 7-5 铝电解生产的技术经济指标

项目	指标	项目	每吨铝消耗指标
电解质温度/K	1223~1243	电能/kW·h	13500~15000
阳极电流密度/A·cm^{-2}	0.7~0.76	氧化铝/kg	1920~2000
电极距/cm	4~6	冰晶石/kg	5~10
槽电压/V	4.5~5.0	氟化铝/kg	15~30
电流效率/%	88~90	添加剂/kg	5
原铝质量/%	99.5~99.7	阳极糊/kg	520

电解铝发展方向包括以下几点。

(1) 改善熔体性质。纯冰晶石的熔点较高（1281.5K），导电性能不好、腐蚀性强，以及氧化铝在其中的溶解量不大等，这些导致了熔盐电解法生产铝时电能消耗大、建设投资和生产费用高。多年来，为了克服其缺点，促使人们去寻找能代替它的新物质，但至今尚未取得成功；同时，人们也研究使用一些添加物像氟化钙、氟化镁、氟化锂等，来改善冰晶石-氧化铝熔体的性质。因此，铝工业用的电解质已经远不是简单的二元系而是多元系了。

(2) 提高电流效率。影响铝在电解质中的溶解度的最大因素是温度，温度越高，铝的溶解损失越大。根据对铝电解槽的多次测量表明，温度每升高 20~30K，电流效率大约降低 1%~2%。因此，电解槽力求保持低温操作，对于提高电流效率是有好处的。

(3) 增加电解槽容量。电解槽容量由 50~60kA 经过 40 年发展到 300~325kA，电解槽的单位面积产铝量增加了 5~10 倍。

(4) 提高槽寿命。槽寿命由 50 年前的 600 天提高到 2500~3000 天。

(5) 改善铝电解生产环境。电解铝生产产生大量温室效应气体 CO_2、CF_4 和 C_2F_6，氟化物、沥青烟和 SO_2 气体可产生区域性空气污染，由于电解逸出的氟化物对生物和植物的影响已被较早认识，所以，近 20 年来世界铝工业在环境治理和烟气净化方面所采取的措施对减少氟的排放取得了很大的进展。在现代化预焙阳极电解槽的铝厂，几乎没有沥青烟，只是在筑炉扎热糊时有少量逸出。欧洲原铝工业生产吨铝的氟排放量已从 1974 年的约 3.8kg 减少到 1994 年的 0.7~0.8kg，目前有些国家已达到 0.4~0.5kg。从某种角度来说，其危害几乎已不存在。

(6) 提高铝纯度。Na_3AlF_6-Al_2O_3 熔融盐电解所得的铝，含铝量一般不超过 99.8%，称为原铝；含铝 99.99%~99.996% 者称精铝；含铝 99.999% 以上者称高纯铝；含铝 99.9999%以上的称超纯铝。精铝比原铝具有更好的导电性、导热性、可塑性、反光性和抗腐蚀性。其中最有价值的是它的抗腐蚀能力。铝的纯度越高，表面氧化膜越致密，与内部铝原子的结合越牢固，使它对某些酸和碱、海水、污水及含硫空气等表现出很好的抗腐蚀性。我国目前能生产精铝。

我国铝电解技术水平自 20 世纪 80 年代起有了很大的提高，在学习国外先进技术的同时，我国自行开发和应用了 160kA、180kA、200kA 系列电解槽成套技术和装备，并且研制开发了超大容量 280kA 和 320kA 工业试验铝电解槽技术，各项技术经济指标正朝着世界先进水平迈进。下面是一些铝电解的发展方向，有些已经在生产上应用。

(1) 氧化铝输送——浓相输送和超浓相输送；

(2) 阳极制备——降低阳极过电位和长寿命；
(3) 电解槽操作与管理的计算机控制；
(4) 磁场的研究——多端供电使阴极铝液平稳；
(5) 电磁冶金在低氧铝制取方面的应用；
(6) 惰性阳极电解——金属陶瓷 $NiFe_2O_4$，氧化物膜；
(7) 氯化铝电解；
(8) 惰性阴极技术——TiB_2，导电氧化物膜；
(9) 电解槽侧壁耐铝水材料——Si_3N_4、SiC；
(10) 电解槽底部耐火防渗保温技术 BF—Ⅱ；
(11) 电解质改良——低温电解；
(12) 铝电解槽焙烧启动技术；
(13) 熔盐电解生产铝基合金——Al-Mg、Al-Li、Al-Sr、Al-Zr；
(14) 铝电解的环境保护。

复习思考题

7-1 现代铝工业有哪些主要生产环节?。
7-2 适合氧化铝生产的主要矿物有哪几种，各有哪些特点？衡量矿物的标准是什么？
7-3 我国铝土矿的特点是什么，主要分布在哪些省区？
7-4 什么是铝酸钠溶液的苛性比值和硅量指数？
7-5 简述影响工业铝酸钠溶液稳定性的因素有哪些？
7-6 简述拜耳法生产氧化铝的基本原理和拜耳循环的实质。
7-7 简述拜耳法生产氧化铝的基本工艺，并绘制出工艺流程简图。
7-8 溶出料浆稀释的作用有哪些？
7-9 为什么说拜耳法只宜处理铝硅比高的铝土矿？
7-10 铝酸钠溶液分解时为什么加入大量晶种，铝酸钠晶种分解有什么特点？
7-11 拜耳法中，为什么要进行苛化过程？
7-12 简述碱石灰烧结法基本原理。
7-13 简述碱石灰烧结法的基本工艺，并绘制出工艺流程简图。
7-14 为什么碱石灰烧结法可以处理铝硅比低的铝土矿？
7-15 什么是熟料溶出时的二次反应，工业上采用什么措施抑制二次反应？
7-16 碱石灰烧结法为什么必须设脱硅工序，脱硅方法有哪两种？
7-17 铝酸钠溶液碳酸化分解过程的基本原理是什么？
7-18 简述冰晶石-氧化铝熔盐电解法生产金属铝的原理及主要电极反应。铝电解为何不能用水溶液电解？熔盐电解有何特点？
7-19 现代工业铝电解槽有哪几种结构类型，各有什么特点？
7-20 工业铝电解质的基本组成是什么，常用哪些添加剂，其作用是什么？
7-21 什么是铝电解槽的阳极效应，发生阳极效应的原因是什么，有何外观特征？
7-22 铝电解槽电流效率低的原因是什么？
7-23 什么是铝电解质的分子比，什么叫酸性电解质？

8 铂族金属冶金

8.1 概　述

8.1.1 铂族金属的物理性质

铂族金属又称铂族元素，位于元素周期表第Ⅷ族。包括钌（ruthenium，Ru）、铑（rhodium，Rh）、钯（palladium，Pd）、锇（osmium，Os）、铱（iridium，Ir）、铂（platinum，Pt）6种元素。这6个元素组成两个三元素组。钌、铑、钯的相对密度约为$12g/cm^3$，被称作轻铂族金属。锇、铱、铂的相对密度约为$22g/cm^3$，被称作重铂金属。他们都是难熔的金属，在每个三元素中，它们的熔点是从左到右逐渐降低的，铂族金属中最难熔的是锇2727℃，最易熔的是钯1555℃。铂族金属以其特别可贵的性能和资源珍稀而著称；与金、银合称“贵金属”。在6种铂族金属中，最主要、应用最广的是铂、钯，其次是铑。钌、铱和锇在全球范围内消费量较少。

铂族金属既具有相似的物理化学性质，又有各自的特性。它们的共同特性是除了锇和钌为蓝灰色外，其余均为银白色；熔点高、强度大、电热性稳定、抗电火花蚀耗性高、抗腐蚀性优良、高温抗氧化性能强、催化活性良好。各自的特性又决定了不同的用途。例如铂还有良好的塑性和稳定的电阻与电阻温度系数，可锻造成铂丝、铂箔等；它不与氧直接化合，不被酸、碱侵蚀，只溶于热的王水中；钯可溶于浓硝酸，室温下能吸收其体积350~850倍的氢气。铑和铱不溶于王水，能与熔融氢氧化钠和过氧化钠反应，生成溶解于酸的化合物；锇与钌不溶于王水，却易氧化成四氧化物。铂族金属的主要物理性质见表8-1。

表8-1　铂族金属主要物理性质

物理特性	钌	铑	钯	锇	铱	铂
颜色	银白	银白	银白	蓝灰	银白	淡银白
原子序数	44	45	46	76	77	78
相对原子质量	101.07	102.905	106.4	190.2	192.2	195.09
晶体结构	密排六方	面心立方	面心立方	密排六方	面心立方	面心立方
化合价	3.4.6.8	3	2.4	4.6.8	3	2.4
密度（20℃）/$kg \cdot m^{-3}$	12.3×10^3	12.42×10^3	12.03×10^3	22.7×10^3	22.65×10^3	21.45×10^3
熔点/℃	2427	1966	1555	2727	2454	1769
沸点/℃	3900	3727±100	3127	约5000	4527±100	3827±100
比热/$J \cdot (g \cdot k)^{-1}$	0.2303	0.2462	0.2460	0.1291	0.1283	0.1313
电阻温度系数（0~100℃）	0.0042	0.0046	0.0038	0.0042	0.0043	0.0039
线膨胀系数（0~100℃）	9.1	8.3	11.1	6.1	6.8	9.1
硬度（莫氏）	6.5	5.7	4.8	7	6.5	4.3

铂族金属除锇为蓝灰色金属外，其他均为银白色金属。大多数铂族金属都能吸收气体，特别是氢气，它甚至可以溶解于铂系金属中。钯吸氢能力最强，常温下1体积钯能吸收900~2800体积的氢。在真空下加热到100℃，溶解的氢就完全放出来了。钯有吸氢和透氢的特性：一定体积的钯常温下能吸收比它本身大900倍甚至2800倍的氢气（见贮氢材料）。铂吸收氧的能力强，1体积铂可吸收70体积的氧。当粒度很细如铂黑、钯黑或呈胶态时，吸附能力更强，故它们有良好的催化特性。锇最不活泼，块状的锇几乎不吸收氢。最活泼的是钯，在常温下，1体积的钯能溶解700体积以上的氢。在真空中把金属加热到100℃，溶解的氢就完全放出。氢在铂中的溶解度很小，但是铂溶解氧的本领比钯强得多。1体积的钯只能吸收0.07体积的氧，而1体积的铂却能溶解70体积左右的氧。铂系元素吸收气体的能力和它们的高度催化性能有密切关系的。所有铂族金属的催化活性都很高，而金属细末（黑）的催化活性尤其大。

8.1.2 铂族金属的化学性质

铂族金属具有极好的抗腐蚀及抗氧化性能，且熔点高，因而是最好的高温耐腐蚀金属材料。但对于各种腐蚀的抵抗能力，它们互相之间又有显著的差别，其抗腐蚀性能见表8-2。

表8-2 铂族金属的耐腐蚀性能

腐蚀介质	铂	钯	铑	铱	锇	钌
浓 H_2SO_4	A	A	A	A	A	A
1mol/L的 HNO_3	A	A	A	A		A
70% HNO_3	A	D	A		C	A
70% HNO_3（100℃）	A	D	A	A	D	A
王水室温	D	D	A	A	D	A
王水煮沸	D	D	A	A	D	A
36%盐酸（室温）	A	A	A	A	A	A
36%盐酸（100℃）	B	B	A	A	C	A
Cl_2（干）	B	C	A	A	A	A
Cl_2（湿）	B	D	A	A	C	A
NaClO溶液（室温）	A	C	B		D	D
NaClO溶液（100℃）	A	D	B	B	D	D
$FeCl_3$溶液（室温）		C	A		C	A
$FeCl_3$溶液（100℃）		D	A		D	A
熔融 Na_2SO_4	B	C	B		B	B
熔融 NaOH	B	B	B	B	C	C
熔融 Na_2O_2	D	D	B	C	D	C
熔融 Na_2NO_3	A	C	B		D	A
熔融 Na_2CO_3	B	B	B	B	B	B

注：A：不腐蚀；B：轻微腐蚀；C：腐蚀；D：强烈腐蚀。

钌、铑、锇不但不溶于一般的酸中，如盐酸、硝酸、硫酸等，并且也不溶于王水中。

铂和钯易溶于王水中，钯还可溶于浓硝酸及热硫酸中。然而，所有的铂族金属在有氧化剂存在时与碱一起熔化，就可转变成可溶性的化合物。此外铂族金属均易熔于液体铅、锌、锡中，这就对碎化铂族金属起着重要作用。

铂系元素在常温下和氧、硫、氟、氯等非金属不起作用。但铂族金属都表现有强烈的形成络合物的倾向，例如氢氧化铂不论与酸或与碱作用，都生成络合物：

$$Pt(OH)_2 + 6HCl = H_2(PtCl_6) + 4H_2O$$

$$Pt(OH)_4 + 2NaOH = H_2(Pt(OH)_6)$$

铂族金属在空气中加热时钯在350~790℃时氧化为氧化钯（PdO），温度再上升氧化钯又将分解。在600~1000℃时，铑和铱表面有氧化层生成，但高于此温度时，氧化物将分解成金属，这时表面又将恢复金属光泽。锇特别是在粉末状态，比较容易氧化。粉末状的锇在室温条件下暴露于空气中，即有形成挥发性对眼睛有严重刺激作用的四氧化锇（OsO_4）的可能，如在空气中加热则反应更加迅速。钌在空气中加热到450℃以上时，缓慢生成弱挥发性的二氧化钌。用氯或溴处理碱金属钌盐时，则生成挥发性的四氧化钌。许多熔盐，如过氧化钠、硝酸钾、亚硝酸钠等，也能与锇、钌作用生成可溶性盐。铂在250℃以上始与氯化合，如二氯化铂（$PtCl_2$）在炽热高温时始与氟化合，四氟化铂（PtF_4）和少量二氟化铂（PtF_2）。

在高温时，炭能熔于铂、钯，降温后炭又部分析出，使铂、钯变脆，即所谓中毒。因此熔融的铂、钯不能与炭接触。铂族金属及其合金熔炼时，通常选用刚玉或者氧化锆作坩埚材料，并在真空或惰性气体保护下的高温电炉中进行作业。

8.1.3 铂族金属的主要化合物

铂族金属化合物的性质及其差异，是冶金过程中分离、提取各种单质铂族金属的主要依据。但铂族金属的化合物品种繁多，性质各异，其主要化合物见表8-3。

8.1.4 铂族金属的用途

铂族金属具有许多优良的性能，它在国防、尖端科学技术方面起着重要作用，是上天、入地、下海不可缺少的宝贵原料。因此，它被誉为工业上的“维他命”。其中铂的产量最大，用途最广，其次是钯，两者合计占整个铂族金属产量和用量的90%以上。

铂族金属由于它具有很好的熔点、导电性、化学稳定性、易回收等性能，广泛地用于化学工业、电气工业及其他工业部门。铂族金属的合金具有以下特性：耐高温、耐腐蚀、耐氧化、耐摩擦、高温强度好，高延展性，低膨胀系数、热电稳定性高等。铂族金属合金的这些特性使得铂族金属在各个方面得到广泛的应用。

（1）石油及石油化学工业的催化剂。铂族金属不仅催化活性高，而且具有特殊的选择性和有多种多样的催化作用，因而铂族金属在石油及石油化学工业中被广泛地用于制造催化剂。采用铂族金属催化剂不仅能够实现化学反应的速度改变，同时对化学反应本身也不会产生较大的影响，是石油化工领域的核心技术之一。当前，石油化工行业生产中所采用的贵金属催化剂主要包括银催化剂及铂催化剂、钯催化剂、铑催化剂等，上述催化剂在脱氢、加氢及氧化、还原、裂解、合成、异构化等反应中均具有较为广泛的应用。除上述贵金属催化剂类型外，石油化工行业领域中所采用的贵金属催化剂类型还包含乙烯脱氢、铑派克、乙烯脱炔、合成气脱氧用催化剂等。

表 8-3 铂族金属主要化合物

化合物	铂族金属					
	铂	钯	铑	铱	锇	钌
氧化物	PtO 溶于酸，PtO_2 不溶于酸，高温都易分解	PdO 不溶于各种酸，难溶于王水，高温分解易还原	Rh_2O_3、RhO_2	Ir_2O_3 不溶于盐酸及王水，IrO_2 溶解于盐酸生成氯铱酸	OsO_4 在 120℃ 时气化挥发； OsO_2 为黑色氧化物，易还原	RuO_4 在 65℃ 时气化挥发，溶于盐酸生成 $RuCl_3$
氢氧化物	$Pt(OH)_2$ 为棕黄色沉淀； $Pt(OH)_4$ 为棕色沉淀	$Pd(OH)_4$ 为褐色沉淀	$Rh(OH)_3$ 为黑色沉淀，不溶于酸； $Rh(OH)_4$ 为黄色沉淀，易溶于酸	$Ir(OH)_3$ 为橄榄色沉淀，容易转变为 4 价的氢氧化物； $Ir(OH)_4$ 为蓝色沉淀		$Ru(OH)_3$
硫化物	PtS_2 为黑色沉淀，溶于王水	PdS 为黑色沉淀，易溶于硝酸、王水	加热硫化时才能生成 Rh_2S_3 黑色沉淀，不溶于酸而溶于王水	加热硫化时，才能生成 Ir_2S_3 暗褐色沉淀，溶于王水	OsS_2 为黑色沉淀不溶于酸而溶于王水	RuS_2 为黑色沉淀，不溶于酸而溶于王水
氯化物	$PtCl_2$ 绿棕色针状结晶，加热至 582℃ 时分解，能氧化生成 4 价氯化物，不溶于水而溶于稀盐酸； $PtCl_4$ 褐棕色结晶，加热至 370~435℃ 时分解生成 $PtCl_2$，在还原剂的作用下，也能生成 $PtCl_2$，易溶于盐酸	$PdCl_2$； $PdCl_4$ 易分解生成较稳定的 $PdCl_2$，都溶于盐酸	$RhCl_3$ 不溶于水反溶于盐酸； $RhCl_4$ 易还原为 3 价铑的氯化物，易溶于盐酸	$IrCl_3$ 加热至 789℃ 时能分解生成金属铱； $IrCl_4$ 在 50℃ 时易分解生成 3 价铱的氯化物，都溶于盐酸	$OsCl_4$、$OsCl_3$ 溶于盐酸	$RuCl_4$、$RuCl_3$，在空气中吸湿，都溶于盐酸
氯络酸	H_2PtCl_4、H_2PtCl_6 溶于水，为黄色针状结晶	H_2PdCl_4、H_2PdCl_6 棕红色，溶于水	H_3RhCl_6(或 H_2RhCl_5)、H_2RhCl_6，红色溶于水	H_3IrCl_6（或 H_2IrCl_5）、H_2IrCl_6，易溶于水	H_2OsCl_6	H_3RuCl_6、H_2RuCl_5

续表 8-3

化合物	铂族金属					
	铂	钯	铑	铱	锇	钌
氯络酸盐	K_2PtCl_6、Na_2PtCl_6、K_2PtCl_4、Na_2PtCl_4 橘黄色，易溶于水； $(NH_4)_2PtCl_4$，黄色沉淀，可溶于水； $(NH_4)_2PtCl_6$，黄色沉淀，不溶于水	K_2PdCl_4、Na_2PdCl_4、K_2PdCl_6、Na_2PdCl_4 棕黄色，溶于水； $(NH_4)_2PdCl_4$ 易溶于水； $(NH_4)_2PdCl_6$ 不易溶于水	钾、钠盐溶于水； $(NH_4)_2RhCl_5$ 溶于水； $(NH_4)_2RhCl_6$ 不易溶于水	钾、钠盐溶于水； $(NH_4)_2IrCl_5$ 溶于水； $(NH_4)_2IrCl_6$ 不易溶于水	钾、钠盐溶于水； K_2OsO_4 不溶于醇和醚 $(NH_4)_2OsCl_6$ 不溶于醇和醚	$(NH_4)_2RuCl_5$ 棕色、溶于水； Na_2RuCl_5、K_2RuCl_5 棕色立方素结晶，溶于水及酒精； K_2RuCl_6 难溶于水的黑色片状物，有红色返光； $(NH)_2RuCl_6$ 难溶于水的暗红色粉末
氨络盐	$Pt(NH_3)_2Cl_2$ 反式盐，顺式盐均为黄色结晶，不溶于水； $Pt(NH_3)_2(NO_2)_2$ 顺式盐，为白色菱形结晶，反式盐为白色针状结晶，均难溶于水	$Pd(NH_3)_2Cl_2$ 黄色沉淀，不溶于水； $Pd(NH_3)_4Cl_2$ 浅黄色溶液	$Rh(NH_3)_3Cl_3$ 不溶于水的鲜黄色菱形结晶	$[Ir(NH_3)_5Cl]Cl_2$ 白色沉淀，难溶		
亚硝基络盐	$Na_2Pt(NO_2)_4$ 易溶，pH = 10 时也不分解； $K_2Pt(NO_2)_4$ 难溶于水的菱形结晶	$Na_2Pd(NO_2)_4$ 易溶，pH≤8 时不分解，pH = 10 时生成 $Pd(OH)_2$ 沉淀	$Na_2Rh(NO_2)_5$ 易溶，pH = 10 时也不分解	$Na_2Ir(NO_2)_5$ 易溶，pH = 10 时也不分解		$Na_2Ru(NO_2)_5$ 易溶，pH = 10 时也不分解

（2）在化学工业中，生产硝酸使用的铂网触媒，一直占铂消费量中相当大的比重；铂族金属的镀层衬里又是化工设计的重要防腐材料。生产人造纤维时需要铂金合金喷丝头；用钯膜或钯管作过滤元件，可生产高纯甚至超纯氢气；以铂族金属为材料的燃料电池已成为一种具有广泛发展前途的电源装置，已在宇航中获得应用；阳极保护是一种电化学防腐方法，铂在各种材料中是最好的阳极材料，镀有铂族金属的阳极，广泛用于电解法生产氯、氯酸盐、过氧化物、高氯酸盐和氯化氢等。另外，用铂族金属浆料加工的印刷电路也可用于宇航特殊技术部门。此外如维生素、抗生素、精油、香料等的制造中，铂族金属催化剂能使反应温度和压力更为降低，故与其他催化剂相比，在工业上仍占重要地位。

（3）汽车工业上的应用。我国汽车工业起步较晚，但发展迅猛。铂族金属在汽车工业中的主要作用就是制成催化剂来净化汽车尾气。催化剂产生至今，分别经历了第一代 Pt/Pd 氧化型催化剂、第二代 Pt/Rh 双金属和第三代 Pt/Rh/Pd 三金属三效催化剂。汽车尾气净化催化剂参与汽车尾气净化的反应的过程为：首先使 CO、HC、NO_x 等尾气成分与铂族金属接触；激活接触到的尾气成分，使其与其他的成分接触并发生反应；尾气成分变为 CO_2、H_2O、N_2 等。

（4）铂族金属是很重要的电子或电工材料。它广泛用作测温材料——热电阻或电阻温度计；在弱电领域中用它作精密触头材料，这类触头接点还应用于电话交换机、电子和电器工业及汽车工业中；另外，铂族金属还是精密电阻材料、磁与电磁线材料、电子管和微型电子器件材料等。

（5）铂族金属也用于制造特殊工业设备和仪器仪表。工业生产玻璃纤维熔化高质量化学玻璃需要用大型铂铑坩埚；拉制激光材料铌酸钾、钨酸钙和腔的石榴石单晶时，要用铂、铑、铱等坩埚。另外，铂制的坩埚器皿及其他仪器是化学分析的重要工具。

（6）铂族金属还用于制造喷气发动机的燃料喷嘴、宇宙飞船锥体的耐高源保护层，以及用于重水的生产和钚的分离。近年为解决城市交通与工厂排污渣反的大气污染，已成功地用铂类催化剂，使氧化氮、一氧化碳和碳氢化合物等还原或氧化成无害的氮、氧、二氧化碳和水。

（7）其他方面可用于实验室的精密仪器、航天航空、铂金坩埚、医疗器械、装饰器、铸币、汽车内燃机、精密机床、烟草行业等。

近年来很多国家大城市的空气被汽车和工厂排出的废气严重污染，因此已陆续有人使用铂作为催化剂来还原或氧化一氧化碳，氧化氮和碳氮化合物变为无害的氮、氧、二氧化碳和水。这一领域为铂的最大的用户之一。

8.2 铂族金属的生产

8.2.1 铂族金属资源

铂族金属在地壳中含量稀少，如铂为 2μg/g，而钯仅为 0.1μg/g。截至 2019 年底，全球探明铂族金属资源量和储量分别为 9.27 万吨和 5.31 万吨，主要分布在非洲中南部、北美和欧洲-远东地区，涉及国家有南非、津巴布韦、俄罗斯、芬兰、加拿大和美国，其中，南非铂族金属储量仍居世界首位，主要产于南非的布什维尔德杂岩体中。铂族金属矿床主要有 3 种类型：

（1）与基性-超基性岩有关的硫化铜-镍矿型铂族金属矿床，是世界铂族金属储量和产量的最主要来源，著名矿床有南非布什维尔德杂岩体铜镍硫化物铂族金属矿床，俄罗斯诺里尔斯克含铂族金属铜-镍硫化物矿床，加拿大萨德伯里含铂族金属铜-镍硫化物矿床和中国金川的铜-镍硫化物矿床等；

（2）与基性-超基性岩有关的铬铁矿型铂族金属矿床，如南非布什维尔德杂岩体中与UG-2 铬铁岩层有关的铂族金属矿床和俄罗斯的与纯橄榄岩中巢状铬铁矿矿体有关的铂族金属矿床等；

（3）砂铂矿床，主要分布于俄罗斯、加拿大、美国和哥伦比亚。与上述传统类型不同，近年俄罗斯在伊尔库茨克州发现产在黑色页岩系中的苏霍伊洛克（“干谷”）矿床有金储量 1550t，铂储量约 250t。俄罗斯地质学家认为，这一新类型的发现将改变世界铂族金属来源的格局。

在某些岩中，由于自然铂或铂族矿物的密度大、耐磨，化学惰性大，在长期的风化和迁移过程中能富集而成为具有工业价值的矿床，但在上述过程中钯可能溶解损失，甚至铂、铑、钌也有一定程度的损失。因此，在古老的矿砂中，铂族矿物主要是铱、锇矿物，如南非的威特瓦特斯兰德金矿就是如此。在较年轻的砂矿床中发现的铂大都伴生有铱锇矿。

在自然界中，已发现的铂矿物（包括变种）有 200 余种，大致可分为 4 大类。

（1）自然金属，如自然铂、钯等。自然铂常呈粒状存在，也有呈块状存在者，自然铂含铂在 50%以上，常高至 90%，并含铱、铑、钯等。自然铂含有相当数量的铁呈磁铁矿形式存在，还含有少量铜与镍、银和金。自然钯外形如自然铂，含有少许铂与铱，成为天然钯，硒钯矿（钯的硒化物）或锑钯矿（Pd_3Sb）是罕见的。最重要的钯资源来自铜矿和镍矿。

（2）金属互化物：如钯铂矿、铱锇矿，钌锇矿等，铂族元素还常与铁、镍、铜、金、银、铅、锡等形成金属互化物。铱锇矿呈银白色到暗灰色不规则的扁平颗粒，相对密度约为 19，硬度为 6~7。主要由锇与铱组成，含锇 17%~68%，铱 22%~77%，并含有少量钌、铑、金。

铑钌矿，铑多存在于天然铂、铂矿、铱锇矿中，与金生成合金者为鲜见。钌主要在铱锇矿及铂矿中，有时成为硫钌矿（RuS_2 或 Ru_2S_3）或与锇共生成为（Ru，Os）S_2，但并不多见。铑、钌的主要资源仍在铜及镍矿中。

（3）半金属互化物，铂、钯、铱、锇等可与铋、碲、硒、锑形成半金属互化物。

（4）硫化物与砷化物：由于铂族元素具有强的亲硫性，常以高价离子形式（Os^{4+}、Ru^{4+}、Ir^{4+}）和硫、砷形成种类繁多的硫、砷化物。

铂族金属在地壳中的含量极少且分散，通常以微量组分存在于基性及超基性火成岩中，有时也发现于花岗岩的矿石中。在 19 世纪前，主要是开采较富的砂矿。20 世纪 30 年代，则以开采含铂的铜镍硫化矿床为主。但开采品位越来越低，每吨矿石只含有零点几克到十几克的铂族金属。因此目前从铜镍硫化矿冶炼的副产品中提取铂族金属，已成为生产铂族金属的重要途径。其次从各种废料中回收的铂族金属量，在世界消费量中占有相当的比例。各国对此也都很重视。

8.2.2 国外铂族金属生产概况

世界铂族金属工业生产开始于 1778 年，1823 年以前主要依靠哥伦比亚的砂铂矿。

1778~1965 年，哥伦比亚共生产铂族金属约 1041t，其最高年产量为（1928 年）1.93t。1824 年俄国乌拉尔大型砂铂矿开采以后，成为世界上最大生产者，1912 年的产量曾达 6.5t，到 1930 年，共生产铂及少量铱、锇约 245t。1911 年全世界生产 6.189t 铂族金属。其中俄国占 93.1%，哥伦比亚占 6.1%，美国占 0.5%，澳大利亚占 0.3%。截至 1917 年 1 月，世界所产铂族金属（249~342t）其中约 90%来自俄国。

1952 年后，加拿大产量显著增加，1936 年超过苏联居世界首位。20 世纪 60 年代以后，苏联、南非成为最主要的生产者。现在俄罗斯、南非、加拿大的产量占世界产量的 98%以上。1980 年世界共产铂族金属 205t。其中南非 97.9t，苏联 96.4t，其他 10.7t（主要为加拿大生产）。1985 年世界生产铂族金属 230t，苏联和南非分别为 115t 和 100t，合计占世界产量的 93%。1986 年产量为 2551t，苏联和南非分别为 124t 和 116t，占世界产量的 95%。近年来的比例有所下降，主要是由于美国和加拿大的产量有所上升。2008 年世界铂产量约为 200t，钯为 205t。最大铂族金属生产国——南非矿山的铂产量为 144.37t，占世界铂总产量的 72.2%；钯产量为 77.56t，约占世界总产量的 37.8%。第二大铂族生产国——俄罗斯矿山的铂产量为 19.5t，占世界铂总产量的 9.8%；钯产量为 84t，约占世界总量的 41%。这两个国家生产的铂和钯分别占世界总产量的 82%和 78.8%

许多国家都积极勘探和开发本国的铂族金属资源，但观其资源及生产前景，今后世界铂族金属的供给仍然主要靠南非和俄罗斯，其中南非主要产铂，俄罗斯主要产钯。

由于铂族金属资源量稀少，目前还没有任何一类其他金属或材料能像铂族金属一样，在经济和科技两方面都具有优越的双重功能，因此很多国家都对铂族金属资源日益重视。世界上的铂族金属资源高度集中，主要集中在南非、俄罗斯、美国和加拿大等国家，其中南非约占世界铂族金属资源的 80%以上。2020 年，全球排名前五的铂金生产商分别为斯班-静水公司（Sibanye Stillwater）、英美铂业公司（Anglo American Platinum）、英帕拉铂业公司（Impala Platinum Holdings）、公共股份有限公司（Public Joint Stock Co Mining）和诺瑟姆铂金公司（Northam Platinum Holdings），铂金产量达 507.6 万盎司。

8.2.3 中国铂族金属生产

截至 2021 年底，我国矿产资源数据报告显示，国内铂族金属资源量和储量分别为 401t 和 126.73t，不足世界探明储量的 1%。主要矿山包括甘肃金川、云南金宝山和四川杨柳坪等。其中，云南金宝山是我国最大的独立铂钯矿山，但由于选冶技术问题，加之特殊地形原因，至今开发难度较大。随着 5G 信息技术、高端装备制造、新能源汽车和节能环保等领域的发展，铂族金属矿产资源的安全供应将成为我国战略性新兴产业可持续发展的关键环节。然而，我国铂族金属矿产资源的对外依存度大于 98%，远高于石油和铁矿石。

在 1965 年以前我国仅从有色金属冶炼的副产品中回收数量有限的铂、钯。1978 年前，年产量大约为 100kg，80 年代达到 200kg 左右，90 年代年产也不过 300~400kg。

金川有色金属公司是我国生产铂族金属的最大厂家。该公司 1988 年平均每万吨镍产铂族金属 180.89kg。生产的铂族金属以铂为主，钯其次。1995 年中国生产铂 290kg，钯 171kg，共计 461kg，此外还有少量的铑、铱、锇、钌。全国能生产铂族金属的厂矿不过两三家。此外，我国的铂族金属还通过另外两条途径取得：一是某些冶炼厂，如上海冶炼厂、沈阳冶炼厂和株洲冶炼厂在炼铜的过程中回收少量的铂族金属。1980 年全国通过这一途径回收的铂族金属有15~17kg。另一条途径是从废旧仪器、仪表及冲剪的下脚料中回收。近年来包括铂族金属在内的贵金属由于电子工业中用量的增加，使废弃的电子元件、电路板、报废的计算机、影视通信器材及生产加工过程中的冲剪屑等成为贵金属的重要二次资源。

传统的铂金提纯技术即选择性沉淀分离技术，根据铂络合物的化学性质，通过溶解、盐沉淀、再溶解、加热还原等步骤达到铂金提纯的目的。铂金的现代提纯方法主要包括溶剂萃取和离子交换两种，前者比后者应用更广泛。目前，国内已有将传统提纯技术与现代提纯方法相结合的手段提纯铂族金属，并取得了良好的经济效益。金属冶炼过程中产生的阳极泥、铜镍尾矿和催化剂可进行铂族金属的回收。近年来，随着我国在环保领域的重视度不断提升，催化剂中的铂族金属回收较之前更加完善。然而，我国在铂族金属利用和回收技术领域尚处在初级阶段，设备与技术相较美国、日本、欧洲等国家和地区仍比较落后。我国作为铂族金属资源回收的重点目标市场，未来应加强铂族金属的再生和资源循环利用方面的研究和应用，这也将在产生明显的经济效益的同时保障我国铂族金属的供应。

8.3 铂族金属的提取及其富集处理

8.3.1 砂铂矿的富集

铂砂矿床是最早开采的铂族金属资源。由于原料中的铂族金属的含量很低，达不到直接冶炼的要求，要经过处理得到品位较高的贵金属精矿后，才能进行分离提取，精制提纯各种铂族金属。因此需要进行专门的富集处理。

砂矿中铂族金属矿物的相对密度大，在大于0.074mm（200目）时单体分离较好。利用上述两个特点，用淘汰盘、混汞或其他重选方法即可获得贵金属精矿或粗铂。一些含铂族金属矿物粒度较大的脉矿，经破碎细磨之后，也可用上述的方法处理。用混汞法从摇床粗矿中提取铂族金属的最佳条件是：粒度0.2mm；活性溶液含NaCl 2~2.5mol/L；用NaHSO调pH值至3~3.5。为促进铂汞齐化加入锌片。尾矿品位1.3~1.7g/t，回收率97%。获得两种产品：铁渣（+1.5mm）含铂710g/t，贮存待回收；铂精矿含铂5%，用硫酸或盐酸将铁溶去，品位可提高10倍。图8-1为常见的原生铂矿富集处理流程。

8.3.2 从铜镍硫化矿中回收铂族金属

我国铜镍硫化矿床产于超基性岩中，铂族矿物主要有砷铂矿、自然铂、铂金矿、钯金矿等数十种。矿石平均含铜0.23%，镍0.42%，铂、钯0.11~0.77g/t，锇、铱0.041g/t，铑、钌0.028g/t。

从共生矿中富集铜镍铂族金属首先需选矿，由于矿石中铂族金属含量极低，且与重金属矿物密切共生，又属疏水性矿物，因此多用浮选-磁选处理原矿。浮选精矿中铂族金属的进一步富集，国外各厂都使用火法熔炼，使之捕集在铜镍锍中，回收率很高。炉渣中的少量损失主要由锍的机械夹杂造成。用卧式转炉吹炼锍为铜镍高锍，这是铂族金属的可靠捕集剂。采用富氧空气强化吹炼是技术上的一个改进。

精矿到高锍的火法冶炼过程中，铂族金属回收率达95%以上。南非吕斯腾堡铂公司处

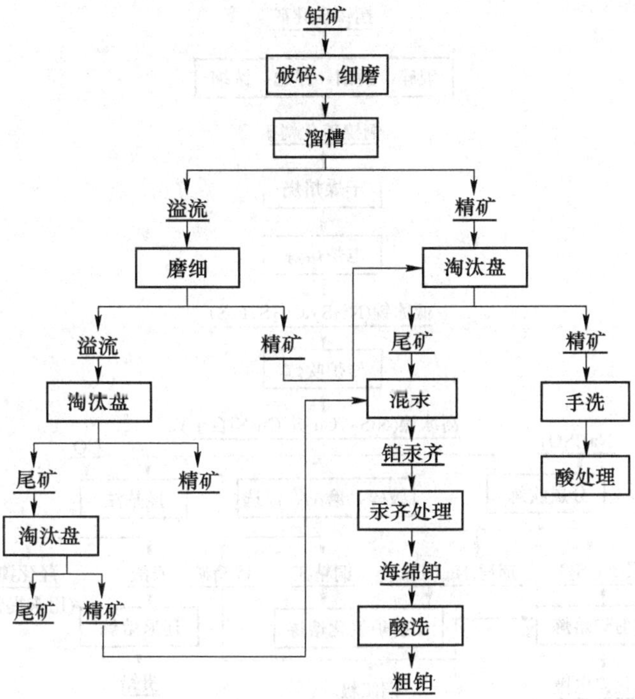

图 8-1 原生铂矿的富集处理流程

理高品位精矿的冶炼总回收率达 99%。

铜镍高锍的处理是共生矿选矿冶炼工艺的关键，其使用的方法很多，各国处理技术的差异也主要体现在这个环节。其处理工艺的研究和选择，都应以有利于铂族金属的富集和回收，减少分散损失作为重要前提。

从铜镍硫化物伴生铂族金属矿提取铂族元素，主要存在以下几个步骤：

（1）选矿富集：采用重选法或浮选法得到铜镍硫化精矿粉；

（2）制备低冰镍：采用焙烧—电炉熔炼工艺，熔炼出低冰镍；

（3）制备高冰镍：对低冰镍进行吹炼，使硫化亚铁氧化造渣，使镍、铜的硫化物及少量铜-镍合金组成高冰镍。在高冰镍中，$w(\mathrm{Ni})\approx 40\%$，$w(\mathrm{S})\approx 20\%$。原矿中的铂族金属与金、银等贵金属经上述处理基本上富集于高冰镍中，回收率达到 95%以上。

（4）处理高冰镍：处理高冰镍主要生产铜、镍等产品，使铂族金属等进入阳极泥中。

图 8-2 所示为处理铜镍硫化物伴生铂族金属矿的工艺流程图。

处理高冰镍的方法有传统的分层熔炼法和羰基法。分层熔炼法是将硫酸氢钠或硫化钠加入高冰镍中，进行高温熔炼，生成由硫化亚铜和硫化钠组成的顶层和二硫化三镍的底层，分别处理顶层与底层，即可分别产出电铜和电镍。高冰镍中的铂族金属和大量金主要进入底层。用电解法处理底层生产电镍时，贵金属进入镍阳极泥中；用电解法处理顶层生产电铜时，银与其余少量贵金属则进入铜阳极泥中。羰基法是用一氧化碳使原料中的镍生成挥发性的 $\mathrm{Ni(CO)_4}$：

$$\mathrm{Ni + 4CO \xrightleftharpoons[150℃]{50℃} Ni(CO)_4}\uparrow$$

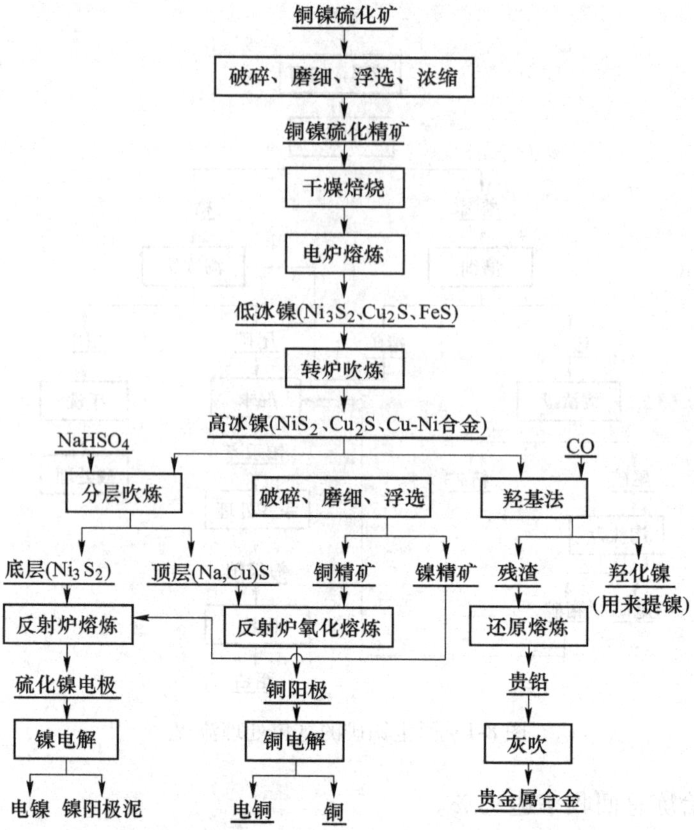

图 8-2　铜镍硫化物伴生铂族金属矿的工艺流程

处理收集得到的 $Ni(CO)_4$ 即可获得高品位的金属镍、高冰镍，而原矿中的贵金属则残留于羟化残渣中。该残渣经焙烧和用硫酸浸出其中的铜和镍，可获得贵金属品位达 20% 的浸出渣，其主要成分见表 8-4。

表 8-4　高品位浸出渣

含量/%	主要成分						
	Pt	Rh	Ag	Au	Pd	Ir	Ru
	1.85	0.2	15.42	0.56	1.91	0.04	0.16

此渣干燥后，经配料，还原熔炼，灰吹得到富集了铂族金属与金、银的贵金属合金。

此外高冰镍还可用缓冷结晶浮选分离法、磨矿磁选法及湿法冶金等方法来进行处理。当高冰镍用缓冷结晶浮选法处理时，最终可获得富集有贵金属的镍阳极泥和铜阳极泥。当采用磨矿磁选法时，则可得到进一步富集了贵金属的二次铜镍合金。用湿法冶金的方法来处理高冰镍，则贵金属富集到浸出残渣中。

8.3.3　从镍电解阳极泥中提取铂族金属精矿

根据铂族金属含量的多少，镍阳极泥可以分为富阳极泥（$\Sigma Pt \approx 4\%$）和贫阳极泥（$\Sigma Pt \approx 1\%$）。这两种阳极泥处理的方法不一样，区别在于富阳极泥用还原熔炼和氧化吹炼等比较简单的冶金方法就能直接从原料中回收贵金属；而贫阳极泥则需要经过一次专门的大幅度的富集过程，将绝大部分稀贵金属富集到贵金属精矿中。一般富集阳极泥较少，绝大部分是需要进行富集的贫阳极泥，其富集流程，如图 8-3 所示。

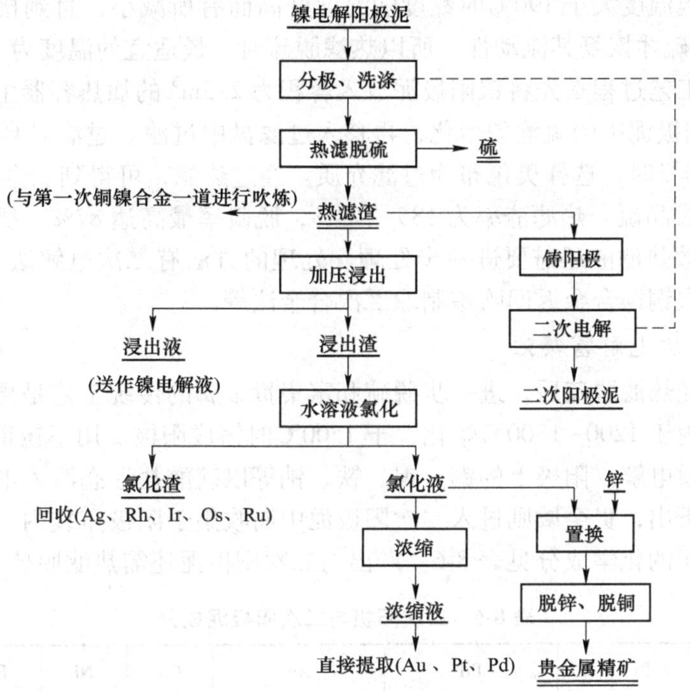

图 8-3 镍阳极泥富集贵金属流程

8.3.3.1 阳极泥的热滤脱硫

阳极泥脱硫前要进行洗涤，使残酸及可溶物与阳极泥分离，这样可以纯化用阳极泥并使其含贵金属的品位相对提高，洗涤前后阳极泥成分的变化见表 8-5。

表 8-5 阳极泥洗涤前后成分的变化

组分	$Pt/g\cdot t^{-1}$	$Pd/g\cdot t^{-1}$	$Au/g\cdot t^{-1}$	$Cu/g\cdot t^{-1}$	Fe/%	Ni/%	S/%	SiO_2/%	Na/%
洗涤前	65	29	64	1.8	0.67	0.9	81	0.67	2.5
洗涤后	80	33	73	1.9	0.70	0.88	90		
变化	+23	+14	+14	+5.6	+4.5	−2.2	11		

国内外从不同含硫物料中提取硫的方法大致可归纳为：焙烧、蒸馏、浮选、加压浸出、溶剂萃取及热过滤等。焙烧和蒸馏是古老的脱硫方法，浮选只适于处理含硫低于 40%的物料；加压浸出目前主要用于从硫黄矿中提硫；萃取法脱硫率高，但要考虑到残存有机物对电解的有害影响，所以加拿大汤姆逊厂采用热滤法脱硫技术，处理含硫达 95%的阳极泥，获得了脱硫率达 80%，滤饼含硫量降至 50%的明显效果。

热滤脱硫法的实质是使阳极泥中硫在流动性最好的温度范围内，通过机械分离的方法使硫与不溶残渣分离，或加热熔结成小珠骤冷后筛选分离。生成的热滤渣富集了阳极泥中的各种贵金属。

硫有多种同素异形体，正交硫（S_α）熔点为112.6℃，单斜硫（S_β）熔点为119.25℃，一般硫的熔点为115.21℃。当硫被加热到熔点以上时，最初生成浅黄色液体，升温至159℃以上时，液体变为棕色，且黏度剧增。只有在温度130~155℃区间内，液体硫的黏度最小，当温度大于190℃时黏度随温度升高而有所减小，直到接近硫的沸点温度444.6℃时，液体硫才恢复其流动性。所以热滤脱硫时，最适宜的温度为135~145℃。

热滤脱硫的工艺过程是先将镍阳极泥放入容积为2.5m^3的加热容器中，用蒸汽将其加热到145℃，使阳极泥中的硫均匀熔化，再移入过滤盘中过滤。过滤时真空度为47051Pa，当温度不低于135℃时，选择奥伦布为过滤介质。经过热滤，可得到贵金属富集了4~5倍的热渣和含99%成品硫。热滤渣率为18%~24%，脱硫率最高达87%，所以热滤渣中残硫仍达50%以上。故热滤渣还需要进一步处理。处理的方法有二次电解法、加热浸出-水溶液氯化法、与一次铜镍合金返回吹炼制取二次合金法等。

8.3.3.2 二次电解富集法

一次阳极泥经热滤脱硫后，进一步脱硫和富集贵金属的传统工艺是再次进行电解。把热滤渣在反射炉内于1200~1300℃熔化，于1500℃时铸成阳极。用不锈钢板作阴极，在硫酸溶液中进行隔膜电解。阳极上的铜、镍、铁、钠等以硫酸盐形态溶入电解液中，铜离子呈海绵铜在阴极析出，贵金属则进入二次阳极泥中而收集于阳极布袋内。某厂二次电解阳极极与二次阳极泥的化学成分见表8-6。产出的二次阳极泥还需热滤脱硫。

表8-6 二次阳极与二次阳极泥成分 （%）

成分	Pt	Pd	Au	Cu	Ni	Fe	S	Na
阳极	0.039	0.018	0.044	25.8	37.8	5.08	25.8	1.8
二次阳极泥	0.14~0.17	0.063~0.075	0.14~0.18	12.5	0.75	1.58	85~95	

8.3.3.3 加压浸出-水溶液氯化法

A 加压浸出富集铂族金属

加压浸出的目的与二次电解相同，但加压浸出的流程简单，生产周期和试剂消耗都小，综合回收率高，钯的收率达92%，铂达88%。

热滤渣中含50%~60%的硫，而其中的铜、镍、铁等基本上是以硫化物的形态存在，如CuS、NiS、Cu_2S、FeS、(Ni,Cu)S及元素硫。当温度为150℃，氧压为6.86×10^5Pa，液固比为8~10时，它们都能形成可溶硫酸盐，硫氧化成硫酸，其反应如下：

$$NiS + 2O_2 = NiSO_4$$

$$CuS + 2O_2 = CuSO_4$$

$$Cu_2S + 2.5O_2 = CuSO_4 + CuO$$

$$2FeS + 4O_2 + SO_4^- = Fe_2(SO_4)_3$$

$$S + 1.5O_2 + H_2O = H_2SO_4$$

上述反应速度的大小与多种因素有关，由于热滤渣的含硫很高，所以硫的氧化速度是浸出反应过程的决定因素。在不同温度和pH值条件下，硫氧化具有不同的速度。在pH值小于2，温度低于160℃时易生成元素硫；当pH值大于2易生成SO_4^{2-}和HSO_4^-；当PH

值为5~6时开始生成多硫酸盐 $S_3O_6^{3-}$；在160℃以上则生成 SO_4^{2-} 和 HSO_4^-。

由于硫氧化产生大量的酸，根据质量作用定律，若及时消耗这些酸将促进硫氧化反应向右进行。作业中常添加达75%的 $Ni(OH)_2$ 使硫酸转变成高浓度硫酸镍溶液返回到镍电解工序，此时硫的氧化率可达99%。但是酸低时又对除铁、铜、镍不利。为此生产上采用了两段浸出的方法，即先用高酸100g/L浸出，其后加入 $Ni(OH)_2$ 进行低酸浸出。从而分别除去了热滤渣中的杂质，贵金属则留在浸出渣中，实现了富集的目的。

B 水溶液氯化-氯气浸出铂族金属

水溶液氯化的目的是借氯气的强氧化作用，将高压浸出渣中的贵金属氯化溶解造液，为提取贵金属提供料液。

a Cl-H_2O 系电位 pH 图

氯气溶于水后，在25℃时有关组分稳定存在的条件，可用Cl-H_2O 系标准电位 pH 图来表示，如图8-4所示。

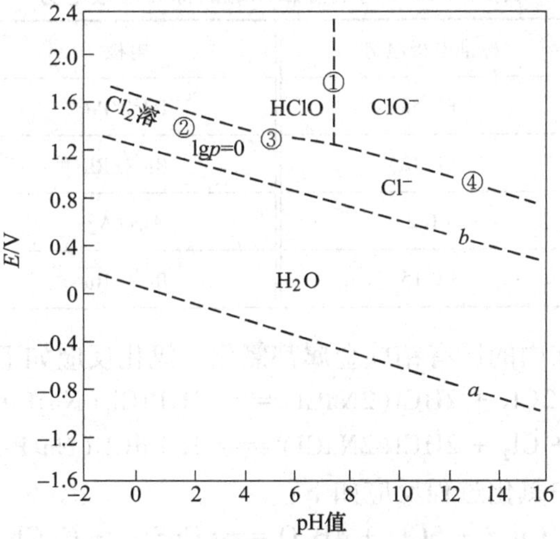

图8-4 Cl-H_2O 系标准电位 pH

图中线①~线④代表的反应分别为：

$$HClO = ClO^- + H^+$$

$$Cl_{2溶} + 2e = 2Cl^-$$

$$HClO + H^+ + 2e = Cl^- + H_2O$$

$$ClO^- + H^+ + 2e = Cl^- + H_2O$$

线 a 和线 b 的反应为：

$$2H^+ + 2e = H_2$$

$$O_2 + 4H^+ + 4e = H_2O$$

由图中 Cl_2、Cl^-、HClO、ClO^- 的稳定存在区与水稳定存在区的分布可见，Cl^- 稳定存在区扩展到pH值的全部刻度上，并且完全覆盖水的稳定存在区；气体氯能够使水氧化并按下述反应析出氧：

$$Cl_2 + H_2O \xlongequal{} 2Cl^- + 2H^+ + 1/2O_2$$

这表明氯气在水介质中是一种很强的氧化剂，在很大的 pH 值范围内能直接或间接地将常见金属与化合物氧化。此图还表明，氯气的稳定存在区较狭小，只有在 pH 值较低的酸性介质中才稳定存在。在碱性介质中，氯气则转化为次氯酸。次氯酸是弱酸，但也是一种强氧化剂。次氯酸和次氯酸根的稳定范围分布在水和气体氯（酸性溶液中）的稳定范围之上，这说明次氯酸和次氯酸盐能够使水和酸性介质中的氯化物氧化生成氧和氯。

b 氯化浸出反应

高压浸出渣还不是生产贵金属的精矿，还必须进行水溶液氯化浸出处理，利用氯气的强氧化作用将浸出渣中的贵金属造液，为进一步产出贵金属精矿提供原料。

贵金属和氯的标准电极电势见表 8-7。由表可知，除金以外，氯气可将所有贵金属氧化成氯化物。由于氯溶于水之后能生成还原电势值更正（+1.63V）的次氯酸：

$$Cl_2 + H_2O \xlongequal{} HCl + HClO$$

表 8-7 25℃时贵金属和氯的标准电极电势 （V）

电极	标准电极电势	电极	标准电极电势
Au^+/Au	+1.58	Pd^{2+}/Pd	+0.987
Au^{3+}/Au	+1.42	Rh^{3+}/Rh	+0.80
Pt^{4+}/Pt	+1.2	Ag+/Ag	+0.7994
Ir^{3+}/Ir	+1.15	Ru^{3+}/Ru	+0.49

因此能促进包括金在内的所有铂族金属都氯化。氯化反应如下：

$$Pt + 2Cl_2 + 2HCl(2NaCl) \xlongequal{} H_2PtCl_6(Na_2PtCl_6)$$

$$Pd + Cl_2 + 2HCl(2NaCl) \xlongequal{} H_2PdCl_4(Na_2PdCl_4)$$

普通金属在水溶液中氯化过程反应如下：

$$Cu_2S + 5Cl_2 + 4H_2O \xlongequal{} CuSO_4 + CuCl_2 + 8HCl$$

$$CuFeS_2 + 8.5Cl_2 + 8H_2O \xlongequal{} CuSO_4 + FeCl_3 + H_2SO_4 + 14HCl$$

$$Cu_2S + 4FeCl_3 \xlongequal{} 2CuCl_2 + 4FeCl_2 + S^0$$

$$S^0 + 4H_2O + 3Cl_2 \xlongequal{} 6HCl + H_2SO_4$$

物料中镍一部分被氯化溶解进入溶液，一部分则因表面氧化生成氧化镍而将镍钝化，使镍溶解速度放慢。物料中经高温氧化生成的三氧化二铁难溶于酸，尤其在强氧化气氛中更为稳定。所以氯化的难易程度表现为铜、镍、铁的逆转顺序。硅和铝的氧化物不被氯化而残留于渣中。

三氯化铁对物料中的许多组分表现出强的溶解能力，生成的二氯化铁又极易被氯化为三氯化铁，因此它是氯的“传递剂”，有利于对其他金属的氯化溶解。

c 氯化浸出作业

水溶液氯化作业的主要技术条件是：液固比为 5，物料粒度不大于 1mm，盐酸浓度为 3mol/L，氯化钠依度为 10%，通入氯气 8h，温度为 80~90℃，机械搅拌。氯化作业中如加入一定量硝酸，可使氯化速度大幅度增加。

经一次氯化后，氯化渣仍含有铂族金属 0.3%~0.4%，故常进行二次氯化，两次氯化的作业条件基本相同，但第二次时间缩短至4h，这可将贵金属直收率提高 2%~3%。二次氯化后的残渣仍需集中处理，以便回收其中的贵金属银、铑、铱、锇和钌。

水溶液氯化浸出液含贵金属仅有 2%左右，不能直接用来提取铂族金属。若氯化液中普通金属含量低，当 w(Cu)<0.2%，w(Fe)<0.6%时，此氯化液可先行浓缩，再送去分别提取铂、钯等，此外氯化液也可用锌粉置换其中的贵金属，溶液中金最易置换，钯次之，而铂较难，只有铜全被置换后铂才被置换完全，致使置换产物中含有不少的铜。因此，置换产物需经盐酸脱锌和硫酸高铁脱铜后才能得到铂族金属精矿。

8.3.3.4 从二次铜镍合金生产铂族金属精矿

生产铂族金属精矿还有另外一条途径，即是将热滤渣与一次铜镍合金一道进行吹炼得二次高冰镍，经破碎、磨细、磁选得二次铜镍合金，铂族金属富集于其中，用其作为原料生产铂族金属精矿，其生产流程如图 8-5 所示。

该流程主要包括盐酸和硫酸浸出溶解脱除铜、镍、铁等普通金属，以及有机溶剂溶解脱除硫两个阶段。前段选用盐酸和热浓硫酸作溶剂。盐酸浸出的主要作业条件是液固比为 6，温度为 80℃，机械搅拌，浸出时间为 12h。

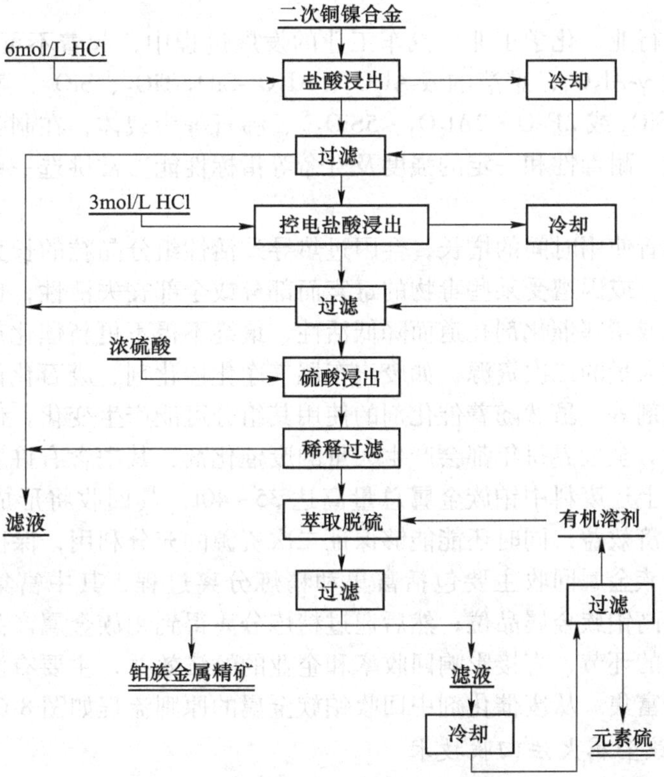

图 8-5 二次合金生产贵金属精矿流程

因为浆料的氧化还原电势受通入氯气和加料的速度所控制，所以可用此法分离硫化矿、冰铜和电解阳极泥中的镍、铜及贵金属。因此工艺采用了控电盐酸浸出，这种作业在通入氯气的条件下，控制料液电势为 450~500mV，并适当降低酸度，增大液固比至 9，使具有较低电势的铜、铁、镍迅速进行氯化溶解，当全部镍接近溶解时，有硫化铜形成并沉淀，与具有较高电势而不溶解的铂族金属一道残留于浸出渣中。用浓酸进一步浸出物料中的铜、镍时，要求将温度提高到180℃。浸出的滤液主要含有普通金属的氯化物和硫酸盐，可送镍电解工序回收其中的镍和铜。

合金粉脱去铜、镍、铁后，尚残留有80%左右的硫，现采用有机萃取法脱硫。萃取剂选用四氯乙烯（C_2Cl_4），其物理特性为：沸点121℃，不易燃，不易爆，25℃时在水中的溶解度为0.04%，硫在其中的溶解度随温度升高而增大，90℃时为220g/L，100℃时达365g/L。因此，萃取的作业条件是温度为90~100℃，液固比为5，脱硫率可达98%。硫被溶出后，降低有机相的温度，元素硫便从有机相析出。这样四氯乙烯又得到了再生可返回使用。脱硫后的过滤渣便是所要求的贵金属精矿。某厂生产的贵金属精矿成分见表8-8。

表8-8 贵金属精矿成分

成分	Cu	Ni	Pt	Pd	Rh	Ir	Os	Ru	Au
含量/%	1.10	4.03	2.84	0.83	0.185	0.28	0.18	0.41	0.55

8.3.4 从废催化剂中回收铂族金属

催化剂在石化行业、化学工业、汽车工业的发展过程中，起着不可替代的重要作用。催化剂是以可溶性 γ-Al_2O_3，难溶的 α-Al_2O_3、Al_2O_3-SiO_2-TiO_2、SiO_2、堇青石（主要成分 $2MgO \cdot 2Al_2O_3 \cdot 5SiO_2$ 或 $2FeO \cdot 2Al_2O_3 \cdot 5SiO_2$）、沸石等为载体，在制备过程中，为了确保其活性、选择性、耐毒性和一定的强度及寿命等指标性能，常挑选一些铂族金属作为其主要成分。

但是催化剂随着使用时间的增长，会因过热导致活性组分晶粒的长大甚至发生烧结而使催化剂活性下降，或因遭受某些毒物的毒害而部分或全部丧失活性，也会因污染物积聚在催化剂活性表面或堵塞催化剂孔道而降低活性，最终不得不更新催化剂。随着催化剂的失效报废，将产生大量的二次资源，如废汽车尾气净化催化剂、废石化催化剂、废制药及精细化工均相催化剂等。虽然随着催化剂的使用其组分可能产生变化，但是其中金属的含量并不会发生改变。全世界每年都会产生大量的废催化剂，其中含有许多的铂族金属，包括铂、铑、钯等，上述废料中铂族金属总量高达35~40t，其回收将形成百亿元以上产业链，具有显著的经济效益，同时还能能够保证二次资源的充分利用，保护环境。

废催化剂中铂族金属回收主要包括富集和精炼分离过程，其中富集是通过熔炼、酸解、电解等方式提高铂族金属品位；然后通过精炼分离得到铂族金属产品。铂族金属富集是回收过程最重要的环节，直接影响回收率和企业的经济效益，主要有湿法溶解、火法富集技术及火湿连用富集。从废催化剂中回收铂族金属的原则流程如图8-6所示。

8.3.4.1 铂族金属火法回收技术

火法富集是在高温条件下，利用铂族金属与贱金属捕集剂形成合金，载体造渣，从而达到分离并富集铂族金属的目的，再用传统方法分离回收铂族金属。其中贵金属捕集剂种类和投加方式、熔炼温度的选择将会影响最终的铂族金属回收率，火法富集技术多以铁、铜、铅、镍锍作捕集剂。熔炼富集法包括等离子体熔炼铁捕集法、铜熔炼捕集法和铅熔炼捕集法等。

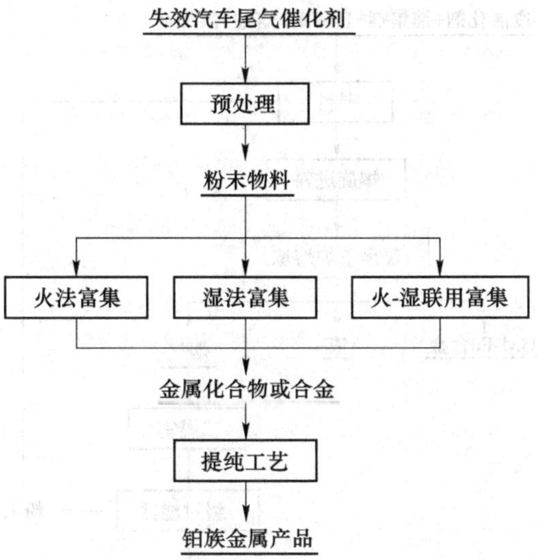

图 8-6 回收废化剂中铂族金属的原则流程

A 铁捕集铂族金属

铂族金属与铁具有相同的晶体结构和相近的原子半径，在高温下铁与铂族金属形成连续固溶体。因此，铁作为捕集剂具有原料易得、捕集效率高等优点。铂族金属物料与铁捕集剂（Fe_2O_3、Fe_3O_4 或 $FeCO_3$）、还原剂和熔剂在电炉（1400~1600℃）或等离子体熔炼炉（1600~2000℃）中熔炼炼，得到 Fe-PGMs 合金。

用等离子体熔炼废催化剂，以铁作为补集剂富集回收铂，是 20 世纪 80 年代中期出现的技术，用等离子电弧炉熔炼法从废汽车催化剂和石化工业废催化剂中回收铂族金属。1993 年在美国提取冶金会议上介绍了它在贵金属回收中的应用，该技术利用等离子体产生的极高温度（可达 2000℃以上）使载体 Al_2O_3 在等离子体反应炉中直接熔化，而不需要加入其他熔剂降低其熔点，再利用铁作为捕集剂，形成合金沉淀，合金与渣的密度相差较大，极易分离，回收率较高。目前国际上大型企业多数采用火法熔炼捕集铂族金属，如比利时 Umicore，美国 Gemini、Multimetco，日本 Tanaka 和 Nippon/Mitsubishi 公司，英国 JohnsonMatthey 和德国 Hereaus 等。这些企业对核心技术和装备高度保密，不公布任何细节。

我国在这方面的技术水平、技术集成、产业规模、污染控制水平等均与国外存在很大差距。目前，我国企业已引进了等离子熔炉-熔融铁捕集等火法工艺，并准备通过扩大建设规模，提高研发技术投入等方式来提高废汽车尾气中铂族金属的回收水平。图 8-7 为等离子体熔炼铁捕集铂族金属的工艺。

B 铜捕集

铜捕集常在电炉中进行，向磨细的废催化剂中加入铜或铜的氧化物作为捕集剂，并配入还原剂和合适配比的造渣剂 SiO_2、CaO、FeO 等，然后在电弧炉中进行高温熔炼，得到富集了铂族金属的铜合金。铜捕集法在西方的许多二次资源回收厂都得到了工业应用，但我国报道较少，处于研究阶段。对于铜捕集法的代表是日本田中贵金属公司的专利。将磨

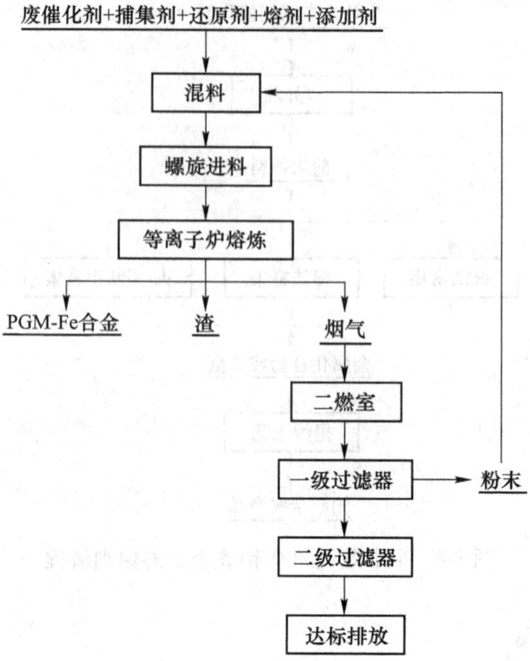

图 8-7　等离子体熔炼铁捕集铂族金属工艺流程

碎的废催化剂与作为捕集剂的 CuO、还原剂焦炭和一定配比的造渣剂（CaO、Fe_2O_3、SiO_2）混合，置于密闭且内为压的电弧炉中，在 1350℃下熔炼 5h 后，得到富集了铂族金属的铜合金，并将其转移到氧化炉中进行富氧吹炼，经过多次的氧化、除去氧化铜层，直到金属铜中含 Pt 33%、Pd 12%、Rh 3.2%，然后吹炼得到的铜合金进入下一步富集精炼步骤，而吹炼得到的氧化铜水淬成氧化铜粒，其中 Pt<1g/t、Pd<0.2g/t、Rh<0.1g/t，返回熔炼阶段进行配料。铜捕集法工艺简单，捕集效果好，对环境友好且捕集剂铜可循环利用，但铜捕集也存在生产周期较长且物料消耗较大的问题。

C　锍捕集

锍是各种重有色金属硫化物形成的共熔体，通常认为，锍捕集铂族金属的原理是重有色金属硫化物具有相似的晶体结构和相似的晶格半径。实际上，FeS 为六方晶系，晶胞参数 0.343nm；Ni_3S_2 为三方晶系，晶胞参数 0.408nm；Cu_2S 为立方晶系，晶胞参数 0.556nm。3 者晶系不同，晶胞参数相差很大，不能形成固溶体。陈景院士认为，锍捕集铂族金属的原理在于熔锍具有类金属的性质。对于锍的化学组成、物相组成、相平衡图，以及高温下的密度、电导率及表面张力等已有大量研究，但锍的结构的了解仍不清楚。锍在高温下电导率可达 1500~4600S·cm^{-1}，并且有较小的负温度系数，类似于金属。

锍捕集法有铜锍捕集法和镍锍捕集法等。镍锍捕集法是将失效汽车尾气催化剂和其他的炉料在电弧炉中熔炼，使铂族金属富集在镍锍（FeS-Ni_3S_2-Cu_2S 的共熔体）中，而催化剂的载体造渣被放出，富集了铂族金属的镍锍通过吹炼等步骤得到合金，然后通过常规方法从合金中回收铂族金属。铜锍捕集和镍锍捕集类似。锍捕集法的收率较高，可以直接和生产铜镍等冶炼设备相结合，所以易产业化实践，但锍捕集主要适用于规模较大的生产铜镍等冶炼企业，整个生产流程长且复杂，因此对小企业不太适用。

8.3.4.2 湿法富集铂族金属

同火法工艺处理相似，根据不同种类催化剂的物理化学性质或催化剂回收方法不同，对废催化剂采用相应的预处理措施，如细磨、焙烧、溶浸打开包裹等，提高铂族金属的浸出率。使用酸碱浸出或其他方法处理废催化剂，使其中的铂族金属或贱金属选择性溶解，从而使铂族金属与贱金属分离，达到富集铂族金属的目的。湿法粗提过程是使废催化剂中载体与铂族金属分离的重要步骤之一，常用的方法有溶解铂金属法、载体溶解法和全溶解法3种。

A 溶解铂金属法

溶解铂金属法是首先在1000~1100℃下焙烧，除掉废催化剂表面吸附的有机物与表面积碳，同时使γ-Al_2O_3转变为难于溶解的α-Al_2O_3，然后用王水或盐酸加氧化剂溶解废催化剂中的铂，将金属铂溶解在浸出液中，而载体基本不溶解，从而实现铂与载体的分离。该方法在处理铂含量高、载体难溶的废催化剂时，试剂消耗少，回收成本比较低，Al_2O_3载体不被破坏，可回收利用。贵研铂业股份有限公司和稀贵金属综合利用新技术国家重点实验室的赵雨、王欢、贺小塘等人采用硫酸加压溶解法从氧化铝基含铂废催化剂中回收铂，如图8-8所示。在高压釜中，反应温度130℃，压强为441kPa，时间4h，氧化铝载体的溶解效率较好；添加$TiCl_3$溶液可将分散到溶液中的铂浓度降低至0.0005g/L以下；富集物经溶解-精炼得到纯度大于99.98%的海绵铂，铂直收率可达到98.71%。

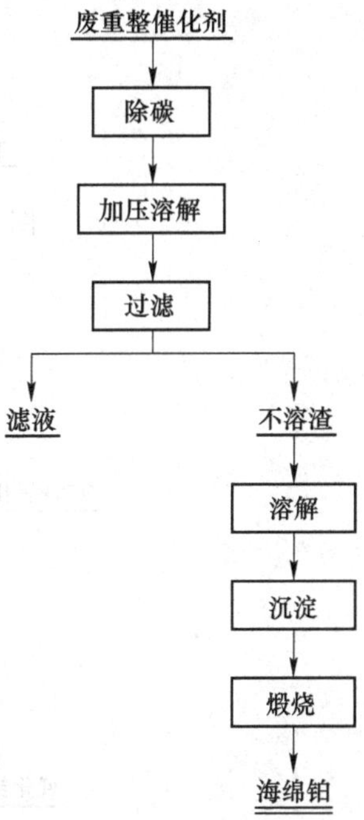

图8-8 从含铂废催化剂中回收铂工艺

B 载体溶解法

载体溶解法是利用贱金属与活性组分对某种试剂反应活性的差异，将载体选择性溶解使之进入溶液，贵金属留在残渣中，载体溶解法可以分为酸法和碱法。酸法是应用比较广泛的方法，盐酸或硫酸使载体溶解，而铂族金属铂族金属不溶解残留于渣中。采用碱法溶解载体，一般需加压处理，对设备要求高，且固液分离比较困难，因此在工业中应用不多。图8-9为徐州北矿金属循环利用研究院开发的一项处理Al_2O_3型载体的废铂催化剂回收铂的新型工艺技术。物料先经焙烧再氯化浸出，然后进行固液分离，所得溶液用离子交换树脂吸附铂，使铂在树脂上得以富集和净化；再对负载树脂进行淋洗；得到铂的碱性淋洗液，淋洗液经酸化、沉铂及精制后得到纯海绵铂产品。氢氧化钠溶液能溶解α-Al_2O_3，在一定的温度和压强下，氢氧化钠溶液能加快Al_2O_3载体的溶解速度，降低不溶渣的数量，可提高铂的回收率。

C 全溶解法

全溶解法是在较强的酸性和氧化性条件，使铂和载体同时溶解，进入溶液，再从溶液中提取铂。该方法工艺流程短、操作简单，对于基体酸溶性好的废催化剂，铂回收率高。图8-10为徐州北矿金属循环利用研究院和北京化工冶金研究院共同开发的“混酸全溶-离

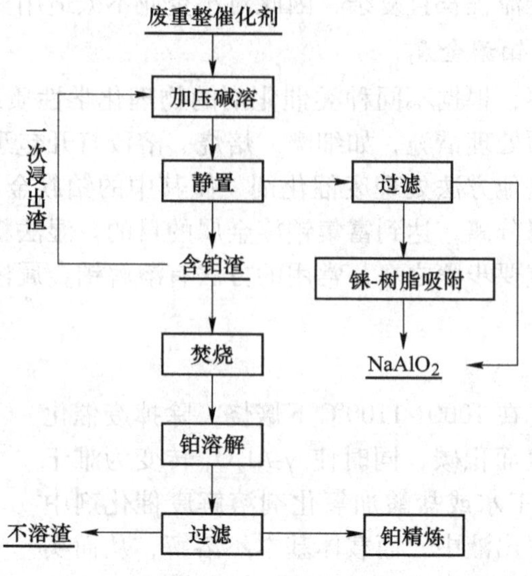

图 8-9　加压碱溶解载体法处理石油重整废催化剂

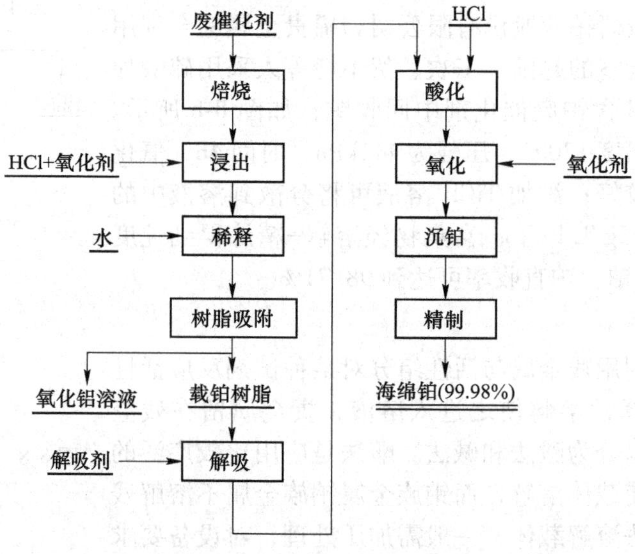

图 8-10　全溶解法工艺流程

子交换”技术来回收铂，经过低温焙烧、浸出、离子交换等方法进行处理从石油重整废催化剂中回收铂。该工艺操作简单、铂回收率高、产品质量好，因此经济效益较好，而且对环境无污染。

焙烧的目的是除去废重整催化剂表面的有机物或积碳。焙烧后的废重整催化剂在浸出釜内用盐酸先浸出铝，再加入适量氧化剂溶解铂，生成三氯化铝与氯铂酸混合溶液。主要反应如下：

$$Al_2O_3 + 6HCl \longrightarrow 2AlCl_3 + 3H_2O$$

$$NaClO_3 + 2HCl \longrightarrow NaCl + H_2O + O_2\uparrow + Cl_2\uparrow$$

$$Pt + 2HCl + 2Cl_2 \longrightarrow H_2PtCl_6$$

反应后段加入少量氯酸钠，保证铂以 $PtCl_6^{2-}$ 的形式存在。为避免 $AlCl_3$ 结晶，浸出液用水稀释后澄清，控制水量使三氯化铝溶液为亚饱和溶解状态。上清液送树脂交换分离铂和铝，少量沉积物返回浸出上清液用阴离子交换树脂进行处理，使 $PtCl_6^{2-}$ 离子吸附到树脂上进行铂的富集并实现与氯化铝溶液分离。富集了铂的树脂用碱液解吸，产出碱性含铂溶液送沉铂，解吸后的树脂用盐酸再生后复用。氯化铝溶液即水合聚合氯化铝产品，可作为净水剂用于环保行业。该产品既具有中和微小颗粒电荷促使废水中悬浮物凝聚的作用，又可产生水解胶体物质，对溶于水中的有害离子起吸附絮凝沉淀作用，能快速形成矾花，颗粒较大且稳定，疏水性好，便于固液分离，适用于絮凝沉淀或絮凝气浮等多种废水的处理。

碱性解吸液先经盐酸酸化及双氧水氧化后水解过滤，除去杂质再用沉铂剂沉出粗铂铵盐，最后经煅烧得到粗海绵铂。沉铂及煅烧主要反应如下：

$$Na_2PtCl_6 + 2HCl + 2NH_3 \longrightarrow (NH_4)_2PtCl_6\downarrow + 2NaCl$$

$$3(NH_4)_2PtCl_6 \longrightarrow 3Pt + 16HCl\uparrow + 2NH_4Cl + 2N_2\uparrow$$

精制采用氯化铵多次沉淀法。粗海绵铂先用王水溶解，溶解液经碱液调 pH 值水解除杂后得到纯氯铂酸溶液，然后用沉铂剂沉出纯的铂铵盐，再经焙烧即得含 Pt 不小于 99.98%的纯海绵铂。反应为：

$$3Pt + 18HCl + 4HNO_3 \longrightarrow 3H_2PtCl_6 + 8H_2O + 4NO\uparrow$$

$$H_2PtCl_6 + 2NH_4Cl \longrightarrow (NH_4)2PtCl_6\downarrow + 2HCl$$

8.4 铂族金属的分离

贵金属精矿几乎含有所有的贵金属。为了综合提取其中的各种铂族金属，国内外采取了多种生产流程。主要有传统方法和新式方法两类。

传统流程的特点是先分离含量高的品种，如贵金属精矿中铂、钯、金、银等，较传统工艺采取的流程是先分离它们，然后分离铑和铱，最后才提取锇、钌。结果使含量少的锇、钌分散到先期提取的金属成品或半成品中，增加了工艺的复杂性，又降低了锇和钌的收率，这是传统工艺的弊端。传统工艺中阿克顿工艺具有典型性。

英国阿克顿铂族金属精炼厂从精矿中分离提取铂族金属的流程如图 8-11 所示。此生产流程具有一定的典型性，原精矿中的所有贵金属都得到提取。它是利用各种金属本身所固有的物理、化学特性而进行分离提取的。

但是，阿克顿流程也和其他传统流程一样，往往是把贵金属精矿中含量较多的贵金属，如铂、钯、金、银等先行分离，然后分离铑、铱，最后才提取锇、钌。这样，就使含量较少的锇、钌分散到先期提取的金属成品或半成品中，从而增加了分离工艺的复杂性，同时也降低了锇、钌的回收率。这是阿克顿流程和其他传统流程的弊端。

为了克服上述弊端，有的工厂采取了新的流程，即把贵金属精矿中的锇、钌先行分离出来。蒸馏法分离锇、钌；选择性沉淀钯、金；水解分离铂、铑、铱。

8.4.1 蒸馏法分离锇、钌

锇、钌或其溶液在强氧化剂（氯、氧）作用下，容易生成高价锇、钌氧化物，如四氧

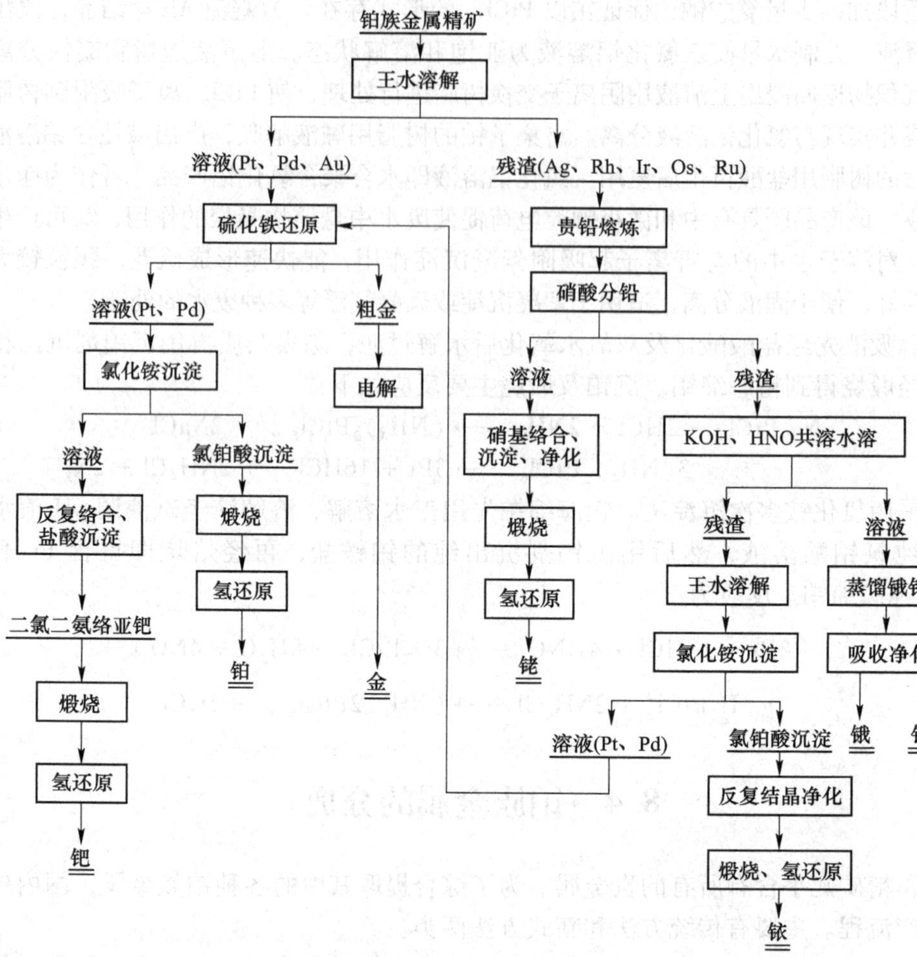

图 8-11 阿克顿精炼厂提取铂族金属的流程

化锇（OsO_4）、四氧化钌（RuO_4）。

四氧化锇又称锇酐，常温下为固体，透明近似无色或浅绿色，于 39.5℃熔化，120℃发生气化，有烧碱味。若与氢或有机物接触，就被还原成黑色的二氧化锇。

四氧化钌常温时为黄色针状体，也有碱味，于 25℃时针状体熔化并转变为棕色细粒，其熔点为 27℃。液态四氧化钌在接近 65℃时气化。

上述氧化物在不高的温度下就具有极大的挥发性，这有利于锇、钌与其他金属用蒸馏法分离。其蒸馏分离流程如图 8-12 所示。

四氧化钌溶于盐酸，反应生成三氯化钌，若再与钾盐作用时，则生成可溶性的氯钌酸钾（K_2RuCl_5）：

$$2RuO_4 + 16HCl \xlongequal{} 2RuCl_3 + 8H_2O + 5Cl_2$$

$$RuCl_3 + 2KCl \xlongequal{} K_2RuCl_5$$

四氧化锇不溶于盐酸，因四氧化锇和四氧化钌为弱酸酐，它们在还原剂酒精或硫酸存在条件下，可与碱液作用生成紫色的锇酸盐或钌酸盐溶液，通式可写作 Me_2OsO_4 或 Me_2RuO_4。上述性质为从四氧化锇、四氧化钌的混合物中分离锇、钌提供了依据。

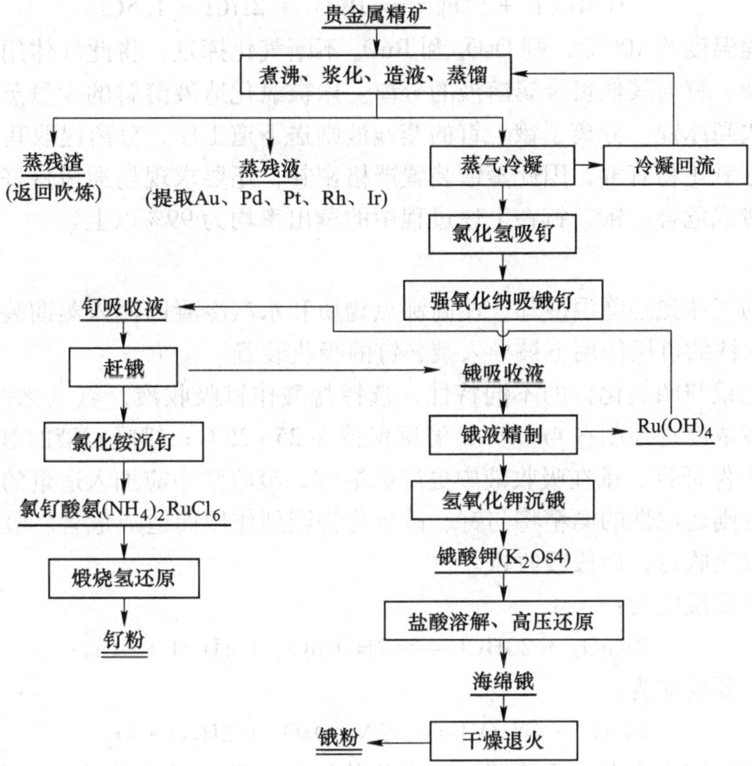

图 8-12　蒸馏分离锇、钌流程

蒸馏法分离过程有三个步骤。

A　造液蒸馏

贵金属精矿可在耐酸搪瓷反应釜中先加稀硫酸浆化，控制液固比为 5，通蒸气加热至沸，以便除去料液中的有机夹杂。这时加入固体氯酸钠使浆料溶解，氯酸钠用量为精矿量的 1~1.5 倍。氯酸钠在硫酸介质作用下，发生以下反应：

$$3NaClO_3 + H_2SO_4 = Na_2SO_4 + NaCl + 9[O] + 2HCl$$

$$2HCl + [O] = 2[Cl] + H_2O$$

新生态的氯［Cl］与氧［O］具有极强的氧化性，它能将原料精矿中的各种贵金属氧化络合溶解：

$$Os + 2HCl + 3[Cl] = H_2OsCl_5$$

$$Ru + 2HCl + 3[Cl] = H_2RuCl_5$$

$$Pt + 2HCl + 4[Cl] = H_2PtCl_6$$

$$Pd + 2HCl + 2[Cl] = H_2PdCl_4$$

$$Au + HCl + 3[Cl] = HAuCl_4$$

$$Rh + 2HCl + 4[Cl] = H_2RhCl_6$$

$$Ir + 2HCl + 4[Cl] = H_2IrCl_6$$

生成的氯锇酸和氯钌酸容易进一步氧化生成四氧化锇和四氧化钌：

$$H_2OsCl_5 + [O] = OsO_4 + 2HCl + 1.5Cl_2$$

$$H_2RuCl_5 + [O] \longrightarrow RuO_4 + 2HCl + 1.5Cl_2$$

若控制过程温度约100℃，则OsO_4和RuO_4不断气化挥发，将此气体用负压抽出容器外，就实现了锇、钌与其他贵金属溶液的分离。未被氯化造液溶解的少量蒸残渣，可送转炉吹炼生产二次高冰镍。分离了锇、钌的蒸残液则送下道工序，分离提取其中的贵金属。

由于锇、钌氧化物有毒，因此蒸馏装置严格密封，还要求现场通风良好，防止有毒气体对操作人员造成危害。锇、钌在上述过程中的蒸出率均为99%以上。

B　吸收

蒸馏产出的气体先经降温冷却，使高沸点物质和水汽冷凝回流入蒸馏装置内，其余气体在-2700Pa水柱的负压作用下被导入锇、钌的吸收装置。

根据四氧化锇与四氧化钌的不同特性，选择盐酸作钌吸收液，氢氧化钠作锇吸收液。钌吸收液的盐酸浓度约控制在4mol/L，温度保持在25~35℃；锇吸收液的氢氧化钠浓度控制在约20%。为保证钌、锇在吸收液中更好的溶解，吸收液中应加入适量的酒精。但酒精用量不宜多，否则还原性的酒精将与钌、锇氧化物剧烈作用而造成危害。吸收过程采用串联法连接，前段吸收钌，后段吸收锇。

钌吸收的主要反应为：

$$2RuO_4 + 20HCl \longrightarrow 2H_2RuCl_5 + 8H_2O + 5Cl_2$$

锇吸收的主要反应为：

$$2OsO_4 + 4NaOH \longrightarrow 2Na_2OsO_4 + 2H_2O + O_2$$

为了提高锇、钌吸收率，需采用三段吸收装置，在管路适当处放置浸有硫脲的棉球，以检查锇、钌吸收是否完全，若吸收尾气中含有钌（即使有微量钌），则棉球变为蓝色；若尾气含有锇，则棉球变成红色。要求吸收过程进行到棉球不变颜色为止。吸收作业中锇吸收率可大于97%，钌吸收率接近100%。

C　从吸收液中提取锇、钌

吸收液可分别用来提取钌和锇。

对于钌吸收液先缓慢加热浓缩控制钌浓度约在30g/L，并将3价钌氧化为4价钌后，加入氯化铵沉钌：

$$H_2RuCl_6 + 2NH_4Cl \longrightarrow (NH_4)_2RuCl_6\downarrow + 2HCl$$

生成的$(NH_4)_2RuCl_6$（氯钌酸氨）沉淀为暗红色，用酒精洗到无色烘干，经430℃煅烧，约850℃时进行氢还原得钌粉。锇吸收液中加入氢氧化钾沉锇反应如下：

$$2Na_2OsO_4 + 4KOH \longrightarrow 2K_2OsO_4\downarrow + 4NaOH$$

生成的K_2OsO_4(锇酸钾)沉淀呈紫红色，此沉淀用盐酸溶解后，再经高压氢还原，压强为24.5×10^5Pa，还原温度为125℃，时间约为2h，即按下列反应产出海绵锇，海绵锇再经干燥、高温氢保护退火，最后产出锇粉。

$$K_2OsO_4 + 2HCl + 3H_2 \longrightarrow Os\downarrow + 2KCl + 4H_2O$$

锇吸收液也可加固体氯化铵，按下式反应沉淀锇：

$$Na_2OsO_4 + 4NH_4Cl \longrightarrow [OsO_2(NH_3)_4]Cl_2\downarrow + 2NaCl + 2H_2O$$

反应时氯化铵不能过量，否则生成游离氨，游离氨易将上述锇盐沉淀转变为溶于水的氯化物，影响锇的直收率。按上述反应产出的锇盐沉淀要立即过滤，滤饼洗涤干燥后，于

700~800℃煅烧，用氢还原，在氮气中冷却后，即可制得锇粉。成品锇粉品位达99%以上。

8.4.2 选择沉淀金、钯

原料为上述工艺产生的蒸出液。从蒸出液中选择沉淀及分离提取金、铂、钯有多种方法，如硫化沉淀法、置换法等，如图8-13所示。

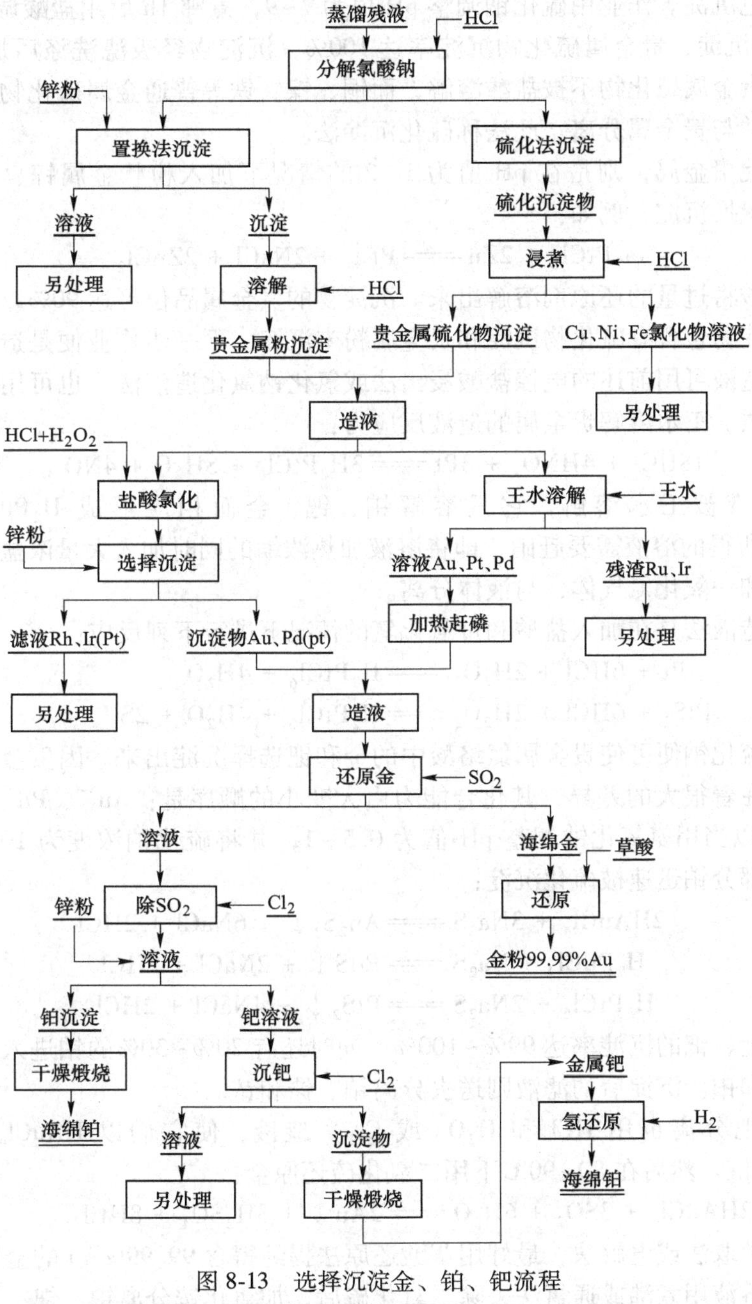

图8-13 选择沉淀金、铂、钯流程

为了消除对以后工艺的影响和进一步富集贵金属，蒸残液首先在加温和搅拌的情况下加入盐酸至无黄烟产生止，使残存的氯酸钠分解：

$$NaClO_3 + 6HCl = NaCl + 3H_2O + 3Cl_2$$

然后加入10%的硫化钠使贵金属和贱金属以硫化物状态沉淀：

$$Na_2PtCl_6 + 2Na_2S = PtS_2\downarrow + 6NaCl$$

其他金属盐类也按与上式相似的反应，生成Au_2S_3、Pd_2S_3、Rh_2S_3、Ir_2S_3等和铜、镍硫化物的棕黑色沉淀。作业用硫化钠调整pH值为7~9，煮沸1h后用盐酸调pH值为0.5，保温搅拌1h后沉淀，贵金属硫化物沉淀率达100%，沉淀物经吸滤洗涤后加6mol/L的盐酸溶液浸煮，贵金属硫化物不被盐酸溶解，而铜、镍、铁等普通金属硫化物则生成相应的氯化物溶解，并与贵金属分离。此法称硫化沉淀法。

置换法沉淀贵金属，则是在pH值为1~2的情况下加入粉状金属锌、镁、铝等还原剂，使贵金属置换沉淀，例如：

$$Na_2PtCl_6 + 2Zn = Pt\downarrow + 2NaCl + 2ZnCl_2$$

然后用盐酸将过量的还原剂溶解出来。沉淀物的贵金属品位可达90%以上。

上述的沉淀物包含有硫化物沉淀和贵金属粉末沉淀。下一步作业便是造液，然后使它们相互分离。造液可用前述的电控盐酸浸出法或氯化钠氯化造液法，也可用王水溶解法和盐酸氯化造液法。王水溶解贵金属的造液反应为：

$$18HCl + 4HNO_3 + 3Pt = 3H_2PtCl_6 + 8H_2O + 4NO$$

铑和铱很难被王水溶解，它只溶解铂、钯、金而相应形成H_2PtCl_6、H_2PdCl_6、$HAuCl_4$。造液所得的溶液需要赶硝，即将溶液加热浓缩的同时加入大量浓盐酸，使硝酸分解成二氧化氮和一氧化氮气体，与液体分离。

盐酸氧化造液法是在加入盐酸和过氧化氢的情况下进行下列反应：

$$Pt + 6HCl + 2H_2O_2 = H_2PtCl_6 + 4H_2O$$

$$PtS_2 + 6HCl + 2H_2O_2 = H_2PtCl_6 + 4H_2O + 2S$$

然后加入硫化钠便可使贵金属氯络酸中的金和钯选择沉淀出来。因贵金属离子与硫离子化合能力存在着很大的差异，其化合能力由大变小的顺序是：Au^{3+}、Pd^{2+}、Cu^{2+}、Pt^{4+}、Rh^{3+}、Ir^{3+}。所以当用氨氧化钠调整pH值为0.5~1，并将硫化钠浓度为10%的溶液加入时，金、钯和部分铂迅速被硫化沉淀：

$$2HAuCl_4 + 3Na_2S = Au_2S_3\downarrow + 6NaCl + 2HCl$$

$$H_2PdCl_4 + Na_2S = PdS\downarrow + 2NaCl + 2HCl$$

$$H_2PtCl_6 + 2Na_2S = PtS_2\downarrow + 4NaCl + 2HCl$$

选择沉淀金、钯的沉淀率达99%~100%，同时还有20%~30%的铂进入其中，它被送去分离金、钯和铂。沉淀后的滤液则送去分离铂、铑和铱。

金与铂、钯分离也用HCl和H_2O（或Cl_2）造液，使它们以$HAuCl_4$、H_2PdCl_4和H_2PtCl_6进入溶液。然后在80~90℃下用二氧化硫还原金：

$$2HAuCl_4 + 3SO_2 + 6H_2O = 2Au\downarrow + 3H_2SO_4 + 8HCl$$

所得海绵金用萃取法或电解法，最好用草酸还原法提纯得含99.99%Au的金粉。

沉金后的溶液用煮沸或通氯法去除二氧化硫后，加氯化铵分离铂、钯：

$$H_2PtCl_6(Na_2PtCl_6) + 2NH_4Cl = (NH_4)_2PtCl_6 + 2HCl(2NaCl)$$

$$H_2PdCl_4(Na_2PdCl_4) + 2NH_4Cl = (NH_4)_2PdCl_4 + 2HCl(2NaCl)$$

此时生成$(NH_4)_2PtCl_6$为淡黄色沉淀，$(NH_4)_2PdCl_4$则留在溶夜中。经吸滤和氨水洗涤后，将含铂的沉淀物干燥并在750℃下煅烧得海绵铂：

$$3(NH_4)_2PtCl_6 \xlongequal{\triangle} 3Pt + 16HCl + 2NH_4Cl + 2N_2$$

从溶液中提钯时，应将溶液浓缩至钯含量为40g/L，料液中钯以氯亚钯酸存在，若向料液中通入氯气时，亚钯离子氧化成具有Pd^{2+}存在的氯钯酸铵黄色沉淀：

$$(NH_4)_2PdCl_4 + Cl_2 \xlongequal{} (NH_4)_2PdCl_6$$

氯钯酸铵黄色沉淀吸滤后，用常温的氯化铵溶液洗涤数次，再将沉淀加热至500~700℃进行煅烧：

$$3(NH_4)_2PdCl_6 \xlongequal{\triangle} 3Pd + 16HCl + 2NH_4Cl + 2N_2$$

在煅烧温度作用下，生成的金属钯又将氧化生成黑色的氧化亚钯：

$$2Pd + O_2 \xlongequal{} 2PdO$$

氧化亚钯还须进行氢还原：

$$PdO + H_2 \xlongequal{} Pd + H_2O$$

氢还原可在坩埚电炉或管式电炉中进行，温度为500℃，通入氢气前要通入氮或惰性气体氩以赶尽空气。氧化亚钯在氢的作用下，颜色很快变成灰色，这时生成海绵钯。停电降温，继续通入氢气至温度降到200℃后，改通二氧化碳或氩气，以防止海绵钯氧化燃烧，适当增大通气量，有利于带出容器中的水汽和快速降温，待温度降至常温时停止通气，快速取出海绵钯封存，钯纯度约为99%。

此外，黄色氯钯酸铵沉淀也可用水合肼$(NH_2)\cdot H_2O$直接还原，还原时先将沉淀浆化并煮沸溶解，然后在搅拌条件下缓慢定量加入工业纯水合肼，此时很快生成黑色的粉状金属钯：

$$(NH_4)_2PdCl_6 + 4(NH_2)_2H_2O \xlongequal{} Pd\downarrow + 6NH_4Cl + 2N_2 + 4H_2O$$

8.4.3 铂与铑、铱分离

经选择沉淀金、钯后，部分铂虽与金、铂共沉，而其余大部分仍与铑、铱一道进入滤液。为在此滤液中提取铂，就要先进行铂与铑、铱的分离，铂与铑、铱分离的传统方法是水解法。用水解法分离铂、铑合金废料也很有效，但废铂、铑需先行造液后才能作为水解分离的料液。水解分离铂与铑、铱的工艺流程如图8-14所示。

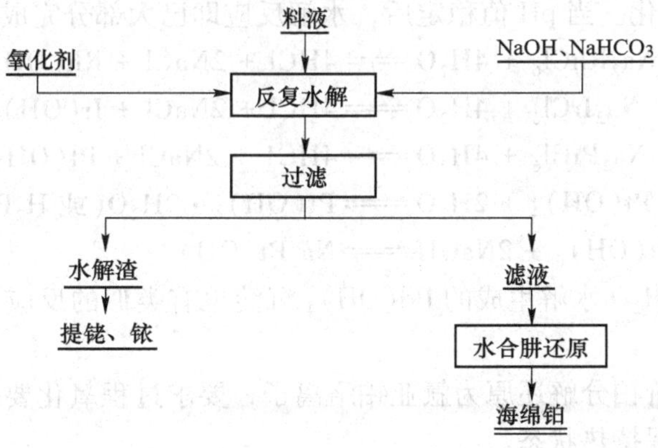

图8-14 铂与铑、铱水解分离流程

铂与铑、铱分离的过程一般包括以下步骤。

A 氧化

氧化的目的主要是使料液中贵金属氯络离子保持高价状态。氧化剂的选择可考虑选用氯气（或饱和氯气的水溶液）、双氧水、纯氧（或空气）、溴酸钠及硝酸等。

用双氧水作氧化剂时，准确调整溶液 pH 值较为困难，且加入量难以控制。加入过量双氧水时，会增加氧化后煮沸料液赶尽双氧水的时间，而且料液氧化后长时间保持热状态对水解作业也是不利的。纯氧（或空气）作氧化剂虽可行，但氧化能力较弱，延长了氧化作业时间。硝酸作氧化剂，又可能使溶液生成王水。赶不尽硝根会使以后作业中的沉淀反溶，这不仅破坏了分离效果，还降低了贵金属的直收率。当前有氯气或溴酸钠作氧化剂，获得了广泛应用。溴酸钠在加热时容易分解，并夺取盐酸介质中的氢而释放出新生态的[Cl]：

$$NaBrO_3 \xlongequal{\triangle} NaBr + 3[O]$$

$$[O] + 2HCl \xlongequal{} H_2O + 2[Cl]$$

生成的新生态氯较氯气具有更大的氧化活性，在贵金属氯络酸或贵金属氯络酸钠盐、钾盐中，很容易将低价盐氧化生成高价盐：

$$H_2PtCl_4(Na_2PtCl_4) + 2[Cl] \xlongequal{} H_2PtCl_6(Na_2PtCl_6)$$

$$H_2PdCl_4 + 2[Cl] \xlongequal{} H_2PdCl_6$$

$$H_2RhCl_5 + [Cl] \xlongequal{} H_2RhCl_6$$

$$H_2IrCl_5 + [Cl] \xlongequal{} H_2IrCl_6$$

以溴酸钠为氧化剂的氧化作业，要先将料液加热至沸，并控制料液中铂离子浓度在 50g/L 左右，然后缓慢加入质量分数为 20%的氢氧化钠溶液，在人工搅拌条件下调整料液的 pH 值为 1，溴酸钠配制成 10%的溶液，溴酸钠用量按料液含铂量的 9%计算，分两次加入。在人工搅拌下溴酸钠溶液第一次加入量约为料液含铂量的 7%，然后用 10%的氢氧化钠溶液调整料液 pH 值到 5，再第二次加入溴酸钠溶液的其余量，进行氧化。

B 水解

水解作业实际已于第二次加入溴酸钠溶液后，调整 pH 值为 5 时就开始了，第二次加入溴酸钠溶液余量后，再用浓度为 8%的碳酸氢钠调整料液的 pH 值为 8～9，并保持 15min，以防止发生变化。当 pH 值稳定后，水解反应即已大部分完成：

$$Na_2RhCl_6 + 4H_2O \xlongequal{} 4HCl + 2NaCl + Rh(OH)_4\downarrow$$

$$Na_2IrCl_6 + 4H_2O \xlongequal{} 4HCl + 2NaCl + Ir(OH)_4\downarrow$$

$$Na_2PtCl_6 + 4H_2O \xlongequal{} 4HC1 + 2NaCl + Pt(OH)_4\downarrow$$

$$Pt(OH)_4 + 2H_2O \xlongequal{} Pt(OH)_4 \cdot 2H_2O(\text{或 } H_2Pt(OH)_6)$$

$$H_2Pt(OH)_6 + 2NaOH \xlongequal{} Na_2Pt(OH)_6$$

$Na_2PtO_3 \cdot 3H_2O+H_2O$ 水解生成的 $Pd(OH)_4$ 沉淀也有类似的反应，生成可溶性的羟钯酸钠（$Na_2Pd(OH)_6$）。

为了避免发生高价铂分解还原为氯亚铂络离子，要求过程氧化要彻底，并防止水解作业时间过长和长时间保持热状态。

在水解作业中，经常采用载体水解的工艺。所谓有载体水解，就是在氧化作业前的料液中，调整 pH 值为 1 后，加入浓度为 10%的三氯化铁溶液，加入量按料液含铂量计算，每含 1000g 铂可加入 2~3g 固体三氯化铁。氧化作业时，三氯化铁不发生变化，当水解作业调整 pH 值为 8~9 时，三氯化铁则按下式进行水解：

$$FeCl_3 + 3H_2O \longrightarrow Fe(OH)_3 \downarrow + 3HCl$$

生成的 $Fe(OH)_3$ 为大体积的絮状沉淀，能吸附漂浮在溶液中的水解沉淀颗粒和各种难于沉淀的胶体颗粒，并与之一道共沉，使溶液澄清效果显著。而铁因为全部水解沉淀，故不至于造成料液被铁离子污染。

C　过滤与赶溴

在终点 pH 值为 8~9 时保持约 15min 后料液要快速冷却，急剧降至常温，这一方面能防止高价铂氯络离子分解还原成低价的铂业氯络离子进入沉淀，另一方面也可以避免部分生成的水解沉淀物重新溶解进入溶液。用外冷加内冷的联合工艺进行快速冷却，可获得较好的效果。料液冷至常温后，最好静置一夜，使料液自然沉降澄清，然后先将清液仔细吸出过滤，下部沉淀在 ϕ200~300mm 的大瓷漏进行自然过滤。沉淀滤出物要用 pH 值为 8~9 的洗液洗涤数次，尽可能将沉淀中含有的可溶性铂离子进入洗液。沉淀物中富集了铑、铱的氢氧化物等贵金属，容易被盐酸溶解，溶解后送去分离提取铑、铱。

富集了铂的滤液和洗液合并，溶液送去赶溴，以消除溴化物或游离溴酸钠对提取铂的影响。赶溴作业时，先用盐酸将溶液酸化至 pH 值为 0.5，然后将溶液加热至沸，使溴化物分解生成气态的 HBr 或 Br_2 与溶液分离。溴蒸气具有较强的腐蚀作用，对人体及设备都不利，要求在具有负压的通风橱中进行作业。与加双氧水进行铂直接载体水解法相比，需要赶溴是溴酸钠水解法的缺陷，但溴酸钠氧化水解法具有技术条件稳定、直收率高等优点，因此得到广泛的应用。

D　铂的提取

赶溴后的含铂溶液，通常直接进行铂的提取，产出粗铂再送去精炼提纯，以获得合格的商品铂。

从溶液中提取铂有多种方法，用氯化铵沉淀-煅烧法提取铂，已在铂与金、钯分离一节中进行了介绍；此外，还有电积法、还原法等。用还原剂还原提取铂，是所有方法中最简单的一种。选用水合肼作还原剂时，还原反应如下：

$$Na_2PtCl_6 + 4[(NH_2)_2 \cdot H_2O] \longrightarrow Pt \downarrow + 2NaCl + 4NH_4Cl + 2N_2 + 4H_2O$$

产物为黑色铂粉。由于水合肼还原能力强，铂的回收率可达 99%以上，还原后液清澈无色，含铂可降至 0.0015g/L 以下。但水合肼还原容易带入杂质，产品铂粉品位常在 99%以下，尚需进一步精制。水合肼还原作业时，为减少还原剂的消耗，料液 pH 值以控制在 3~4 为宜。

复习思考题

8-1 铂族金属包括哪六种元素？

8-2 简述铂族金属的物理化学性质。

8-3 铂族金属的主要化合物有哪些？

8-4 简述铂族金属的用途。

8-5 简述原生铂矿的富集处理流程。
8-6 简述从铜镍硫化矿中回收铂族金属的步骤。
8-7 简述分层熔炼法和羰基法处理高冰镍回收铂族金属的原理。
8-8 简述从镍电解阳极泥中提取铂族金属精矿的工艺过程。
8-9 水溶液氯化-氯气浸出铂族金属和水溶液氯化作业的主要技术条件是什么？
8-10 绘制从回收废化剂中铂族金属的原则流程图。
8-11 从废催化剂中回收铂族金属火法回收技术有哪些，它们有何优缺点？
8-12 湿法富集催化剂中铂族金属的方法有哪些，它们的原理分别是什么？
8-13 简述金属阿克顿精炼厂分离铂族金属的原理及工艺。

9 稀散金属提取冶金

9.1 概　　述

9.1.1 稀散金属

稀散金属（scattered metsls，SM）通常是指由镓（Ga）、锗（Ge）、硒（Se）、铟（In）、碲（Te）、铼（Re）和铊（Tl）7个元素组成的一组化学元素。但也有人将铷、铪、钪、钒和镉等包括在内。这7个元素从1782年发现碲以来，直到1925年发现铼才被全部发现。这一组元素之所以被称为稀散金属，一是因为它们之间的物理及化学性质等相似，划为一组；二是由于它们常以类质同象形式存在于有关的矿物当中，难以形成独立的具有单独开采价值的稀散金属矿床（四川省石棉县发现一处以碲为主的碲铋矿床）；三是它们在地壳中平均含量较低，以稀少分散状态伴生在其他矿物之中，只能随开采主金属矿床时在选冶中加以综合回收、综合利用。

9.1.2 稀散金属的资源

自然界中的元素按一定规律组合共生，这些组合共生是各元素在自然界中不断运动迁移的结果，由此造成了自然界中元素的分散与集中，各种矿产资源就是元素经历了各种迁移运动而达到相对富集的结果。

9.1.2.1 镓、铟、锗

镓、铟、锗均属亲铜元素，亲铜性可用表9-1元素原子状态转到离子状态的转换能 K 值大小表示。

表9-1　元素亲铜性次序的转换能 K 值

离子	Ge^{4+}	Sn^{4+}	Ge^{2+}	Zn^{2+}	Fe^{3+}	In^{3+}	Cd^{2+}	Tl^{3+}	Ga^{3+}	Fe^{2+}	Pb^{2+}	Cu^{2+}	Tl^{+}
K值	7.3	6.8	6.0	5.1	4.8	4.0	3.9	3.6	3.6	3.2	3.1	2.3	1.3

从表9-1可见，Ga^{3+}、In^{3+} 及 Tl^{3+} 的亲铜性介于 Fe^{3+} 与 Fe^{2+} 间，而 Ge^{4+} 与 Tl^{+} 有形成单体的特性，靠近 In^{3+} 而具有较小 K 值的离子是 Cd^{2+} 与 Tl^{3+}。

镓、铟与锗具有高的电离势与电负性，有较强的极化能力，易于形成共价键，故与硫有较强的亲和力。从元素周期表中位置看，它们是亲铜元素中最强的亲氧元素。亲铜元素的亲氧性增强方向如图9-1所示。图9-1中斜箭头方向表示亲氧性增强，参考表2-1可知，镓、铟与锗可与同组元素形成一个沿水平方向的异价类质同象和沿垂直方向的等价类质同象替换的元素组，从而在自然界中因类质同象而形成共生。

从地球化学的角度看，随着元素亲氧性增强，趋向富集于酸性岩浆与氧结合而形成氧化

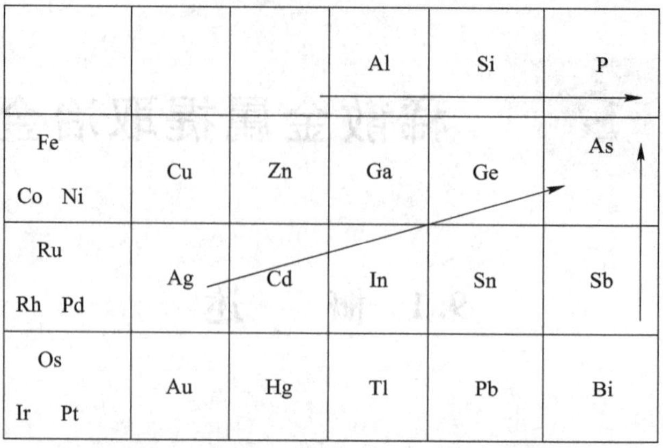

图 9-1　亲铜元素的亲氧性增强方向

物。而稀散金属的酸碱性是由其电离势所决定，其酸性增长方向如下：

$$K \to Na \to Mg \to Li \to Tl^{+} \to Ca \to Al \to Fe^{2+} \to Zn^{2+} \to Tl^{+} \to Ge^{3+} \to In^{+} \to Ga^{3+} \to Fe^{3+} \to Sn^{4+} \to Ge^{4+} \to Si$$

———酸性增大———→

镓、铟与 Ge^{2+} 为两性而介于 Fe^{+} 与 Fe^{3+} 之间；铊为碱性，接近于锂；Ge^{4+} 为酸性而靠近硅。因而镓与锗绝大部分分散于造岩矿物中，只有少量形成热液的硫化物。

在岩浆的早期结晶作用中，Ga^{3+} 与 In^{3+} 主要代替 Al^{3+}，部分代替 Fe^{2+}，而 Ge^{4+} 主要代替 Si^{4+}，也能形成 $[GeO_4]^{4-}$ 配合阴离子去置换 $[SiO_4]^{4-}$ 以类质同象进入各种岩浆岩，特别是酸性岩的硅酸盐矿物，如云母、长石、辉石、闪石、电气石、石榴石及绿帘石等。

在岩浆外生作用中后期的热液阶段，镓、铟、锗的成矿作用主要有以下几种类型：(1) 在晚期岩浆矿床中，Ga^{3+} 可代替 Ti^{3+}、Fe^{3+} 与 Cr^{3+} 进钛磁铁矿。(2) 在伟晶作用中镓与锗可进入硅酸盐和硅铝酸盐，如霞石、锂辉石、铯榴石、电气石、锂云母与黄玉等中，当开采这类碱性伟晶岩或富含氟的云英岩时，可能获得有工业价值的镓与锗矿物。(3) 大量硅酸盐、硅铝酸盐已经结晶析出后，残余熔浆中缺乏硅与铝，却相对富含硫，此时镓、铟与还原成二价的锗就具有明显的亲硫性，当介质的 pH 值小于 7 而溶液中镓、铟与锗的富集度又足够高时，它们便可形成独立矿物，如 $CuGaS_2$、$Cu_3(Ge、Fe、Zn、Ga)(SAs)_4$ 与 $FeInS_4$ 等。除极个别的，如楚梅布（Tsumeb）的锗石外，其他的均难形成具有单独开采价值的工业矿床。(4) 大部分的镓、铟、锗均以类质同象形式进入含有 Fe^{2+} 和 Zn^{2+} 的、在强还原介质里形成的硫化矿物（如闪锌矿、黄铜矿、斑铜矿或黄锡矿等）中，由于其结晶构造与共价键的近似性，比较容易进入闪锌矿晶格，导致某些闪锌矿富含镓达 0.001%～0.1%、含铟 0.005%。低温热液形成的闪锌矿具有含镓更富的特征，含锗也高达 0.005%、个别高达 0.3%。(5) 在岩浆后期汽化热液矿床的氧化物中，镓、铟与锗可以类质同象进入锡石晶格，其中 Ge^{4+} 由于与 Sn^{4+} 的地球化学参数极为吻合，会以类质同象代替，故在低温锡石中一般含有不大于 0.005%的锗，而在高温汽化热液锡石中含锗则更少。

在我国西南一带含铜页岩中也含一定量的锗，这与黑色页岩沉积时的有机质的活动相关，局部因地下水的淋滤迁移而富集锗。

此外，统计结果表明，闪锌矿含锗量也与该矿含铁密切相关，一般含铁低的闪锌矿含锗较高。闪锌矿含铟可达 0.004%~0.01%，高者可达 0.05%~1%，与闪锌矿中铁、锰含量成正比的规律。

沉积铁矿或沉积一变质铁矿中的镓与锗的含量较高，其置换方式为：

$$Ge^{4+} + Fe^{+} \longrightarrow 2Fe^{3+}$$

进入磁铁矿晶格，致使磁铁矿富含锗。在氧化铁矿中平均含锗 0.0055%，最高达 0.0035%一般是磁铁矿较赤铁矿富含锗，如在磁铁矿-菱铁矿中含锗高达 0.0056%，而在磁铁矿-赤铁矿中含锗较少，镜铁矿-菱铁矿一般含锗小于 0.0003%。这可能是岩石风化过程中，在碱性介质里所形成的锗酸盐被氢氧化铁吸附所致，也可能是锗置换铁矿中 Fe^{3+} 的结果。镓在铁矿中富集，主要原因为二者含水氧化物的阳离子半径相近似（GaO(OH) 为 0.062nm，而 FeO(OH) 为 0.064nm），导致镓在铁矿中类质同象，其次 Ga^{2+} 与 Fe^{3+} 的水解 pH 值相近，也对此类成矿作用产生重要影响。

在表生氧化条件下 Ga^{3+} 与 Al^{3+}、Fe^{3+} 紧密伴生，因此铝土矿中镓含量可大于其克拉克值的 5~150 倍。这是由于含镓与锗的岩石经长期风化后，其可溶性的物质被地下水带走，导致它们与铝和铁等形成难溶的氢氧化物，从而以机械悬浮状态或胶体溶液状态被搬走，在适当的条件下，由于胶体吸附与脱水而与铝、铁共生于同一晶格中。如我国华东与华南地区的石炭二叠纪的铝土矿普遍含镓就与此相关，且这些铝土矿含镓量已具工业意义。含镓、铟、锗的硫化矿在表生氧化条件下，它与铁、锰、铝等一起形成氢氧化物而聚积于氧化带"铁帽"中，也具有一定工业价值。

镓和锗也会富集于土壤中，特别是富集于淤积层的腐殖酸土中，且类似煤中状况，镓含量明显地高于锗含量，在富含氢氧化铝的红土中镓含量可高出其克拉克值的 5~30 倍。

在现代风化沉积的铁锰结核中也发现富集镓与锗，这可能与腐殖质及硅、铝或铁等的胶体质点的吸附相关。对太平洋现代沉积物中的锰结核的研究查明，其含镓量波动于 0.0002%~0.003%之间。

海水中含镓达 0.02μ/L，含锗达 0.06~0.07μ/L，它可能以 $[GeO_2]^{2-}$ 形态存在于海水中。

铟的亲硫性、离子半径和结晶构造等与 Zn^{2+}、Fe^{2+}、Mn^{2+}、Cu^{2+} 及 Pb^{2+} 相近似，故铟能以类质同象进入上述元素的硫化矿物中，特别在 ZnS、$CuFeS_2$ 及 $(Pb_5Sn_3Sb_2)S_{14}$ 等中最为富集，含铟高的可达 0.05%~1%。闪锌矿中含铟量与矿物中的铁和锰量成正比，一般含 0.004%~0.01%。在铁闪锌矿及纤锡矿中的含铟量可达 0.01%~1%，例如大厂锡铅锌矿含铟高的达 0.242%，在木锡石中含铟可高达 1.35%，而在伟晶岩与闪石中的含铟量可分别达 2.8%与 0.1%~1%。

9.1.2.2 铊

因为铊的电价低，离子半径大，所以铊的极化力较弱。铊的地球化学参数与钾、铷相近似，故铊常与它们共生。当原始熔浆中铊的含量较高时，铊就能在熔浆结晶晚期的分异产物中得到一定的富集，从而形成矿床。

在自然界中铊多以一价离子形态存在，绝大部分一价铊离子在岩浆作用中表现为亲岩性，花岗岩及碱性岩类岩石中的钾长石与黑云母便成为富集铊的主要矿物。由于黑云母中的钾结合得不那么紧密，且配位数与铊均为 12，故铊可优先置换黑云母中的钾；在岩浆作用的早期正长石中因结晶构造不同于黑云母，故铊置换正长石中钾的作用有限，这也是促使铊能进一步富集到晚期的黑云母中的一个原因，我国云浮硫铁矿中的铊主要存在于白云母及绢云母等单矿物中。由于岩浆岩中钾长石的含量远多于黑云母，故岩石中60%~90%的铊均分布于钾长石中。岩石中的铊则主要存在于黑云母里。角闪石中常含少量钾，故铊也可存在其中，而石英与斜长石等不含这些矿物，故没有发现铊。

由于铊也是亲铜元素，在热液作用中铊由于其亲铜性而进入铅、锌及铁等硫化物中，仅在少数情况下能形成自己的独立矿物。当方铅矿和闪锌矿从热液作用的真溶液中析出时，由于铅与铊的离子半径和化学性质相近，故铊能优先进入铅的晶格而在方铅矿中富集，然而当铊进入方铅矿的晶格时，需要电价补偿，为此常带入砷、锑、银等，从而发生类质同象置换。

由于在黄铁矿中也存在类似的作用，有时某些黄铁矿甚至白铁矿中含铊很高，有的高达0.03%~0.75%。在某些汞矿中，由于层控型沉积改造，而形成大型铊矿，如滥木厂汞铊矿床。

由于表生作用而常使铊出现在锰的高价氧化物中，如在硬锰矿、软锰矿、褐锰矿、水锰矿及锰土中，特别是较多地出现在硬锰矿中。一般沉积锰矿含铊可达0.001%~0.01%或更高，原因是水化的MnO_2或高锰酸复盐吸附铊，并与其中阳离子进行置换。在不含水的MnO_2及盐类中，吸附铊的作用极其微弱，因而在锰的碳酸盐、硅酸盐及锰的低价氧化物中难以发现铊。

在风化条件下铊很容易从原生岩石中被淋滤出来，因而在风化壳及硫化矿床的铁帽中通常不含铊。可溶解的铊可与碱金属盐类一起在水中进行长期的搬运，最终在成盐条件下与钾或铷等共生。

9.1.2.3 硒、碲

硒、碲与硫的化学性质最相近，均属典型的亲铜元素，在自然界中大多数情况下以Me^{2-}状态出现，少数呈Me^{6+}而与氧形成配合离子S^{2-}、Se^{2-}及Te^{2-}，它们的离子半径大，变形能力强，可与其他金属形成极性键，乃至共价键，故属于典型的类金属元素组，其金属特性与逆磁性均向右方向增强：

$$O \rightarrow S \rightarrow Se \rightarrow Te$$

碲的金属性更强，易与亲铜的金属，特别是原子序数高的金、银、汞，铅、铋及铜等形成碲化物，但不与轻金属形成碲化物。

硒与碲相比较，硒的物理化学性质与硫更为接近，故硒较多地以类质同象进入硫化物中。碲多出现在含有铜、铋、铅等的金或银的多金属矿床中，其中绝大部分形成金或银的碲化物，如斐济的含碲金矿。但是硒基本不具备碲的这种地球化学性质，只能与银等形成硒化物。

硫与硒、碲的能量系数*Er*按1.15、1.10、0.95依次下降，说明它们的析出能及结晶温度也依次下降，故在地质作用的岩浆阶段，硒与碲很难结晶析出。事实上在岩浆岩及伟晶岩矿床中，可以看到含有大量的硫化物，而较少见到含硒和碲的矿物，只有少量的硒在晚期岩浆作用中开始以类质同象出现在硫化物中。矽卡岩阶段中硒与碲也只能以类质同象方式进入硫化物晶格，且在绝大多数情况下硒含量均高于碲。如江西城门山矽卡岩铜及铜镍矿含硒0.0009%~0.01%，仅含碲0.0001%~0.003%。

与地下水活动有关的沉积层状铜矿床，如含铜油页岩、砾岩等，以及与海底火山喷发有关的黄铁矿型铜矿和黄铁矿型多金属矿的硫化物，均常含硒与碲，硒有可能在火山喷发的自然硫矿中富集，含硒可高达5%。由于这类矿床往往规模巨大，硫化物含量丰富，故成为硒与碲的主要工业矿源。此外，低温热液汞锑矿床与金银矿床也富含硒与碲，它们主要形成各种富含硒与碲的铜、银、铅及汞的硒或碲化物，其次形成镍、钴、铋及砷的硒或碲化物及硒硫化物等，但是这些矿床规模有限，故不会成为巨大的富硒与碲的工业矿源。

在有机质参与的生物化学作用下，硒可在煤中达到一定的富集。如含硒岩矿中含硒量即含碳质硅质岩型→含硅质碳质页岩型→半暗腐泥煤型递增，其赋存状态有：进入有机碳的占65.8%，进入硒铁铜矿和含硒黄铁矿的占33.9%，剩余不到0.3%分布在脉石等中。

在表生风化作用中，硒与碲极易转变为四价氧化物的黄硒矿或黄碲矿及含水或不含水的硒盐与碲盐矿物，它们或存在铁帽中，或以机械夹带存在于胶结带中，既不被搬迁，也不会发生富集。

9.1.2.4 铼

铼是自然界高度分散的元素之一，主要呈 Re^{4+}，少数以 Re^{7+} 形态存在。铼的地球化学性质与钼、钨相近似，铼与钼的卤化物有近似的溶解度与化学性质，故在地质作用中常在同一物理化学条件下迁移、沉淀和进入某矿物同一晶格。铼与钼一样也具有相当的亲硫性，且 ReS_2 与 MoS_2 的结晶均呈片状结构，故铼最容易以类质同象进入辉钼矿的晶格。

在岩浆作用过程中，Re^{4+} 与 Re^{7+} 都具有易挥发的特性，与钼一起形成气态而逸出，当大量岩浆岩结晶后，铼在残存的熔融熔体中得到富集，开始出现在伟晶岩的硅酸盐及其他矿物中，如硅铍钇矿、钠长石、航钇铍或锆英石等，故某些伟晶岩的钽铌矿床及钼矿床均可能含有铼。在伟晶岩作用后期的气化高温矽卡岩阶段，铼最易与钼一起在气成硫化物中结晶析出，如我国杨家杖子的辉钼矿中含铼高达0.115%（而一般的含铼仅为0.0021%~0.0051%），其原因也在于此。

在热液作用中，铼大量赋存于中温浅成的细脉浸染型钼矿床或铜钼矿床中，主要的寄生矿物是平均含铼0.0354%的辉钼矿，这种矿床规模巨大，是铼的主要工业矿床。此外，铼也富集于火山气液的斑岩铜矿中，且多伴生有贵重的铂族金属。

Re 与 Cu^{2+} 半径和其他化学性质极为近似，常以类质同象进入辉铜矿晶格，出现在铜、铅、锌多金属矿床中，但含铼量明显地较钼矿床或铜钼矿床低，如凡口中低温热液交代铅锌矿床含有铼，但仅含铼0.0007%。有人认为铼在铜矿中存在的形态为水溶性占5%~30%（主要在矿表），碱溶性占40%~60%（主要在矿内），而不溶性占30%~40%。

在表生环境下，铼以 Re^{7+} 状态与氧形成 $[ReO_4]^-$ 配合阴离子，它具强酸性，在表生带碱性环境中，其溶解度极大，将随地下水搬运迁移，在适宜条件下由于生物参与化学作用，而能在生物化学沉积型的铀钒矿床、铜矿床、镍钼矿床或煤层中富集，也具有回收价值。由于铼主要以金属有机物、循环水或微粒嵌布的硫化物等形态进入煤中，故某些煤矿也富含铼。

9.1.3 稀散金属的矿产资源

稀散金属在自然界中主要以分散状态存在，多与有用金属矿物、铁矿及煤等伴生，并随这些有用金属矿物等在成矿作用中的富集而得以富集成矿。此外，往往由于稀散金属与某些有色金属的地球化学性质近似，故常共生于同一矿床中，出现共同的矿床类型。

闪锌矿一般都富含锗、镓、铟，个别还富含铊、硒、碲；黄铜矿、黝铜矿和硫砷铜矿通常富含铊、硒、碲，个别还富含锗与铟；方铅矿多数富含铟、铊、硒、碲；辉钼矿和斑铜矿一般都富含铼，个别还富含硒；黄铁矿与白云母均富含铊、镓，而黄铁矿更常常富含硒、碲。

稀散金属很少能形成具有工业开采价值的独立矿床。迄今为止，只在纳米比亚的楚梅布（Tsumeb）的铜铅锌多金属矿中发现了独立锗矿——锗石，后在扎伊尔的沙巴省基普矢（Kipushi）的铜锌矿中发现的独立锗矿——硫锗铁铜矿，作为锗矿进行工业开采、选矿与锗生产。楚梅布的锗石 $Cu_3(Fe,Ge,Zn,Ga)(SAs)_4$ 含锗高达 10.19%，并伴生有含量为 1.85%的镓。

新中国建立前，我国仅有 28 家大小有色金属企业，无一家回收稀散金属。新中国建立后，因航天航空工业需要而研究与开发了铟，“两弹一星”需要半导体材料而研制与生产了锗，继而是镓、硒、碲及铊，到 1960 年包含铼在内的 7 个稀散金属实现工业规模生产。多年来稀散金属为国民经济和国防建设现代化作出了历史性贡献。我国有色金属和煤是优势产业，而与它们紧密伴生的稀散金属也异常丰富。经勘探查明，同级资源与国外相比，我国的稀散金属储量中镓、铟、铊及锗的储量都居世界首位，碲居第三。1990 年国家有关部门与专家评估，得出结论：我国稀散金属资源对我国经济建设保证程度极高，确立是我国的优势产业的地位。我国有近 50 家从事稀散金属生产企业，见表 9-2，大多数的稀散金属产量、产能居世界前列。我国稀散金属的应用正在兴起，有广阔的应用市场支持。

表 9-2 国内主要从事稀散金属生产的厂家

稀散金属厂家名	稀散金属产品
山东铝业、长城铝业、山西铝业、贵州铝业、南锗、金美镓、北京有色金属研究院、中国台湾 Green Mountain Co.，Ltd.	Ga
华锡集团、株冶集团、南锗、金美镓、柳州锌铟、柳州铟泰、葫芦岛锌业、中金岭南韶冶、云南锡业、宣威金沙工贸、上海隆泰铜业、云南铜业、温州冶厂、蒙自矿冶、中国台湾 Green Mountain Co.，Ltd.	In
株冶集团、中金岭南韶冶、葫芦岛锌业、白银冶厂、会泽铅锌矿（云南驰宏锌锗）、临沧冶厂、内蒙古通力、南锗、上海隆泰铜业、上海鑫冶铜业、北京有色金属研究院、中国台湾 Green Mountain Co.，Ltd.	Tl、Ge
江西铜业、云南铜业、株冶集团、洛铜集团、上海隆泰铜业、白银有色、广州有色院、大冶有色、重冶、金川镍集团、铜陵有色，芜湖恒鑫铜业、葫芦岛锌业、中国台湾 Green Mountain Co.，Ltd.	Se
江西铜业、株冶集团、广州有色院、贵溪三元冶化、四川鑫矩矿业、葫芦岛锌业、云南铜业、中国台湾 Green Mountain Co.，Ltd.	Te
江西铜业、吉林铁合金厂、株洲硬质合金厂、贵州 276 厂	Re

9.1.4 稀散金属的物理化学性质及化合物

9.1.4.1 镓

A 镓的理化性质

镓在巴黎由布瓦博得朗于 1875 年发现，位于第四周期第ⅢA 族，原子序数为 31，原子量为 69.72。镓是淡蓝色或银白色的金属，纯液态镓有显著的过冷趋势，在空气中很稳定淡蓝色金属，在 29.76℃时变为银白色液体。密度是 5.904g/cm^3，熔点为 29.78℃（在人手中即可熔化），沸点为 2403℃。微溶于汞，形成镓汞齐。镓能浸润玻璃，故不宜使用玻璃容器存放。受热至熔点时变为液体，再冷却至 0℃而不固化，由液体转变为固体时，其体积约增大 3.2%。

镓能润湿非金属表面。镓在空气中于室温下较稳定，不会或很少被氧化，但在高于 1000℃氧或空气中会氧化，且杂质越多越易氧化，氧化到低价呈黑色，到高价显灰色。镓在约 1000℃的空气中燃烧成为 Ga_2O_3，当表面形成低价氧化物 GaO 或 Ga_2O 的薄膜后，就会保护镓免受继续氧化。在氨中加热到 997℃时形成 GaN。镓室温时与水反应缓慢，与沸水反应剧烈生成氢氧化镓 $Ga_2O_3 \cdot H_2O$ 放出氢气。加热时溶于无机酸或苛性碱溶液。能与卤素、硫、磷、砷、锑等反应。与碱反应放出氢气，生成镓酸盐。能被冷浓盐酸浸蚀，对热硝酸显钝性，高温时能与多数非金属反应；溶于酸和碱中，镓在化学反应中存在+1、+2和+3 化合价，其中+3 为其主要化合价。镓的活动性与锌相似，却比铝低。镓是两性金属，既能溶于酸（产生 Ga^{3+}）也能溶于碱。

镓不仅互溶于同周期的锌、硒、钛等中，而且还溶于铝、铟、镉、锡，以及有一定互溶区的铋、锗、铊及汞等其他金属中。镓溶入某些金属后，会改变该金属的物理性能并使其受到腐蚀。如飞机铝板在 35℃下与液态镓接触 0.5～2h 后，其莫氏硬度将相对降低 30%～50%，而高于 500～1000℃时更加速降低，随即碎裂，这就是为什么国际上要固态装运镓的缘故。

镓和镓的化合物有微弱的毒性，镓的毒性是和生物的种类相关，在服用浓度高于 750mg/kg 时才会表现出对人肾脏的毒性，但是没有任何文献表明镓有生殖毒性。相反，硝酸镓可以用于治疗某些疾病。镓容易附着到桌面、手、还有手套上留下黑色的斑迹。

镓在地壳中占质量的 0.0015%，在地壳中它的分布很广泛，但不以纯金属状态存在，而以硫镓铜矿（$CuGaS_2$）形式存在，这是因为镓在大自然中很分散，没有形成集中的镓矿。因而镓是一种伴生矿，99%以上的镓伴生铝、锌、锗的矿物共生，没有独立的矿床，因而提炼比较困难。

全球镓的金属储量约为 23 万吨，其中，我国镓的金属储量为 13.66 万吨、美国为 0.45 万吨、南美洲 1.14 万吨、非洲 5.39 万吨和欧洲 1.95 万吨。截至 2014 年，我国镓基础储量为 32.67 万吨。2019 年我国矿产资源报告数据显示，镓矿的潜在资源量为 130 万吨，镓矿查明矿区总数 166 个，在全国 25 个省（市、区）均有分布，资源储量 13.66 万吨，其中基础储量 0.71 万吨。攀枝花钒钛磁铁矿中的金属镓储量为 9.24 万吨，约占世界储量的 41%～42%，占国内金属镓储量的 54%～55%。排名在前 5 的省份分别是广西、贵州、河南、山西、云南，查明资源储量合计占全国的 88.2%。

B 镓的化合物

a 镓的硫化物

镓的硫化物（以 MeS 表示）有 Ga_2S、GaS、Ga_4S_5、Ga_2S_3 及 GaS_2 等。它们的基本物理性质见表 9-3。

Ga_2S_3 具有 α、β 及 γ 三个变态。较稳定的是 α-Ga_2S_3，但在温度高于 550℃时它会转变为高温稳定的 β-Ga_2S_3，而在 1000℃时将 β-Ga_2S_3 退火可得到 αGa_2S_3；当温度高于

1200℃时 β-Ga_2S_3 便发生离解：

$$3Ga_2S_3 = Ga_2S + Ga_4S_5 + 3S$$

表 9-3　镓的硫化物物理性质

硫化物	色彩	晶型	熔点/℃	沸点/℃	密度/$g \cdot cm^{-3}$
Ga_2S	黄白	立方	1090~1255		3.46~3.65
α-Ga_2S_3		单斜	1255		3.74
GaS	黄	六方	905~970	离解	3.75~3.86
Ga_2S_5	深褐色	六边	960	1530	4.18~4.22
Ga_4S_5			960		3.79~3.85
GaS_2		菱形	800		2.942

Ga_2S_3 在冷水中溶解很慢，但易溶于浓碱而形成 $NaGaO_2$，也易溶于盐酸而产出 H_2S，其次易溶于稀硝酸。Ga_2S_3 可与 ZnS 反应生成具有纤锌矿型、闪锌矿型及正方晶系的固溶体。

GaS（或 Ga_2S_2）在温度高于 900℃时开始升华，在温度高于 1100℃时离解（在真空中于 740℃离解），GaS 不溶于冷水，在热水中会分解，可溶于碱。

$$3Ga_2S_2 = Ga_2S + Ga_4S_5$$

而在温度高于 1200℃时，则发生如下离解反应：

$$3Ga_2S_2 = 2Ga_2S + Ga_2S_3 + S$$

Ga_2S 在温度低于 800℃下稳定。在 800℃的真空中或在温度高于 800℃的空气中会相应发生如下离解反应：

$$3Ga_2S = Ga_2S_3 + 4Ga$$

$$2Ga_2S = Ga_2S_2 + 2Ga$$

Ga_2S 易挥发，易被水与稀酸所分解，但在室温下分解缓慢。

b　镓的氧化物

镓的氧化物（以 MeO 表示）有 Ga_2O、GaO 和 Ga_2O_3 等，在高温下仅 Ga_2O_3 是稳定的。镓氧化物的还原与离解由易到难的顺序为 $Ga_2O_3 \rightarrow GaO \rightarrow Ga_2O \rightarrow Ga$。

Ga_2O 有 α、β、γ、δ 和 ε5 个变态，其中以 β-Ga_2O 最稳定，当温度高于 80℃时只存在 β-Ga_2O。Ga_2O_3 的 5 个变态及水合物之间的转变关系与温度如图 9-2 所示。

Ga_2O 为暗棕色到黑色粒状或无定形化合物。在冷而干燥的空气中稳定，当温度高于 600℃时就剧烈挥发（而在真空中 500℃下即挥发），Ga_2O 的熔点高于 660℃，当温度高于 700~750℃时就发生歧化而析出金属镓：

$$3Ga_2O = Ga_2O_3 + 4Ga$$

Ga_2O 具有强还原性质，与 $KMnO_4$ 作用可形成 Ga_2O_3。与溴作用也很强烈，与稀硫酸作用生成 $Ga_2(SO_4)_3$ 并放出 H_2S：

$$2Ga_2O + 7H_2SO_4 = 2Ga_2(SO_4)_3 + 6H_2O + H_2S$$

Ga_2O 可溶于浓硫酸及硝酸中。利用 Ga_2O 好的稳定性，用作半导体涂层时，可通过下述办法进行：

$$Ga_2O_3 + 2H_2 = Ga_2O + 2H_2O \quad (730 \sim 830℃)$$

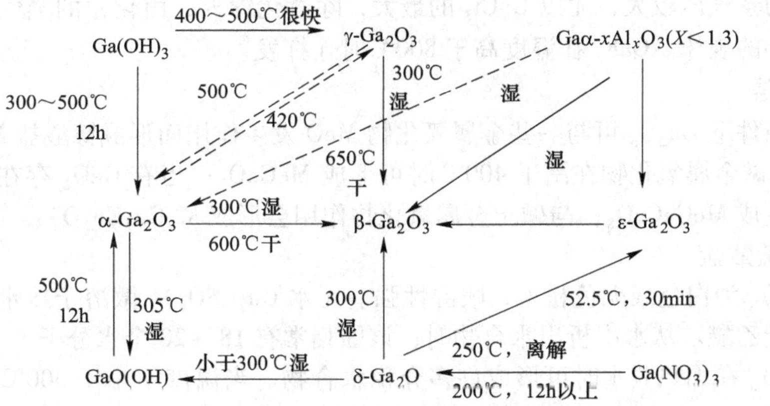

图 9-2　镓的氧化物和水合物之间的转变

或　　　　$2Ga(l) + H_2O(g) \longrightarrow Ga2O(s) + H_2(g)$　　(950℃)

GaO 为灰色粉末，熔点高于 600℃。它极不稳定，易挥发，在 110℃时就发生离解；但有的文献中说 GaO 仅存在气态。GaO 不溶于水，可溶于酸。GaO 与 Ga_2O 几乎一样也是强还原性物质，它与 $KMnO_4$、溴和稀硫酸的作用与 Ga_2O 相似。

c　镓的氢氧化物

镓的氢氧化物有 GaOH、GaO(OH)、$GaO(OH)_4$ 及 $Ga(OH)_3$ 等，其中具有实际意义的是 $Ga(OH)_3$。当调节 pH 值为 3.5~9.7 时，含镓溶液中的镓便以白色 $Ga(OH)_3$ 沉淀析出。新生成的 $Ga(OH)_3$ 为无定形物，由于它的比表面积特别大，吸附能力强，故在其沉出过程中能将其他杂质也带下共沉淀。

$Ga(OH)_3$ 在 100℃时脱水，甚至在陈化时也易失去水分子而生成亚稳定化合物 Ga(OH)。

$Ga(OH)_3$ 在 110~300℃间稳定，当温度大于 400℃时候便会完全失水转变为 Ga_2O_3，$Ga(OH)_3$ 不溶于水，是两性的，但它的碱性比 $Al(OH)_3$ 弱，可溶于酸与强碱，也可溶于$(NH_4)_2CO_3$ 中，并转变成$[Ga(OH)_4]^-$离子。从此溶液中析出的镓酸盐，可能是 $MeGa(OH)_3$ 或者是 $MeCa(OH)_3 \cdot 5H_2O$。当加热这些镓盐时，便失去水分而转变成 $MeGaO_2$。

d　镓的卤化物

镓的卤化物较多，一价镓的卤化物仅有气态，而 1~3 价镓的卤化物具有 GaX_4(X=Cl、Br、I)化学式，而其结构式可写成 $Ga^+(Ga^{3+}X_4)$或 $Ga^+(Ga^{3+}X_7)$。

$GaCl_3$ 色白，吸湿性强，暴露于空气中会因水解而发烟，易溶于水而变成 HGaCl，可溶于 HCl、乙醇等。也易溶于有机溶剂，如 CCl_4、CS_2 等。$GaCl_3$ 难被氢所还原。$GaCl_3 \cdot H_2O$ 的熔点为 44.4℃。

$$2GaCl_3 + 3H_2O \longrightarrow Ga_2O_3 + 6HCl$$

$GaCl_2$ 色白，在潮湿空气中烟化。在水溶液中，溶液的 pH 值在 3.4 以下均稳定。当向镓氯化物的溶液中加入碱时，最初瞬间会形成碱式盐 $Ga(OH)_{14}Cl$，随即就变为$Ga(OH)_3$。

卤化镓的蒸气压较大，尤以 $GaCl_3$ 的最大，除氟化镓外，卤化镓的蒸气压具有随氯→溴→碘而变小的规律。GaF_3 在温度高于 800℃ 时才挥发

e　镓酸盐

在加热条件下 Ga_2O_3 可与一些金属氧化物 MeO 发生作用而形成镓酸盐 $MeO \cdot Ga_2O_3$。

Ga_2O_3 与碱金属氧化物在高于 400℃ 时可形成 $MeGaO_2$；当有 GeO_2 存在时，它可与碱金属氧化物生成 $MeGaCeO_8$；与碱土金属氧化物作用会形成 $MeGa_2Ge_2O_8$

f　镓的硫酸盐

$Ga_2(SO_4)_3$ 为白色或无色粉末，吸湿性强。无水 $Ga_2(SO_4)_3$ 微溶于冷水，易溶于热水及醇，不溶于乙醚。从水中析出水合物时，该固相常有 18 ~20 个水分子。

$Ga_2(SO_4)_3$ 在加热脱水时可形成许多介稳水合物。当温度不小于 300℃ 时，可完全脱水。温度在 520 ~ 690℃之间发生离解：

$$Ga_2(SO_4)_3 = Ga_2O_3 + 3SO_3$$

SO_3 的离解压 p_{SO_3} 随着温度的升高而增大。$Ga_2(SO_4)_3$ 可与碱金属等价离子（如 NH_4^+、K^+、Tl^+ 等）的硫酸盐（$MeSO_4$）作用而形成镓酸矾 $Me(H_2O)[Ga(OH)_6(SO_4)_2]$。镓酸矾可在水解、加热或长时间作用下形成白色沉淀的碱式硫酸镓矾盐 $Me(H_2O)[Ga(OH)_6(SO_4)_2]$，即 $Me_2SO_4 \cdot Ga_2(SO_4)_3 \cdot 2Ga_2O_3 \cdot 8H_2O$ 盐。

g　镓的氢化物

GaH 为不稳定的氢化物，仅以气态出现。GaH_3 在低于 -15℃ 下比较稳定。CaH_3 为无色液态，熔点为 -21.4℃，沸点为 139℃（其实温度高于 130℃ 就已离解了）。0℃ 时其蒸气压为 333.33Pa，到 54℃ 时达到 6546.16Pa，挥发性强。

h　镓的氮化物

镓的氮化物有 CaN、$Ga(N_3)_3$ 等。纯 GaN 为无色，六方晶体，密度为 6.10g/cm。在空气中低于 900℃ 时很稳定，而在 NH^+ 中高于 1150℃ 时将升华。

i　镓的有机化合物

镓具两性，可与烷基、卤代烷基形成镓的有机化合物。

三甲基镓 $Ga(CH_3)_3$ 为无色液体，熔点为 -15.8℃，沸点为 56℃，在空气中易燃，与空气剧烈作用时可能引发爆炸，保存于氮中，遇水即分解。利用它进行热分解，易达到提纯镓的效果，易溶于有机溶剂。

二乙基氢化镓 $(C_2H_2)_2GaH$ 为无色液体，空气中会自燃，沸点为 40 ~ 42℃。遇水则分解。

四甲基乙镓烷 $Ga_2H(CH_3)_4$ 为无色液体，黏度大，凝固会形成玻璃状，受热会缓慢软化。熔点不定，沸点为 172C℃，但过 130℃ 即分解，易与氧作用。

9.1.4.2　铟

A　铟的物理化学性质

铟位于第五周期第ⅢA 族，原子序数为 49，原子量为 114.8。铟是银白色并略带淡蓝色的金属，质地非常软，能用指甲刻痕。熔点为 156.61℃，沸点为 2060℃，密度为 7.3g/cm³。液态铟能浸润玻璃，并且会黏附在接触过的表面上留下黑色的痕迹。

铟有微弱的放射性，天然铟有两种主要同位素，一种为铟 -113 为稳定核素，另一种为铟 -115 为 β- 衰变。铟虽然无毒，但应避免与皮肤接触和食入。

从常温到熔点之间，铟与空气中的氧作用缓慢，表面形成极薄的氧化膜（In_2O_3），温度更高时，与活泼非金属作用。大块金属铟不与沸水和碱溶液反应，但粉末状的铟可与水缓慢的作用，生成氢氧化铟。铟与冷的稀酸作用缓慢，易溶于浓热的无机酸和乙酸、草酸。铟能与许多金属形成合金（尤其是铁，黏有铁的铟会显著的被氧化）。

铟在常压和3.38~3.405K，以及在0.175GPa、3.325K时均具有超导性。铟具有吸收慢中子的良好特性。

在水溶液中稳定存在的铟离子只有In^{3+}。这是与其外电子层电离时放出一个5p1电子或3个5s25p1电子有关，而要给出4个电子参与化学反应则较难。即使存在低价铟离子，它也会被水氧化成In^{3+}，在中性溶液中存在的是$In(OH)^{2+}$与$In(OH)^{2+}$，而在碱性溶液中稳定存在的是H_2InO^{3-}。铟在冷而弱的无机酸中难溶，但当加热时就变得易溶，特别易溶于稀硝酸与高氯酸中。

热水和碱对块铟不起作用，但对粉状或海绵状铟却能起缓慢作用。在加热下铟可直接与Pb、Sb、Se（液态，高于280℃）、Te（液态，高于460℃）等金属及S（气态，高于620℃）、P（气态，加热）作用而生成相应的化合物或硒、碲化物，高于600℃会与SO_2作用形成高价氧/硫化物混合物。铟易与卤素起作用而生成卤化铟，其中铟多呈In^{2+}。In^{2+}的化学性质与Zn^{2+}近似，而In^{3+}与Al^{3+}、Fe^{3+}相近似，当铟盐水解时，较少产出两性的氢氧化铟，较多生成碱式微溶的铟盐。铟在HAc中难溶，在稀$HClO_4$中溶解而形成$In(ClO_4)_2 \cdot 8H_2O$，而与$H_2C_2O_4$作用可形成配合物$H_3[In(C_2O_4)_3]$，与HF作用需加热，与有机酸作用缓慢，可生成有机酸羟基盐InOHL、$InOHL_2$（L表示羟基）。铟与Fe、Co、V、Al、K、Rb、Cs等可在液态下发生一部分互溶，形成固溶体。铟与N_2、NH_4均不起作用，H_2也基本如此，仅在加热下与原子态氢作用形成铟的类盐氢化物。

铟的主要氧化态为+1和+3，主要化合物有In_2O_3、$In(OH)_3$、$InCl_3$，与卤素化合时，能分别形成一卤化物和三卤化物。

B 铟的主要化合物

a 铟的硫化物

铟的硫化物有In_2S、InS、In_4S_5及In_2S_3等。

In_2S_3吸湿性强，有黄色α-In_2S_3以及红棕色的β-In_2S_3两个变态，当温度高于300℃或330℃时将转变为高温稳定的β-In。In_2S_3在220~225℃开始氧化，但仅限于表面氧化：

$$In_2S_3 + O = 2InS + SO_2$$

当氧化产物InS在温度高于400℃后，其氧化速度将骤增：

$$4InS + 7O_2 = 2In_2O_3 + 4SO_2$$

在225~460℃之间的氧化产物为铟的氧化物与硫化物的混合物，到380℃左右主要进行的是生成$In_2(SO_4)_3$的氧化过程：

$$In_2S_3 + 6O_2 = In_2(SO_4)_3$$
$$In_2S_3 + 6SO_2 = In_2(SO_4)_3 + 6S$$
$$4In_2O_3 + 12SO_2 = 3In_2(SO_4)_3 + In_2S_3$$

当温度超过540℃时主要产物是In_2O_3，同时发生$In_2(SO_4)_3$的离解，以及其间的交互反应。当高于900℃后，温度对In_2S_3的氧化影响逐渐消失，而仅与气相中的含氧量成正比关系：

$$2In_2S_3 + 9O_2 = 2In_2O_3 + 6SO_2$$
$$In_2S_3 + 3O_2 = 2In + 3SO_2$$
$$In_2(SO_4)_3 = In_2O_3 + 3SO_2$$
$$In_2(SO_4)_3 + In_2S_3 = 4In + 6SO_2$$

随着发生铟的氧化及其间的交互反应，最终产物将是In_2O_3。

在In_2S_3的氧化过程中，当温度在400~1000℃时，它被空气完全氧化约需30min，而到1100℃左右，其氧化速度将下降到原来的30%。然而当温度高于1100℃时，氧化速度又增大，此时铟的挥发率随气相中含氧量的减少而增大。

但是实践表明，焙烧含铟的锌精矿时，控制气相中含氧量到3%，铟的挥发率大于75%，而锌精矿的氧化率可达100%。

In_2S_3在真空中于500~800℃会离解而形成介稳化合物In_3S_4。

b　铟的氧化物

铟的氧化物有In_2O、InO、In_2O_3等，另有介稳氧化物，如In_3O_4、In_4O_5、In_7O_9，而In_3O_4是InO和In_2O_3的混合物。

In_2O_3在温度高于850℃离解，并生成介稳化合物In_3O_4。在700~800℃，In_2O_3可被H_2、CO、C、Al、Na、Mg等还原并生成金属铟及易挥发的In_2O。In_2O_3相遇液态铟在加热下可生成易挥发的In_2O。在300~500℃可与卤素作用形成相应的卤化物。在600~630℃可与N_2作用形成InN。无定形的、黄色的In_2O_3均不溶于水或碱，但溶于酸。

In_2O性脆，在空气中当温度高于780℃时会氧化成In_2O_3，在更高温度下In_2O会离解。当温度高于800℃后In_2O会显著挥发，在真空中（0.013~0.0013Pa）很容易挥发。高温下In_2O可与石英、玻璃等发生作用。In_2O与Cl_2作用形成$InCl_3$。In_2O不溶于水，但易溶于盐酸而放出氢，当与水或酸作用时将发生歧化反应：

$$3In_2O + 3H_2O = 4In + 2In(OH)_3$$

InO为灰色粉末，高温下也难以挥发，不溶于水，但易溶于酸。同In_2O一样，InO与H_2O作用而发生歧化，生成$In(OH)_3$。

c　铟的氢氧化物

$In(OH)_3$是两性化合物，但其酸性比$Ga(OH)_3$弱，不溶于氨水（而$Ga(OH)_3$可溶于氨水）。$In(OH)_3$在浓度小于10mol/L的NaOH溶液中的溶解度很小。在NaOH过剩的溶液中会形成不稳定的铟酸钠$Na_2O \cdot In(OH)_3$，但只要一经加热或陈化过久就会分解转变为$In(OH)_3$而析出。当加热到100℃时，$In(OH)_3$还含少量结合水，高于150~207℃开始分解。其实，在温度低于245℃时$In(OH)_3$是稳定的，到411~434℃时它可脱水转化为InOH，高于665℃时将完全脱水而形成红色In_2O_3。

$In(OH)_3$不溶于水及氨水，但可溶于酸。新沉出$In(OH)_3$易溶于稀酸、醋酸及蚁酸，也可溶于NaOH。但非新沉出的$In(OH)_3$溶解很慢且溶解度很小，即使存在NH_4Cl时，其溶解度也不大。

当$In_2O_2 \cdot (SO_4)_3$溶液水解时，初呈$In_2O_2 \cdot (SO_4) \cdot Nh_2O$形态沉出，然后转为$In(OH)_3$，而当$InCl_3$溶液水解时，则直接沉出$In(OH)_3$。但当溶液中存在杂质时，将会影响沉出铟的pH值。

d 铟的卤化物

铟的卤化物一般均溶于水、酸或醇中。铟能与卤化物形成一系列的卤化物，这些卤化物的基本物理性见表 9-4。

表 9-4 铟的卤化物的物理性质

名称	颜色	熔点/℃	沸点/℃	密度/g·cm^{-3}
InF_2	白/无色	717	1278	6.01
InF_3	白/无色	1170	1377	4.39~4.50
InCl	黄，红	223，225	608，653	4.18，4.19
$InCl_2$	无色	235~240	550~560	3.655~3.82
$InCl_3$	黄/无色	(300~586)±3	418（离解），800（挥发）	3.45~4.0
In_2Cl_3	浅黄	323~328	641	3.87~3.95
In_4Cl_7	白/无色	260	710	3.8
InBr	红，红棕	220~280	662	7.96
$InBr_2$	无色/黄	198~235	632	4.22
$InBr_3$	红棕，白	436±2	421（升华）	4.74~4.77
InI	红棕/紫	(365~351)±1	711~715	5.31~5.32
InI_2	黄	225	727	4.71~4.75
InI_3	黄/胭脂红	(198~210)±2	离解	4.66~4.72

InCl 有两个变态，即高于 120℃才存在的斜方晶系的红色 α-InCl 晶体（a=0.4242nm，b=12320mm，c=0.4689nm，密度为 4.07g/cm^3），与只在低温下稳定的立方晶系的黄色 β-InCl 晶体（a=1.2373nm，密度为 4.24g/cm^3），两者均有吸湿性，暗处储存过 8 日且加热到 135℃，则全部由黄变为红色 α-InCl。

$InCl_2$ 的性质与 SnCl 相似。InCl 或 $InCl_2$ 在水中均会发生歧化，这两个反应也是化学生产 99.9999%纯铟的方法：

$$3InCl_2 = In + 2InCl_3$$

$$3InCl = 2In + InCl_3$$

$InCl_3$ 色白，片状。易潮解，也易挥发，在 350~440℃开始升华。固态 In_2Cl_6 加热时离解为气态 $InCl_3$，而 $InCl_3$ 在 56℃发生熔化，在较高温度下会离解为气态 InCl 与 Cl_2。

$InCl_3$ 易被 H_2 在 600~700℃还原为低价氯化铟，也可被金属 Al、Mg 甚至 Zn 还原为金属铟。

$InCl_3$ 易溶于水而生成含一定结晶水的 $InCl_3 \cdot nH_2O$（其中 n=2~4）。其溶解度一般随温度的升高而增大。$InCl_3$ 从水溶液中结晶析出无色的晶体。$InCl_3$ 于 22℃时在 3%HCl 水溶液中溶解度达 59.9%。

$InCl_3$ 能被有机溶剂溶解。$InCl_3$ 溶液与碱金属碳酸盐、草酸盐或 Me_2HPO_4 等作用，会沉出相应的白色 $In_2(CO_3)_3$、$In_2(C_2O_4)_3$ 与 $In_2(HPO_4)_3$。若与 NaOH 作用，则会沉出类似于 $In(OH)_3Cl_3$ 的沉淀物。

In_2Cl_3 与碱金属氯化物共熔时将发生交互反应，与铜、银、铋等氯化物共熔时可发生还原反应。

InF_3 微溶于水，易溶于 HCl 与 HNO_3，难溶于 H_2SO_4，高于1300℃显出很高挥发特性。

e 铟的硫酸盐

铟的硫酸盐 $In_2(SO_4)_3 \cdot nH_2O$ 为白色或灰色单斜晶体，吸湿性强，密度为 3.438g/cm^3，一般含 5 个、6 个或 10 个结晶水。加热到 120℃以上开始失去结晶水，高于 500℃便失去全部结晶水而变成无水的 $In_2(SO_4)_3$，高于 800℃时发生离解生成 In_2O_3。

$In_2(SO_4)_3$ 与酒精作用形成难溶于水的碱式铟盐 $In(OH)SO_4 \cdot 5H_2O$。它与 $(NH_4)_2SO_4$ 作用先生成易溶于水的 $(NH_4)SO_4 \cdot In_2(SO_4)_3 \cdot 24H_2O$，在水中的溶解度极大，如温度由 16℃升到 30℃时，在 100g 水中可溶解此盐由 200g 增加到 400g，但易水解，有人认为它最终形成 $(NH_4)3In(SO_4)_3 \cdot In_2(SO_4)_3$，有类似于铝、镓或铊等的硫酸盐易形成矾盐的性质。如当存在过剩的 SO_4^{2-} 时，与铟易形成配合阴离子 $[In(SO_4)_3]^{3-}$ 和 $[In(SO_4)_3]^-$，它们可与碱金属硫酸盐形成矾或复盐，如 $(NH_4)2In(SO_4)_3$ 或 $KIn(SO_4)_2 \cdot 2H_2O$。

9.1.4.3 锗

A 锗的物理化学性质

锗位于第四周期、第ⅣA 族。原子序数为 32，原子量为 72.64。它是一种灰白色类金属，有光泽，质硬，属于碳族，粉末状呈暗蓝色，结晶状为银白色脆金属。密度为 5.35g/cm^3，熔点为 938.25℃，沸点为 2833℃。化合价为+2 价和+4 价。就其导电的本领而言，优于一般非金属，劣于一般金属，这在物理学上称为“半导体”，对固体物理和固体电子学的发展有重要作用。晶胞结构为面心立方，每个晶胞含有 4 个金属原子。据 X 射线研究证明，锗晶体里的原子排列与金刚石差不多，所以锗与金刚石一样硬而且脆。

锗化学性质稳定，常温下不与空气或水蒸气作用，但在 600~700℃时，很快生成二氧化锗。与盐酸、稀硫酸不起作用。浓硫酸在加热时，锗会缓慢溶解。在硝酸、王水中，锗易溶解。已知锗共有两种氧化物二氧化锗和一氧化锗。

氢氧化钠和氢氧化钾水溶液与锗的作用很慢，但是熔融的 NaOH、KOH、Na_2CO_3、Na_2O_2、NaB_4O_7 能迅速地溶解各种形态的锗，生成碱金属的锗酸盐。

锗可溶于某些电解质溶液，如硫酸钠、钾的氯化物、硝酸盐、氯化铯、氯化钡、氯化镧等。

B 锗的化合物

a 锗的硫化物

锗的硫化物有 GeS、Ge_2S_3、及 GeS_2 等。

GeS 分为棕色的无定形的 GeS 和黑色斜方晶系的 CeS，前者可在 450℃的氮气气氛中经数小时而转变成晶体。GeS 在 350℃时开始氧化而形成 $GeSO_4$，当温度高于 350℃时，其氧化产物最大可能是形成 CeO_2。氧化初期反应较快，逐渐因在 GeS 外表形成 CeO_2。膜层妨碍继续氧化，致使氧化反应变慢。当温度升高至 570~650℃时，GeS 氧化速度骤增，伴随产生 $GeSO_4$，但是氧化产物主要是 GeO_2。温度和气氛对挥发 GeS 有较大的影响：强烈的还原性气氛有助于 GeS 在低温下挥发，在中性气氛中于 800℃时 GeS 的挥发较少，仅 20%；但在氢或一氧化碳还原气氛中锗挥发率可达 90%~98%。GeS 在中性气氛中，当温度高于 550℃时就开始强烈挥发了，当高于 1250℃时，气氛对它的挥发几乎没有影响，此时影响挥发物含锗量的 PbS 极少挥发。

晶状 GeS 是稳定化合物，在加热沸腾的酸或碱中极少浴解。难以被氨水、双氧水或盐酸氧化。当其呈粉末状时不稳定，而易溶于热的微碱液中，此液用酸中和可沉出红色的无定形 GeS，它较易溶于盐酸并放出 H_2S，也易溶于碱式硫酸盐或碱液，而溶于氨水、硫酸、氢氟酸和其他有机酸。一般说来，无定形 GeS 对氧化剂的稳定性较差。易被热的稀硝酸或双氧水氧化。在 25℃时通氯气，GeS 随即生成 GeCl，当温度高于 150℃时 GeS 与气态 HCl 相互作用很强烈；当温度为 530℃时 GeS 熔化，其熔体显黑色。Ge 可溶于$(NH_4)_2S$中，当加入酸时，可析出白色的 GeS_2。

Ge_2S_3 为棕黄色的疏松粉末，具有许多小孔与缝隙的细晶，728℃熔化。它是 GeS_2 的离解产物。Ge_2S_3 几乎不溶于所有的酸，甚至也不溶于王水，只易溶于氨水或双氧水。

GeS_2 为白色粉末，不稳定，于 420~650℃升华。在 700℃时 GeS_2 约有 15%离解，并随之生成易挥发的 GeS。

GeS_2 在潮湿的空气或惰性气氛里也会离解，到 800℃左右基本离解完全。在中性气氛中，当温度高于 500℃时就明显挥发，而在 700~730℃时其挥发能力急剧增大。在 400~600℃间 GeS_2 可被氢还原而产生易挥发的 GeS。在 500~700℃的一氧化碳中，GeS_2 能良好地挥发。

b 锗的氧化物

锗的氧化物有 GeO、GeO_2 及其水合物。

GeO 为深灰或黑色粉末，于室温下不论是在潮湿的或干燥的空气中对氧都是稳定的。但湿的、黄色或棕色的 $Ge(OH)_2$ 却易与氧作用。当温度高于 550℃后，GeO 开始氧化而形成 GeO_2，在该温度下如缺氧，则发生 GeO 的升华；在 700℃时 GeO 显著挥发。

GeO 微溶于水，形成极弱的酸 H_2GeO_3。GeO 在稀硫酸中的分解是很缓慢的，而在 4mol/L 的盐酸中只微微溶解，但随盐酸的浓度增高而溶解度增大，形成 $GeCl_2$，并可进一步与盐酸作用而形成 $GeCl_3^-$。

GeO 难溶于碱，这与锗的其他氧化物或硫化物（除晶体 GeS 外）易溶于碱的性质相反，仅 $GeO \cdot H_2O$ 微溶于碱而形成 $MeHGeO_2$。

GeO_2 为白色粉末。GeO_2 有三种形态：可溶性的六方晶系、可溶性的无定形玻璃体和不溶性的正方晶系。可溶性的六方晶系的 GeO_2 在长久加热下，会缓慢转变为不溶性的四方晶系，故处理含锗料时不宜长久加热。

GeO_2 在空气中挥发性极差，而在还原性气氛中挥发却很显著。

GeO_2 是一种弱酸性的两性化合物。锗在炉渣中以 GeO_4^{4+} 形态存在，为强酸性化合物。GeO_2 可与一系列金属氧化物形成 $2MeO \cdot GeO_2$、$MeO \cdot GeO_2$ 或 $MeO \cdot 5GeO$。如 GeO_2 与 Na_2S 及硫一起烧结时，就会形成 $Na_2GeOS_2 \cdot 2H_2O$，这种盐的熔点为 750℃，但温度高于 710℃就离解。熔融的 GeO_2 与碱作用将生成碱式锗酸盐，该盐易溶于水。

GeO_2 在水溶液中形成分子分散的或胶体的溶液，这些溶液含有组成简单的锗酸，如 H_2GeO_3、H_4GeO_4、$H_2Ge_5O_{11}$及 $H_4Ge_7O_{16}$等。H_2GeO_3 为弱酸，而 $H_2Ge_5O_{11}$比它稍强。

GeO_2 在无机酸中的溶解度随酸的浓度增加而减小，只有在 7mol/L、8 mol/L 及 12mol/L 浓度的溴酸与盐酸中的溶解度最大。

c 锗的卤化物

GeF_4 于室温下在空气中发生烟化并放出臭蒜味。它于−37℃下冷凝为液态，只能放在玻璃瓶中而不能放在铜器皿中。它在温度低于700℃下时不与石英起反应，在低于100℃下也不离解，在高于400℃时可与铝、铁、镁的氯化物作用而生成$GeCl_4$。GeF_4可溶于稀盐酸，并易溶于水而放出大量的热。

GeF_2为一种强还原剂，吸湿性强，易挥发，加热将离解为GeF_4易溶于水，并易发生水解。

$GeCl_4$在空气中易烟化，在900℃下可被氢气还原成金属锗：

$$GeCl_4 + 2H_2 = Ge + 4HCl$$

这一性质多被利用于制备涂层或做光电元件的锗膜。在温度高于400℃时，$GeCl_4$可与CaO或SiO_2等作用而生成nMeO · $m GeO_2$和$MeCl_2$。与干燥的氨作用可形成$GeCl_4 \cdot 6NH_3$。高于160℃下与SO_3形成$Ge(SO_4)_2$。$GeCl_4$与金属锗一起加热可获得$GeCl_2$：

$$GeCl_4 + Ge = 2GeCl_2$$

$GeCl_4$易水解，在盐酸浓度小于6mol/L的情况下发生如下水解反应：

$$GeCl_4 + 2H_2O = GeO_2\downarrow + 4HCl$$

此特性已利用于制取纯GeO。当HCl浓度大于6mol/L后，反应则向左进行形成$GeCl_4$，而这一性质又被氯化蒸馏提纯锗的工艺所利用。$GeCl_4$不溶于浓硫酸，也不与其作用，氯化蒸馏之所以必须加入硫酸，那是为了提高溶液的沸点与酸度。$GeCl_4$可溶于乙醇、CS_2、CCl_4、苯、氯仿、煤油及乙醚等中。

由于$GeCl_4$的沸点为83.1℃，与$AsCl_3$的沸点（130℃）相近，故在氯化蒸馏锗时，欲使$AsCl_3$不与$GeCl_4$共同蒸馏出，就要加入氧化剂如氯等，把As^{3+}氧化为As^{5+}。若在有碱土金属氯化物参与下蒸馏$GeCl_4$时，则该系统的盐酸浓度甚至可以降到2.5mol/L以下，也可得到很好的蒸馏效果。

$GeCl_2$为不稳定化合物，稍加热就分解为$GeCl_4$与金属锗。它与干的氧气作用生成$GeCl_4$和GeO_2，与氯气作用而生成$GeCl_4$，与水或湿的氧气作用会发生水解：

$$GeCl_2 + 2H_2O = Ge(OH)_2 + 2HCl$$

$GeCl_4$与H_2S于室温下作用即可生成GeS。$GeCl_2$易溶于浓盐酸中并生成比较稳定的$HGeCl_3$。$GeOCl_2$在加热时易分解为GeO与氯气。

$GeBr_4$是一种强烈挥发性的液体，在26℃时蒸馏出白色带黄的固体，而在0℃左右凝固成晶状浆物，但它具有过冷性能，冷到-18℃时也不会冻结。它与浓硝酸作用强烈并放出溴，但不与浓硫酸作用。$GeBr_4$可溶于CCl_4、苯、醚及乙醇等而不发生离解反应，但在丙酮中溶解时将伴随离解。$GeBr_4$在水中会迅速水解而沉出GeO_2，如向水中加入少许KOH，则水解进行得更加强烈。

加热$GeBr_2$时会离解为$GeBr_4$与金属锗。它可微溶于苯及其他碳氢化合物之中，而溶在酒精中成为无色液体，后者可作还原剂。

GeI_4在空气中较稳定，可溶于苯、CS_2及甲醇中。在加热时如发现它由鲜红色转变到巧克力棕色时，即说明已开始离解生成GeI_2和I_2，部分GeI_4可被氢气或乙炔所还原。在360℃时GeI_4可与金属锗作用生成GeI_2，它不与浓硫酸作用，于室温下即使在浓盐酸中溶解也缓慢。GeI_4在水中水解也较缓慢，产物为GeO_2。

GeI_2不溶于碳氢化合物，仅微溶于CCl_4、氯仿与浓的碘酸中。它在空气中氧化，在高于210℃时则剧烈氧化成CeO_2和GeI_4，在更高温度下则快速离解而生成GeI_4与金属锗。

d 锗酸与锗酸盐

锗能生成一系列卤锗酸，如 $HGeCl_3$、H_2GeCl_2、$HGeBr_3$、$HGeClBr_2$ 及 HGeClBr 等，较有实际意义的是 $HGeCl_3$。

$HGeCl_3$ 是无色可流动的液体，暴露在空气中会变暗呈乳状。熔点为-71℃，沸点为75.2℃。加热到140℃即离解为 GeCl 和 HCl，升高温度则离解为 GeCl 和金属锗。HGed 与溴或碘作用时，它的氢原子被溴或碘原子所取代，并产出相应的溴酸或碘酸。在有催化剂如 AlCl 的参与下，HGeCl、GeCl 或 GeI 相互作用并形成相应的 GeBrCl 或 GeICl。化合物在盐酸溶液中电解 HGeCl，不会在阴极上析出金属锗，但却在阳极上沉积 GeO，这或许是因为 GeCl 趋向阳极并在那里水解而出现。HGeCl 可溶于乙醚，易被水分解得 $GeO \cdot nH_2O$，而与 NaOH 作用会形成 $Ge_9(OH)_2$ 或继续作用而沉出 GeO。

锗与碱金属、碱土金属及轻金属氧化物作用形成锗酸盐 $MeO \cdot GeO_2$。由湿法形成的偏锗酸盐则带 nH_2O。锗或氧化锗与硫酸作用而形成 $Ge(SO_4)_2$、$Ge(SO_4)$ 或 $GeO(SO_4)$。

9.1.4.4 金属硒与碲

硒、碲和硫同属元素周期表第六主族。硒是典型的半导体，硒的化学性质介于硫与碲之间，只不过碲的金属性比硒的强。固态晒有6种同素异形体，有α-单斜、β-单斜、灰六方、γ-六方、α-立方及β-立方晶格结构。硒还有非晶（包括无定形的、粒状的、玻璃状的及胶体状的）变态硒及液态硒等形态，室温下可存在所有晶体硒和无定形变态硒，但热稳定好的仅为六方硒。

硒主要呈-2价、+4价与+6价；此外，还存在一系列阴离子，如 Se^-、Se_2^-、Se_3^-、Se_4^- 和多聚阴离子 Se_3^{2-}，多聚阳离子 Se_4^{2+}、Se_8^{2+} 等，其中以 Se_4^{4+} 为最稳定。

硒可直接与氢、氧、硫、卤素（除碘外）及其他某些金属发生作用，所形成的硒化物多少有些毒性。硒不与水作用，却微溶于碱液：

$$3Se + 6OH^- = 2Se^{2-} + SeO_3^{2-} + 3H_2O$$

硒可溶于浓硫酸、硝酸及王水中，但不溶于稀硫酸或盐酸中，也不溶于 CCl_4 中。硒可被一系列氧化剂氧化成 SeO_2，但后者随即与水作用而生成亚硒酸 H_2SeO_3：

$$Se + 2H_2SO_4 = H_2SeO_3 + H_2SO_3 + SO_2$$

$$Se + 2HNO_3 = H_2SeO_3 + NO_2 + NO$$

$$Se + 4HNO_3 = H_2SeO_3 + 4NO_2 + H_2O$$

$$Se + 4HNO + 8HCl = H_2SeO_3 + 4Cl_2 + 4NO + 5H_2O$$

$$5Se + 4KMnO_4 + 6H_2SO_4 = 5H_2SeO_3 + 2K_2SO_4 + 4MnSO_4 + H_2O$$

$K_2Cr_2O_7$ 或 $KClO_3$ 在硫酸溶液中与硒也能发生类似于上面的反应：

$$3H_2SeO_3 + K_2Cr_2O_7 + 4H_2SO_4 = 3H_2SeO_4 + K_2SO_4 + Cr_2(SO)_4 + 4H_2O$$

若溶液中存在 Se_8^{2+} 显绿色，存在 Se_4^{2+} 则呈黄色。SeO_2 在强烈氧化时，产生硒酸 H_2SeO_4：

$$SeO_2 + H_2O_2 = H_2SeO_4$$

硒可溶解在碱中形成相应的亚硒酸盐和硒化物：

$$3Se + 6KOH = K_2SeO_3 + 2K_2Se_3 + 3H_2O$$

无定形硒在100℃时与水作用也发生类似反应：

$$3Se_{(无定形)} + 3H_2O \longrightarrow H_2SeO_3 + 2H_2Se$$

硒可溶于亚硫酸钠水溶液，而碲与其他杂质却不溶，利用此特性以分离硒与碲。

碲的金属性质比硫和硒强。碲有晶体和非晶体两种同素异形体。非晶体碲为黑色粉末，加热时转变为晶体。碲也是半导体，晶体碲呈银白色，为六方晶体，有 n 和 p 两种变体，相变温度为 627K。碲在常温下性脆，加热后可挤压加工。碲晶体的许多物理性质，如压缩性、强度、热膨胀、光吸收、电导率和电磁性等都具有各向异性。碲及其许多合金和金属间化合物都具有半导体和温差电性能。碲的薄膜呈红棕色到紫色，能透过红外线而不透过可见光。碲的光电效应微弱，一般为灰硒的 0.01%。

碲有-2 价、0 价、+4 价及+6 价多种价态。碲在常温下的空气中较稳定；在氧气中加热时，燃烧生成氧化碲（TeO）或二氧化碲（TeO_2），后者更为稳定。碲不溶于盐酸，可溶于热浓硫酸、硝酸和苛性碱中。碲几乎能与所有的金属反应生成碲化物并放出大量的热。碱金属的碲化物可溶于水，重金属的碲化物不溶于水。碲可与卤素反应生成卤化物，但不与氢、碳及氮等作用。碲与硫在熔融状态下可以互溶，但碲的硫化物很不稳定，加热离解为碲和硫。同时所有碲的化合物几乎都有毒。

A　硒的硫化物

硒的硫化物有 Se_2S、SeS 及 SeS_2，也可能存在 SeS_4 和 Se_4S 等。

SeS_2 呈黄色，在空气中就能氧化成 SeO_2；但当空气不足而加热到 150℃ 时，则发生 SeS_2 的升华。SeS_2 易溶于王水，在硝酸中会缓慢地分解。它与少量 K_2CO_3 共熔后用水分解，其中大部分的硫转入溶液，而硒却残留在渣中。如用大量 K_2CO_3 则可使其中的硫全部进入溶液，而与此同时仅溶少量硒。

$$SeS_2 + O_2 \longrightarrow SeO_2 + SO_2$$

SeS(Se_4S_4)是一种介于化合物与（S+Se）混合物间的产物，原呈柠檬黄色，但因很快离解而变成红色。SeS 的晶体呈片状，密度为 3.20g/cm，熔点为 113.0℃，与空气或汞蒸气作用而变黑。SeS 不溶于水及酸中，但可溶于 CS_2 及过硫化物中。

$$SeS \longrightarrow Se + S$$

B　碲的硫化物

类似于硒的状况，在一定的条件下存在 TeS_2、TeS 及 TeS_3。TeS_2 仅在-20℃稳定，加热时就离解为元素硫及碲，而 TeS 及 TeS_3 则根本不稳定。

TeS_2 为棕色，很容易分解，易溶于$(NH_4)_2S$，但不溶于盐酸。TeS 为棕色，在刚产出时显红色，随后转为黑色。

C　硒的氧化物

硒有一系列的氧化物如 SeO、SeO_2、SeO_3、Se_2O_3 及 Se_3O_4 等，其中较稳定的是 SeO_2。

SeO_2 为白色带光泽物，属四方晶系，具有无限长的 SeO_2 链和桥式 O 原子构造。SeO_2 极易挥发，可不经熔化就挥发。气态 SeO_2 呈黄绿色，发出一股蒜臭味并有毒，其挥发冷凝物呈白色或微红的针状物。SeO_2 的密度为 3.59~3.954g/cm³，熔点为 340~350℃，沸点不确定，因为当温度高于 315~317℃ 时就升华而挥发了。SeO_2 蒸气压较大。熔融的 SeO_2 呈暗橙色，与 Na_2O_2 共熔生成 Na_2SeO_4。

SeO_2 为吸湿性物质，是酸酐，易溶于水成酸（20℃的溶解度达68.8%）。SeO_2 可溶于盐酸、NaOH及甲醇中，但不溶于苯及丙酮等中，在NaOH中可形成带5个水的 Na_2SeO_3、Na_4SeO_3、$Na_2Se_4O_9$。SeO_2 是强氧化剂，可被二氧化硫、氢气、氨、一氧化碳及碳等还原为元素硒。在25℃下，10%~40%硫酸溶液中可被 SO_2 还原成元素硒。SeO_2 可被 $KMnO_4$ 氧化成 SeO_3，也可被 H_2O_2 氧化为硒酸。

SeO是一种离解 SeO_2 的介稳产物，在室温下不可能存在，仅在高温下（高于1000℃）存在气态的SeO。

硒酐 SeO_3 的液体呈鲜黄色，其晶体为白色，属正方晶系。它的密度为2.75~3.6g/cm^3，熔点为118~118.5℃，沸点不确定，在温度为120~185℃时就已离解为SeO。

SeO_3 是不稳定化合物，吸湿性强，在空气中易潮解，高于95℃就挥发。SeO_3 可溶于水而形成 $HSeO_4$ 并放出大量的热；也溶于浓 H_2SO_4、乙醇、醋酐及液态 SO_2，难溶于苯、氯仿与 CCl_4 中。

SeO_3 是强氧化剂，如易使硫氧化成 SO_2，使磷氧化到 P_2O_5 可以自燃。

D 碲的氧化物

碲的氧化物有TeO、TeO_2 与 TeO_3 及 Te_2O_5 等，其性质与硒的氧化物近似。

TeO_2 为白色物，属正方晶系，密度为5.49~6.02g/cm^2，熔点为732.6~733℃。沸点约为1260℃，在450℃或790℃时升华。

TeO_2 是离子型晶体，存在金红石与钙铁矿两种晶型。TeO_2 是碲氧化物中最稳定的化合物，甚至在熔化或沸腾时也不离解。它在加热时显黄色，熔融时则呈暗黄或暗红色。TeO_2 在高于450℃时挥发，属两性化合物，虽是酸酐，但它与 SeO_2 极不相同：TeO_2 在水中的溶解度极小（小于1/15000）。

TeO_2 可溶于强酸强碱，并形成相应的复盐与亚碲酸盐，也可溶于沸腾的碱金属碳酸盐溶液中。

$$2TeO_2 + HNO_3 = Te_2O_3(OH)NO_3$$
$$TeO_2 + 2NaOH = Na_2TeO_3 + H_2O$$

TeO为黑色无定形物，易被空气中的氧、特别是潮湿空气中的氧氧化成 TeO_2。它在真空中被加热时会发生歧化反应：

$$2TeO = Te + TeO_2$$

实际上它如SeO一样，在室温下不存在，仅在高温（高于1000℃）中以气态存在。

TeO_3 具有α-TeO_3 和β-TeO_3 两个变态，前者呈棕黄色，为无定形物，密度为5.075g/cm^3，是强氧化剂，能与Al或Sn等金属、与C、P、S等非金属强烈反应，于300~406℃时离解为 TeO_2；后者为一种灰色晶体，密度达6.21g/cm^3。α-TeO_3 比β-TeO_3 活性大，两者是受湿性物质，且均难溶于水，甚至在高于150℃水中也难溶，也难溶于弱酸与碱等，但可溶于液的 Na_2S 液中，且都可被浓而热的KOH（而不是NaOH）所溶解。

E 硒（碲）酸与硒（碲）酸盐

硒与碲分别有亚硒酸与硒酸和亚碲酸与碲酸，同样也有相应的亚硒酸盐与硒酸盐和亚碲酸盐与碲酸盐。它们的物理与化学性质相近。

亚硒酸 H_2SeO_3 为无色晶体，属六方晶系，易潮解，有毒，密度为3.004g/cm^3。它仅在低于70℃的条件下存在，当高于70℃（即使在溶液中）就离解为SeO_2和水。在湿空气中会烟化，在干燥空气中会失去水分，在高于260℃的空气中氧化为硒酸。

H_2SeO_3为氧化剂，易被还原剂如SO_2、$Na_2S_2O_3$、Cu及H_2SO_4等所还原。在温度高于70℃的10%~40%硫酸溶液中，可被SO_2还原为红色单体硒，在20%的盐酸溶液中也可用SO_2将其还原成硒，但只有在27%~28%或更高浓度的盐酸中才发生强烈的还原反应。在4%~20%的盐酸中也可用SO_2还原析出元素碲，而在30%~60%的盐酸中可同时还原沉出全部的硒和碲。

H_2SeO_3加入氨水时也可游离出硒：

$$2H_2SeO_3 + 2NH_4OH = 2Se + N_2O + 7H_2O$$

H_2SeO_3虽属氧化剂，但它可与强氧化剂如H_2O_2、Cl_2、$HClO_3$及$KMnO_4$等作用而生成H_2SeO_4。H_2SeO_3与碱作用可生成一系列亚硒酸盐或酸式硒酸盐。

H_2SeO_4分为白色的$H_2SeO_4 \cdot H_2O$和$H_2SeO_4 \cdot 4H_2O$，以及无色的、呈棱状或针状结晶的无水H_2SeO_4。含水H_2SeO_4和H_2SeO_4性质一样，具有强氧化性能及湿性能，而无水的H_2SeO_4属强酸，易潮解，也易溶于水。

H_2SeO_4为强氧化剂，可被H_2S、Fe^{2+}盐或盐酸等还原为H_2SeO_3。如用强还原剂联氨、羟氨或SO_3，可将其还原为元素硒；而SO_2却不能将H_2SeO_4还原。

H_2SeO_4可与Na_2CO_3、NaOH或钠等作用生成硒酸盐Me_2SeO_4、酸式硒酸盐$MeHSe_4O$盐。硒酸盐易溶于水、加热时会离解为亚硒酸盐、氧化物及氧。

H_2TeO_3为白色晶体粉末，密度为3.0g/cm^3。它的通式为$nTeO_2 \cdot mH_2O$，迄今还未获得单一的H_2TeO_3，因为它在溶液中比较稳定，而一经从溶液中析出，在温度稍高于室温时脱水而得TeO_2。它实际不溶于水，18℃时的溶解度仅为0.3×10^{-5}mol/L。虽然H_2TeO_3氧化性较H_2SeO_3弱，但它仍可被SO_2还原成元素碲。

H_2TeO_3属弱酸（比$HSeO_3$更弱），在盐酸溶液中可被$K_2Cr_2O_7$氧化成碲酸，如在空气中加热或向水溶液中加H_2O_2可氧化为$MeTeO_6$。

正碲酸H_6TeO_6是白色晶体，一种为单斜晶系，密度为3.068g/cm^2，熔点为120℃，到320℃即离解为TeO_3；另一种为立方晶系，密度为3.17g/cm^3。实际上它们混合共存，室温下在空气中稳定，熔点约为136℃，高于160℃就转变为粒状H_2TeO_4，继续加热到高于200℃时便失去水而转变为TeO_3，高于400℃就离解为TeO_2。它不吸湿，具有弱酸性质，易溶于水：0℃时的溶解度为25.7%，18℃时为30%，20℃时为25.3%，100℃时达60.8%，显弱酸，但易溶于无机酸，难溶于HNO_3。

H_6TeO_6具有强氧化性，可被还原剂如SO_2、联胺，甚至盐酸等还原。沸腾的H_6TeO_6与浓碱液作用生成典型的碲酸式二元盐——$Me_2H_4TeO_6$盐，而与碱熔融则生成典型的正碲酸盐——Me_6TeO_6盐。

氧化H_6TeO_6溶液而得到的碱或碱土金属碲酸盐均易溶于水，但由复分解碱金属碲酸盐溶液而得到的碱金属碲酸盐则均不溶于水。

F 硒化物与碲化物

硒化物与碲化物的通式分别为MeSe与MeTe，而硒还有酸式硒化物MeHSe。硒与硫一样，易形成多硒化物Me_2Se_n。硒可与其他元素形成多达170余种固态、2种气态（H_2Se

与 SeF_6）及 3 种液态硒化物（$SeCl_2$、SeI_4 及 CSe_2）。

硒与有色金属易形成相应的硒化物，它们的熔点与相应的金属 MeS 的熔点相近，如 SnSe 与 PbSe 的熔点分别为 860℃和 1065℃，而 SnS 及 PbS 的熔点分别为 780℃和 1140℃；它们的其他化合物的性质也相近似，只不过它们的稳定性不及有色金属 MeS，在空气中较快被氧化。碱及碱土金属 Me 的硒化物多呈白色，其熔点随原子比 Se/Me 的增加而降低，如 Na_2Se 的熔点为 875℃，Na_2Se_3 为 313℃，而 Na_2Se_5 仅 158℃。它们均易溶于水，从水溶液中析出时带结晶水。

重金属的硒化物不溶于水中，其结晶析出时也不含水。重金属硒化物一般呈黑色，如存在单体硒或聚硒化物时，则呈玫瑰色。

H_2So 为白色气态物质，味臭，比 H_2S 还毒，可燃。固态时的密度为 2.45g/cm³，液态密度为 2.12g/cm³，凝点为-60～-66℃。可溶于水，热稳定性差，易离解，它属强还原剂，在空气中易氧化。

碲可与 58 个金属、3 个半金属及 10 个非金属构成碲化物。碲化物 MeTe 的化学性质与硒化物及碲的硫化物的性质较为近似，碲可与碱及碱土金属、轻金属及重金属组成 Me_2Te 及 MeTe 形式的碲化物。碱及碱土金属的碲化物均溶于水，如有氧存在时，前者形成多碲化物如 Na_3Te_2 及 Na_3Te_7 等而呈红色；碱土金属碲化物为无色，在空气中可快速离解，且具强还原性；重金属碲化物显黑色，在水中不溶。H_2Te 为无色有恶臭的剧毒气体，沸点为-2～-4℃，0℃时开始离解；液态 H_2Te 呈黄绿色，晶体显柠檬黄色。H_2Te 是强还原剂，其水溶液显律酸性，并可电离为 Te^{2-} 和 HTe。H_2Te 在空气中会慢慢离解，燃烧则会生成 TeO_2 与水。H_2Te 可溶于水并立即离解。

许多硒化物与碲化物都具有半导体性质。

9.1.4.5 铼

A 铼的物理化学性质

铼是显银白色带金属光泽的金属，低温下铼粉呈黑色，加热到 1000℃就变为灰色。铼是熔点仅次于钨的高熔点金属。它对氧化剂的稳定性比钨高，与铂相近。在潮湿的空气中缓慢氧化，当加热到 150～300℃时开始氧化，到高于 600℃氧化加速，可形成易挥发的 Re_2O_7。在氧气氛中，400℃即燃烧生成 Re_2O_7 白烟而挥发。铼不与氢作用（但铼粉可吸收氢气），也不与碳或氮作用。铼很难挥发，即使在 2380℃的高温下经过 4h，挥发也不到 1%。铼在常温下即可与气态硫反应生成 ReS_2，且这种反应随温度的升高（如到 700℃以上），而加速。它也能与卤素中的氟、氯作用生成相应的化合物，如 ReF_6 与 $ReCl_3$ 等。铼与钨不同之处在于铼是可塑性金属，常温下易压延成片，越纯越易加工，但随温度的升高而发生不同程度的加工硬化。铼较稳定，只溶于熔融的铁或镍中。铼具有过渡金属的一系列性质，如具有氧化性和容易形成聚合物。在一般条件下铼不溶于冷的或低于 100℃的盐酸、氢氟酸及硫酸等中，仅易溶于硝酸及双氧水中。

$$3He + 7HNO_3 \xlongequal{\quad} 3HNeO_4 + 2H_2O + 7NO$$

$$2Re + 7H_2O_2 \xlongequal{\quad} 2HReO_4 + 6H_2O$$

在高于 200℃时可与硫酸作用。铼在水溶液中多呈 ReO_4^-或 $ReOCl_5^{2-}$，而 ReO_4^-于酸或碱液中稳定。热碱液（尤其当存在氧化剂情况下）可慢慢溶解铼而生成高铼酸盐或高价的氧化物。

B　铼的化合物

a　铼的硫化物

铼的硫化物有 Re_2S_7、ReS_3、ReS_2、Re_2S_3 及 ReS 等，而稳定的只有 ReS_2 与 Re_2S_7。

ReS_2 是最稳定的铼的硫化物，呈黑色，密度为 7.5g/cm^3，属六方晶系。铼在常温的空气中稳定，高于180℃开始氧化，到275~300℃时会着火而强烈氧化。在加热条件下可用氢将其还原为铼。在13.3Pa的真空中，将 ReS_2 加热到850~950℃时也不变化，但在高于1000℃（或1100℃）时会离解，至1200℃则完全离解。

ReS_2 难溶于水、碱、碱金属硫化物、盐酸及硫酸，但在加热时可被硝酸甚至稀硝酸和双氧水氧化成 $HReO_4$。

Re_2S_7 为暗褐色或几乎呈黑色物质，属正方晶系，密度为4.87g/cm^3。Re_2S_7 在氮及一氧化碳中加热到300℃以上（或460℃）会发生离解生成 ReS_2 与 S，在空气中加热到500~600℃就着火氧化。Re_2S_7 即使在室温下氢气也可将 Re_2S 还原为 ReS_3，更高温度下可还原为 ReS_2，当加热到500℃以上时可还原为金属铼；中温下氯化 Re_2S_7 会形成一系列含硫的氯化铼，直到500℃后形成 $ReCl_5$。Re_2S_7 不溶于水、浓盐酸、硫酸、HClO 及碱中，但可被碱金属硫化物及氨等溶液所溶解。硝酸、双氧水、以及溴水等可将 Re_2S 转化为 $HReO_4$。

Re_2S_7 能吸收有机溶质（如苯及甲苯等）而具有强烈臭味。其他硫化铼有 Re_2S_3 及 ReS 均是黑灰色粉末。它们在空气中稳定，对硝酸及双氧水也比 Re_2S_7 及 ReS_2 等稳定。

b　铼的氧化物

铼的氧化物有 ReO_4、Re_2O_7、ReO_3、Re_2O_5、ReO_2、Re_2O_3、ReO 及 Re_2O 等，较稳定的是 Re_2O_7、ReO_3 和 ReO_2。其高价氧化物呈酸性，而低价氧化物一般呈碱性。

Re_2O_4 是无色易挥发的氧化物，加热之后可看成是失水的 Re_2O_7。Re_2O_4 的密度为8.4g/cm^3，熔点为145~155℃，可被 SO_2 还原。通入 HS 时会生成白色气态元素硫及黑色的 Re_2S_8。它在氢气中剧烈加热时，可被还原为低价氧化物，但不会还原到金属铼：

$$ReO_4 + 2H_2 \xlongequal{\quad} ReO_2 + 2H_2O$$

Re_2O_4 遇水产出双氧水而不是氧气，Re_2O_4 遇碱生成 NaReO，但仍没有氧气放出。

Re_2O_7 为立方紧密堆积的鲜黄色晶体，属六方晶系，密度为6.1~8.2g/cm^3，熔点为296~303.3℃，沸点为361℃。Re_2O_7 极易挥发，气态 Re_2O_7 显黄白色。气态 Re_2O_7 在氧、氨和氯气中稳定，在空气中即使加热到362.4℃时也不离解，到600℃时开始明显离解，在高于800℃才离解完全。Re_2O_7 可被 CO 或 SO_2 还原为低价氧化物，高于400℃时可被氢还原为金属铼，到480~500℃时还原就进行得十分完全。干的 H_2S 可使 Re_2O_7 的表面形成一层 ReS_7 薄膜。Re_2O_7 极易与水作用形成 $HReO_4$（在湿空气中很快就水溶了），这个重要性质被用于回收铼。Re_2O_7 也可溶于乙醇、丙酮、吡啶和甲醇等有机剂中，但不溶于醚与 CCl_4 中。

ReO_3 为红色立方晶系的微晶物（也有呈蓝色的），带金属光泽，密度为6.9~7.43g/cm^3。真空中于400℃熔化，沸点为614~750℃。在空气中直至110℃仍稳定，但升高温度则氧化成 Re_2O_7。在惰性气氛中加热到300~400℃就会离解、歧化：

$$3ReO_3 \xlongequal{\quad} Re_2O_7 + ReO_2$$

ReO_3 易被氢还原，先还原为 ReO_2，然后为金属铼。ReO_3 与 NaOH 共熔形成棕色的铼酸钠盐：

$$2ReO_3 + NaOH = NaReO_4 + NaReO_3$$

ReO_3 的溶解度极小，在水中十分稳定，即使在硫酸、盐酸，甚至在热盐酸中也不溶。但可溶于硝酸而生成 $HReO_4$。ReO_3 基本不溶于碱，只与过剩的 KOH 作用形成 $KReO_4$ 沉淀和不稳定的 $HReO_4$。ReO_3 加入 KI 液中可使碘析出，可被 $SnCl_2$ 还原得黑色产物。在硫酸介质中氧化低价铼或电解 $HReO_4$ 时，会出现介稳的 Re^{6+}，此时溶液显玫瑰色或粉红色。

ReO_2 有单斜与斜方两种变态，呈暗褐色路带蓝色光泽，带水的 $ReO_2 \cdot 2H_2O$ 则显暗棕色。ReO_2 具有吸气性能，其挥发性能较差。高于 500℃可被氢还原成铼。在空气中与碱共熔可形成高铼酸盐，但当空气不足时则生成 $MeReO_4$ 和 Me_2ReO_3，当空气充足时则会生成不稳定的 Me_3ReO，高于 700℃可形成 $Me4Re_2O_7$。

ReO_2 在水中的溶解度很小，它不溶于稀酸，但可溶于浓的卤族酸中，如在 130℃的浓酸中经过 12h 便会部溶解，并生成泡沫状氯化物，溶液色彩先由棕色变到黄绿，最后消失。ReO_2 易与氧化剂（如 HNO_3、H_2O_2、液氯或溴水）作用生成 $HReO_4$。

ReO 呈黑色无定形物，常以 $ReO \cdot H_2O$ 形态存在，在空气中可被氧慢慢氧化，也可与盐酸或碱起作用，易溶于硝酸及溴酸中。

Re_2O 呈黑色，多以 $Re_2O \cdot H_2O$ 形态存在，可溶于盐酸与溴水，但不溶于碱液。

c 铼酸与铼酸盐

$HReO_4$ 为无色液体，化学性稳定，与 $KMnO_4$ 或 HCl 的区别在于它几乎没有氧化性。$HReO_4$ 是较强的一元酸，可与锌、铁、镁等作用而放出氢气，还可与一系列金属的氧化物、氢氧化物及碳酸盐起中和作用而形成相应的铼酸盐。

$HReO_4$ 是难还原的化合物，不被氢还原，但可被 SO_2 所还原；用 Hg-Na、$SnCl_2$ 或联胺等还原得到的是黄色物，旋即转变为暗褐色，说明得到的是 Re 和 ReO_2 的混合物。$HReO_4$ 会腐蚀玻璃而使其表面变暗。在添加其他酸后，会使热沸的 $HReO_4$ 溶液中的铼随水蒸气挥发。当向添加了浓硫酸或盐酸（如加入 10%盐酸）的 $HReO_4$ 液中通入 H_2S 时，$HReO_4$ 会硫化而生成 Re_2S_7：

$$2HReO_4 + 7H_2S = Re_2S_7 + 8H_2O$$

$KReO_4$ 为白色、无水的正方双锥晶体，密度为 4.38～4.89g/cm^3，熔点为 518～(552±2)℃沸点达 1538～1370℃，即使在此高温下 $KReO_4$ 也不离解。$KReO_4$ 在受热下通氢气可离解为 ReO_2 和 Re。$KReO_4$ 在水中的溶解度很小，尤其当存在 KOH 或 KCl 时其溶解度就更小了（这正是运用重结晶提纯铼的依据），其溶解度随水中 K^+ 增多而减小。

$NaReO_4$ 为无色盐，易溶于水，吸湿性强，密度为 5.24g/cm^3，熔点为 300～414℃。在空气中受热至 1000℃仍不离解，但在真空中加热到高于 500℃时会部分离解。

NH_4ReO_4 为白色盐，密度为 3.55～3.97g/cm^3，熔点为 365℃。当加热到 35℃时会离解，并生成易挥发的 Re_2O_7 和黑色残渣 ReO_2。通氢气可将其还原为金属铼，此机理用于提纯铼。

NH_4ReO_4 可溶于水，当溶液中存在 NH_4Cl 时，NH_4ReO_4 的溶解度随 NH_4Cl 浓度的增加而急剧减小。

9.1.4.6 金属铊

A 金属铊的物理化学性质

金属铊呈银白、蓝白色。铊与铅、银相近似，其物理性质方面软过于铅，有延展性，可拉成丝，但受热经冷加工后比铅坚韧等；化学性质方面，铊的化合物也可形成难溶的卤盐、碳酸盐与硫化物，不同点在于铊在潮湿空气中会氧化而在其表面形成氧化膜。铊与镓、铟同属Ⅲ族，有些物理化学性质相近，但铊的挥发性、亲硫性与亲氧性都较铟、镓及铝的大，且易形成铊化合物。铊在空气中于室温下就会慢慢被氧化，在表面形成一层 Tl_2O，致使铊表面发暗，其氧化速度随温度升高而变快，到100℃时很快被氧化。在潮湿空气中如与含氧的水作用可生成铊的氢氧化物。室温下铊易与卤素作用，而在升高温度后则可与硫、磷起反应，但它不与氢、氮、氨或干的二氧化碳等起化学反应。

铊不溶于碱和氨中。铊在硫酸中的溶解很慢，而在盐酸中的溶解则因表面生成 MeCl 而几乎不再溶解，在氢氟酸中也是如此。但铊却易溶于硝酸并形成易溶于水的 $TlNO_3$ 无色晶体。

B 铊的化合物

a 铊的硫化物

铊的硫化物有 Tl_2S、Tl_4S_3、TlS、TlS_2、Tl_2S_3、Tl_2S_5、Tl_2S_9、Tl_8S_7 等。

Tl_2S 为黑色粉末，三方晶系，密度为 8.0~7.46g/cm^3，熔点在443~475℃间。Tl_2S 在室温下就发生氧化，到280~380℃时氧化加速，当温度高于445℃时随着 Tl_2S 的溶化而氧化减弱。在高于300℃的空气中 Tl_2S 氧化时不放出 SO_2 而形成 Tl_2SO_4。Tl_2S 可被还原成金属铊。实际上在空气中易潮而氧化为 Tl_2SO_4。

Tl_2S 微溶于水，20℃时的溶解度仅为0.215%。它不溶于碱，但可溶于酸。从溶液中硫化沉淀铊，得到的是无定形 Tl_2S 沉淀，它可氧化为 Tl_2SO_4、TlOH 及 $Tl_2S_2O_8$ 等，从而能重新转入溶液。故沉出的 Tl_2S 宜快速过滤，且洗涤时宜用稀的 $(NH_4)_2S$ 液。无定形 Tl_2S 在150℃时与过量的 $(NH_4)_2S$ 作用数小时即可转变为晶体。Tl_2S 可被铜或锌的硫酸盐溶解并形成 Tl_2SO_4。Tl_2S 的电阻有随光照的强弱而变化的特性。

Tl_2S_3 为黑色或红棕色的无定形物，熔点为260℃。Tl_2S_3 很易离解，不溶于水及稀酸，也不溶于 CS_2，但可溶于浓酸。

b 铊的氧化物

铊与氧形成 Tl_2O、Tl_4O_3、Tl_2O_3 及 TlO_2 等，Tl_4O_3 只不过是 Tl_2O 与 Tl_2O_3 的混合物。

Tl_2O_3 为黑色或暗棕色化合物，呈 Mn_2O_3 型的立方晶格，密度为10.19~10.038g/cm^3，熔点为 (716±2)℃，沸点为875~1169℃。Tl_2O_3 在高温下不稳定，温度高于100℃时就明显离解并形成 Tl_2O，到700~750℃时便已完全离解。它在400℃时的离解压为960Pa，500℃达到1330Pa，650℃就达到5025Pa。Tl_2O_3 的挥发性不如 Tl_2O。

Tl_2O_3 几乎不溶于水（仅 10^{-10}g/100g 水），也难溶于碱中，但可溶于盐酸，其次是溶于硝酸及 $HClO_4$。Tl_2O_3 与硫酸相互作用生成 $Tl(OH)SO_4 \cdot 2H_2O$ 及 $HTl(SO_4)_2$。$Tl_2O_3 \cdot nH_2O$ 是呈微碱性的棕色晶体。

Tl_2O 是黑色或黄色的具有吸湿性的粉末，为菱形晶格，在 (354±2)℃时发生晶型转变。它的密度为9.50~10.36g/cm^3，熔点为300~303℃，沸点为 (500~596)±3℃。Tl_2O

易氧化成 Tl_2O_3，高于1080℃便挥发。

Tl_2O 易与冷或热水作用而形成 TlOH，也易溶于酸、醇和碱中，为生产铊工艺所应用。

c 铊的氢氧化物

铊的氢氧化物有 TlOH、$Tl(OH)_3$ 与 TlOOH 等。

初生的 TlOH 是一种白色强碱性物（同族的镓与铟的氢氧化物 $Ga(OH)_3$ 与 $In(OH)_3$ 却是两性的），可侵蚀玻璃，呈菱形针状晶体的则显黄色，密度为 7.44g/cm³。加热到10℃时易失水而分解为 Tl_2O。TlOH 可溶于酸，易溶于醇，更易溶于水。

$Tl(OH)_3$ 是一种棕色或红棕色的不稳定氢氧化物，熔点不低于 340℃，在气中易脱水而转变为 TlOOH，进一步加热则形成 Tl_2O_3。

TlOOH 为棕色氢氧化物，其溶解性几乎与 $Tl(OH)_3$ 相同。

d 铊酸盐

Tl_2CO_3 为白色或无色的针状盐，属单斜晶系，熔点为 272～273℃，密度为 7.11～7.16g/cm³，在空气中直至 175℃仍稳定。Tl_2CO_3 可溶于水，其在 100g 水中溶解度为：18℃时为4.2～5.23g/L，40℃为8.8g/L，60℃为12.5g/L，80℃为17g/L，而到100℃时达22.4～27.216g/L。Tl_2CO_3 水解后的溶液具有强碱性。

$Tl_2Cr_2O_7$ 为黄色针状或柱状物，属单斜晶系，密度为 6.3～6.91g/cm³，熔点约为633℃。Tl_2CrO_4 在水中溶解度：20℃为0.004～0.0042g/L，60℃为0.03g/L，而到100℃时可达0.2～2.28141g/L，故不能用水洗涤。它也微溶于酸与碱，但不溶于醋酸。

Tl_2CrO_4 的密度为 5.50g/cm³，熔点为 360～365℃。加热至未熔化时就已开始离解。Tl_2CrO_4 在水中的溶解度也不大。

e 铊的硫酸盐

铊的硫酸盐有 Tl_2SO_4 与 Tl_2SO_3。

Tl_2SO_4 为白色或无色盐，属斜方晶系，密度为 6.765～6.77g/cm³。它的熔点为 632～645℃。在到达沸点之前就已离解，且在加热时可不经分解而挥发。Tl_2SO_4 在 500～525℃时会发生双变态转变。Tl_2SO_4 微溶于水，带结晶水的 $Tl_2SO_4 \cdot 7H_2O$ 熔点为 37℃。当它在100℃失去水后，即使在冷水中溶解，溶解度也可达每 100g 水溶解 86.2g。

Tl_2SO_4 在硫酸中的溶解度较大，并能形成溶解度不一样的酸性硫酸盐，还可与一系列硫酸盐 $MeSO_4$ 形成复盐。

Tl_2SO_3 为淡黄或无色盐，密度为 6.427g/cm³。Tl_2SO_3 是 Tl_2S 的氧化产物，微溶于冷水而易溶于热水，15℃时的溶解度为 3.24%。

9.2 稀散金属的应用

稀散金属具有极为重要的用途，是当代高科技新材料的重要组成部分。由稀散金属与有色金属组成的一系列化合物半导体、电子光学材料、特殊合金、新型功能材料及有机金属化合物等，均需使用独特性能的稀散金属。用量虽说不大，但至关重要，不可或缺，因而广泛用于当代通信技术、电子计算机、宇航开发、医药卫生、感光材料、光电材料、能源材料和催化剂材料等。

9.2.1 镓的应用

9.2.1.1 电子工业

镓最大的用途是生产砷化镓用于半导体，制作半导体材料、发光二极管、电视和电脑的显示器件，砷化镓正在被大量用于手机核心电路、计算机芯片、光电传输等方面。如 GaAs、GaP、CaSb、GaN、CaAsP、GaAIP、GaAlIn、GaAlAs、GalnAsP、GalnAsSb 等。用 GaAs 等制备的发光二极管用于微型电子计算机的数字显示器件，工作特性极好。GaAsGaN 等属直接带隙材料，其带隙大、电子饱和漂移速度快、发光效率高、抗干扰抗辐射与抗恶劣环境等性能良好。装配有用 GaAs 和 GaAlAs 制作的二极管激光器的微型激光雷达用于遥控遥测、导航、水底观察及用作音频设备，这些二极管目前有用作可见光激光器的趋势。GaAs 制作的场效应晶体管已使通信卫星收发机固态化。GaAs 制作的微波元件已用于微波通信、卫星通信、导航、监测及广播，如通信卫星上的微波集成电路超短波变频器及微波电源的耿氏效应二极管等。高频元件以 GaAs 制作为好，高输出功率为目前研制的方向。

制备可见光 LEDs 是镓系列化合物半子体的重要用途，如用 CaAs 制作的红色或琥珀色、GaP 及 GaAlAs 制作的绿色、GaAsln 制作的黄绿色发光二极管等。这些发光二极管用于电子计算机、电视机、钟表、电话、高保真度设备、交通指示工具等方面。

镓的沸点很高为 2430℃，熔点很低为 29.78℃。这一性质决定用镓来测定 29.78～2430℃的温度最为合适，把镓充入耐高温的石英细管中制成高温温度计。

9.2.1.2 低熔点合金及合金添加剂

镓基低熔点合金用于制造某些低温控制与调节、自动灭火和信号报警系统的元件。由于有些镓基低熔点合金在常温下呈液态且无毒，因而可取代真空扩散泵及某些仪表通常使用的汞或汞封。这类低熔点合金还可用作金属涂料，如涂于反射镜面，在温度高于 300℃下其反射率仍高达 88%，且能正常运转。

镓基合金如 Ga-Al、Ga-Sn、In-Ga -Sn 或 Ga-In 等可用作原子能工业中的载热元件，但因液态镓的腐蚀性，而未能用作核反应堆的冷却剂。镓可作合金添加剂，如向镁基合金或 Cd-Ti 合金中加入镓，可增加这些合金的硬度。由于镓在冷凝时会增大体积，故常应用于印刷业中，还可用作珠宝业加工夹具，或作薄壁异型管加工的内填料，用后可回收再用，以及用作古物的修补充填等。

9.2.1.3 冷焊剂

镓可用作金属与陶瓷等间的冷焊剂（特殊用途之一）。特别适用于对温度、导热等微感的薄壁金属管、板或片等与陶瓷器皿间的冷焊接（使用时只需将液态镓按一定量与欲焊接的金属粉末混合，在常温下涂于金属与陶瓷欲焊接之处，经一时间凝固后即成）。由于用镓冷焊剂的焊件能承受高温，甚至到 900℃也不软化，故获得广泛使用，如北美航空技术中心已用 $Ga\text{-}In_{65}\text{-}Au_8$ 作低温焊接剂。

9.2.1.4 催化剂

镓的卤化物具有较高的催化活性。常用在聚合与脱水等工艺中，其催化反应速度和寿命均比 $AICl_3$ 好。如 GaCl 催化剂用于 HCl 与 C_2H_4 合成 C_2H_5Cl 的转换率大于 85%，在

35~40℃下能使甲苯及苯良好的烃化；在溴水中催化甲烷和环戊烷同分异构化为环已烷等。镓的化合物 GaAs 与 Ga_2Se_3 等可用作异丙醇脱水及合成双氧水的催化剂。在异—C_3H7OH 脱氢时使用 Ga_2Te_3 催化剂的脱氢效率大于 50%。镓的卤化物、金属有机化合物或兼有两者的复合催化剂（代表式为 R_xMeGa_y，其中 $x+y$ 等于金属 Me 的价数）能使聚合反应在低温下进行，是乙烯聚合产出 C_2~C_8 或 C_6~C_{10} 等碳氢化合物的特殊催化剂。镓酸盐在用金属作催化的各种缓冲溶液中的氧化过程中起抗氧化或过氧化的作用。氧化镓是乙醇、丁烯脱氢及合成双氧水或使溶入 CCl_4 中的 NH_3 氧化的催化剂；加 3% Ga_2O_3 到锌酸盐的催化剂中可使氧的活化能降低 1/2 而使氧氧化；高温下 Ga_2O_3 是使 NO 离解的催化剂。

9.2.2 铟的应用

铟及其化合物由于有一些特异性质，使其在许多工业部门及人们的日常生活中都得到广泛应用，但真正大规模的应用，仅是最近二三十年的事，特别是铟锡氧化物（ITO）用于制造平板显示器的导电薄膜和磷化铟（InP）用作半导体材料，推动了电子工业发展，也带动了铟用途的扩展与消费结构的改变。

9.2.2.1 电子及能源工业

铟锡氧化物（indium tin oxide，ITO）是当今铟的最主要的用途，其用量已占世界年铟量的 70%以上。ITO 是由纯度 99.99%的 In_2O_3 与 SnO_2 按质量比 9∶1 构成，分配 ITO 和 ITO 粉或浆料时，用磁控溅射的方式将 ITO 靶材蒸镀到玻璃上形成 ITO 薄膜。ITO 薄膜具有透光和导电两个功能，称作透明导电薄膜，在电学和光学领域的应用十分广泛。在电学应用方面：作为透明电极应用在液晶显示（LCD）、电子发光显示（ELD）、电子彩色显（ECD）等平面显示器件，太阳能电池，液晶或电子彩色调整光器件等。当前液晶显示器高速增长，使得透明电极用 ITO 的需要量迅速增加，成为铟最大的应用领域。ITO 是所需特性得到满足的最好材料，目前还无其他替代品。在光学应用方面 ITO 用作薄膜涂、镀在玻璃或其他透明基体上，制成低辐射隔热幕墙建筑玻璃和温室窗户透明隔热膜，具有很好的保温节能效果而受到重视。ITO 还用于低压钠灯、炉门、食品冷冻显示器及飞机、火车、汽车玻璃窗镀膜，有很好地去雾和除霜作用。铟的化合物半导体用于光纤通信、红外探测器、发光二极管、高效光电池与高速晶体管等。铟的ⅢA~VA 族半导体化合物广泛用于光通信及红外仪器等，如 InGaAs 用于光通信长波段（1.3~1.7μm）激光器，GalnP 作发光元件，InAs 及 InAsP 作霍尔元件，InP 用于制作大功率激光器，InSb 用作红外探测器等，如红外寻的导弹、军用红外前视装置及一些民用火灾监测站都装备有 InSb 制作的红外探测器。

铟太阳能电池即 InP 太阳能电池和含铟非晶态硅电池，都很有发展前途。还有用铟硒氧化物涂在塑料薄膜上制成的，以及用 Cu-In-Se 薄膜做成的太阳能电池，造价仅为硅太阳能电池的 1/7，且转换效率高。

9.2.2.2 铟作为衬层或涂层的应用

金属铟易于在金属表面形成牢固的涂层，且有良好的抗腐蚀性能，特别是能阻止碱性溶液的腐蚀作用。铟的涂层不仅具有鲜艳的色泽而且易于抛光打磨。金属铟在工业上最初的应用领域是制造工业轴承，并一直延续至今。轴承的表面一旦镀上含铟的薄层，如铜铟镀层、铅银铟镀层、锌铟镀层等之后，其使用年限将比普通镀层的轴承延长5倍之多。除了纯铟涂层之外，也可用铟与镉或铟与锌等的合金作为涂层。例如，在金属铝拉丝中所用钢质拉丝模上镀上铟涂层，其使用寿命可延长1.5倍，而表面镀铟的青铜纱网可用于排除真空仪器中的汞蒸气。铟镀层也可用于工艺装饰，以防止银制器皿逐渐失去光泽而变暗。铟有优良的反射性，可用来制造反射镜。各种镜子、反光镜和反射器，若表面镀上铟，则其反射性能会大大增强并耐海水的侵蚀，因此海上船舶的反光镜常用到这种镀层。

9.2.2.3　掺铟合金的应用

铟具有熔点低、沸点高、传导性和延展性好的特点。金属铟比铅还软，能用指甲刻痕；其可塑性强，可压成极薄的金属片。由于铟的熔点较低，因此可用于制造多种易熔合金。如易熔的伍德合金中，在一定范围内，每加1%的铟，可降低熔点1.45℃。熔点在47~122℃范围内的含铟合金多用于制造各种保险丝、熔断器、控温器及信号装置等，特别是宾馆室内防火喷水头的敏感元件。还有熔点更低的易熔合金，即以镓为主要成分的镓铟合金常用来制作低熔点液态金属以填充高温温度计、高真空阀、恒温器、原子核反应器的辐射监督器等。在薄壁金属管弯曲加工过程中，为防止管壁弯扁，通常将铟的易熔合金填充到管内成为实心，弯后再将合金熔化倒出来。铟的易熔合金也常用来固定光学透镜以便进行磨光和抛光。许多合金在掺入少量的铟之后，可以提高其强度、延展性（可塑性）、抗磨损与抗腐蚀性能等。

9.2.2.4　制造半导体化合物材料

含铟半导体化合物具有一系列其他半导体所没有的显著的特性，如很窄的禁带宽度、很低的电阻率、很高的电子迁移率、很低的霍尔系数，这些特性使得含铟半导体化合物具有其他半导体材料无可代替的地位。铟用于锗及其晶体管的掺杂剂和接触剂；锑化铟和砷化铟用于红外探测、光磁器件、磁致电阻器及太阳能转换器等；磷化铟用于微波通信、光纤通信中的激光光源和太阳能电池材料。

9.2.2.5　其他铟化合物的应用

近年来，Ⅲ族氮化物半导体如GaN、AlN和InN及其合金由于在光电子和微电子器件方面具有广阔应用前景，而引起了人们极大的兴趣。InN被认为是低损耗高效电池、光学掩膜及多种传感器的优选材料。InN、GaN和AlN的合金带隙对应于可见近紫外光波段，因而使制造InGaAlN基的半导体短波激光二极管成为可能。最近的研究表明，InN在太赫兹（THz）辐射中有很好的应用前景，在热光伏系统中可作为等离子体滤波器材料等。铟的某些化合物如硫化物和磷酸盐等，多用于制造黄色和橙黄色玻璃及特种光学玻璃。含有铋或镉的铟硼酸盐玻璃，能够吸收中等强度的X射线，还可以吸收比热中子能量更高的中子。铟的氧化物还在低熔点合金等方面得到广泛应用。铟的卤化物如碘化铟，常用作金属卤化物灯中的添加剂，可增强照明输出效率和改善光谱质量。以铟的硅酸盐、硼酸盐和铟的含氧氯化物为主要成分的物质可用作荧光材料。有一种铁氧体材料，加铟后其磁化率大为提高。铟的甲基—、烷基—、芳基—水合硅烷醇化物及十三酸铟和铟的有机硅氧烷化合物均可用作润滑油中的抗氧化剂。在转化反应和重组反应、氧化脱氢反应及烯烃合成反应所使用的大量催化剂中，铟都是其中的重要组分。另外，氯化铟还是某些有机合成反应中使用的催化剂组分之一。

9.2.3 锗的应用

9.2.3.1 光导纤维

光纤通信是信息时代的基础，光纤通信具有容量大、频带宽、抗干扰、保密性强、稳定性好、损耗低、体积小、质量轻、成本低、中继距离长等综合优点，已成为世界各国重点发展的通信技术。锗在光通信系统中作为光导纤维中的添加剂，可提高折射率，减少光纤的色散和传输损耗。例如用高纯 $GeCl_4$ 和 $SiCl_4$ 按一定的比例装入石英管中，在1300℃下于管壁形成 GeO_2 膜层，经熔融拉丝即可得到光导纤维，用于光缆通信系统。此时如掺入10%的 $GeCl_4$（按 GeO_2 计算）可提高光纤的折射率1%，此光纤在1.1~1.6μm波长内的光损耗小于0.29dB/km。

9.2.3.2 催化剂

金属锗兼有金属与半导体型的催化活性。二氧化锗在聚酯纤维生产中用作催化剂。在石油化工方面碳氢化合物的转化、氢化、去氢，汽油馏分的调整都要用催化剂，这些催化剂主要有锗-铂催化剂，它是在三氧化二铝载体上沉积铂、GeO_2 和氯制成的。金属锗用作一系列脱氢或分解反应的催化剂，如在低压（1.33Pa）和200℃下 $C6H_{12}$ 的脱氢，300℃下甲醇脱氢，170℃下乙丙醇脱氢，以及200~270℃真空中乙醇脱氢等；锗也可用作氨、甲醇或 N_2O 等分解的催化剂。二氧化锗催化剂用于生产制备清凉饮料和液用食物器皿的聚酯树脂，纺织工业的漂白也常用 GeO_2 做催化剂。锗催化剂在欧洲、日本得到了广泛应用。西德阿弗加、盖维尔特公司在彩色电影胶卷生产中也应用二氧化锗催化剂，用 GeO_2 做催化剂效果比 Sb_2O_3 好。日本此方面用量最大，欧洲次之，我国在这方面的应用处于初期。

9.2.3.3 电子工业

早先锗的主要用途是制造半导体，包括晶体管、二极管和整流器，但自1969年以来，因大部分锗器件已被硅器件所代替，半导体器件用锗量逐年下降，目前半导体器件用锗占锗总用量的5%~7%。

锗除了在高频和大功率管上有一定的应用外，锗隧道二极管和锗核辐射探测器在国民经济中有着重要应用。锗的红外探测器、温差发电器及其他的光电器件等，大部分只用于军事，数量不多。

锗核辐射探测器是主要的半导体探测器之一。由于它具有原子系数大、灵敏度好、效率高，并且容易制成大直径等优点，广泛应用于核工业的探矿、非破坏性同位素分析、核科学上的高能物理研究、医疗诊断、石油探测及空间宇宙辐射的研究等。锗的这种用量约2t，预计在较长的时期内将保持同一水平。

9.2.3.4 医学

自1972年在国际脉管医学会上，有研究者发表了含锗药物对治疗高血压有显著疗效的文章以来，锗在医药方面的应用引起了研究者的广泛关注。有机锗被称为“21世纪生命的源泉”。近年发现，大蒜的锗含量高达0.075%~0.03%，野生灵芝、野生山参含锗分别达到 2000×10^{-6} 和 4000×10^{-6}，有机锗的生物活性和它在人体中所起的特殊医疗保健作用，引起了世界上化学家、药理学家及营养学家的极大兴趣和关注。

有机锗倍半氧化物、硫化物具有抗癌作用，二苯基锗杂环羧酸酯等有机锗具有生物活性，这方面的研究是一个研究热点。有人研究二苯基锗不饱和羟基膦酸衍生物、二苯基锗二硫化氨基甲酸酯、肉桂酸锗氮桥环化合物、双（三苯基锗）二元羧酸酯的合成，研究灵芝孢子粉中微量锗的分析，痕量锗的分析等。

9.2.3.5 光学仪器

锗在 2~14μm 波段（这正是人类通常遇到的温度范围内的红外辐射波段，即-80~2600℃所相应的红外辐射波长为 1~15μm）内，具有高而均匀的红外线透过率、吸收系数小、折射指数高、低色散，且易加工成各种尺寸与形状、耐腐蚀和不受振动与轰击闪光的影响等，特别适于作军工及重大民用中的热成像仪、夜视仪、红外雷达、监控系统技术监查及其他红外光学装置的窗口、透镜、棱镜与滤光片的材料。掺锗（以 GeO_2 型）玻璃具有高折射率而用作广角镜及显微镜的物镜等。以 GeO_2 为基掺如 PbO、Bi_2O_3、MgO、TiO_2 或 P_2O_5 等制成的材料，可制成从紫外到远红外的光学玻璃而用来制作滤光片或窗口。在反射望远镜中涂上金属锗薄膜，具有强反射与高抗腐蚀的性能。ZnGeP 是一种非线性光学材料，用于 CO_2 激光器中可提高转换效率和改善热成像效果。

9.2.4 硒的用途

9.2.4.1 电子工业

用硒制作的光电池，用于信号与自动化装置上及电视机光电摄像管。ZnSe-Pr 与 ZnSe-SiO_2-Au 可用来制作发光器件。CdSe 是一种光敏元件的材料。PbSe 或（PbSn）Se 等用于制造红外探测器、夜视仪或资源勘探仪。硒的一种新用途是用于 α-Se 平板探测器系统，它能使雷达瞬间成像转化为数字信息。

9.2.4.2 玻璃工业

玻璃工业是硒最早的，也是目前主要的用户之一。向玻璃原料中添加少量纯度为 99.5%的硒（如 Na_2SeO_4、Na_2SeO_3 或 $BaSeO_3$ 等）可提高玻璃的光学性能。如向含杂质铁、铜或镍等显绿色或蓝色的玻璃原料中加入 0.0018%~0.007%的硒后，即可消除玻璃中的绿色或蓝色，是制造玻璃器皿，特别是制造饮料容器要求透明与密度高所必用的添加剂。向玻璃料中加入 0.25%~3%的硒，可烧制得玫瑰红、红、红棕，以至红宝石等色彩的玻璃；将微量硒与硫化镉加入玻璃原料中，制得具有在红外线谱中在较窄的波段内转变成其他色彩的特殊玻璃，可用作铁道及海事信号装置的专用透镜，也可用作工艺美术品或纪念饰件的材料。加硒量 0.6%时制得的黑色玻璃，具有削弱闪光及隔热特性，可用作节能材料。添加少量硒制备的茶色玻璃既不会闪光，又能消除令人不适的太阳光照感，可用作大厦、办公楼或宾馆等建筑物中的大型窗玻璃。向塑料、陶瓷、艺术或交通用玻璃中加入 CdSe 而显红宝石红色：用硒生产的红色马赛克砖或瓦，颇具喜庆色彩被中国房地产广为使用，成为确应用的新增长点。

9.2.4.3 化工

硒可用作颜料的配料，如含铬和锌的硒颜料，既起涂饰色彩的作用，又起抗腐蚀作用。硫代硒化镉（CdSSe，理论含硒 35.3%）颜料，其色彩随着添硒量的变化可由橘红变到紫红，或由黄色变到深褐色，并具有耐热防潮，防紫外线或化学辐射耐腐蚀稳定性高与易干等特殊性能，用作汽车、塑料及搪瓷和陶瓷等上色优于有机颜料，其上色易干性更为汽车工业的应用等。硒可作为代替橡胶生产的硫化剂，橡胶添加硒后便具有高的抗温及抗张性能，且能防止橡胶软化。向橡胶中加入0.1%~2%的硒，就会提高橡胶抗氧化性及抗腐蚀性，并增强它的弹性。这种含硒橡胶可用来制作飞机、汽车的轮胎，矿山机械的帐篷和高温稳定的绝缘橡胶制品等。各种矿物和植物生产中，常添硒化物作抗氧化剂。可作为硒粉配制使搪瓷与（铁）坯体牢固结合的黏结剂，也可作彩釉的添加剂。硒的卤化物、氧化物在聚丙烯的生产中作催化剂，硒也用作生产氢的催化剂，还可作生产地塞米松和氟轻松的脱氢剂。

9.2.4.4 冶金

在冶金领域，向镍铬不锈钢与合金钢等中加入含硒为0.15%~0.35%的硒铁，可改善其高速切削性能，降低气孔率及消除钢的缩孔；向钢中加入0.2%~0.3%的Se以制备微粒结构的、有良好延展性的无损伤钢：向铸铁中加少量硒，可消除铸件气孔，改善加工性能。向Ni-Fe、Co-Fe合金中加硒也可改善其切削加工性能；向铜中加入硒，使硒在铜中形成弥散第二相Cu_2Se，从而改善其切削性能。向Cu-Mg或Cu-Mn合金中添加0.25%~1%的硒，就可改善其加工性能。向Co-Fe-Ni加入0.4%~0.5%的硒能提高其矫顽磁力。在Mg-Mn合金中加入0.5%~3%的硒，就能提高它的抗腐性能力，镁基合金涂层加有磷酸的亚硒酸（或硒酸钠）溶液，就能抗海水的腐蚀。汽车等零件在添有硒酸钠的镀铬溶液中，镀铬能大大提高它的腐蚀性能。SeO_2可用于电解锰工业生产中电流效率的提高及外观与质量待改善。

9.2.4.5 医学

硒在环境中具有生物化学作用，是人体生命活动不可缺少的微量元素。适量的硒可调解人体对维生素A、C、E、K的吸收，促进机体中免疫球蛋白的增加，增强人体免疫力，延缓衰老，清除人体内有害物质，避免产生毒性等重要作用。含硫化硒的洗发剂，能去头皮，治疗皮炎，制成的药皂可治疗秃顶症。硒有削弱与解除金属汞、镉、铅及砷等的中毒的作用。硒还具有抗氧化、抗衰老，保护修复营养细胞，延长白细胞的寿命，增强机体抵抗力，减少传染病的发生。提高红细胞的携氧能力，保护细胞膜的完整性。有助于消除人体内各种自由基，不受自由基的破坏，并具有促进细胞增殖和再生功能。

在满足营养需要的情况下，每天补充200μg硒，对免疫功能具有显著的刺激作用，T淋巴细胞和中性粒细胞的生成量可大量增加，这两种细胞都具有破坏肿瘤细胞的作用。根据流行病学调查，补硒对减少前列腺癌、肺癌和肝癌的发生作用最为明显。癌症治疗中使用硒辅助治疗十分普遍。放、化疗导致患者发生白细胞下降、腹泻、呕吐、睡眠差、食欲不振、淋巴水肿、脱发等严重副作用，通过服用补充麦芽硒的体恒健硒维康能明显改善这些症状。如顺铂化疗会产生肾毒性、听力下降、白细胞下降等，补充麦芽硒可抑制这些副作用，增加它的疗效。目前硒减少放、化疗副作用和增强化疗疗效的报道国内外都非常多。

9.2.5 碲的用途

碲用得最多的是冶金工业，约占55%。碲在冶金中作合金添加剂使钢、铜和铜合金的机械加工性能变好，使铅的抗震抗疲劳性增强。

其次是化学玻璃和制药工业，约占25%。碲在化学工业中作橡胶硫化过程加速剂、化工过程催化剂；在玻璃工业中用作玻璃和陶瓷的着色剂、脱色剂及用于制造特殊光学玻璃；在制药工业中用作消毒剂、杀虫剂、灭菌剂和抗氧化剂。

碲在电子工业中的用量约占15%。碲用作复印机和印刷机的光感受器材料的合金成分，碲的作用是可以扩大复印机的光谱范围。CdTe、PbTe、(PbSn)Te 和（Hgcd)Te 等是制造太阳能电池、辐射探测器和红外探测器的材料。辐射探测器和红外探测器可进行黑夜监视、地面资源勘探及武器探测等。1958 年利用 PbTe、Pb-SnTe、（Bi1-*x*Sb*x*）Te_3、Bi_2(Te1-*x*Se*x*) 等的热电转换特性，制成了热电转换器件。这些热电转换器件用于宇航动力系统的热发电机、军用器件动力、电话微波装置、单体飞行衣冷却器、水底导弹特殊冷却装置、潜艇空气调节和清除 CO_2 用的分子筛联合装置。

9.2.6 铼的用途

9.2.6.1 催化剂

由于铼未饱和的 4*d* 层易放出 5 个电子，而 6*s* 层的 2 个电子又易参与作用而形成共价键，加上晶格参数较大等特性，使铼及其化合物具有优异的催化活性。Re-Pt/Al_2O_3 可作为石油重整催化剂；Pt-Re/Al_2O_3 用作生产 CH_3Cl_2 的催化剂，活性大，寿命长。0.1%～0.5%Pt-0.1%～1.5%Re 是生产芳烃的催化剂；而 0.05%～1%Pt-0.05%～1%Re—0.01%～0.1%Ag/Al_2O_3 是石蜡脱氢的催化剂；Pt/Re 催化剂用于 H_2NO_3 生产；NH_4ReO_4/C 用作环烷脱氢及乙醇脱氢的催化剂；当用铼作异—C_3H_7OH 脱氢催化剂时，产乙醛率高达 85%。铼的硫化物可用作甲酚及木素等的氢化催化剂；加铼的 $Bi_2(MoO_2)_3$-TeO_2/SiO_2，从 P-Mo-Bi-TeO_2/$HReO_4$ 催化剂用于丙烯氨氧化的催化，丙烯腈的单收率大于 81.2%，选择性大于 80%，且极少产出氰氢酸；Re/Al_2O_3 及 Re/Al_2O_3-SiO_2 用作中或高压下褐煤焦油等氢化的催化剂；在环己烷脱氢与甲基环戊烷脱氢异构化为苯等过程中，最好的催化剂是 $Re_{5\sim20}$/Al_2O_3，可使苯的产出率分别高达 76% 和 52.5%，而 Re-H_2S-Pd/Al_2O_3 的催化活性更强；Re_2S_7 是 SO_2 转化成 SO_3 及使 HNO_2 转变为 HNO_3 的较好的催化剂；天然气的液化（GTL）及净气、重整、合成与氢化裂解均需要 1%的 Heb-Co/Al_2O_3 作催化剂。

9.2.6.2 特殊合金

Re-W、Re-Mo、Re-Pt 或 Re-Ni-Me 等合金具有耐高温、抗腐蚀及耐磨损等特性，铼能改善某些 Ni 基超耐热合金高温（1000℃）时的强度性能，作为高温超耐热合金，主要用于制造涡轮机的叶片，成为航空、航天与军工的热门材料。含铼 50%的 Re-Mo 具有较高的延展性，易于热、冷加工，在 196℃ 以上可焊接。含铼 24%的 Re-W 也具有良好延展性，它较纯钨有较低的脆向延展性。Re_{25}-W 合金曾是空间站核反应堆用材料，后来使用 Re_{30}-W-Mo_{30} 合金。Re-Pt 用作原子能反应堆的结构材料，可抗载热体（1000℃高温下）的腐蚀，也可作辐射防护罩。Re-Mo 合金在 3000℃ 时仍具有高的机械强度，可用来制造超声速飞机及导弹的高温、高强度部件和隔热屏。

铼合金用作坩埚、电触点材料、电磁铁、电子管、电子靶、加热元件、热电偶、电离计、质谱仪、金属涂层、半导体及真空管等，用 Re3-W 及 Re2s-W 制作的热电偶，可准确测温到 2485℃，它的热电动势达 1012mV，远比 PL-Re/Pt(1900℃时仅有 30mV) 的高，在真空或惰性气体介质中可测得的温度超过 2700℃。

用铼基合金制作的加热元件，比钨或钼的寿命长 5~10 倍。高温 Re8-12-Ni-C 比 Ni-Cr 合金加热元件的工作寿命长 9 倍，在高温又有压力的情况下工作的优点尤为突出。掺铼的 Rh-Ir 合金较 Rh-Ir 的强度大且力学性能好，可用来制造用于宇航、导弹的强度高、超薄的箔材和管子。加铼的 Ta-Cr 或 Ta-Al 合金的硬度随温度变化的程度远比不加铼的小。铼基合金（Re-Me）可用来制造高温下既灵敏又不变形的高温弹簧，它是高温测量仪、测尘器等的必用部件。Re-Pt 等合金用作人造纤维的坩埚、喷丝网模及高级笔尖材料。

9.2.6.3 涂层

由于铼的高熔点、优良的耐腐蚀和耐磨特性而被广泛用作涂层材料。如涂铼的金属丝、片或管等具有抗酸、碱、海水或硫化物的侵蚀性能，为化工及航海部门所喜用。Re-Ni、Re-Mo 或 R-W 可用作仪器元件、火箭弹头及其发动机与传统装饰品及纪念品等的涂层，也可用作要求可靠性高的航天、航空器的控制仪表的涂层。把 KReO 涂在钨丝阴极上，既保证了它的热稳定性，又延长了它的工作寿命。NHReO 也常用作高反射性能镜面的涂层。

9.2.6.4 电子工业

由于铼与钨钼等铂族金属元素组成的合金或涂层材料，有高熔点、电阻大、磁性强和对环境的稳定性良好的特点，广泛用于电子工业。铼的电阻温度系数随着温度增高而降低（0℃时为 5.3×10^{-3}，100℃时为 3.95×10^{-3}，而到 2300℃时为 2.04×10^{-3}），加上它的耐热、可靠、寿命长，且不和玻璃黏结等优点，铼丝被广泛用于电子仪器中。涂敷有掺铼（约 5%~20%）或 $KReO_4$ 涂层的钨丝，既改善了钨丝的易脆性，又增大它的电阻，为真空技术所常用。Re-Pt、Re-Ag 或 Re-Cu-Zr 等已取代价高的铂族金属作电器开关、电弧放电等电接点材料，以及用于制作 X 射线管靶和闪光灯泡等。用 Re-Pt 制成的电接触器，具有效率高和抗烧蚀的特性，可在高温腐蚀性介质中工作。钨的接触器在高温与潮湿环境下会形成不导电的 WO_3 薄膜层，且在 700℃下就完全破坏了电接触器的导电性能，而 Re-Pt 的电接触器即使在 1000℃下仍能正常工作。

9.2.7 铊的用途

铊及铊化合物广泛用在军事工业、现代高科技及医学等领域中。

9.2.7.1 工业领域

在工业中铊合金用途非常重要，用铊制成的合金具有提高合金强度、改善合金硬度、增强合金抗腐蚀性能等多种特性。铊铅合金多用于生产特种保险丝和高温锡焊的焊料；铊、铅、锡 3 种金属的合金能够抵抗酸类腐蚀，非常适用于酸性环境中机械设备的关键零件；铊汞合金熔点低达-60℃，用于填充低温温度计，可以在极地等高寒地区和高空低温层中使用；铊锡合金可作超导材料；铊镉合金是原子能工业中的重要材料。铊化合物已经成为现代电子工业中的重要材料，在国防军事方面的作用更不可轻视。铊的硫化物对肉眼看不到的红外线特别敏感，用其制作光敏光电管，可在黑夜或浓雾大气接收信号和进行侦察工作，还可用于制造红外线光敏电池；卤化铊的晶体可制造各种高精密度的光学棱镜、透镜和特殊光学仪器零件。在第二次世界大战期间，氯化铊的混合晶体就曾被用来传送紫外线，在深夜进行侦察敌情或自我内部联络；近年来，应用溴化铊与碘化铊制成的光纤对 CO_2 激光的透过率比石关光纤要好许多，非常适合于远距离、无中断、多路通信。

9.2.7.2 超导材料

铊系高温超导体是继钇系、铋系之后于 1988 年发现的第三种高温超导体。铊主要用作高温超导材料，用于磁能存储器、磁力推进系统及磁共振仪，以及用于高效电动机、发电机和输电设备及研究发展中的超高速电子计算机等。高温超导材料是含 Tl、Ba、Ca 和 Cu 的氧化物陶瓷材料 $TlBa_2CaCu_2O_{8\sim7}$。日本住友研制成由 Tl、Ba、Mg、Cu 组成的超导薄膜（0.7μm）在 77.3K 时其临界电流密度达 3.2Acm^2。铊基低熔点合金 Tl-Pb 及 Tl-Sn-In 等也可用作超导材料。

9.2.7.3 医学

最初铊及其化合物主要用于治疗各种疟疾，它曾用来治疗结核病、头癣、痢疾、痛风等疾病，而在现代医学中，铊同位素（^{201}Tl）被广泛用于心脏、肝脏、甲状腺、黑素瘤和冠状动脉类疾病的检测诊断和治疗。

9.2.7.4 其他

碘化铊填充的高压汞铊灯为绿色光源，在信号灯的生产和化学工业的光反应的特殊发光光源方面广泛应用；在玻璃生产过程中，添加少量的硫酸铊或碳酸铊，其折射率会大幅度提高，完全可以与宝石相媲美。

在农业方面，1965 年以前，铊主要被用作杀鼠、灭蚁、杀虫和防雾的药剂；鉴于铊农药的高毒性，且在使用过程中容易 造成环境污染，1975 年后，它相继被许多国家限制或禁止使用，但一些发展中国家至今仍在使用。

在化工领域，铊及其化合物可作为许多氧化反应的催化剂。

冶金过程产生的各种烟尘、污泥、滤渣等物料成千上万吨，是提取稀散金属硒、碲、铟、镓、锗、铼、铊及贵金属的重要资源。众所周知，无论是有色金属冶炼还是黑色金属冶金，都要通过高温处理——焙烧或熔炼过程，都要产生烟尘和各种冶金中间产物。无论是重金属还是稀散金属或贵金属，都与之共生，稀散金属随熔炼宿主的焙烧或熔炼得到基本分离或富集，如铟富集在铅和铅、铜等烟尘中，硒、碲富集在阳极泥中，镓富集在铝土矿溶浸的母液中，锗挥发于锗石矿、铅锌矿的焙烧、熔炼烟尘中，铼富集在钼精矿的焙烧和铜熔炼的烟尘或烟气中，因此，只要矿物中有稀散金属，矿物冶炼烟尘或冶金中间产物中就有稀散金属，从中间产物中提取稀散金属具有很高的经济价值。

9.3 镓的综合回收技术

9.3.1 镓冶金资源

镓在地壳中的含量为 $15\times10^{-4}\%$，镓比锑、银、铋等都丰富，但浓度极低，不能单独开采，镓存在铝土矿中，镓和锌的结合是由于 ZnS 和 GaS 是同晶形的。镓具有亲硫的性质，所以镓与铝土矿、闪锌矿、硫化铁矿、硫镓铜矿、锗石等伴生。

当前生产原生镓的主要原料为生产 Al_2O_3 的循环母液与 Pb-Zn 生产中的废渣与烟尘

等。目前世界90%的镓是从氧化铝生产过程中回收的。Pb-Zn冶炼渣多属高铁渣，内富含镓、铟、锗、金、银、砷与汞，Pb-Zn冶炼渣产出量大，每年产出数百万吨之多，处理它们既消除占用土地存放与污染环境的危害，又因回收综合利用镓、铟、锗等资源并提高了经济效益。燃煤发电及炼焦过程中的废料也是提镓原料。由于多处于还原气氛中而使镓挥发、富集于产出的烟尘，烟尘含镓量与煤含镓量有关。煤在焦化过程中，部分镓进入焦炭，部分转入焦油。当焦炭用于发生炉煤气或燃烧煤发电时，煤中镓的大部分挥发入烟气，小部分残留在煤灰中。钒钛磁铁矿冶炼过程中，选矿时约50%的镓转入铁精矿。在高炉炼铁过程中，绝大部分镓进入铁水，仅少量近入高炉渣及高炉尘中。铁水中的镓仅有20%转入氧化渣，其余进入钢锭。镓回收的有用资源及含量见表9-5。

表9-5　回收镓的资源

资源	镓含量/%	资源	镓含量/%
铝土矿	0.01~0.02	燃煤烟尘	0.38~1.56
闪锌矿	0.01~0.02	钢铁厂脱钒渣	0.015~0.03
锗石	0.01~0.8		

9.3.2　镓的提取工艺

9.3.2.1　从氧化铝生产中回收镓

烧结法生产氧化铝时，镓以 $NaGa(OH)_4$ 形态进入铝酸钠溶液。当溶液碳酸化分解时，镓不析出，只在后期 Al_2O_3 含量降低情况下才部分析出，因此碳分母液中富集了镓。从碳酸化分解母液中回收镓的流程如图9-3所示。

A　第一次深度碳分

将回收氧化铝后的母液深度碳酸化，使镓完全析出，获得含镓的沉淀物，此沉淀物主要由丝钠镓石（$Na_2O \cdot Ga_2O_3 \cdot 2CO_2 \cdot nH_2O$）和 $Ga(OH)_3$，以及铝的相应的化合物所组成的混合物。在 Na_2O/Al_2O_3 比值高，温度比较低，碳分速度快，HCO_3^-浓度高和不添加氢氧化铝的条件下，可得到镓铝复盐高的沉淀，而氢氧化物的数量很少，镓的含量一般为0.1%~0.2%。

B　石灰乳脱铝

将上一过程得到的沉淀物苛化，使镓与铝分离，这时铝成铝酸钙渣，而镓仍保留在溶液中，反应如下：

$$Na_2CO_3 + Ca(OH)_2 = 2NaOH + CaCO_3$$

$$Ga_2O_3 + 2NaOH + 3H_2O = 2Na[Ga(OH)_4]$$

$$Al_2O_3 + 2NaOH + 3H_2O = 2Na[Al(OH)_4]$$

在过量石灰的作用下，发生以下反应形成铝酸钙：

$$2Na[AlOH)_4] + 3Ca(OH)_2 = 3CaO \cdot Al_2O_3 \cdot 6H_2O + 2NaOH$$

石灰乳分两次加入，第一次维持温度363~368K，连续搅拌1~2h，使镓的溶出率达到85%，而铝尽可能少溶出。第二次在348K加入石灰使 $m(Al_2O_3):m(CaO)=1:(3\sim3.2)$，

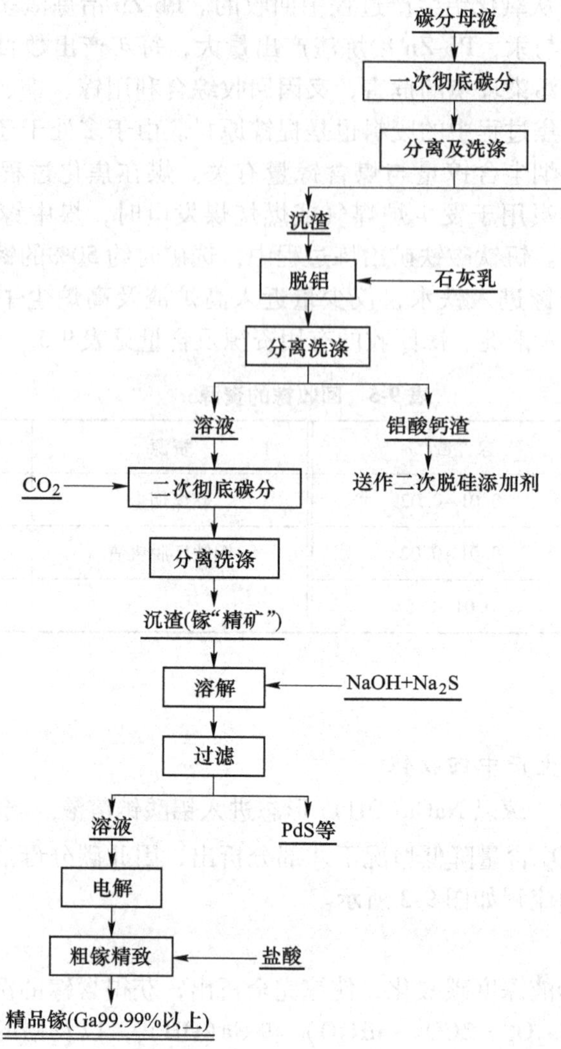

图 9-3 从 Al_2O_3 循环母液中回收镓的流程

这时铝成为铝酸钙沉淀，而镓的溶出率提高到 90%。

C 第二次深度碳分

将用石灰乳脱铝后的溶液再一次深度碳酸化分解，此时得到的镓沉淀渣即为镓精矿，其沉淀率可达 95%以上，Ga_2O_3 含量为 1%。

D 镓的制取

将镓精矿用苛性钠溶解，同时加入 Na_2S 以除去重金属杂质如铅、锌等。得到的镓酸钠和铝酸钠溶液，含 Na_2O 100~200g/L、Al_2O_3 70~120g/L 和 Ga 2~10g/L，送电解提镓。电解液温度为 323~343K，阳极电流密度为 0.05~0.15A/cm^2。阴极产出的液体镓流到槽底放出，经过盐酸处理（除锌），可得到 99.99%纯度的工业镓。

9.3.2.2 从锌浸出渣中提镓、铟、锗

1969 年意大利玛格游拉港（Porto-Margherua）电锌厂为世界第一个实现了从锌浸出渣

中同时（虽非在同一厂内）提取镓、铟与锗，该方法称作P-M法。我国于1975年首次研究成功综合法从锌浸出渣同时在同一厂实现镓、铟与锗的回收。

研究查明锌没出渣中镓、铟与锗以类质同象进入铁酸锌，其进入量分别约达93.5%~95.1%，故分解$ZnO\cdot Fe_2O_3$是回收镓、铟、锗的关键。利用工厂原来用的回转窑挥发与多膛炉除氟、氯工序，所得的ZnO尘经H_2SO_4浸出后用锌粉置换得富集镓、铟、锗的置换渣。置换渣中镓的物相主要呈氧化物Ga_2O_3；铟的96.2%为$InAsO_2$形态，而In_2S_3与单质In很少；锗的50%多为$MeO\cdot GeO_2$，其余35%为CeO_2形态存在；铁约65%呈Fe^{2+}形态。其提取镓、铟、锗的工艺如图9-4所示。

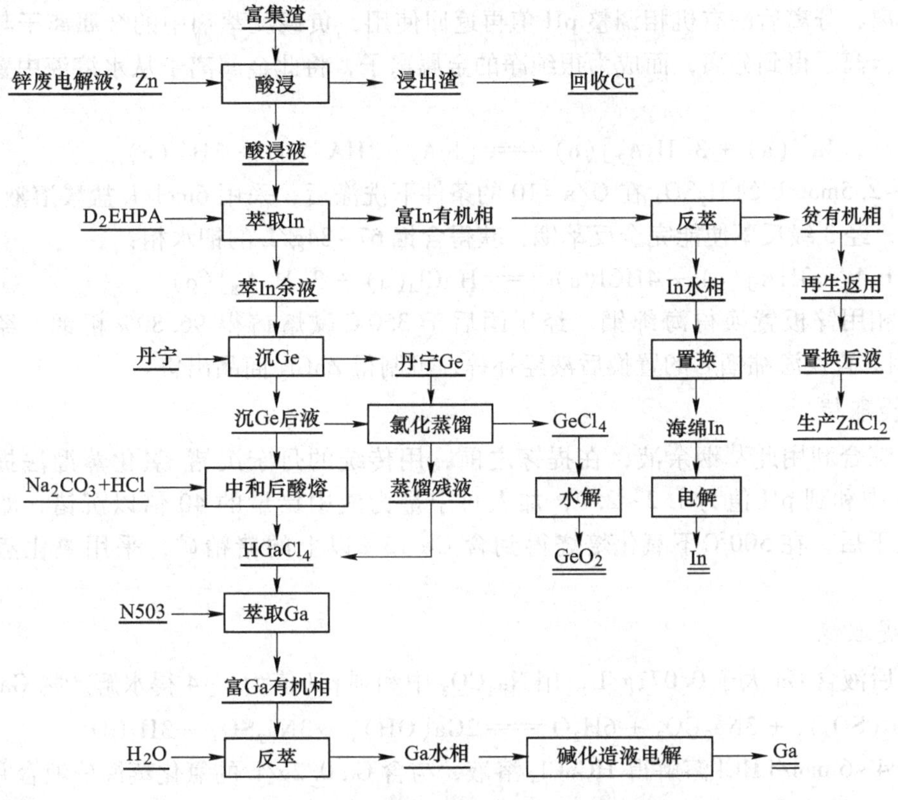

图9-4　综合法提取镓、铟、锗工艺流程

A　浸出

置换渣用锌电解液在液固比为10∶1及90℃下浸出2~3h，终酸控制为0.59~0.66mol/L，渣中镓、铟、锗转入溶液各达96%~100%，反应如下：

$$Ga_2O_3 + 3H_2SO_4 = Ga_2(SO_4)_3 + 3H_2O$$

$$2Ca(OH)_3 + 3H_2SO_4 = Ga_2(SO_4)_3 + 6H_2O$$

$$2InAsO_4 + 3H_2SO_4 = In_2(SO_4)_3 + 2H_3AsO_4$$

$$In_2O_3 + 3H_2SO_4 = In_2(SO_4)_3 + 3H_2O$$

$$MeO\cdot GaO_2 + H_2SO_4 = H_2GeO_3 + MeSO_4$$

$$GeO_2 + 2H_2SO_4 = Ge(SO_4)_2 + 2H_2O$$

B　萃取铟

采用 D_2EHPA[二(2-乙基己基) 磷酸，以 H_2A_2 表示]/煤油，在室温下，o/a=1/2，3级定量萃取铟。

萃取是将水溶液中的金属离子在不同 pH 值的条件下，用适宜的萃取剂有机相与溶液充分混合，有机相与金属离子相螯合生成萃合物而进入有机相，由于密度的不同，有机相很快澄清分层，与萃余液分离成为负载有机相。负载有机相用水洗涤，使进入负载有机相中的杂质金属离子被清水洗入水相，称之为负载有机相洗涤。此时，负载有机相在反萃箱中与反萃剂充分混合，使被萃的金属离子进入反萃剂中，澄清分离后，有机相与负载反萃剂得到分离，分离后的有机相调整 pH 值再返回使用，负载反萃剂中的金属离子与母液中的金属混合离子得到分离，而成为很纯净的金属离子，将此金属离子从水溶液中置换或沉淀出来：

$$In^{3+}(a) + 3[H_2A_2](o) = [lnA_3 \cdot 3HA](o) + 3H^+(a)$$

用 2~2.5mol/L 的 H_2SO_4 在 O/a=10 的条件下洗涤后，采用 6mol/L 盐酸溶液反萃铟，o/a 为 15，经 3 级反萃便能完全反萃铟，获得含铟 67~84g/L 的铟水相：

$$[InA_3 \cdot 3HA](o) + 4HCl(a) = HnCl_4(a) + 3[H_2A_2](o)$$

铟水相用锌板置换得海绵铟，经压团后于 350℃ 碱熔铸得 96.80% 粗铟，经电解得 99.99% 铟。置换海绵铟后的置换后液经补锌，可制得 $ZnCl_2$ 商品出售。

C　提取锗

为了综合利用此萃铟余液，在提镓之前，用传统的丹宁沉锗-氯化蒸馏法提锗。用本厂 ZnO 中和到 pH 值为 1.2~2.0，加入丹宁量为液中锗量的 40 倍以沉锗，滤得的丹宁锗经烘干后，在 500℃ 下氧化焙烧得到含 Ge 15% 以上的锗精矿，采用氯化蒸馏法得金属锗。

D　提取镓

沉锗后液含 Ga 大于 0.071g/L，用 Na_2CO_3 中和到 pH 值为 3~4 得水解产物 $Ga(OH)_3$：

$$Ga_2(SO_4)_3 + 3Na_2CO_3 + 6H_2O = 2Ga(OH)_3 + 3Na_2SO_4 + 3H_2CO_3$$

经用 4~6 mol/LHCl 溶解得 $HGaCl_4$ 溶液，与含 Ga 0.2g/L 的氯化蒸馏残液合并得含镓 0.6~0.7g/L 的溶液，用 30% N503（取代乙酰胺，以 CH_3CONR_2 表示）/二乙苯萃取镓，它与配合阴离子 $GaCl_4^-$ 形成烊盐而被萃：

$$HGaCl_4(a) + n[CH_3CONR_2](o) = [(CH_3CONR_2)_nH + GaCl_4^-](o)$$

经 1 级萃取，就达到完全萃取镓。溶液中的锌、铜及镉等杂质不被萃取，只有 Fe（Ⅲ）的浓度较镓的浓度大到一个数量级时，才会影响到镓的萃取。而氯的浓度增高对萃取镓有利。然后，负载有机相用水反萃，获得含镓 8.7~13.5g/L 的镓水相。加入 NaOH（控制 NaOH 达 150~200g/L）碱化造液，以不锈钢（或液态镓）作阴极，不锈钢或镍为阳极，选用电流密度 500~2000A/m^2，槽压 3~4V，电解液温度 40~60℃ 下电解获得 99.99% 镓。

9.3.2.3　从煤中提取镓

英国是世界上较早从煤中采用合金法回收镓与锗的国家，英国人采用还原熔炼工艺使煤中镓富集于铜镓合金中，然后氯化蒸馏回收锗后，从净化的废液中用醚萃取镓，接着按通常的办法回收镓，合金-萃镓法流程如图9-5所示。

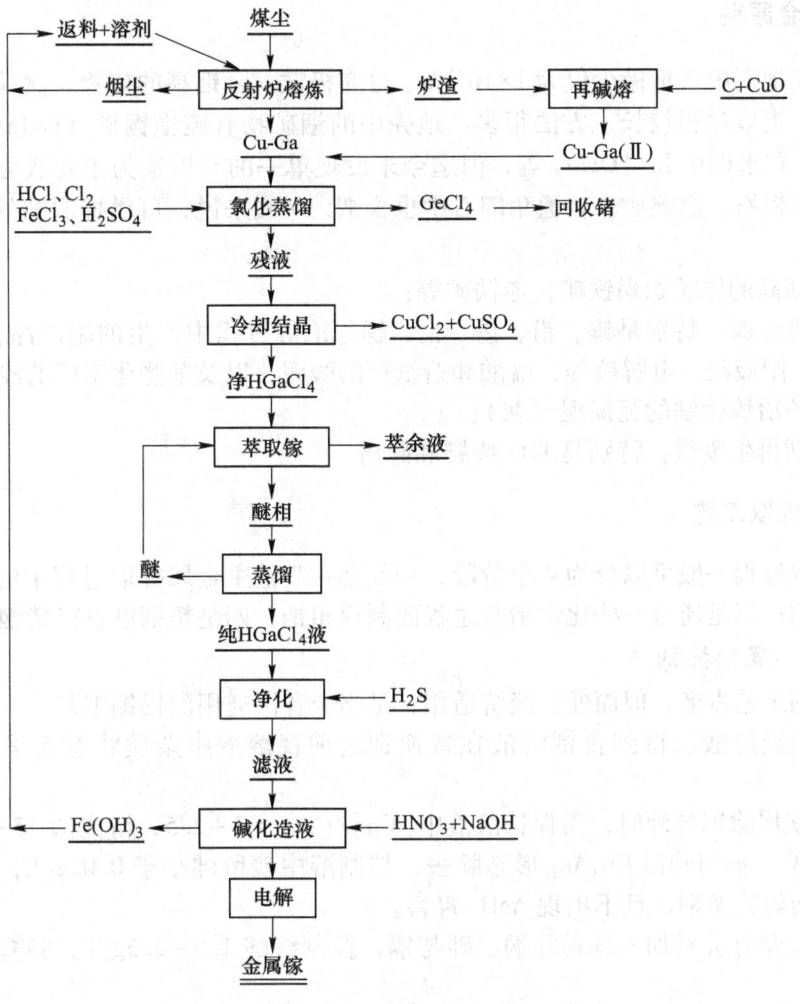

图9-5　合金-萃取法工艺流程

含镓煤尘配以 CuO、Na_2CO_3、SiO_2 及 Al_2O_3 等熔剂，投入反射炉进行还原熔炼，在还原熔炼中，分别有50%~60%的镓和90%的锗进入Cu-Ga合金，余者进入炉渣。为了补收炉渣中的镓，通过再次加碱熔炼，使镓形成Cu-Ga（Ⅰ）合金，这样转入Cu-Ga合金的总镓量共达83%，所得Cu-Ga（Ⅱ）合金成分为：Ga 1.5%~2.0%、Ge 3%~4%还有Cu、As、Fe、S等杂质，经典型的氯化蒸馏法提锗后，镓残留在氯化蒸馏残液中。从氯化蒸馏残液中回收镓，一般是先经中和除铁，或低温冷却结晶除铜后，再水解沉淀析出镓，沉淀物经酸溶、萃取、碱化造液后电解得金属镓。然而较好的方法是：先不经水解，而直接在除铜后进行萃取提镓，如残液成分为：Ga 0.08~0.50g/L、Fe 5.6g/L及9mol/L HCI时，采用TBP在相比o/a=1/5下萃取镓，萃镓率可达99.8%。

9.4 铟的综合回收技术

9.4.1 铟冶金原料

由于铟是地壳中含量极少仅为 $1\times10^{-5}\%$、分布极散，含铟高的矿物，这就决定了铟的提取原料杂，提取过程较长，方法很多。地壳中的铟矿物有硫铟铜矿（$CuInS_2$）、硫铟铁矿（$FeInS_4$）和水铟矿 $In(OH)_3$ 等，但迄今未发现单一的或以铟为主要成分的天然的铟矿床。此外，锡石、黑钨矿、普通角闪石中也含铟，一般来说，可供提取铟的原料主要有以下 4 种：

（1）含铟高的原矿如褐铁矿，赤铁矿等；

（2）有色金属，特别是锌、铅、锡、铜、锑等冶炼过程中产生的副产品，如浸出渣、烟尘、浮渣、阳极泥、电解液等，硫酸和造纸厂的酸泥，以及某些化工厂的浸出渣等；

（3）高炉冶炼生铁的瓦斯泥（灰）；

（4）含铟再生废料，特别是 ITO 废靶和碎屑。

9.4.2 铟的提取工艺

铟的提取过程一般可以分为 4 个阶段，一是铟在其他主金属提取过程中的富集；二是制取铟富集物；三是通过一些化学冶金过程而制得粗铟；四是粗铟电解得精铟锭。

9.4.2.1 置换提铟

置换提铟工艺古老，但简便、经济适用，是当今各国通用的提铟工艺。

含铟原料经过酸浸得到含铟溶液在置换铟之前视溶液中杂质状态而采用不同手段除杂：

（1）加铁屑除铜与砷时，需保持溶液中[Cu]/[As]=1~2.5，游离酸 15~30g/L 及温度为 70~ 90℃，铜与砷以 Cu_3As_2 形态除去，控制溶中残留砷小于 0.02g/L，以保证其后置换铟时不妨碍置换铟，且不出现 AsH_3 毒害。

（2）按化学计算量加入锌粉除铜、砷与镉，控制终酸 1.5~2.5g/L，85℃下置换而除杂质。

（3）加先期置换获得的粗海绵铟去置换除铜、铅、锡等。

（4）向溶液通入 H_2S 使铜同时与锑等呈 MeS 入渣而除去，然后送去置换铟。

置换铟的机理：利用比铟的电极电位（见表 9-6）更负的金属 Me（通常用锌或铝）从溶液中将铟还原成金属：

$$In^{2+} + Me \xlongequal{} In + Me^{3+} + Q$$

表 9-6 金属的标准电极电位

金属电极	Al^{3+}/Al	Zn^{2+}/Zn	Ga^{3+}/Ga	Fe^{2+}/Fe	Cd^{2+}/Cd	In^{3+}/In	Tl^{+}/Tl
标准电极电位/V	-1.60	-0.763	-0.53	-0.44	-0.403	-0.342	-0.336
金属电极	Sn^{2+}/Sn	Pb^{2+}/Pb	As^{3+}/As	Gu^{2+}/Gu	Te^{4+}/Te	Tl^{3+}/Tl	Te^{6+}/Te
标准电极电位/V	-0.136	-0.126	+0.248	+0.337	+0.53	+0.72	+1.02

湿法炼锌净化 $ZnSO_4$ 溶液过程中，因加入锌粉置换除铜镉，结果产出了富含铟的铜镉

渣。此渣经用稀酸溶液除铜和锌后，得到更富含铟的滤渣。该渣成分为：In 0.01%～0.04%、Cu 20%～28%、Cd 17%～20%、Zn 7%～10%、Pb 4.8%、Fe 0.2%～1.5%、Tl 0.02%～0.03%及 SiO_2 8%等，用20%的硫酸溶液浸出，有近90%的铟转入溶液。根据各金属不同的还原电位，先加入不足量的锌粉置换除去大部分铜，之后将过滤后的溶液加热到80～85℃下用铁置换除去余下的铜，随铜损失的铟约达3%～5%，滤液用碱中和至含 H_2SO_4 1.5～2.5g/L，然后才加入锌粉置换铟，获得成分为：In1%～2%、Cu 40%、Zn 5%～8%及 Cd 20%～30%的铟富集物，将它氧化焙烧后，用20%的 H_2SO_4 溶液浸出，再重复酸溶-置换而提铟。

9.4.2.2　氯化挥铟法

湿法炼锌的浸出渣富含铟与镓，可以从该渣中回收提取铟。日本日曹熔炼公司采用回转窑法处理锌浸出渣。为回收其中的铟与镓，配入料重30%左右的煤粉，投入回转窑于1300℃高温下还原挥发铟与镓。该厂曾将回转窑挥发物配以定量的 NaCl 和硫黄进行氯化挥发，此时回转窑挥发物内的铟便富集在氯化物尘中。此氯化物尘用硫酸浸出，锌与镉转入溶液，滤液用锌粉置换回收镉，后用 $Ca(OH)_2$ 中和以回收 $Zn(OH)_2$，$Zn(OH)_2$ 作返料返回回转窑处理。浸出渣含铟约0.25%，用浓硫酸浸出，铟进入溶液，也用 $Ca(OH)_2$ 中和而获得 $In(OH)_3$ 沉淀，此沉淀物含铟达6%，经硫酸溶解，滤液以锌板置换得含铟达85%，含镉高达7.8%的海绵铟，此海绵铟经真空蒸馏除镉后获得含铟99%的粗铟，再经电解得纯度为99.99%的电解铟，其工艺如图9-6所示。

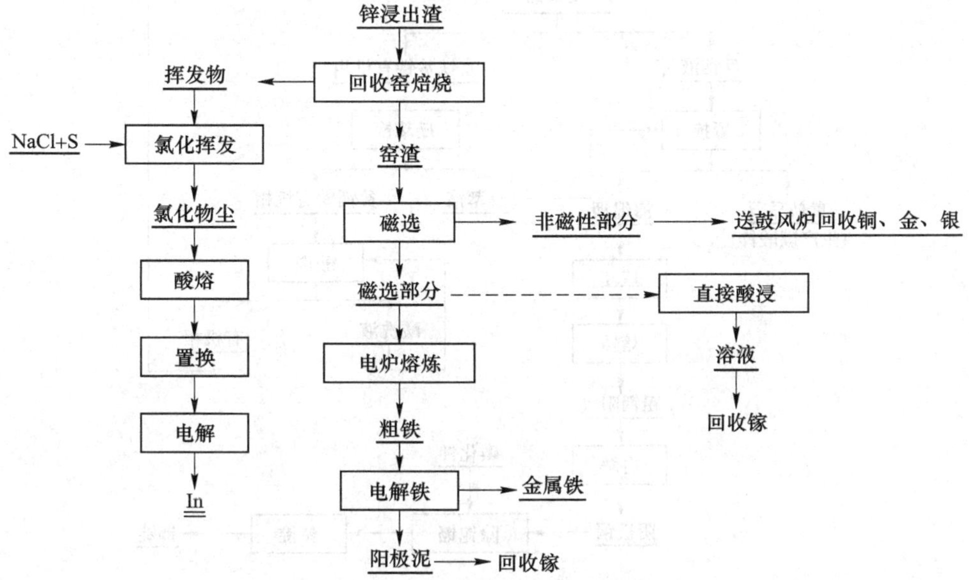

图9-6　选-冶联合法提取铟（镓）工艺

9.4.2.3　萃取铟法（硫酸介质中）

国内外多用萃取法提铟，从硫酸介质中萃铟，选用 D_2EHPA 萃取剂，其萃铟机理为：

$$In^{3+}(a) + 3[H_2A_2](o) \Longleftrightarrow [InA_3 \cdot 3HA](o) + 3H^+(a)$$

实践表明，宜选用0.56～0.66mol/L H_2SO_4 为好。采用30% D_2EHPA/煤油的有机相，

其 o/a 为 1/2，经 3 级反萃，反萃铟率大于 99.3%，反萃机理如下：

$$[InA_3 \cdot 3HA](o) + 4HCl(a) \Longrightarrow HInCl_4(a) + 3[H_2A_2](o)$$

在硫酸介质中用 D_2EHPA 萃取铟能与众多的杂质分离，仅 Fe(Ⅲ) 例外，在萃取过程中 Fe(Ⅲ) 与 In(Ⅲ) 同时萃入有机相，而在反萃铟时，Fe(Ⅲ) 与 In(Ⅲ) 均被反萃入铟水相，少部分 Fe(Ⅲ) 在贫有机相中积累，积累多了会影响萃取效率。

9.4.2.4 从湿法炼锌的浸出渣中提取铟

湿法炼锌浸出渣经过回转窑处理制得氧化锌粉，浸出渣中的铟大部分呈三氧化二铟（In_2O_3）的形式存在，在回转窑中还原成 InO 和 In 进入氧化锌粉中，氧化锌粉浸出得到含铟溶液，现代工厂通常采用如图 9-7 所示工艺流程。其主干流程为萃取—置换—压团—熔铸—电解。

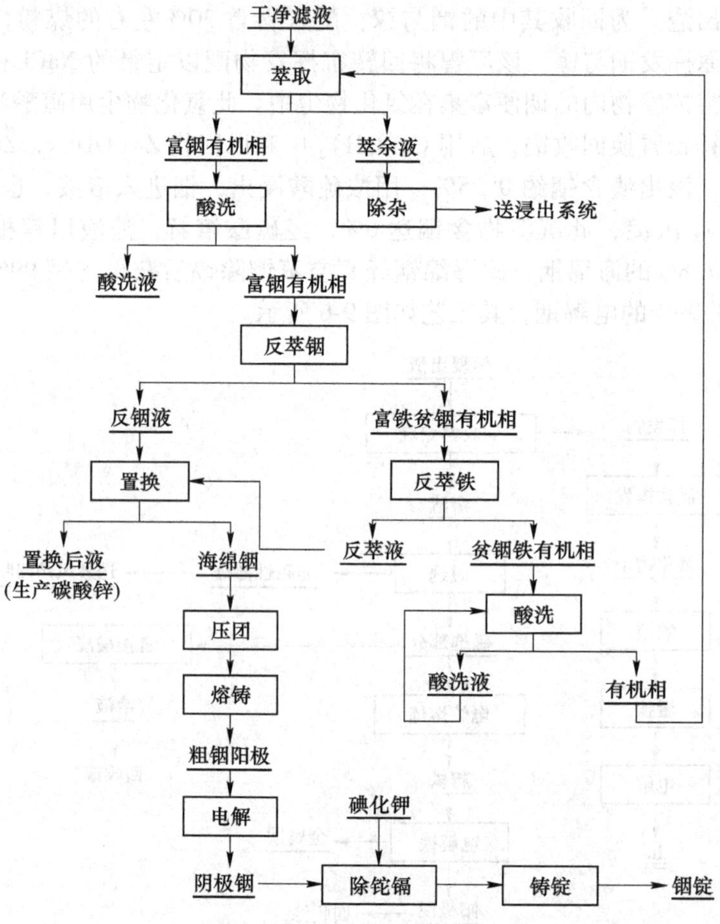

图 9-7 从 ZnO 粉中回收铟工艺

首先，采用有机萃取剂萃取的方式将干净滤液中的铟由 1g/L 左右富集到 100g/L，再用锌片置换成海绵状金属铟，通过压团、熔铸成粗铟。整个流程的核心是萃取。萃取不但将滤液中的铟富集了 100 倍，而且能将铟与 Zn、Cd、Cu 等杂质分离，得到较为纯净的富铟溶液。通常干净滤液中含 Zn 50~100g/L，Cu 1~5g/L，Cd 1~5g/L，In~lg/L；反铟液中含 In 80~100g/L，Zn 小于 1g/L，Cu 小于 0.1g/L。通过萃取，铟的含量和纯度大大提高。

9.5 锗的综合回收技术

9.5.1 锗冶金原料

锗在地壳中的含量为0.0007%，比金、银、铂多得多，但分布非常分散，没有单独的天然矿石提炼。锗具有亲硫性，它与铜、锌、铅伴生以锗石存在硫化矿中，也具亲铁性，氧化铅锌矿、氧化铁矿是它的寄生矿物。

回收锗的有用资源及含量包括以下几个方面：

(1) 锗石经浮选得含锗0.25%的锗精矿。

(2) 各种金属冶炼过程中锗的富集物，如各种含锗烟尘、炉渣、浸出渣等。氧化铅锌矿一般含锗0.004%~0.008%，经竖炉熔炼或烟化，烟尘含锗0.04%~0.06%，锌浸出渣经回转窑还原挥发，烟尘含锗0.003%~0.005%，含铟0.05%~0.06%。铁矿中的锗一般在氧化铁矿中为0.002%~0.01%，炼铁过程锗全部进入铁水中，只有铁水吹炼或将铁矿石在高炉中1350℃下还原挥发熔炼得到的烟尘含锗可达0.3%~2%。铜矿石中的锗在熔炼过程中，40%的锗入烟尘，42%入炉渣，18%入冰铜，烟尘中含锗约为0.12%~1.18%。

(3) 煤燃烧的各种产物，如烟尘、煤灰、焦炭等。煤中的锗主要在煤灰中，含煤灰少，则锗多，含煤灰多，则锗少，前者一般为0.0219%~0.0223%，后者含煤灰在13%~15%，含锗为0.0061%~0.0071%，氨水、炼焦油含锗为0.003%~0.004%。

(4) 半导体器件中的锗从1%~99%，约有30%可利用。

9.5.2 锗提取工艺

9.5.2.1 从铅锌氧化矿烟尘中回收锗

20世纪各国工业化回收锗多采用氯化蒸馏锗的提锗工艺，将原料中的锗通过浸出转入硫酸溶液，向此液加入丹宁，使锗以丹宁锗形态配合沉淀析出，滤出的丹宁锗经氧化焙烧脱去有机物及砷等后，通过氯化蒸馏得 $GeCl_4$，进一步水解 $GeCl_4$ 得 GeO_2，然后通氢还原 GeO_2 得到金属锗。此氯化蒸馏法是中外通用的经典提锗工艺，至今仍普遍使用。

图9-8为从某含锗铅锌氧化矿烟尘中回收锗流程。采用烟化挥发法得到的氧化锌烟尘中含有锗，锗含量0.025%~0.032%。

A 锗精矿制备

采用两次酸浸法，然后从一次酸浸溶液中回收锗。一次酸浸溶含锗0.04~0.054g/L，经控制温度为333~343K，pH位为2~3，即可用丹宁酸沉淀出丹宁酸锗。丹宁加入量为锗的25~45倍，沉淀时间为20~25min，以沉淀后溶液含锗0.5~0.8mg/L为格，沉淀率94%以上。丹宁酸锗经过加水浆化洗涤和压滤得到含锗2.5%以上的锗精矿。

B 氯化蒸馏

氯化蒸馏的实质是将锗精矿与一定量的浓盐酸共热进行反应，使Ge生成沸点较低的GeCl，经过蒸馏使之与其他杂质分离。氯化、蒸馏两个过程在同一设备中进行，其反应是：

$$GeO_2 + 4HCl \xlongequal{\quad} GeCl + 2H_2O$$

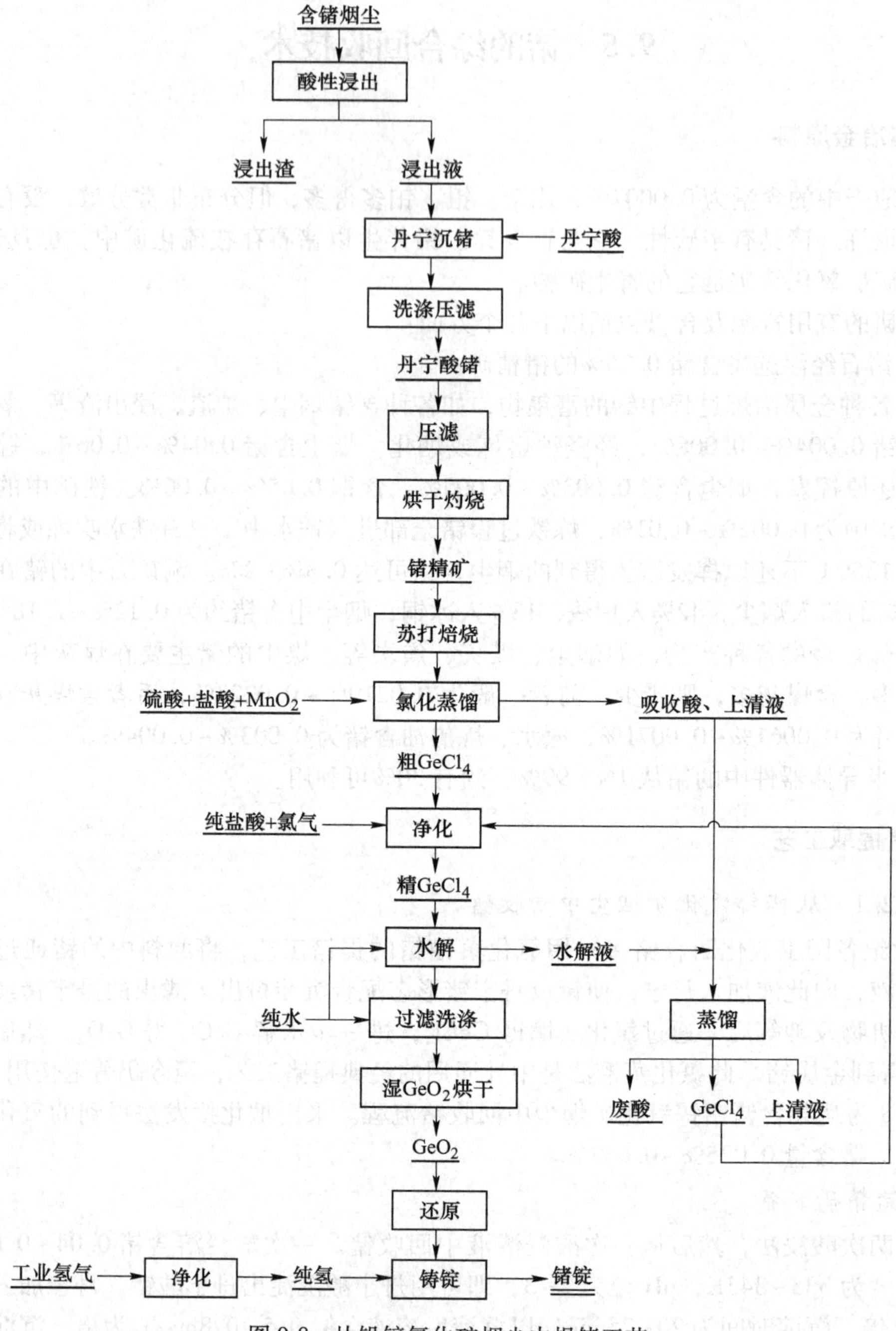

图 9-8 从铅锌氧化矿烟尘中提锗工艺

氯化蒸馏设备是采用带有搅拌器的双层耐酸搪瓷蒸馏釜，蒸馏的盐酸浓度是 8.5～9.5mol/L 操作是间歇性的，蒸出的 $GeCl_4$（密度 $1874kg/m^3$）在温度为 263K 的冷凝系统吸收。

C $GeCl_4$ 的净化

氯化蒸馏获得的 $GeCl_4$ 一般都含有大量的杂质。为了得到高纯度锗，必须净化 $GeCl_4$。

其目的主要是除去其中的杂质砷（$AsCl_3$）。从 $GeCl_4$ 中净化除去 $AsCl_3$ 的方法很多，如饱和氯的盐酸萃取法、通氯氧化复蒸法、精馏法及化学法等。净化结果要求 $GeCl_4$ 中含 $AsCl_3$ 量降低到 0.001%以下。

D　$GeCl_4$ 的水解

获得纯净的 $GeCl_4$ 之后，为了制取 GeO_2，使 $GeCl_4$ 发生水解，其反应是：

$$GeCl_4 + (2+n)H_2O \xlongequal{} GeO_2 \cdot nH_2O + 4HCl$$

GeO_2 在盐酸中的溶解度是随盐酸浓度的增高而下降，在盐酸浓度为 5.3mol/L 时，GeO_2 的溶解度最小。为了保证 GeO_2 的纯度，水解时所用的水必须是经过净化的纯水。水解在带有搅拌器的水解槽中进行。

E　氢还原

一般情况下，都是采用氢作还原剂使 GeO_2 还原，其反应如下：

$$GeO_2 + 2H_2 \xlongequal{} Ge + 2H_2O$$

当温度超过 873K 时，GeO_2 强烈地被还原成金属锗。由于 GeO_2 的还原要经过 GeO 阶段，而 GeO 在 973K 以上就非常剧烈地挥发，因此用氢还原 GeO_2 的温度应严格控制在 873~953K 下进行，绝不允许超过 973K。

还原剂氢在使用前要经过脱水、脱氧处理，纯度必须在 99.999%以上。

还原过程在电炉反应管中进行，反应管的外面套上一个加热套管。为了保证锗的质量，反应管采用透明石英管。还原采取逆流作业，即氢气从出料端导入，这样可避免已经还原出来的金属锗再被反应所产生的水蒸气所氧化。

还原操作过程是：先按每舟 350~400g GeO_2 装料于高纯石墨舟内，并推入炉内，以 7~8L/min 的流量通入氢气，炉子开始升温至 873~923K，每隔一定时间（视加温带的长短而定）向炉内推进一个石墨舟。为了使 GeO_2 还原完全，炉内尚有一高温带，其温度为 1023~1073K，还原完全的石墨舟移动至出料端时开始出炉。

F　铸锭

铸锭是在另一座管式电炉中进行，炉中温度控制在 1211~1323K，舟中的粉状锗熔融成锭，之后降温到 523K 以下取出锭子进行表面处理。产出的锗锭首先用纯度很高的水煮沸，然后用 80%HNO_3 和 20%HF 混合液淋洗至表面显出金属光泽，然后再用纯水煮沸一次，擦干即为成品。处理好的锗锭用四探针法测定其电阻率，低于 0.05Ω·m 者为不合格产品，应返回重新处理。

9.5.2.2　碱土金属氯化蒸馏锗法

从含砷较高的锗精矿或富锗渣提取锗，如用经典的氯化蒸馏锗法难于获得高质量的 $GeCl_4$，而且不仅会有产出 AsH_3 的缺点，还会有含砷残液、废渣难以处理等弊端。1976 年德国人贝兹逊（R. Beetzsen）等提出了氯气加 CaCl 的水溶液氯化含锗 3.3%~10.6%及含砷 0.22%（低砷）的锌精馏残渣，过滤后加 HCl 进行氯化蒸馏提锗的专利。我国也研究成功了碱土金属氯化蒸馏提锗法，用于从含砷高达 18%~24%的高砷富锗渣中提锗，并于 1982 年投入工业生产，其工艺如图 9-9 所示。

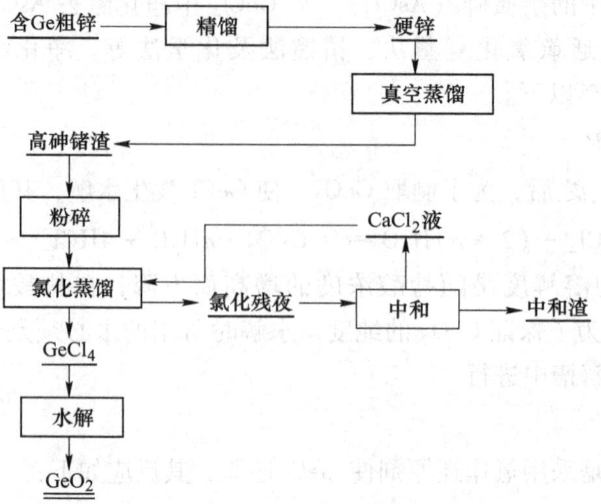

图 9-9 碱土金属氯化蒸馏法提锗工艺

9.6 硒碲综合回收技术

9.6.1 硒碲提取原料

硒在地壳中的含量约为 $1\times10^{-5}\%$，硒伴生于铜矿、硒镍矿、硒铋铅矿，少量的硒还与硫等共生，据称，每生产 1t 铜，可从铜阳极泥中回收 0.26~0.56kg Se 和 0.06kg Te。碲在地壳中的含量为 $1\times10^{-6}\%$，比硒少，但比银、铝、汞多，碲与 Au-Ag 矿，铜、铅、镍、铋、汞、砷等矿物共生，从上述矿物中直接回收碲目前还没有工业实践。硒和碲是稀散金属中最早被发现的元素，常共生在一起。有色冶金工业中提取硒与碲的原料，主要为电解产出的阳极泥，其中首位是铜电解阳极泥，其次是镍或铅电解阳极泥。有冶炼厂将 SO_2 烟气生产硫酸和化工厂生产硫酸及纸浆生产过程产生的烟气中收得的尘泥或淋洗泥渣等统称为酸泥，酸泥富含硒与碲，也是提取的主要原料。此外，含硒煤在燃烧时硒挥发进入烟气，可从湿式电收尘处回收。

9.6.2 硒碲提取工艺

9.6.2.1 硫酸化法从阳极泥中提取硒、碲

目前世界上约半数的阳极泥是采用硫酸化法处理的，其工艺流程如图 9-10 所示。此法的优点在于：(1) 简易地在第一工序将硒提取，硒的回收率大于 93%；(2) 可以回收提硒后残渣中的碲，回收率大于 70%；(3) 由于硫酸化过程中不形成硒酸盐或亚硒酸盐，故还原硒时可不需另加盐酸而比较经济；(4) 物料呈浆状，故操作中机械损失少；(5) 不发生硒及其化合物的升华，烟气量小，这就既减小硒的毒害，也减小了收尘的压力与设施规模；(6) 适宜对含贵金属及铜、镍、铅、铋。

A 焙烧

硫酸化焙烧是将阳极泥配以料重 80%~110%的硫酸，在 350~500℃温度下焙烧，料中

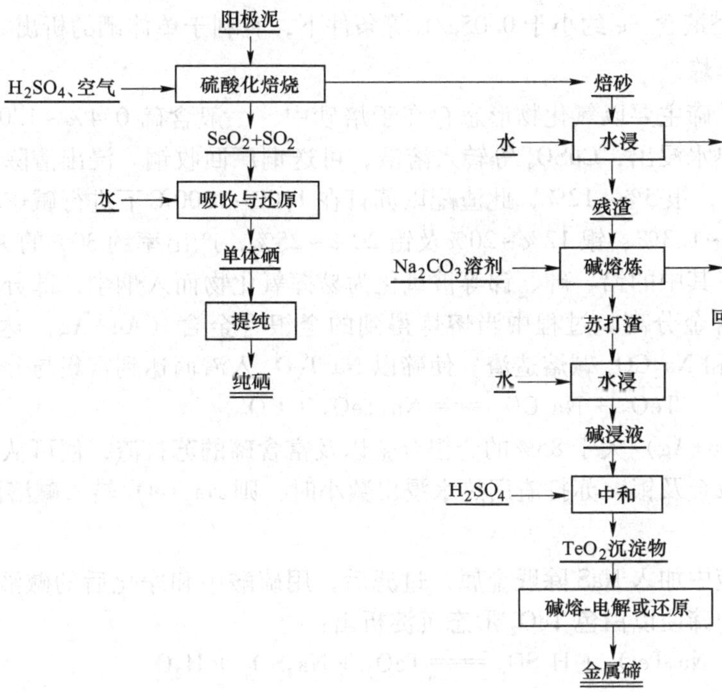

图 9-10　硫酸化焙烧法提硒、碲工艺

硒与碲的化合物或元素状态的组分与硫酸作用而发生如下一些主要化学反应：

$$Se + 2H_2SO_4 = H_2SeO_3 + 2SO_2 + H_2O$$

$$Se + 2H_2SO_4 = SeO^2 + 2SO_2 + H_2O$$

$$Te + 2H_2SO_4 = TeO_2 + 2SO_2 + H_2O$$

$$2Ag + 2H_2SO_4 = Ag, SO_4 + SO_2 + H_2O$$

$$CuSe + 4H_2SO_4 = SeO_2 + CuSO_4 + 3SO_2 + H_2O$$

$$Cu_2Se + 2H_2SO_4 + 2O_2 = SeO_2 + 2CuSO_4 + H_2O$$

$$AgTe + 2H_2SO_4 = Ag + TeO \cdot SO_2 + SO_2 + H_2O\ (> 400℃)$$

$$AuTe_2 + 2H_2SO_4 = Au + TeO_3 + 2SO_2 + 2H_2O$$

$$Ag_2Se + 4H_2SO_4 = Ag_2SO_4 + SeO_2 + 3SO_2 + 4H_2O$$

$$Ag_2Te + 4H_2SO_4 = Ag_2SO_4 + TeO_2 + 3SO_2 + 4H_2O$$

B　吸收与还原

SeO_2 在 70℃下遇水即生成 H_2SeO_3，所生成的硒酸会立即被烟气中的 SO_2 还原为单体硒。之所以能还原出硒，是基于存在 Se^{4+}/Se 与 S^{4+}/S^{6+} 的氧化还原电位差，SO_2 中的 S^{4+} 被氧化为 S^{6+} 而起还原剂作用，将 SeO_3^{2-} 还原成元素硒而沉出：

$$H_2SeO_3 + 2SO_2 + H_2O = Se + 2H_2SO_4$$

实质上是有 H+参与，才促使上式反应向右进行而沉出硒：

$$H_2SeO_3 + H_2SO_4 + 2SO_2 + H_2O = Se + 3H_2SO_4$$

因而吸收与还原实际是在同一作业同一吸收塔内完成的。在控制通入的 SO_2 浓度高、时间长和吸收液的硫酸浓度为 10%～48%（有的控制在 280g/L 以下），吸收液温度高于

70℃及离（吸收）塔液含 Se 约小于 0.05g/L 等条件下，有利于单体硒的析出。

C　水浸与碱熔炼

硫酸化焙烧后，碲主要以氧化物形态存在于焙砂中，一般含碲 0.4%~1.0%，并含金与银等贵金属，用热水浸出，$CuSO_4$ 等转入溶液，可送铜厂回收铜。浸出渣除含碲外，还富含金 0.6%~1.0%，银 5%~12%，此渣配以苏打在 1100~1200℃下进行碱熔炼 14~16h，便可获得含金 0.7%~1.3%、银 12%~20%及铅 20%~25%，产出率约 30%的 Au-Ag 合金，此合金经氧化精炼，其中的铅、砷、锑等被氧化为易挥氧化物而入烟尘，部分入渣，从而与不易氧化的金银合金分离。过程中当熔炼得到的金银合金含（Au+Ag）达 70%~80%时，就加入 $NaNO_3$ 和 Na_2CO_3 碱熔造渣，使碲以 Na_2TeO_3 入渣而达到富集与分离：

$$TeO_2 + Na_2CO_3 = Na_2TeO_3 + CO_2$$

这时得到含（Au+Ag）大于 85%的金银合金以及富含碲的苏打渣，便可从苏打渣中回收碲，从合金中回收金及银。苏打渣用热水浸出数小时，则 Na_2TeO_3 转入碱溶液。

D　中和

向压滤所得碱液中加入 NaS 除贱金属，过滤后，用硫酸中和净化后的碱液 pH 值达到 4.0~4.5 时，碱液中碲便以白色 TeO_2 形态沉淀析出：

$$Na_2TeO_3 + H_2SO_4 = TeO_2 + Na_2SO_4 + H_2O$$

E　电解

制得的 TeO_2 用电解法提碲。以 NaOH 溶液溶解此 TeO_2 沉淀，制得含碲 200~300g/L 及游离碱 100g/L 的 Na_2TeO_3 的电解液，在用不锈钢板作阴极、铁片为阳极、电流密度 $50A/m^2$、槽电压 1.6~1.8V 下电解得到性脆的阴极碲，从阴极敲下，经水洗后熔铸得精碲。

9.6.2.2　水溶液氯化提硒、碲工艺

针对铜阳极泥传统工艺存在的问题，在较短的新工艺流程下，力争在保证金、银等贵金属回收率的同时提高硒、碲的回收率。采用脱铜浸出剂能够有效去除铜阳极泥中大量的铜，优化条件下铜的浸出率达到 98%以上。脱铜后浸出渣在优化条件下进行氯化浸出硒和碲。氯化浸出液采用萃取剂为体积分数 30%的多元醇萃取分离出碲与硒。其工艺流程如图 9-11 所示。

9.6.2.3　苏打熔炼法综合回收硒与碲

苏打法是另一种广泛用于从阳极泥中回收硒与碲的方法，其工艺流程如图 9-12 所示。将脱铜（或硫酸化，或酸浸除铜）阳极泥配以料重 40%~50%的苏打，投入电炉在 450~650℃下进行苏打熔炼，过程中硒与碲转变为易溶于水的碱（碱土）金属硒（碲）酸盐或亚硒（碲）酸盐：

$$2Se + 2Na_2CO_3 + 3O_2 = 2Na_2SeO_4 + 2CO_2$$

$$Cu_2Se + Na_2CO_3 + 2O_2 = Na_2SeO_3 + 2CuO + CO_2$$

$$2Cu_2Se + 2Na_2CO_3 + 5O_2 = 2Na_2SeO_4 + 4CuO + 2CO_2$$

$$CuSe + Na_2CO_3 + 2O_2 = Na_2SeO_4 + CuO + CO_2$$

$$2CuSe + 2Na_2CO_3 + 3O_2 = 2Na_2SeO_3 + 2CuO + 2CO_2$$

$$SeO_2 + Na_2CO_3 = Na_2SeO_3 + CO_2$$

$$Cu_2Te + Na_2CO_3 + 2O_2 = Na_2TeO_3 + 2CuO + CO_2$$

$$2Cu_2Te + 2Na_2CO_3 + 5O_2 = 2Na_2TeO_4 + 4CuO + 2CO_2$$

$$Ag_2Te + Na_2CO_3 + O_2 = Na_2TeO_3 + 2Ag + CO_2 \quad (400 \sim 500℃)$$

$$AgSe + Na_2CO_3 + O2 = Na_2SeO_3 + 2Ag + CO_2$$

$$2Ag2Se + 2Na_2CO_3 + 3O_2 = 2Na_2SeO_4 + 4Ag + 2CO_2$$

$$2Na_2SeO_3 + O_2 = 2Na_2SeO_4$$

$$3Se + 3Na_2CO_3 = 2Na, \ Se + Na_2SeO_3 + 3CO_2$$

$$3Ag2Se + 3Na_2CO_3 = 2Na_2Se + Na_2SeO_3 + 6Ag + 3CO_2$$

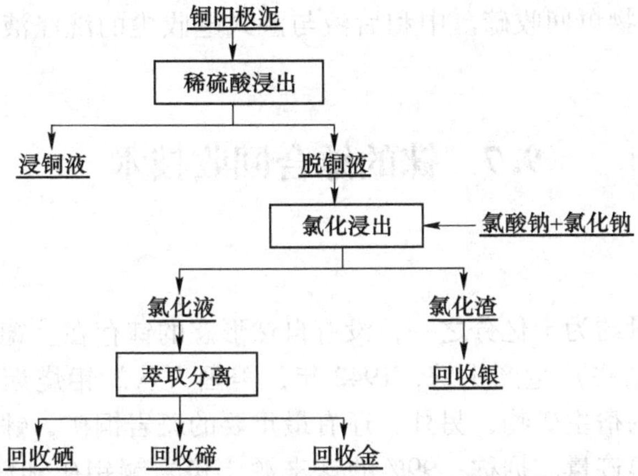

图 9-11 硫酸化焙烧法提取硒与碲工艺

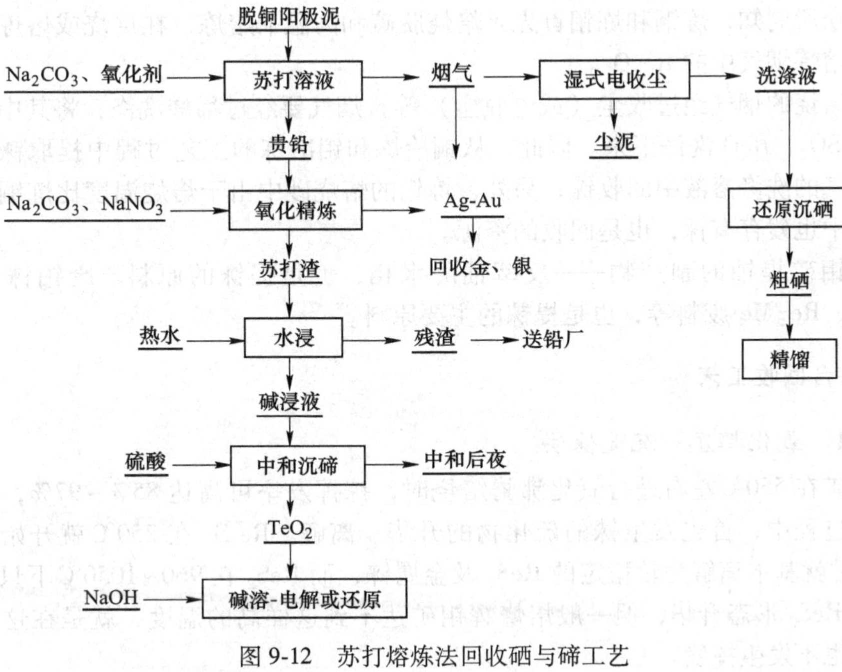

图 9-12 苏打熔炼法回收硒与碲工艺

上述的苏打熔炼反应起始于300℃，到500~600℃时剧烈进行，如果升温到700℃以上，则会有 SeO_2 的明显挥发。为了保证氧化反应完全，便硒、碲都生成水溶性盐，苏打熔炼宜控制在650~700℃或以下进行。如欲使硒多转为水溶性盐，而使碲形成水不溶物，则要求控制苏打熔炼温度在450℃左右，并保证氧化剂与所供空气充足，此时氧化率在92%以上，碲会形成难溶的 Na_2TeO_4（但用 H_2SO_4 将 Na_2TeO_4 转为 H_2TeO_4 则可溶），水浸时则Se入溶液，而Te不入液。

苏打熔炼渣用热水浸出，硒和碲转入溶液，从水浸液中直接加入 Na_2SO_3 还原沉出碲，

$$Na_2TeO_3+2Na_3SO_3+H_2O = Te\downarrow +2Na_2SO_4+2NaOH$$

或采用电解方法从 Na_2TeO_3 溶液中提取碲，也可以用硫酸中和过滤后的溶液沉出 TeO_2，从此 TeO_2 沉淀物再回收碲。中和后液与湿式电收尘的洗涤液合并后，通入 SO_2 以析出硒。

9.7 铼的综合回收技术

9.7.1 提铼资源

铼在地壳中的含量约为十亿分之一，没有自然形态的铼存在。德国人首先发现并从炼铜厂的残渣中（炉壁结块）生产出铼，1942年，美国人从辉钼烧烟尘中生产出铼。据调查，辉钼矿是铼唯一的宿主矿物，另外，还有最重要的斑岩铜矿，铼是与铜矿溶解物共生的，其他矿物的铼为痕迹量。据称：99%的铼来源于斑岩铜钼矿和辉钼矿。其次，在钼-铼废催化剂、铜铼合金废料中可回收二次资源铼。赞比亚是生产铼主要国家之一。

铼的资源主要是斑岩铜钼矿和辉钼矿，还有二次利用的废催化剂，铜铼合金钨、铜-铼合金等。众所周知，炼铜和炼钼首先是焙烧脱硫和高温下熔炼，在焙烧或熔炼过程中铼进入焙烧或熔炼烟气中的 Re_2O_7。

熔炼或焙烧的烟气经过收尘（或电收尘）等，烟气要经过稀酸洗涤，将其中的微尘和挥发气体如 SO_2、ReO 洗涤下来。因此，从铜冶炼和钼冶炼的工艺过程中提取铼主要还是从烟尘和烟气的洗涤溶液中回收铼，另外，炼钼的焙烧砂中由于焙烧温度比炼铜熔炼温度低，焙烧砂中也残存有铼，也是回收的资源。

处理铀钼矿提铀的副产物——反萃铀的水相，也是提铼的原料。废铂铼催化剂及W(Mo)-Re、Re-Me废料等，也是提铼的主要原料。

9.7.2 铼综合回收工艺

9.7.2.1 *氧化挥发—沉淀铼法*

烧辉钼矿在550℃左右进行氧化沸腾焙烧时，铼挥发率可高达85%~97%，在氧化焙烧辉钼矿的过程中，首先发生铼的硫化物的升华、离解。Re_2S_7 在250℃就开始离解，到350~400℃时就基本离解为较稳定的 ReS_2 及金属铼，而 ReS_2 在960~1050℃下只有少量离解，同时以 ReS_2 形态升华，但一般焙烧辉钼矿达不到这样高的温度，就是在这么高的温度下金属铼也不发生挥发。

由于铼是以类质同象存在于钼矿中，故在氧化焙烧辉钼矿时，铼与钼会同时被氧化，

并发生硫化物与氧化物间的交互反应，铼的硫化物已在300~500℃时就强烈氧化脱硫。其反应如下：

$$Re_2S7 + 21O_2 = 2Re_2O_7 + 14SO_2$$

$$ReS_2 + 15O_2 = 2Re_2O_7 + 8SO_2$$

而氧化形成的Re_2O_7在300~400℃时几乎挥发完全。辉钼矿在300~400℃下焙烧4h后，已基本上达到完全脱硫，若焙烧8h，则铼挥发率可达95%以上，与此同时钼的挥发率只有10%。采用沸腾焙烧炉进行氧化焙烧，使铼完全挥发的时间大大缩短。

然而，在氧化焙烧温度升到450℃以上之后，Re_2O_7有可能与金属杂质氧化物（Me′O）反应形成铼酸盐：

$$Re_2O_7 + Me'O = Me'(ReO_4)_2$$

尤其是会生成高温才离解的钾或钙的铼酸盐，而导致铼难以挥发。特别是当配料中$Re_2O_7/CaO=10$的情况下，必定会形成Ca（ReO_4）$_2$：

$$CaO + Re_2O_7 = Ca(ReO_4)_2$$

含Re_2O_7的烟气经淋洗塔和湿式除尘器收尘，烟气中的Re_2O_7溶于水而生成高铼酸：

$$Re_2O_7 + H_2O = 2HReO_4$$

溶有Re_2O_7的水溶液用以循环淋洗烟气，当其富集到一定浓度后，抽出一部分溶液浓缩到原液的1/10，在空气搅拌下，加入27kg/m^{3}的KCl，便产生白色的高铼酸钾沉淀：

$$HReO_4 + KCl = KReO_4 + HCl$$

沉淀为不纯物，需用热纯水进行重溶（为加速溶解，有时要加入氧化剂如双氧水），溶解完后，让其冷却到0℃以下，此时重结晶析出$KReO_4$如此重复1~2次，即可获得纯$KReO_4$。欲进一步制取金属铼，则需通氢气还原：

$$2KReO_4 + 7H_2 = 2Re + 2KOH + 6H_2O$$

开始在低温（300℃）下还原，以防止$KReO_4$的熔解与飞溅，后期升温到600~1000℃继续通氢气还原得铼粉，铼粉经水洗、酒精洗后，再在1000℃下通氢还原得99.8%的铼粉。

9.7.2.2 离子交换法从烟道灰中提取铼的工艺

从钼冶炼烟道灰中湿法回收铼，采用在稀硫酸体系中氧化浸出铼，用水解和硫化法二段分离除钼，然后选用特种大孔径哌啶类阴离子交换树脂R410从净化液中富集提取铼，高氯酸淋洗，重结晶法精制，铼酸钾氢还原制得高纯度铼。其工艺如图9-13所示。

A 氧化浸出

伴生于辉钼矿中的铼多呈硫化铼存在，在焙烧过程中，铼得到良好挥发，由于钼、铼及硫的挥发速度不同，部分Re_2O_7可能被烟气中SO_2还原为难溶于水的低价铼，使得烟尘和烟气中的铼呈ReO_2、ReO_3、Re_2O_7及未被氧化的MoS_2等多种形态存在。当烟尘用水直接浸出时，只有50%~60%的铼溶解。在较低酸度硫酸体系中加入氧化剂（如H_2O_2等）以氧化低价态铼及其他各种金属，使之尽可能呈高价态转入溶液，由于H_2O_2的电极电位高、氧化性强，在较低浓度的硫酸体系中，对于铼的氧化浸出效果好，可把铼的低价氧化物及其硫化物氧化成易溶于水的高价态Re_2O_7。

B 水解中和

钼的稳定氧化物为三氧化钼（MoO_3），它既能溶于碱性溶液又能溶于无机酸中形成钼

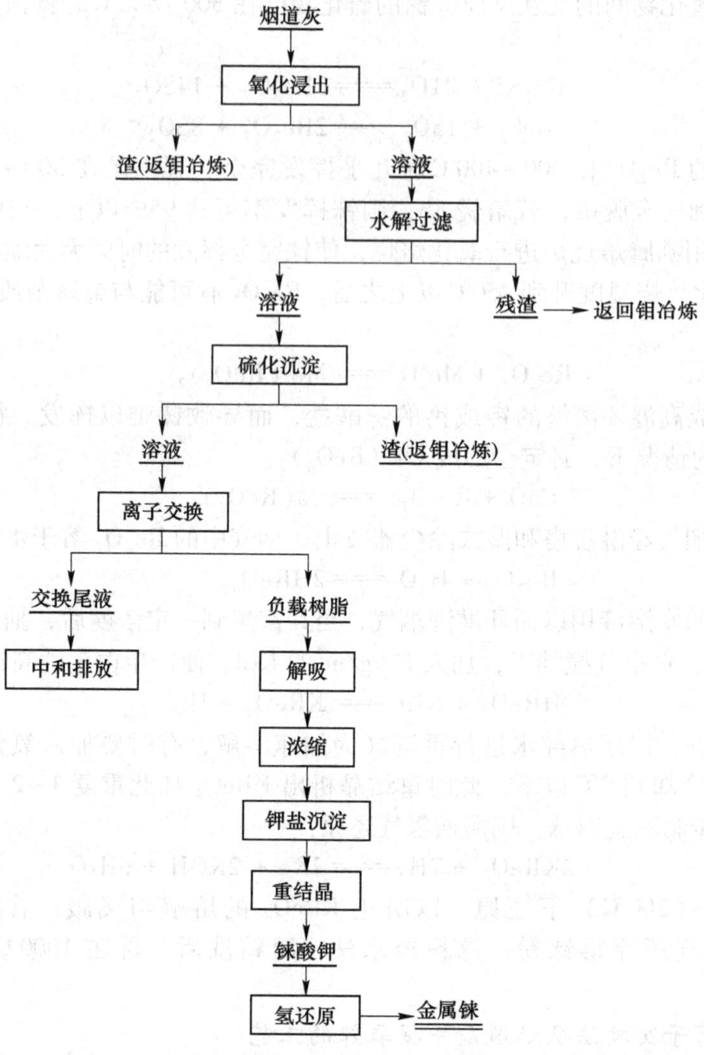

图 9-13 离子交换法从烟道灰中提取铼的工艺流程

酸盐（MoO_4^{2-}）。溶液中 pH 值大于 4 或 5 时，Mo(Ⅵ) 以 MoO_4^{2-} 存在，在 pH 值小于 1 时，则以 MoO_2^{2+}、$Mo_2O_5^{2+}$ 等各种阳离子存在，控制溶液的酸度和 Mo(Ⅵ) 的浓度，能使钼产生一系列的聚合反应，生成多种杂多酸盐，铼留在溶液中。

C 硫化沉淀

由于钼的水解沉淀不完全，钼铼分离不彻底，含钼溶液通过离子交换柱时会造成树脂污染，使后续从树脂中洗脱钼离子发生困难，因此，硫化沉淀法是溶液进一步深度除钼的重要步骤。硫化除钼的基本原理是：在弱碱性介质中，加入一定量的 S^{2-} 或 HS^-，钼酸盐（MoO_4^{2-}）能与硫化剂生成稳定的硫代钼酸盐（MoS_4^{2-}），可使溶液中的 MoO_4^{2-} 较彻底地转化为 MoS_4，然后用 2~3mol/L H_2SO_4 中和至 pH 值 2.5~3 时，硫代钼酸盐转化为难溶的 MoS_3 沉淀。硫化沉淀法具有很好的除钼效果，且硫化药剂基本不与 ReO_4^- 作用，能够实现钼铼的有效分离。主要反应为：

$$MoS_4^{2} + 2H^+ \Longrightarrow MoS_3\downarrow + H_2S$$

D 铼的吸附和解吸

对于有价金属含量低的溶液，采用离子交换树脂富集分离是非常有效的方法，较多的阴离子树脂都可吸附铼。采用10%~15%的高氯酸溶液作为解吸剂，控制适当的解吸剂流速，连续监测解吸液中铼的浓度直至铼解吸趋于完全。解吸后的树脂用2~3mol/L盐酸再生后可循环使用。在淋洗解吸过程中，主要反应如下：

$$RReO_4 + HClO_4 \Longrightarrow RClO_4 + HReO_4$$

E 重结晶

将解吸液浓缩到一定体积，加入钾盐沉淀铼，主要反应如下：

$$ReO_4^- + K^+ \Longrightarrow KReO_4$$

利用不同温度下铼酸钾的溶解度不同，经过2~3次重结晶可以获得纯净的铼酸钾。在管式电阻炉中，800℃通氢气还原得到纯铼粉，经过洗涤、烘干、分析检测后包装入库。

9.7.2.3 *石灰烧结提铼法*

石灰烧结提铼法是将含铼0.0022%辉钼矿经过氧化焙烧，过程中铼挥发入旋风尘，富集铼到0.3%~1.6%，此尘配以料重70%~160%的石灰，在570~670℃下烧结2~4h，烧结过程中发生如下的化学反应：

$$Re_2O_7 + CaO \Longrightarrow Ca(ReO_4)_2$$

尤其是当配料中$Re_2O_7/CaO = 10$的情况下，必定会形成$Ca(ReO_4)_2$，这是石灰烧结法提铼工艺的理论基础，同时料中钼转为组酸盐$CaMoO_4$。

将烧结料投入盛水的浸出罐中并通入空气进行搅拌，控制液固比为3∶1，加温到60~80℃、浸出2h，料中90%以上的铼遂转入溶液，有时为了强化浸出而加入氧化剂（如MnO_2），以加速烧结料中的$Ca(ReO_4)_2$，中和后液经浓缩到含铼20~30g/L时，按1kg铼需2kg氯化钾计，加入氯化钾而获得粗$KReO_4$，此粗$KReO_4$按1kg$KReO_4$需加入10L纯水和17~33L H_2SO_4配成的溶液，在100℃下再溶解，然后冷却到5~7℃或以下进行重结晶而获得白色纯的$KReO_4$，继而通氢还原$KReO_4$便得到99.9%的铼粉。铼的总回收率约为80%~92%。

9.8 铊的综合回收技术

9.8.1 提铊资源

铊在地壳中的含量为0.0003%，比铋、镉、锑多5倍，比银、汞多10倍，铊有硒铊银铜矿、砷铊铅矿、红铊矿和硫砷锑铊矿，由于比较分散，难于实用。铊的有用资源主要存在于铅-锌冶炼的烟尘中，一般含铊为0.051%~0.12%，铅电解液中也含有5~6g/L，湿法炼锌的铜镉渣含铊0.1%~0.3%，以及铅、锌精炼的浮渣，火法炼锌的蓝粉，镉冶炼残渣均有铊的富集存在，炼铜烟尘和硫酸厂的酸泥也有铊，还有其他稀散金属和金属元素。

9.8.2 铊的综合回收技术

国外多采用硫酸浸取，溶液除杂后加锌粉置换得海绵铊、或水解或载体沉淀铊。我国从炼锌的副产品中也对铊进行了一定的研究。由于铊有毒，一般采用置换法、酸浸-萃取法，在 $MeSO_4$ 体系中采用 D2EHPA 萃取或用 TBP 萃取铊，用 NaCl 或 NH_4OH 溶液反萃取。在 MeCl 体系中用 N503、D2EHPA 或 TBP 萃取铊，用 NH_4Ac 进行反萃取。近年来还有离子交换法与电解法。除上述方法外，提取铊的工艺还有碱浸出法、酸浸法、盐类浸出法、氧化焙烧-水浸法等。

9.8.2.1　置换法

置换铊法是国内外通用的提铊工艺。其典型工艺流程如图 9-14 所示。置换法依其主要工艺分为多次置换法、硫化沉淀—置换法、还原浸出—置换法等。

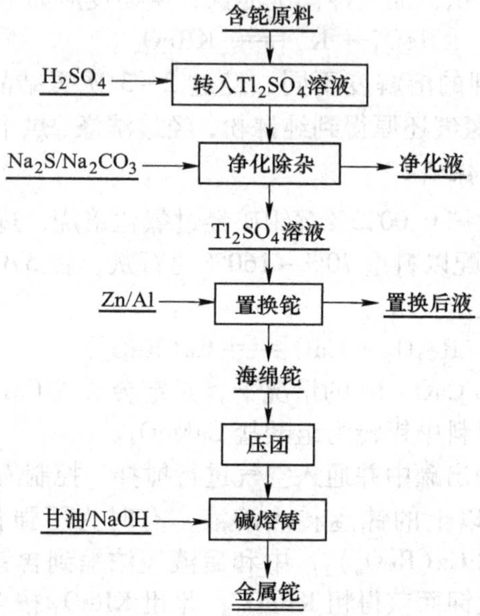

图 9-14　置换铊工艺

向含铊原料加入 H_2SO_4，并通入 SO_2 进行还原酸浸或经过硫酸化焙烧后水浸，使料中铊以 Tl_2SO_4 的形态转入溶液，视液中重金属杂质（Me′）情况进行净化除杂，如加 Na_2CO_3 并控制 pH 值为 9~10 除去铅、锌与镉等杂质：

$$Me'SO_4 + Na_2CO_3 \xlongequal{} Me'CO_3\downarrow + Na_2SO_4$$

或在 50~60℃加入 Na_2S 将铊以 Tl_2S 形态从液中沉出，而与铅、锌、镉等杂质分离：

$$Tl_2SO_4 + Na_2S \xlongequal{} Na_2SO_4 + TlS\downarrow$$

然后加酸溶解：

$$Tl_2S + H_2SO_4 \xlongequal{} Tl_2SO_4 + H_2S\uparrow$$

与此同时也会沉淀 As：

$$As_2S_3 + 3Na_2S \xlongequal{} 2Na_3AsS_3\downarrow$$

利用比铊电极电位更负的金属，如用锌板从 Tl_2SO_4 溶液中将铊置换出来：

$$TlSO_4 + Zn \xlongequal{} ZnSO_4 + 2Tl\quad\downarrow$$

将置换得到的海绵铊置于水中以防其氧化，压团至含水 10%以下，放入电炉锅中，覆盖氢氧化钠（今发展用甘油）于 280~400℃熔炼 1h 后，铸锭得 99.9%~999%铊，以微酸洗去铊锭面上碱渣得产品铊。铊须装入盛有甘油的塑料筒内储放与运输。

9.8.2.2 酸浸-萃取法

在酸性介质中采用 D_2EHPA、N503、TBP、MiBK 与乙醚等均可定量萃取 Tl^{3+}，在这些萃取剂中，只是乙醚易挥发且有毒害，MiBK 水溶性大，易被 Tl^{3+} 所氧化而损失，TBP 在反萃时易乳化，故常用具有萃取选择性好和萃铊能力强的 D_2EHPA 与 N503 萃取 Tl^{3+}。鉴于铊的化合物多具有毒性，用萃取法提铊具有流程简短、技术先进、回收率高及环保好的优点。

含铊物料在送萃取铊工序之前，一般均经硫酸或盐酸浸出，使铊转入溶液，究竟选取前者或后者，主要以处理过程的副产物便于返回主生产流程，或者能兼获副产商品为准，以减少处理工序和降低成本。如对湿法炼锌与电铜的含铊废料则宜选用硫酸。典型的酸浸-萃取法提铊流程如图 9-15 所示。

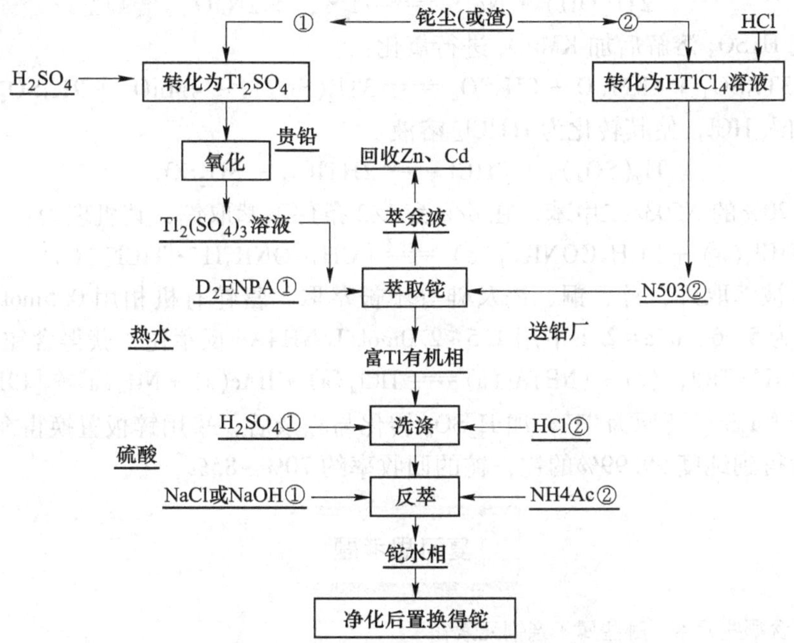

图 9-15 酸浸-萃取法提铊工艺

研究表明，在硫酸体系中 D_2EHPA 萃 Tl（Ⅰ）的能力强，但萃取选择性较差。把 Tl（Ⅰ）氧化到 Tl（Ⅲ）时，D_2EHPA 的萃取选择性变好。

图 9-15 中①为 H_2SO_4 体系萃取。用 H_2SO_4 浸出含铊的铜镉渣，在 50～60℃ 下用 $(NH_4)_2S_2O_8$（也有用 $KMnO_4$ 或 Br_2）将 Tl^+ 氧化为 Tl^{3+}：

$$Tl_2SO_4 + 2(NH_4)_2S_2O_8 = Tl_2(SO_4)_3 + 2(NH_4)_2SO_4$$

然后加入碳酸钠使锌与镉以 $Me'CO_3$ 形态沉出而除去，冷至室温，用 30% D_2EHPA 在 o/a 为 1/10 条件下萃取铊：

$$Tl3 + (a) + 3[H_2A_2](o) = [TIA_3 \cdot 3HA](o) + 3H + (a)$$

富铊有机相用 15% H_2SO_4 洗涤后，用 25g/L NaCl 溶液在 o/a 为 10/1 条件下反萃得含铊 14～27g/L 的铊水相：

$$[TlA_3 \cdot 3HA](o) + 4NaCl(a) + 3H_2O(a) = 3[H_2A_2](o) + 3NaOH(a) + NaTlCl_4(a)$$

经 H_2SO_4 转化 Tl^{3+} 为 Tl^+ 的 Tl_2SO_4，用置换法得金属铊。

有研究表明：用 D_2EHPA 萃取 Tl^{3+} 时，稀释剂必须经 H_2SO_4 处理，以消除其中不饱和烃等，这些不饱和烃等会将 Tl^{3+} 还原为 Tl^+ 而降低萃取率，且为获取 95%以上的萃取率，H_2SO_4 浓度要保持小于 0.8mol/L。

图 9-15 中②为我国采用 N503 从 HCl 介质中萃取 Tl^{3+}。含 Tl 0.005%~0.015%铅烧结尘、多膛炉 ZnO 烟尘与含 Tl 0.04%~0.09%的铜转炉尘等，这些尘中的铊约 50%~93%呈 Tl_2O 形态。

含铊原料一是直接热水浸出，溶液经氧化后水解（pH 值为 4~5）得富铊中和渣，经 HCl 溶解转化成 $HTlCl_4$ 溶液；二是在 80℃下采用碱浸，终点 pH 值为 8.5~10.5，铊入液，而铅、锌、镉及铁等残留于渣中，滤液在 50~60℃下加入 Na_2S 沉出铊：

$$2Tl(OH) + Na_2S = Tl_2S\downarrow + 2NaO$$

沉出物用 H_2SO_4 溶解后加 $KMnO_4$ 进行氧化：

$$3Tl_2SO_4 + 4KMnO + 8H_2SO_4 = 3Tl_2(SO_4)_3 + 4MnO_2 + 2K_2SO_4 + 8H_2O$$

向溶液加入 HCl，使其转化为 $HTlCl_4$ 溶液：

$$Tl_2(SO_4)_3 + 8HCl = 2HTlCl_4 + 3H_2SO_4$$

用 15%~20%的 N503/二甲苯，在 o/a 为 1/2 条件下萃取铊，其机理为：

$$HTlCl_4(a) + [CH_3CONR_2](o) = [CH_3CONR_2H^+ \cdot TlCl_4^-](o)$$

除铁少量被萃取外，锌、铜、镉及砷等不被萃取，富铊有机相用 0.5mol/L HCl 洗涤后，在 pH 值为 5~6、o/a=2/1 下用 1.5~2.0mol/L NH4Ac 反萃铊，获得含铊水相：

$$[CH_3CONR_2H^+ \cdot TlCl_4^-](o) + (NH)Ac(a) = TlCl_4^-(a) + HAc(a) + NH_4^+(a) + [CH_3CONR_2]$$

铊水相经 Na_2SO_3 还原为 Tl^+，加 H_2SO_4 转化与除杂后，采用锌板置换得海绵铊，经压团与碱熔炼后得到纯度 99.99%的铊，铊的回收率约 70%~85%。

复习思考题

9-1 稀散金属包含哪些元素，哪些属于亲铜元素？

9-2 稀散金属的矿产资源有哪些？

9-3 简述镓的物理化学性质。

9-4 镓的化合物有哪些，它们分别有什么样的物理化学性质？

9-5 简述铟的物理化学性质。

9-6 铟的化合物有哪些，它们分别有什么样的物理化学性质？

9-7 简述锗的物理化学性质。

9-8 锗的化合物有哪些，它们分别有什么样的物理化学性质？

9-9 金属硒与碲的物理化学性质是什么？

9-10 硒与碲的化合物有哪些？

9-11 简述铼的物理化学性质及化合物有哪些？

9-12 简述稀散金属的用途有哪些？

9-13 简述从铝酸钠溶液中提取镓的工艺过程。

9-14 简述采用综合法从锌浸出渣中提取镓、铟、锗工艺流程。

9-15 可供提取铟的原料有哪些，铟的提取过程一般包括哪四个阶段？

9-16 置换铟之前对溶液中杂质除杂的方法有哪些？

9-17 简述硫酸介质中，萃取铟法的反应机理。

9-18 回收锗的资源有哪些？

9-19 简述从铅锌氧化矿烟尘中次用氯化蒸馏锗的提锗工艺。

9-20 硫酸化法从阳极泥中提取硒、碲的优点有哪些？

9-21 苏打熔炼法综合回收硒与碲在熔炼过程中会形成哪些种类的盐？

9-22 简述离子交换法从烟道灰中提取铼的工艺的步骤，并绘制其工艺流程图。

参考文献

[1] 张训鹏．冶金工程概论［M］．长沙：中南大学出版社，1998.
[2] 华一新．有色冶金概论［M］．北京：冶金工业出版社，2013.
[3] 杨绍利．冶金概论［M］．北京：冶金工业出版社，2008.
[4] 李广田．冶金工程概论［M］．东北大学出版社，2010.
[5] 邱竹贤．有色金属冶金学［M］．东北大学出版社，2001.
[6] 李明照．有色金属冶金工艺［M］．北京：化学工业出版社，2010.
[7] 翟秀静，谢峰．重金属冶金学［M］．北京：冶金工业出版社，2019.
[8] 王玖宏，雷建强．冶金工程设计施工理论与实践［M］．北京：冶金工业出版社，2014.
[9] 周令治，陈少纯．稀散金属提取冶金［M］．北京：冶金工业出版社，2008.
[10] 宾万达，卢宜源．贵金属冶金学［M］．长沙：中南大学出版社，2014。
[11] 谢广元．选矿学［M］．徐州：中国矿业大学出版社，2012.
[12] 王社斌，林万明．钢铁冶金概论［M］．北京：化学工业出版社，2014.。
[13] 王树楷．铟冶金［M］．北京：冶金工业出版社，2006.
[14] 贺晓红．铜冶金生产技术［M］．冶金工业出版社，2017.
[15] 陈利生．湿法冶金——电解技术［M］．北京：冶金工业出版社，2011.
[16] 马腾，张万益，贾德龙．铂资源现状与需求趋势［J］．矿产保护与利用，2019，39（5）：90.
[17] 陈积平，王海北，龚卫星．石化行业铂族金属废催化剂回收技术现状［J］．中国资源综合利用，2017，35（8）：43-50.
[18] 张帆，刘贵清．混酸浸出—离子交换法从废催化剂中回收铂［J］．江苏理工学院学报，2017，23（2）：1-6.
[19] 黄昆，陈景，陈奕然，等．加压碱浸处理—氰化浸出法回收汽车废催化剂中的贵金属［J］．中国有色金属学报，2006，16（2）：363-369.
[20] 李菲，庄昌凌．报废汽车尾气净化催化剂的回收现状及技术研究进展［J］．资源再生，2015（11）：4
[21] 范小祥，刘玲．从钼矿中提取铼的工艺改进及研究进展［J］．中国钼业，2015，39（6）：29-31.
[22] 侯晓川．镍钼矿冶炼烟尘中硒的提取新工艺及其机理研究［D］．长沙：中南大学，2011.
[23] 刘秀珍．从低品位辉钼矿精矿中提取钼和铼［J］．湿法冶金，1997（2）：4.
[24] 周令治，周家炎．稀散金属手册［M］．长沙：中南工业大学出版社，1993.
[25] 赵天从．重金属冶金学（上、下册）［M］．北京：冶金工业出版社，1981.
[26] 彭容秋．重金属冶金学［M］．2版．长沙：中南大学出版社，2004.
[27] 董英．常用有色金属资源开发与加工［M］．北京：冶金工业出版社，2005.
[28] 谭宪章．冶金废旧杂料回收金属实用技术［M］．北京：冶金工业出版社，2010.
[29] 王明海．冶金生产概论［M］．北京：冶金工业出版社，2008.